U0662219

电力工程设计手册

电力工程设计手册

火力发电厂节能设计

中国电力工程顾问集团有限公司　编著

Power
Engineering
Design Manual

中国电力出版社

内 容 提 要

本书是《电力工程设计手册》系列手册中的一个分册，是介绍火电厂节能设计的实用性工具书。本书主要内容包括锅炉、汽轮机、水工、电气、仪表与控制、建筑与暖通空调等专业的节能设计原则、设计要点、设计计算、系统确定、设备选型等，并介绍了主要设计阶段节能设计的内容要求、节能报告编制要求。为便于读者使用，本书还列举了大量的典型案例。此外，本书对燃气-蒸汽联合循环电厂节能设计也进行了充分的介绍。

本书是依据现行相关节能规范、标准编写而成的，充分吸纳了 21 世纪以来火电厂节能设计和运行管理的先进理念，全面反映了近年来在火电工程建设中使用的节能新技术、新设备、新工艺。

本书是供火电厂节能设计、评估、施工和运行管理人员使用的工具书，也可作为高等院校相关专业师生、电力企业节能运行管理人员的参考书。

图书在版编目（CIP）数据

电力工程设计手册. 火力发电厂节能设计 / 中国电力工程顾问集团有限公司编著. —北京：中国电力出版社，2017.5
　ISBN 978—7—5198—0625—5

　Ⅰ. ①电⋯　Ⅱ. ①中⋯　Ⅲ. ①火电厂–建筑设计–节能设计–手册
Ⅳ. ①TM7–62

　中国版本图书馆 CIP 数据核字（2017）第 070333 号

出版发行：中国电力出版社
地　　址：北京市东城区北京站西街 19 号（邮政编码 100005）
网　　址：http://www.cepp.sgcc.com.cn
印　　刷：北京盛通印刷股份有限公司
版　　次：2017 年 5 月第一版
印　　次：2017 年 5 月北京第一次印刷
开　　本：787 毫米×1092 毫米　16 开本
印　　张：15.25
字　　数：537 千字
印　　数：0001—1500 册
定　　价：98.00 元

《火力发电厂节能设计》
编 写 组

主　　编　　龙　辉

副 主 编　　倪　煜

参编人员　（按姓氏笔画排序）

马欣欣　马欣强　叶勇健　付　铁　阮　刚　李利平

杨月红　杨晓杰　陈　宇　陈玉虹　房继峰　赵　磊

姚　雯　徐　罡　康　慧　章　勇　惠　超　雷梅莹

《火力发电厂节能设计》
编辑出版人员

编审人员　　刘汝青　赵鸣志　刘亚南　宋红梅　胡顺增　姜丽敏

出版人员　　王建华　李东梅　邹树群　黄　蓓　郝军燕　陈丽梅

　　　　　　李　娟　王红柳　张　娟

序 言

改革开放以来，我国电力建设开启了新篇章，经过 30 多年的快速发展，电网规模、发电装机容量和发电量均居世界首位，电力工业技术水平跻身世界先进行列，新技术、新方法、新工艺和新材料的应用取得明显进步，信息化水平得到显著提升。广大电力工程技术人员在 30 多年的工程实践中，解决了许多关键性的技术难题，积累了大量成功的经验，电力工程设计能力有了质的飞跃。

党的十八大以来，中央提出了"创新、协调、绿色、开放、共享"的发展理念。习近平总书记提出了关于保障国家能源安全，推动能源生产和消费革命的重要论述。电力勘察设计领域的广大工程技术人员必须增强创新意识，大力推进科技创新，推动能源供给革命。

电力工程设计是电力工程建设的龙头，为响应国家号召，传播节能、环保和可持续发展的电力工程设计理念，推广电力工程领域技术创新成果，推动电力行业结构优化和转型升级，中国电力工程顾问集团有限公司编撰了《电力工程设计手册》系列手册。这是一项光荣的事业，也是一项重大的文化工程，对于培养优秀电力勘察设计人才，规范指导电力工程设计，进一步提高电力工程建设水平，助力电力工业又好又快发展，具有重要意义。

中国电力工程顾问集团有限公司作为中国电力工程服务行业的"排头兵"和"国家队"，在电力勘察设计技术上处于国际先进和国内领先地位。在百万千瓦级超超临界燃煤机组、核电常规岛、洁净煤发电、空冷机组、特高压交直流输变电、新能源发电等领域的勘察设计方面具有技术领先优势。中国电力工程顾问集团有限公司还在中国电力勘察设计行业的科研、标准化工作中发挥着主导作用，承担着电力新技术的研究、推广和国外先进技术的引进、消化和创新等工作。

这套设计手册获得了国家出版基金资助，是一套全面反映我国电力工程设计领域自有知识产权和重大创新成果的出版物，代表了我国电力勘察设计行业的水平和发展方向，希望这套设计手册能为我国电力工业的发展作出贡献，成为电力行业从业人员的良师益友。

汪建平

2017 年 3 月 18 日

总 前 言

电力工业是国民经济和社会发展的基础产业和公用事业。电力工程勘察设计是带动电力工业发展的龙头，是电力工程项目建设不可或缺的重要环节，是科学技术转化为生产力的纽带。新中国成立以来，尤其是改革开放以来，我国电力工业发展迅速，电网规模、发电装机容量和发电量已跃居世界首位，电力工程勘察设计能力和水平跻身世界先进行列。

随着科学技术的发展，电力工程勘察设计的理念、技术和手段有了全面的变化和进步，信息化和现代化水平显著提升，极大地提高了工程设计中处理复杂问题的效率和能力，特别是在特高压交直流输变电工程设计、超超临界机组设计、洁净煤发电设计等领域取得了一系列创新成果。"创新、协调、绿色、开放、共享"的发展理念和实现全面建设小康社会奋斗目标，对电力工程勘察设计工作提出了新要求。作为电力建设的龙头，电力工程勘察设计应积极践行创新和可持续发展思路，更加关注生态和环境保护问题，更加注重电力工程全寿命周期的综合效益。

作为电力工程服务行业的"排头兵"和"国家队"，中国电力工程顾问集团有限公司是我国特高压输变电工程勘察设计的主要承担者，包括世界第一个商业运行的 1000kV 特高压交流输变电工程、世界第一个 ±800kV 特高压直流输电工程等；是我国百万千瓦级超超临界燃煤机组工程建设的主力军，完成了我国 70% 以上的百万千瓦级超超临界燃煤机组的勘察设计工作，创造了多项"国内第一"，包括第一台百万千瓦级超超临界燃煤机组、第一台百万千瓦级超超临界空冷燃煤机组、第一台百万千瓦级超超临界二次再热燃煤机组等。

在电力工业发展过程中，电力工程勘察设计工作者攻克了许多关键技术难题，积累了大量的先进设计理念和成熟设计经验。编撰《电力工程设计手册》系列手册可以将这些成果以文字的形式传承下来，进行全面总结、充实和完善，引导电力工程勘察设计工作规范、健康发展，推动电力工程勘察设计行业技术水平提升，助力勘察设计从业人员提高业务水平和设计能力，以适应新时期我国电力工业发展的需要。

2014年12月，中国电力工程顾问集团有限公司正式启动了《电力工程设计手册》系列手册的编撰工作。《电力工程设计手册》的编撰是一项光荣的事业，也是一项艰巨和富有挑战性的任务。为此，中国电力工程顾问集团有限公司和中国电力出版社抽调专人成立了编辑委员会和秘书组，投入专项资金，为系列手册编撰工作的顺利开展提供强有力的保障。在手册编辑委员会的统一组织和领导下，700多位电力勘察设计行业的专家学者和技术骨干，以高度的责任心和历史使命感，坚持充分讨论、深入研究、博采众长、集思广益、达成共识的原则，以内容完整实用、资料翔实准确、体例规范合理、表达简明扼要、使用方便快捷、经得起实践检验为目标，参阅大量的国内外资料，归纳和总结了勘察设计经验，经过几年的反复斟酌和锤炼，终于编撰完成《电力工程设计手册》。

《电力工程设计手册》依托大型电力工程设计实践，以国家和行业设计标准、规程规范为准绳，反映了我国在特高压交直流输变电、百万千瓦级超超临界燃煤机组、洁净煤发电、空冷机组等领域的最新设计技术和科研成果。手册分为火力发电工程、输变电工程和通用三类，共31个分册，3000多万字。其中，火力发电工程类包括19个分册，内容分别涉及火力发电厂总图运输、热机通用部分、锅炉及辅助系统、汽轮机及辅助系统、燃气-蒸汽联合循环机组及附属系统、循环流化床锅炉附属系统、电气一次、电气二次、仪表与控制、结构、建筑、运煤、除灰、水工、化学、供暖通风与空气调节、消防、节能、烟气治理等领域；输变电工程类包括4个分册，内容分别涉及变电站、架空输电线路、换流站、电缆输电线路等领域；通用类包括8个分册，内容分别涉及电力系统规划、岩土工程勘察、工程测绘、工程水文气象、集中供热、技术经济、环境保护与水土保持和职业安全与职业卫生等领域。目前新能源发电蓬勃发展，中国电力工程顾问集团有限公司将适时总结相关勘察设计经验，编撰新能源等系列设计手册。

《电力工程设计手册》全面总结了现代电力工程设计的理论和实践成果，系统介绍了近年来电力工程设计的新理念、新技术、新材料、新方法，充分反映了当前国内外电力工程设计领域的重要科研成果，汇集了相关的基础理论、专业知识、常用算法和设计方法。全套书注重科学性、体现时代性、增强针对性、突出实用性，可供从事电力工程投资、建设、设计、制造、施工、监理、调试、运行、科研等工作者使用，也可供相关教学及管理工作者参考。

《电力工程设计手册》的编撰和出版，是电力工程设计工作者集体智慧的结晶，展现了当今我国电力勘察设计行业的先进设计理念和深厚技术底蕴。《电力工程设计手册》是我国第一部全面反映电力工程勘察设计的系列手册，难免存在疏漏与不足之处，诚恳希望广大读者和专家批评指正，如有问题请向编写人员反馈，以期再版时修订完善。

在此，向所有关心、支持、参与编撰的领导、专家、学者、编辑出版人员表示衷心的感谢！

《电力工程设计手册》编辑委员会

2017 年 3 月 10 日

前言

　　《火力发电厂节能设计》是《电力工程设计手册》系列手册之一。

　　本书是在总结新中国成立以来，特别是2000年以后火电厂节能设计、施工、运行管理经验的基础上，充分吸收了21世纪以来火电厂节能设计和运行管理的先进理念和成熟技术，广泛收集了火电厂节能设计的成熟先进案例，对提高火电厂节能设计水平，实现火电厂节能设计的标准化、规范化将起到指导作用。

　　本书以实用性为主，遵循国家有关方针、政策和法规，按照现行的相关节能规范、标准的规定，结合火电厂工艺系统的特点，按锅炉、汽轮机、水工、电气、仪表与控制、建筑及暖通空调等专业分别论述了各个系统的节能设计原则、设计要点、设计计算、系统确定、设备选型及其布置等内容；结合工程具体情况，介绍了节能设计的新工艺、新设备、新技术。此外，本书还介绍了燃气-蒸汽联合循环电厂节能设计，以及火电厂节能设计文件编制、节能报告编制。

　　本书主编单位为中国电力工程顾问集团有限公司，参加编写的单位有中国电力工程顾问集团东北电力设计院有限公司、中国电力工程顾问集团华东电力设计院有限公司、中国电力工程顾问集团中南电力设计院有限公司、中国电力工程顾问集团西北电力设计院有限公司、中国电力工程顾问集团西南电力设计院有限公司、中国电力工程顾问集团华北电力设计院有限公司等。本书由龙辉担任主编，负责总体框架设计、全书校核等统筹性工作，倪煜担任副主编。龙辉、倪煜编写第一章；叶勇健、陈宇编写第二章；马欣强、杨晓杰编写第三章；惠超编写第四章；姚雯、杨月红编写第五章；李利平、马欣欣编写第六章；雷梅莹、康慧编写第七章；章勇、徐罡、赵磊、陈玉虹编写第八章；阮刚编写第九章；房继峰编写第十章；付铁编写第十一章。参加本书校核的还有张江霖、李超、黄晶晶、邹歆、孙叶柱等。

本书是供火电厂节能设计工作人员使用的工具书，可以满足火电厂前期工作、初步设计、施工图设计等阶段的深度要求，也可作为高等院校相关专业师生、电力企业节能运行管理人员的参考书。

《火力发电厂节能设计》编写组

2017 年 2 月

目录

第一章

综　述

能源开发利用必须与经济、社会、环境全面协调，可持续发展。在我国一次能源结构中，煤炭占据主导地位，2016 年我国能源消费总量为 43.6 亿 t 标准煤，其中煤炭消费量占能源消费总量的 62%。预计 2020 年我国能源消费总量为 50 亿 t 标准煤，非化石能源消费比重提高到 15% 以上，天然气消费比重力争达到 10%，煤炭消费比重降低到 58% 以下。

2016 年我国燃煤火电机组装机容量达到 9.43 亿 kW，占发电总装机容量的 57%，比例仍然偏高。在进一步优化电源结构的同时，火电厂的节能设计是节能减排的重要工作，对我国电力行业未来发展的影响巨大。对新增燃煤火电机组应用高参数超超临界机组及设计集成等技术，对现役机组进行节能改造，建设高效、清洁、低碳燃煤火电机组，能够使机组能耗、污染物排放大幅降低，从而形成满足资源利用及环境友好的能源供应格局。

第一节　火电厂能耗分析及节能途径

一、我国电力发展存在的问题

1. 能源结构待优化

随着非化石能源快速发展、电力需求增速放缓，煤电的主体电源地位将有所转变，在提供电能的同时，也提供可靠容量、调峰调频等辅助服务。

根据预测，2020 年全国发电装机容量将达到 20 亿 kW，其中常规水电、核电、风电、太阳能发电等非化石电源占比将达到 39%，与 2015 年相比，非化石电源占比提高 4 个百分点，燃煤火电机组占比下降至 55% 左右。

2. 系统调峰能力不足，需求侧响应能力待提高

电力系统调峰能力不足，能源送受地区之间利益矛盾日益加剧。风电和太阳能发电主要集中在西北部地区，需配套大量煤电用以调峰。调度运行和调峰成本补偿机制不健全，需求侧响应机制尚未充分建立，供应能力大多按照满足最大负荷需要设计，造成系统设备利用率持续下降，不能适应可再生能源发电大规模并网消纳的要求。需改善电力系统调峰性能，减少冗余装机和运行成本，进一步提高可再生能源发电消纳能力。

3. 机组负荷率降低

近年来，燃煤火电机组平均利用小时数明显降低，并呈现逐步下降的趋势，导致设备利用率持续下降。2016 年，火电机组的设备平均利用小时数为 4165h，如图 1-1 所示。随着我国电力消费增速趋缓，新能源装机容量不断增加，预计火电机组利用小时数还将持续下降。

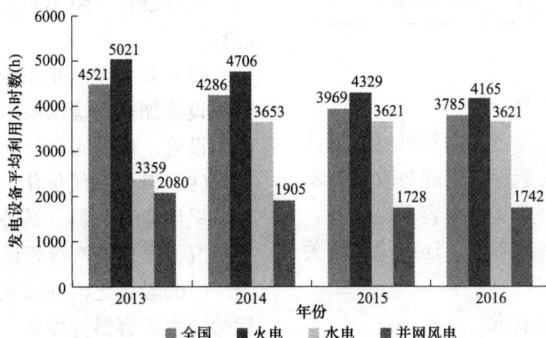

图 1-1　2013～2016 年发电设备平均利用小时数

4. 热电联产集中供热率偏低

热电联产仍然存在供热管理机制不畅，机组选型不合理，厂外配套热网建设滞后，热价偏低，热电联产机组实施热电解耦灵活性改造力度不够等诸多问题，一定程度上阻碍了热电联产的发展。

5. 电厂实际燃煤煤质变化较大

一些电厂供煤来源复杂，煤质波动较大，使燃烧煤种严重偏离设计煤种，给火电机组安全可靠和经济运行带来严重的影响。

二、火电厂主要耗能点

火电厂设计应主动采用节能新技术、新产品、新工艺，对系统设计、参数匹配、设备选型等进行优化，降低火电厂能耗。火电厂的主要耗能点见表1-1。

表 1-1　火电厂主要耗能点

序号	系统	主要耗能点
1	燃料储运系统	燃料在储运过程中，驱动各种大型机械设备运转的电动机电能消耗，如卸车机械、斗轮堆取料机、输煤皮带的电动机等
2	锅炉相关系统	主要为锅炉系统的热能损耗与相关系统的电能损耗，其中相关系统的电能损耗主要包括给煤系统、制粉系统、烟风系统、除灰渣系统及烟气治理系统等的电气设备的电能消耗
3	汽轮机相关系统	主要为汽轮机与本体热力系统的热能损耗和汽轮机相关系统的热能损耗与电能消耗，其中相关系统的能耗主要包括给水系统的热能损耗与电能消耗，凝结水系统、开式冷却水系统、闭式冷却水系统及抽真空系统等的电能消耗
4	电气相关系统	主要为厂用电系统在电力调配、输送时的电能损耗
5	水处理系统	主要为化学水处理系统、给排水系统、循环冷却系统、凝结水处理系统等的电能消耗
6	辅助生产和附属生产设施	主要为全厂压缩空气系统、热工自动化系统、建筑围护结构热工照明系统、通风空调与供暖系统的电能消耗
7	供热系统	主要为热网循环系统的电能消耗

三、火电厂节能途径

通常，火电厂的主要节能途径分为新机组的设计优化、现役机组的优化改造与运行、管理与政策。本书主要论述机组的设计优化，对其他内容不作展开。各专业的节能设计除参考本书内容外，还应符合相关专业现行标准的规定。

1. 新建燃煤火电机组设计优化

根据《全面实施燃煤电厂超低排放和节能改造工作方案》的要求，新建燃煤发电项目原则上采用 60

万 kW 及以上超超临界机组，30 万 kW 及以上供热机组和 30 万 kW 及以上循环流化床低热值煤发电机组原则上采用超临界参数。选择超（超）临界参数、大容量机组是火电厂节能设计的基础，新建燃煤火电机组节能设计优化应在此基础上进行。

（1）提高蒸汽初参数。提高汽轮机主蒸汽、再热热段蒸汽温度和压力可以提高机组的循环效率，降低热耗，提高机组效率。国内常规超临界机组、超超临界机组汽轮机典型参数为 24.2MPa/566℃/566℃、25～26.25MPa/600℃/600℃，已有将参数提高到 28MPa/600℃/620℃ 的机组投入运行。

（2）采用二次再热。采用二次再热可提高热力循环的平均吸热温度，降低热耗，提高热力循环的效率。与一次再热机组相比，二次再热机组热力循环效率提高约 1.5%。国内已有 600MW（31MPa/600℃/620℃/620℃）和 1000MW（31MPa/600℃/620℃/620℃）二次再热机组投入运行。

（3）回热系统优化。对于相同参数的机组，回热级数越多，循环效率越高。对于高参数大容量机组，加热级数通常为 7～10 级，较常规机组增加一级低压加热器。

（4）设置外置式蒸汽冷却器。超（超）临界机组通过锅炉再热加热后的高压加热器抽汽，具有较大的过热度，可设置独立外置式蒸汽冷却器，充分利用抽汽过热焓，提高回热系统热效率。

（5）汽轮机冷端系统优化。汽轮机冷端性能直接影响发电机组的经济运行，可通过冷端优化确定合适的背压，优化选择凝汽器型式，采取真空泵单泵单抽系统等措施。

（6）汽轮机采用先进的通流设计及汽封。采用全三维技术优化设计汽轮机通流部分，并采用新型高效叶片和新型汽封技术，可明显提高汽轮机内效率，节能效果明显。

（7）汽轮机排汽余热利用。可根据外界不同的热负荷情况，采用热泵技术、汽轮机低真空供热技术或汽轮机抽凝背（NCB）供热技术，对汽轮机排汽余热进行利用。

（8）热力及疏水系统优化。优化热力及疏水系统，合理设置加热器疏水泵，优化设备及管道疏水系统的阀门设置，减少阀门泄漏，可达到节能提效的效果。

（9）管道系统优化。通过适当增大管径、减少弯头，采用弯管和斜三通等低阻力连接件等措施，降低主蒸汽、再热蒸汽等管道阻力。

（10）设备乏汽回收利用。通过采取措施将除氧器、锅炉疏水扩容器等设备的排汽送回热力系统，可以充分利用低品位的热量，以减少高品位蒸汽的使用量。

（11）大容量高参数褐煤煤粉锅炉技术。通过炉膛结构优化、合理配风、烟气温度控制等手段，解决褐煤锅炉炉膛热负荷不足及结渣、结焦等关键问题，实现在超（超）临界机组中燃用褐煤，可大幅降低褐煤的发电煤耗。

（12）烟气余热利用。利用烟气余热加热凝结水，或加热凝结水及加热进入锅炉冷风实现二元利用，或加热给水、凝结水及进入锅炉冷风实现烟气余热梯级利用等，可提高全厂热效率。

（13）取较低温度海水作为电厂冷却水，降低冷端冷却水温。采用直流供水系统冷却的沿海电厂，有条件时宜取深处水温较低的水，降低冷却水温度。

（14）电气设计优化。通过配合工艺专业选择适当的电动机调速方式、优化电气系统及设备选型设计、采用节能照明系统设计等措施，可降低厂内电气系统各环节的电能损耗。

（15）建筑围护结构热工设计。对于严寒、寒冷地区主厂房建筑通过降低墙体、门窗等围护结构传热系数，提高其气密性，减少冷风渗透，降低供暖通风的能耗。运煤栈桥等建筑采用架空楼板保温措施后，节能效果显著；设置空气调节系统的集中控制楼等建筑，室内设备散热量较大，应适当加强围护结构保温隔热措施。

2. 现役机组优化改造与运行

全面实施燃煤机组超低排放与节能改造，推广应用清洁高效发电技术。根据《国家重点节能低碳技术推广目录》（2016 年本），部分推荐的火电机组相关优化改造、运行技术见表 1-2。

表 1-2　火电机组优化改造、运行技术

序号	技术名称	技 术 内 容
1	汽轮机通流部分现代化改造	采用先进的汽轮机三维流场设计，结合四维精确设计，对汽轮机通流部分及汽封系统进行优化改进
2	汽轮机汽封改造	在机组并网初始负荷，主蒸汽压力达到一定值时，克服汽封内的弹簧力，使汽封关闭，使运行中汽封漏汽量减少，提高汽轮机的缸效率
3	变频器调速节能技术	对电动机的控制方式有 U/f、SVC、VC、DTC 等；有滑模变结构，模型参考自适应技术；有模糊控制、神经元网络、专家系统和各种各样的自优化、自诊断技术等
4	电除尘器节能提效控制技术	通过采用优化控制的高频脉冲供电波形，提高设备的电能利用效率，大幅度降低设备运行电耗，减少粉尘排放

续表

序号	技术名称	技术内容
5	纯凝汽轮机组改造实现热电联产技术	纯凝汽轮机组的导汽管打孔抽汽，实现热电联产
6	回转式空气预热器接触式密封技术	密封结构具有良好的弹性和柔性，可根据间隙的变化改变变形量，实现在轴向、径向和环向上的全方位密封
7	电站锅炉智能吹灰优化与在线结焦预警系统	实时监测锅炉受热面积灰结焦情况，实现"按需"吹灰，从而减少吹灰蒸汽用量，降低排烟温度，提高锅炉效率，减少结焦几率
8	电站锅炉用邻机蒸汽加热启动技术	采用蒸汽替代燃油和燃煤对锅炉进行整体预加热，使锅炉在点火时已处于"热炉、热风"状态，从而降低燃油点火强度，大幅缩短燃油时间，使启动耗油量下降一个数量级
9	脱硫岛烟气余热回收及风机运行优化技术	在吸收塔前加装烟气冷却器加热浆水。增加一条增压风机旁路烟道，通过优化风机的运行方式，实现在低负荷工况下以单引风机运行代替双引风机＋双增压风机运行
10	提高火电厂汽轮机组性能综合技术	通过对汽轮机本体、热力系统进行优化，分析设备设计与制造、电厂设计与辅机配置、设备安装与检修、运行与维护相互之间的联系，综合提高汽轮机性能
11	火电厂烟气综合优化系统余热深度回收技术	空气预热器与电除尘器之间加装烟气冷却器，使凝结水升温到110℃，减少抽汽，增加汽轮机做功。余热回收装置大大提高静电除尘器效率和脱硫率
12	火电厂凝汽器真空保持节能系统技术	利用胶球清洗，在不停机时自动清除凝汽器污垢，保持95%以上收球率
13	高压变频调速技术	实现变频调速系统的高输出率（同时功率因数＞0.95），同时消除谐波污染，对中高压大功率风机、水泵的节电降耗作用明显，平均节电率在30%以上
14	超临界及超超临界发电机组引风机汽轮机驱动技术	采取将引风机与脱硫增压风机合并的联合风机方式，并采用蒸汽轮机驱动，替代原有的电动机，可以大幅降低厂用电率
15	自然通风逆流湿式冷却塔风水匹配强化换热技术	对冷却塔进风在塔内的分布（速度场、温度场及含湿量场）进行全三维精确计算，根据进风的分布情况重新设计配水系统，使塔内各处的布水与进风做到最佳匹配
16	冷却塔用离心式高效喷溅装置	将传统喷头改造为离心式高效喷溅装置，利用切圆离心旋转原理，将水细化均匀喷洒并扩大范围，增加水气接触面积，提高换热效率

续表

序号	技术名称	技术内容
17	大型供热机组双背压双转子互换循环水供热技术	供热运行时机组使用高背压转子，凝汽器排汽温度提高至80℃，利用循环水供热；非采暖期，再将原低压转子恢复，排汽背压恢复至4.9kPa，机组运行效率得到较大提高
18	回转式空气预热器密封节能技术	利用转子热端径向自补偿间隙密封片和基于压力监测的自动漏风回收技术，降低了空气预热器的漏风率，提高了锅炉系统的效率，降低了供电煤耗率
19	大容量高参数褐煤煤粉锅炉技术	传统褐煤锅炉主要用于亚临界及以下发电机组，发电煤耗率较高。该技术通过炉膛结构优化、合理配风、烟气温度控制等手段，解决了褐煤锅炉炉膛热负荷不足及结渣、结焦等关键问题，实现了在超临界机组中应用褐煤，可大幅降低褐煤的发电煤耗率
20	高效利用超低热值煤矸石的循环流化床锅炉技术	采用混合流速循环流化床和多元内循环流化床相结合的方式，可将热值在800kcal/kg（3349.44kJ/kg）以上的煤矸石锅炉效率提高到75%以上，实现低热值煤矸石的高效利用
21	基于凝结水调负荷的超超临界机组协调控制技术	针对不同机组特点，设计了相应的控制方式，通过改变凝结水流量来加快变负荷初期的负荷响应速度；通过优化锅炉燃烧率控制来提高机组整体负荷响应能力；采用汽轮机调门阀限控制参与一次调频，从而在满足电网调度对机组AGC变负荷性能和一次调频功能要求的前提下，实现汽轮机高压调阀全开滑压运行，提高机组运行经济性，降低机组供电煤耗率
22	准稳定直流除尘器供电电源节能技术	准稳定直流电源可为电除尘器输出平行于时间轴的电压波形，能够自动调节电压，改善放电状态，有效抑制"反电晕"现象的发生，拓宽捕集高比电阻范围，使电除尘器的运行始终处于无火花放电状态，提高电除尘器的工作效率，减少电耗
23	球磨机高效球磨综合节能技术	利用球磨机衬板优化设计技术、球磨机钢球级配优化设计技术，降低球磨机运行电耗，提高球磨机效率

第二节 火电厂能耗指标

火电厂能耗指标用于反映电厂节能水平及节能潜力，可借助火电厂能耗指标对节能工作进行分析和判断。火电厂能耗指标及指标基准值随经济发展和技术更新不断完善，目前能耗指标主要可以分为发电标准煤耗率、厂用电率和供电标准煤耗率。

一、发电标准煤耗率

发电标准煤耗率是指火电厂发出 1kW·h 电能所消耗的标准煤量。发电标准煤耗率按性质与用途可以分为：

（1）设计发电标准煤耗率，用于考核设备、工艺节能水平是否符合国家产业政策或标准的要求。

（2）性能考核发电标准煤耗率，用于考核机组性能是否符合合同规定要求。

（3）运行实时发电标准煤耗率，用于生产运营管理中的节能管理与调度。

本书主要讨论设计发电标准煤耗率。

纯凝电厂设计发电标准煤耗率按式（1-1）～式（1-3）计算，即

$$b_{fn} = \frac{0.123}{\eta_{fn}} \times 10^5 \qquad (1-1)$$

$$\eta_{fn} = \eta_{qn}\eta_{gl}\eta_{gd} \qquad (1-2)$$

$$\eta_{qn} = \frac{3600}{q_{jrn}} \times 100 \qquad (1-3)$$

式中 b_{fn} ——纯凝电厂设计发电标准煤耗率，g/（kW·h）；

η_{fn} ——纯凝电厂设计发电热效率，%；

η_{qn} ——纯凝电厂汽轮发电机组热效率，%；

q_{jrn} ——纯凝电厂汽轮发电机组设计热耗率，kJ/（kW·h）；

η_{gl} ——锅炉效率，取用锅炉设备技术协议中明确的锅炉效率保证值，%；

η_{gd} ——管道效率，一般取99%。

热电厂额定供热工况时设计发电标准煤耗率按式（1-4）～式（1-6）计算，即

$$b_{fr} = \frac{0.123}{\eta_{fr}} \times 10^5 \qquad (1-4)$$

$$\eta_{fr} = \eta_{qr}\eta_{gl}\eta_{gd} \qquad (1-5)$$

$$\eta_{qr} = \frac{3600}{q_{jrr}} \times 100 \qquad (1-6)$$

式中 b_{fr} ——热电厂额定供热工况运行时的设计发电标准煤耗率，g/（kW·h）；

η_{fr} ——热电厂设计发电热效率，%；

η_{qr} ——额定供热工况运行时，热电厂汽轮发电机组热效率，%；

q_{jrr} ——额定供热工况运行时，热电厂汽轮发电机组设计热耗率，kJ/（kW·h）。

机组发电标准煤耗率与锅炉效率、汽轮机热耗率、管道效率等有关。

（1）锅炉效率。锅炉输出热量占输入热量的百分比（单位为%，计算方法详见第二章）。锅炉效率是评价锅炉运行经济性的重要指标，是锅炉能耗水平的综合反映。影响锅炉效率的有排烟热损失 q_2、化学不完全燃烧热损失 q_3、机械不完全燃烧热损失 q_4、散热损失 q_5、灰渣物理热损失 q_6。其主要影响指标包括入炉煤质、煤粉细度、排烟温度、排烟氧量、飞灰可燃物、炉渣可燃物、送风温度、空气预热器漏风率等。

（2）汽轮机热耗率。汽轮发电机组从外部热源所取得的热耗量与其出线端电功率的比值，单位为 kJ/（kW·h）。

影响汽轮机本体热耗率的主要因素包括汽轮机相对内效率，汽轮机级内损失（如喷嘴损失、动叶损失、余速损失、叶高损失、扇形损失、部分进汽损失、摩擦鼓风损失、漏汽损失和湿汽损失），汽轮机外部损失（如外部漏汽损失和机械磨损）等。

此外，蒸汽初参数和排汽背压是决定机组热效率的重要参数。提高汽轮机新蒸汽的压力和温度，降低排汽背压，采用再热系统和增加再热级数，是提高机组热效率的主要手段。

（3）管道效率。汽轮机从锅炉得到的热量与锅炉输出的热量的百分比。管道效率在设计阶段通常取为99%或 0.99；设计时，管道效率考虑内容主要包括管道损失、机组排污、汽水损失等未能被汽轮机有效利用的热量。

针对不同容量、主蒸汽参数的凝汽式发电机组，其设计发电标准煤耗率的参考先进值可按表 1-3 选取。

表 1-3　凝汽式发电机组设计发电标准煤耗率参考值

项　　目	标准煤耗率 [g/(kW·h)]	主蒸汽参数 (MPa/℃/℃)
超超临界 1000MW	268~272	25/600/600 及 28/600/620
超超临界空冷 1000MW	284	25/600/600
超临界 900MW	281	24.2/538/566
超超临界 600MW	274	25/600/600
超临界 600MW	281	24.2/566/566
超临界空冷 600MW	294	24.2/566/566
亚临界 600MW	288	16.67/538/538
亚临界空冷 600MW	301	16.67/538/538
亚临界 300MW	291	16.67/538/538

续表

项　　目	标准煤耗率 [g/(kW·h)]	主蒸汽参数 (MPa/℃/℃)
亚临界空冷 300MW	304	16.67/538/538
超高压 200MW	315	12.7/535/535
超高压 135MW	319	12.7/535/535

二、厂用电率

厂用电率指发电厂电力生产过程中所必需的自用电量占所发电量的百分比。厂用电率又可以分为三类指标：

（1）设计厂用电率。全年机炉发电和供热所需的自用电能消耗量分别与同一时期对应机组发电量和供热量的比值。设计厂用电率是设计阶段衡量、评估满足整个发电和供热工艺流程而配置的辅机自用电能消耗量的指标。

（2）考核工况厂用电率。机组性能考核验收时机组自用电能消耗的短时平均值或年平均厂用电率。

（3）生产与综合厂用电率。是统计期内基于实际运行参数的实测值。

影响厂用电率的主要因素包括锅炉辅机（如磨煤机/制粉机、一次风机、送风机、引风机/增压风机）耗电率，汽轮机辅机（如循环水泵、凝结水泵、电动给水泵）耗电率，公用系统（如除灰除尘、输煤、脱硫等系统）耗电率等。

对于纯凝电厂和热电厂厂用电率计算见第五章第一节相关内容。

三、供电标准煤耗率

供电标准煤耗率指火电厂扣除自用电量后，向电网供出 1kW·h 电能所消耗的标准煤量，即供电标准煤耗率=发电标准煤耗率/（1-厂用电率）。与发电标准煤耗率相对应，供电标准煤耗率也可分为：

（1）设计供电标准煤耗率，用于考核设备、工艺节能水平是否符合国家产业政策或标准的要求。

（2）性能考核供电标准煤耗率，用于考核机组性能是否符合合同规定要求。

（3）运行实时供电标准煤耗率，用于生产运营管理中的节能管理与调度。

本书主要讨论设计供电标准煤耗率。纯凝电厂设计供电标准煤耗率按式（1-7）计算，即

$$b_{gn} = b_{fn} \bigg/ \left(1 - \frac{e}{100}\right) \qquad (1\text{-}7)$$

式中　b_{gn}——纯凝电厂设计供电标准煤耗率，g/（kW·h）；

e ——纯凝电厂厂用电率，%。

热电厂额定供热工况运行时的设计供电标准煤耗率按式（1-8）计算，即

$$b_{gr} = \frac{b_{fr}}{1 - \dfrac{e_d}{100}} \qquad (1\text{-}8)$$

式中　b_{gr} ——热电厂设计供电标准煤耗率，g/（kW·h）；

　　　　e_d ——火电厂厂用电率，%。

中国电力企业联合会每年进行大机组竞赛，定期公布各火电集团大机组运行指标，其中包括发电标准煤耗率、厂用电率、供电标准煤耗率等指标。

第三节　节能设计工作程序及内容

一、节能设计工作程序

火电厂节能包含设计、运行、管理等多方面，涉及多专业。火电厂节能设计包含在各专业的设计中，经过优化设计匹配以达到节能的效果。火电厂不同设计阶段的节能设计工作程序如图 1-2 所示，不同设计阶段的节能设计工作内容见表 1-4。

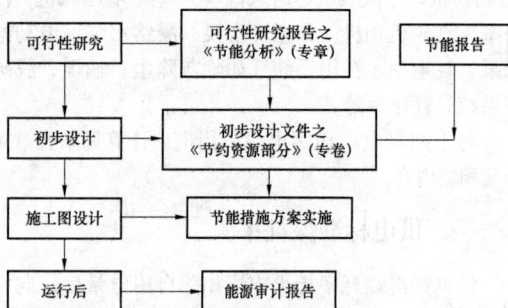

图 1-2　火电厂各设计阶段的节能设计工作程序

表 1-4　火电厂不同设计阶段的节能设计工作内容

设计阶段	节能设计工作（文件、成果）	编制单位/参与专业	编制依据	备注
可行性研究	《节能分析》（专章）	电力设计院/设总、各相关专业	与火电厂节能有关的法规、标准	
	节能报告	项目投资方委托	可行性研究报告、环境影响评价报告等	需进行专门审查并形成审查意见

续表

设计阶段	节能设计工作（文件、成果）	编制单位/参与专业	编制依据	备注
初步设计	初步设计文件之《节约资源部分》（专卷）	电力设计院/设总、各相关专业	《节能分析》（专章）、节能报告	落实可行性研究报告、节能报告中的节能措施
施工图设计	节能措施		初步设计文件、节能报告	

注　电厂运行后，项目投资方委托审计机构开展能源审计工作。

二、各设计阶段节能设计主要工作内容

（一）可行性研究阶段：《节能分析》（专章）

建设项目可行性研究的节能设计是保证项目各能耗指标先进性的基础，其主机选择、工艺系统设计及总平面布置将影响到项目的总体能效水平。为保证项目的能效先进性，相关专业需在可行性研究设计时对主机选择、总平面布置、耗能设备选用等方面进行优化设计，并提出相应的节能措施，《节能分析》（专章）汇总分析相应的节能措施。

本书将在第十章进行详细介绍。

（二）可行性研究阶段：节能报告

在可行性研究阶段，项目建设单位需委托有资质的单位编制火电厂《节能报告》，对项目的节能设计进行论述，其主要内容包括分析评价内容及依据、项目基本情况、项目建设方案的节能分析和比选、节能措施分析评价、能源利用状况核算及能效水平评价、能源消费影响分析评价、结论和附录、附件、附图等。

本书将在第十一章进行详细介绍。

（三）初步设计阶段：《节约资源部分》（专卷）

初步设计阶段主要是落实项目节能报告中的节能措施。

在初步设计时，相关专业需落实节能报告中提出的节能措施，并提出相应的节能措施，编制《节约资源部分》（专卷），汇总分析各专业提出的节能措施。

本书将在第十章进行详细介绍。

（四）施工图阶段

施工图阶段主要是按节能报告、初步设计文件中的节能措施进行设计。

第二章

火电厂锅炉专业节能设计

锅炉及锅炉辅机是火电厂耗能较高的设备，节能潜力巨大。锅炉专业节能首先应提高锅炉效率。锅炉效率与燃煤特性和炉型密切相关，本章给出了锅炉效率的定义和不同煤种的锅炉效率最低保证值，通过对影响锅炉效率的因素进行分析，提出降低锅炉热损失的措施。

与锅炉效率密切相关的锅炉排烟热损失是火电厂中仅次于汽轮机冷端损失的第二大损失源，烟气余热利用是火电厂节能的主要技术手段之一。应根据工程实际的主辅机配置，在工程设计中进行多种技术方案的经济技术比较，再确定烟气余热利用方案。

锅炉辅机的选型、烟风煤粉管道的设计与降低能耗有密切关系。锅炉辅机包括送风机、一次风机、引风机、磨煤机等主要辅机，这些辅机的厂用电率占全厂厂用电率的一半左右。合理的烟风煤粉管道设计能使工质流场更均匀、阻力更低，有助于降低辅机厂用电率。

第一节　锅炉效率及其影响因素

火电机组的发电效率为锅炉效率、汽轮机效率和管道效率三者的乘积。锅炉效率和汽轮机效率对机组的发电效率影响很大；管道效率通常为一个估算值，GB 50660—2011《大中型火力发电厂设计规范》推荐为99%。

与锅炉效率相关的首先是炉型，相同炉型的锅炉效率相差不大，但不同炉型之间有较大的差异。相同炉型条件下，煤种的差异是导致锅炉效率不同的另一重要因素，通常情况下，燃用烟煤的煤粉锅炉效率比燃用贫煤和褐煤的煤粉锅炉效率高一些。

因此，根据工程的煤质情况和机组容量，选择合适的炉型和针对煤种的锅炉设计，是确保锅炉效率高水平的前提条件。通过分析计算锅炉的各种热量损失，寻找热量损失产生的原因，是提高锅炉效率的有效手段。

一、煤种

锅炉设计和运行时采用的煤种特性指标与锅炉设计效率和运行效率有很大关系。电站煤粉锅炉用煤分为无烟煤、贫煤、烟煤和褐煤。

（1）设计煤种：燃煤电厂锅炉设计，燃烧、烟风、烟气处理等系统设计及相关系统的辅机设计时所采用的煤种，预期为电厂运行时最常用的煤种。

（2）校核煤种：燃煤电厂锅炉设计，燃烧、烟风、烟气处理等系统设计及相关系统的辅机设计时，保证相关设备和系统能够安全运行并满足最基本性能所采用的煤种。

（3）设计煤种和校核煤种应选择可靠的煤源。锅炉实际燃用煤种应在设计煤种和校核煤种范围内，至少应有一种校核煤种发热量低于设计煤种发热量，校核煤种的硫分、灰分应高于设计煤种的硫分、灰分，应考虑校核煤种与设计煤种在结渣特性、可磨性、沾污特性等方面的差异。

二、锅炉效率

（一）广义锅炉效率

广义锅炉效率是指输出锅炉效率计算边界有效能量与输入锅炉效率计算边界的能量之比。

根据热力学第一定律，锅炉效率计算边界的能量平衡方程表述为

$$Q_{to} = Q_{loss} + Q_e \qquad (2\text{-}1)$$

$$\eta_{gl} = \frac{Q_e}{Q_{to}} \times 100 = \left(1 - \frac{Q_{loss}}{Q_{to}}\right) \times 100 \qquad (2\text{-}2)$$

式中　Q_{to} ——输入锅炉系统的能量总和，kJ/kg（对于气体燃料，kJ/m^3）；

　　　Q_e ——输出锅炉系统的有效能量，kJ/kg（对于气体燃料，kJ/m^3）；

　　　Q_{loss} ——总损失的热量，kJ/kg（对于气体燃料，kJ/m^3）；

　　　η_{gl} ——锅炉效率，%。

广义锅炉效率的计算采用两种方法，即输出热量法和热损失法，也称正平衡法和反平衡法。式（2-2）的第二个等号的左边表示的是通过输出热量法计算的锅炉效率，右边表示的是通过热损失法计算的锅炉效率。

（1）输入系统的能量 Q_{to} 包括输入系统的燃料释放的热量、燃料的物理显热、脱硫剂的物理显热、燃烧用空气的物理显热、附属辅助设备带入的能量、燃油雾化蒸汽带入系统的热量。

（2）输出系统的有效能量 Q_e 包括过热蒸汽带走的热量、再热蒸汽带走的热量、能被电厂各系统利用的辅助用汽带走的热量、能被电厂各系统利用的排污水带走的热量、能被电厂各系统利用的冷渣水带走的热量。

（3）锅炉热损失总和 Q_{loss} 包括每千克燃料产生的排烟热损失量 Q_2，每千克（标准立方米）燃料产生的气体未完全燃烧热损失量 Q_3，每千克燃料产生的固体未完全燃烧热损失量 Q_4，每千克（标准立方米）燃料产生的锅炉散热损失量 Q_5，每千克燃料产生的灰渣物理显热损失量 Q_6，每千克燃料脱硫剂煅烧、硫酸盐化热损失量 Q_7，除 $Q_2 \sim Q_7$ 以外的锅炉其他热损失量 Q_{oth}。

（二）狭义锅炉效率

狭义锅炉效率是指输出锅炉效率计算边界的有效能量与输入锅炉效率计算边界的燃料发热量比值。

根据狭义锅炉效率，将式（2-2）中输入系统的能量 Q_{to} 改写为

$$Q_{to} = Q_{ar,to} + Q_{ad} \quad (2-3)$$

代入式（2-1）并整理得

$$Q_{ar,to} - (Q_{loss} - Q_{ad}) = Q_e \quad (2-4)$$

$$\eta_{gl} = \frac{Q_e}{Q_{ar,to}} \times 100 = \left(1 - \frac{Q_{loss} - Q_{ad}}{Q_{ar,to}}\right) \times 100 \quad (2-5)$$

式中 $Q_{ar,to}$ ——入炉燃料发热量，可为燃料低位发热量或燃料高位发热量，kJ/kg；

Q_{ad} ——附加能量，指输入能量中不包括入炉燃料发热量外的所有能量，kJ/kg；

η_{gl} ——锅炉效率，%。

式（2-5）的第二个等号的左边为通过输出热量法计算的狭义锅炉效率，右边通过热损失法计算的狭义锅炉效率。

狭义锅炉效率基于燃料燃烧释放的热量，因此更能反映锅炉系统乃至整个火电厂热力系统对燃料能量的利用效率，从能源利用角度来看，狭义锅炉效率更加合理。ASME PTC 4—2008《锅炉性能试验规程》和 GB/T 10184—2015《电站锅炉性能试验规程》中的锅炉效率，计算方法采用的是狭义锅炉效率；而 GB/T

10184—1988《电站锅炉性能试验规程》中的锅炉效率，计算方法采用的是广义锅炉效率。本书中所述锅炉效率，如不加以说明，均指狭义锅炉效率。

将（$Q_{loss} - Q_{ad}$）改写为

$$Q_{loss} - Q_{ad} = Q_2 + Q_3 + Q_4 + Q_5 + Q_6 + Q_7 + Q_{oth} - Q_{ad} \quad (2-6)$$

代入式（2-5）得

$$\eta_{gl} = \left(1 - \frac{Q_2 + Q_3 + Q_4 + Q_5 + Q_6 + Q_7 + Q_{oth} - Q_{ad}}{Q_{ar,to}}\right) \times 100 \quad (2-7)$$

或

$$\eta_{gl} = 100 - (q_2 + q_3 + q_4 + q_5 + q_6 + q_7 + q_{oth}) + q_{ad} \quad (2-8)$$

式中 q_2 ——排烟热损失率，%；

q_3 ——气体未完全燃烧热损失率，%；

q_4 ——固体未完全燃烧热损失率，%；

q_5 ——锅炉散热损失率，%；

q_6 ——灰渣物理显热损失率，%；

q_7 ——脱硫热损失率，%；

q_{oth} ——未测量热损失率，%；

q_{ad} ——附加热输入率，%。

（三）高位和低位燃料发热量的锅炉效率简化换算

我国和西欧国家一般以燃料低位发热量为基础计算锅炉效率，而美国和日本等国家以燃料高位发热量为基础计算锅炉效率。通常情况下，按锅炉低位发热量计算的锅炉效率比按高位发热量计算的锅炉效率高 4~5 个百分点，由此对全厂热效率也带来影响。因此在分析对比锅炉效率和全厂热效率时，应首先明确其计算基础是按燃料高位发热量还是低位发热量。锅炉两种效率的换算应根据具体的锅炉热平衡计算，在简化计算中也可按式（2-9）和式（2-10）进行换算，即

$$\eta_{gl}^{gr} \approx \eta_{gl}^{net} \frac{Q_{net,ar}}{Q_{gr,ar}} \quad (2-9)$$

或

$$\eta_{gl}^{net} \approx \eta_{gl}^{gr} \frac{Q_{gr,ar}}{Q_{net,ar}} \quad (2-10)$$

式中 η_{gl}^{gr} ——以高位发热量为基准的锅炉效率，%；

η_{gl}^{net} ——以低位发热量为基准的锅炉效率，%；

$Q_{gr,ar}$ ——燃料的高位发热量，kJ/kg；

$Q_{net,ar}$ ——燃料的低位发热量，kJ/kg。

（四）锅炉效率的计算边界

各种类型锅炉效率的计算边界见图 2-1～图 2-3，边界内的系统包括带循环泵的锅炉汽水系统、带磨煤机的制粉系统、燃烧设备、采用选择性催化还原（SCR）工艺的脱硝反应器、空气预热器、烟气再循

环风机及冷渣器等，　不包括暖风器、送风机、冷一次风机、引风机、高压流化风机、密封风机、冷却风机、冷却水泵、油加热器、脱硫剂供给系统、供氨系统等设备。

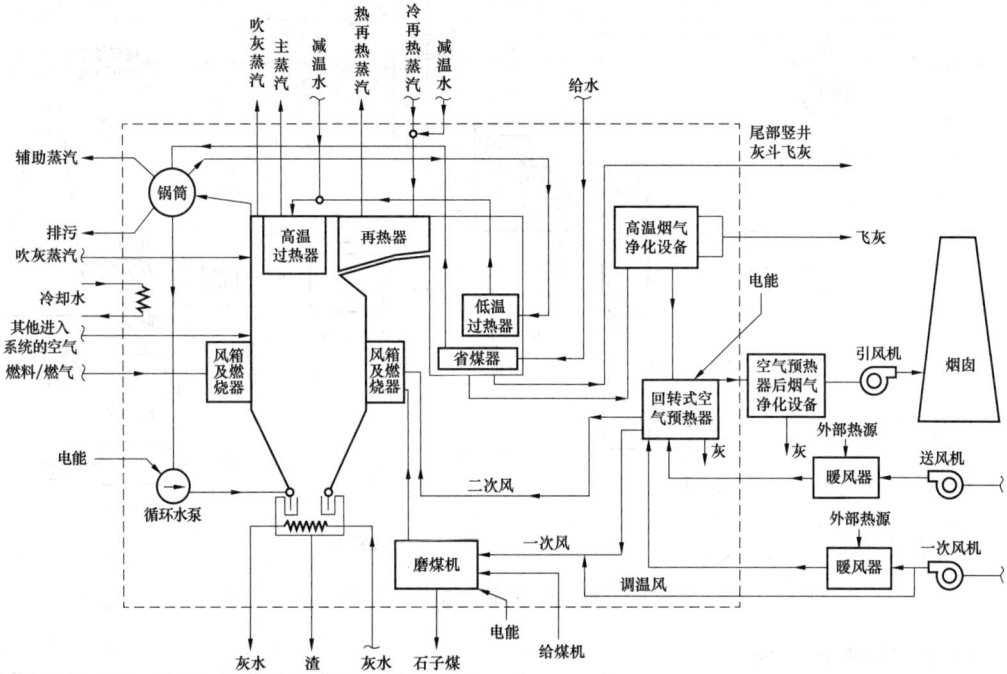

图 2-1　煤粉锅炉效率计算边界

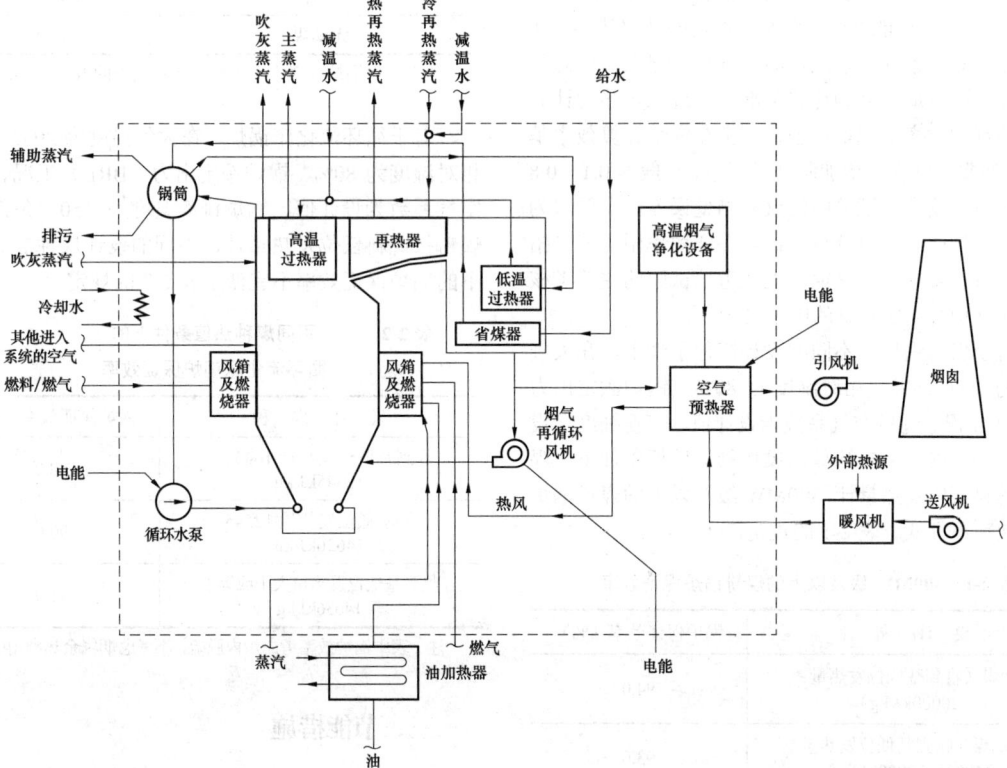

图 2-2　燃油、燃气锅炉效率计算边界

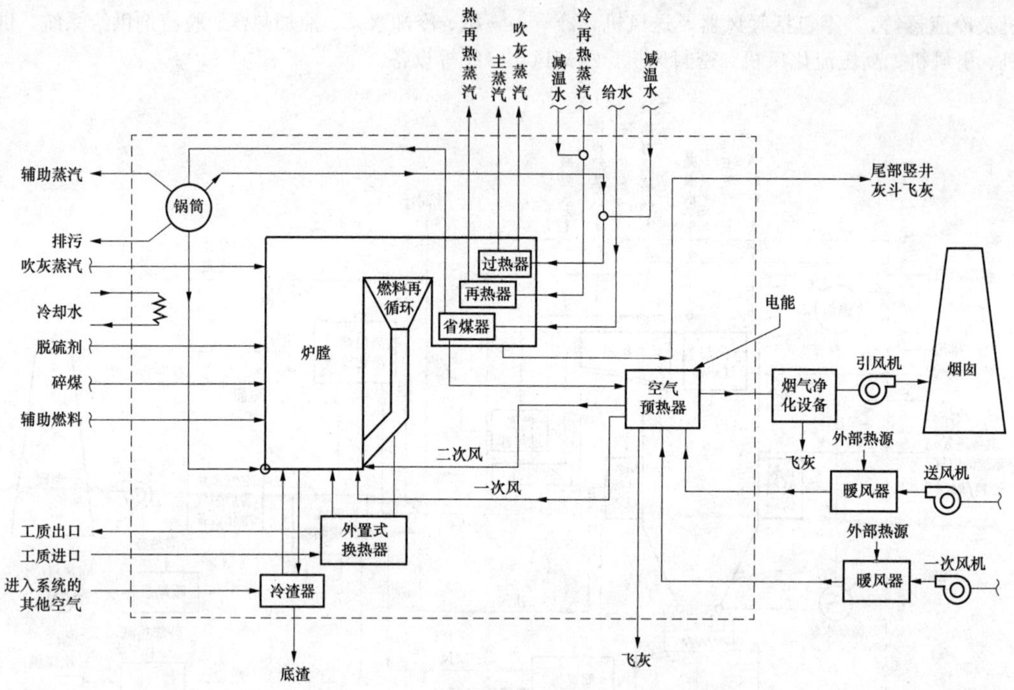

图 2-3 循环流化床锅炉效率计算边界

（五）锅炉效率最低保证值

锅炉的计算效率指根据相关的规范，如 GB/T 10184—2015《电站锅炉性能试验规程》、ASME PTC 4—2008《锅炉性能试验规程》等规定的计算边界、计算方法、外部条件，以规定的空气预热器入口风温和热力计算的排烟温度为计算基准，通过锅炉热力计算所得的锅炉效率。锅炉保证效率指在锅炉计算效率基础上，通常由供货方增加制造厂裕量，一般为 0.1～0.8 个百分点，及验收试验中的仪表测量误差，一般取为（±0.3～±0.5）个百分点。锅炉保证效率用于锅炉招投标和供货合同中，是锅炉性能考核试验的主要考核数据和锅炉合同中罚款的因子之一。

对于煤粉锅炉，不同的设计煤种条件下，在大气温度为 20℃、大气相对湿度为 80%、锅炉额定出力（BRL）工况、过量空气系数为设计值、煤粉细度在设计规定范围内、NOx 排放浓度达到保证值条件下，煤粉按燃料低位发热量计，300MW 级及以上的煤粉锅炉保证效率不宜低于表 2-1 的规定。

表 2-1　300MW 级及以上的煤粉锅炉保证效率

设 计 煤 种	锅炉保证效率（%）
烟煤（收到基低位发热量≥20000kJ/kg）	94.0
烟煤（收到基低位发热量 16000～20000kJ/kg）	93.0
褐煤	92.2

续表

设 计 煤 种	锅炉保证效率（%）
贫煤	92.7
无烟煤	91.5

注　表中锅炉效率不考虑烟气余热利用的效果。

对于循环流化床锅炉，在大气温度为 20℃、大气相对湿度为 80%、锅炉额定出力（BRL）工况、过量空气系数为设计值、锅炉排渣温度为 150℃ 条件下，煤粉按燃料低位发热量计，不同的设计煤种热值条件下的锅炉保证效率不宜低于表 2-2 的规定。

表 2-2　不同煤种热值条件下的循环流化床锅炉保证效率

设 计 煤 种	锅炉保证效率（%）
收到基低位发热量 10454～12545kJ/kg	88.0
收到基低位发热量 12545～14636kJ/kg	90.0
收到基低位发热量大于或等于 14636kJ/kg	91.0

注　表中锅炉效率考虑炉内脱硫，不考虑烟气余热利用的效果。

三、节能措施

（一）降低锅炉排烟热损失 Q_2

锅炉排烟热损失是锅炉的主要热损失，降低锅炉排烟热损失的主要措施有以下几点。

1. 减少锅炉本体漏风

锅炉本体漏风包括炉膛漏风和锅炉尾部受热面漏风。炉膛漏风的易发部位主要包括炉顶密封、看火孔和人孔门等孔洞部件及采用湿式排渣系统时炉底密封水槽处漏风。当采用干式捞渣系统时,过量的冷却风(通常超过锅炉所需风量的1%)从炉底进入炉膛,也可视为炉膛漏风。锅炉尾部受热面漏风主要指锅炉尾部烟道漏风。锅炉本体漏风导致过量空气系数增加,这是造成锅炉排烟热损失的原因之一。

降低漏风的措施包括优化部件设计、加强部件的加工质量和安装质量控制,注意设备的检修维护。湿式捞渣机运行时应注意水封的有效性,干式捞渣机的进风量控制应包括风门的严密性和运行时风门的开闭控制。

2. 合理降低冷一次风量

对于直吹式冷一次风制粉系统,空气预热器出口热一次风温度,通常高于磨煤机入口满足其干燥出力的需要风温,因此设置了旁路风,即冷一次风,或称调温风。磨煤机入口冷一次风开度较大或不严密时,部分冷一次风不经过空气预热器,直接通过旁路与热一次风混合。在进入锅炉炉膛总风量不变的情况下,经过空气预热器冷风量减少,导致空气预热器换热能力相对降低,其排烟温度升高。

合理降低冷一次风量具体措施如下:

(1)提高冷一次风门的严密性,选用插板门加调节风门。

(2)在满足磨煤机干燥出力的前提下,将空气预热器的旋转方向设定为烟气→二次风→一次风,或者采用四分仓空气预热器,两个二次风仓与烟气仓相邻。

(3)设置热一次风换热器,不设置旁路风,将热一次风中的多余热量转移到其他系统,降低磨煤机入口一次风的温度,相关方案详见第二章第二节中的案例。

(4)适当提高磨煤机出口温度。为保证磨煤机安全运行,通常对磨煤机出口的温度有所限制。磨煤机出口温度具体的规定见 DL/T 5145—2012《火力发电厂制粉系统设计计算技术规定》。适当提高磨煤机出口温度,磨煤机入口混合温度相应提高,磨煤机入口冷风掺入量减少。但磨煤机出口温度过高,存在自燃及爆炸等安全性风险。

3. 增加省煤器面积,采用省煤器分级布置

增加省煤器面积,可以降低空气预热器入口的烟气温度,进而降低排烟温度。同时,为使锅炉在低负荷下省煤器出口烟气温度满足脱硝催化剂运行条件,即通过催化剂的烟气温度通常不应低于 310℃,可在降低省煤器出口烟气温度的同时进行省煤器分级布

置。通过合理设计,减少脱硝反应器进口的省煤器面积,在脱硝反应器出口与空气预热器入口位置,增设一级省煤器,与上游省煤器进行串联,在保证不同负荷工况下脱硝系统运行要求的同时,降低空气预热器入口烟气温度,实现排烟温度的降低。

4. 增加空气预热器面积,提高空气预热器换热面的换热系数

降低排烟温度,可通过增加空气预热器换热面积,也可采用换热系数较高的受热面板型。采用换热系数较高的板型,应考虑能满足空气预热器吹灰的要求。对于采用 SCR 脱硝的锅炉,为避免空气预热器由于硫酸氢铵的沉积导致堵灰加剧的情况,通常空气预热器冷端受热面采用表面镀搪瓷,受热面蓄热元件应至少比采用普通考顿钢的蓄热元件高 100～150mm。

(二)降低固体未完全燃烧热损失 Q_4

固体未完全燃烧热损失是由飞灰和炉渣中的残碳所造成的热损失。锅炉运行中,部分固体燃料在炉内未燃尽就以飞灰形式随烟气排出炉外或随炉渣进入冷灰斗中,造成固体未完全燃烧热损失。固体未完全燃烧热损失是燃煤锅炉的主要热损失之一,对于 600MW 以下容量的锅炉,固体未完全燃烧热损失仅次于排烟热损失。

灰渣的含碳量是表征固体未完全燃烧热损失的参数。煤粉锅炉灰渣中的飞灰和底渣含碳量为 0.5%～3%;W 火焰锅炉的飞灰含碳量通常为 5%～8%,底渣含碳量为 7%～10%。灰渣含碳量除了与煤质相关外,还与下列因素有关:

(1)炉膛结构。主要指标包括炉膛容积热负荷、炉膛截面热负荷和烟气在炉膛内的停留时间,即与炉膛截面积和炉膛高度相关。如塔式锅炉,烟气在炉膛内的停留时间较长。

(2)燃烧器结构和布置。合理的燃烧器结构有利于风粉混合及燃料燃尽。燃烧器布置指标包括顶层燃烧器与炉膛出口(或屏底)的距离、燃烧器间距等。

(3)过量空气系数。过量空气系数过低,使得燃烧不充分,将导致未完全燃烧损失增加;过量空气系数过高,将导致排烟热损失增加。

(三)选取合理的煤粉细度

进入炉膛的煤粉细度降低,有利于降低飞灰含碳量及未完全燃烧热损失。例如,W 火焰锅炉用于燃烧贫煤和无烟煤,当燃烧无烟煤时,由于挥发分极低(V_{daf} 不大于 12%),煤粉细度从 $R_{90}=10\%$ 降至 $R_{90}=4\%$,飞灰含碳量从 8%～15%减少到 6%,大大降低了未完全燃烧热损失。

煤粉细度和飞灰含碳量的关系曲线见图 2-4。在较低煤粉细度区域,随着煤粉细度的增加,飞灰含碳量的含量变化比较平缓,但超过某一值后(图中 P 点),

飞灰含碳量迅速增大，可以将此转折点作为煤粉细度的上限。煤粉细度和制粉系统电耗呈反相关，煤粉细度降低将导致制粉系统电耗 Q_d 上升。因此存在一个经济煤粉细度，使得制粉系统电耗 Q_d 和锅炉的固体未完全燃烧热损失 Q_4 之和 Q 达到最低，即图 2-5 中的 D 点。

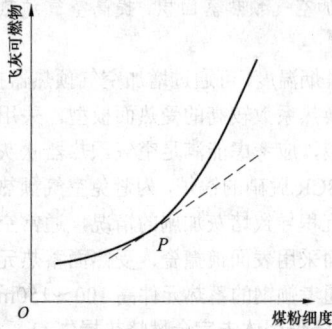

图 2-4 煤粉细度和飞灰含碳量的关系曲线

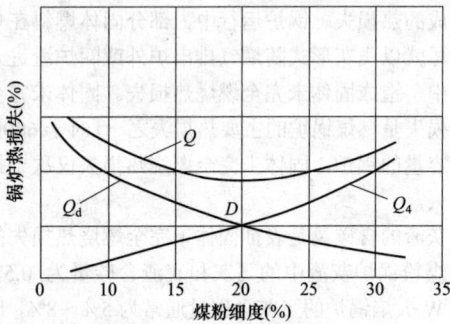

图 2-5 经济煤粉细度

在设计时，煤粉细度的选取主要考虑以下三个因素：

（1）煤的可燃性。对于可燃性高的煤，即挥发分高、灰分少，煤粉细度可以适当放粗。

（2）炉膛设计。对于采用特殊的燃烧方式，如炉膛的热负荷较高、烟气停留时间较长的炉膛，煤粉细度可以适当放粗。

（3）煤粉的均匀性。磨煤机出口煤粉的均匀性较好时，如磨煤机采用动态分离器，煤粉细度可以适当放粗。

煤粉细度的上限（图 2-4 中的 P 点）和煤粉经济细度（图 2-5 中的 D 点）都是理论值，且影响因素较多，设计时煤粉细度的上限通过经验公式计算。

对于 300MW 及以上的固态排渣煤粉炉（含 W 火焰锅炉），燃用烟煤、无烟煤、贫煤时，磨煤机出口的煤粉细度不宜大于按式（2-11）计算的值，即

$$R_{90} = 0.5nV_{daf} \qquad (2-11)$$

式中 R_{90} ——用 90μm 筛子筛分时筛上剩余量占煤粉总量的百分比，%；

n ——煤粉均匀性指数，通常取 1，对采用动

态分离器的磨煤机，取 1.1；

V_{daf} ——煤的干燥无灰基挥发分，%。

当燃用褐煤及油页岩时，煤粉细度宜按式（2-12）选取，即

$$R_{90} = 35\% \sim 60\% \qquad (2-12)$$

挥发分高取大值，挥发分低取小值。

（四）降低空气预热器漏风

回转式空气预热器是一种转动机械，动静部件之间留有一定间隙。流经空气预热器的负压烟气和正压空气间存在一定压差。大量的空气在压差作用下，通过间隙泄漏到烟气中，称为空气预热器漏风。空气预热器的漏风造成一次风机、送风机、引风机的电耗升高，同时降低空气预热器换热效果，增加了排烟热损失。

降低空气预热器漏风的措施有：①改变其结构，即采用与传统的三分仓不同的四分仓空气预热器。四分仓空气预热器的一次风仓布置在两个二次风仓之间，漏风只能是从二次风漏到烟气侧，而二次风与烟气侧的压差比一次风与烟气侧的压差小很多，所以相同直径的四分仓空气预热器，理论上比三分仓空气预热器的总漏风量小，漏风率低。②可以通过空气预热器密封手段减少漏风。回转式空气预热器密封结构如图 2-6 所示，包括轴向密封、径向密封及旁路密封三个区域的密封。轴向密封系统包括安装在轴向的轴向密封片和两道轴向密封片之间的轴向密封板，通过轴向密封片和轴向密封板形成一个密闭的单元。径向密封系统包括设置在径向的径向密封片和两道径向密封片之间的扇形密封板，通过径向密封片和扇形密封板形成一个密闭的单元。旁路密封系统由转子外端 T 形钢和固定于壳体上的环向密封片组成。

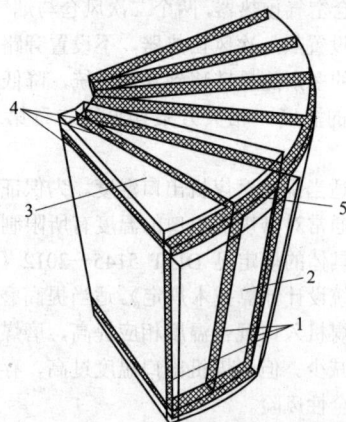

图 2-6 回转式空气预热器密封结构

1—轴向密封片；2—轴向密封板；3—扇形密封板；

4—径向密封片；5—环向密封片

1. 空气预热器漏风率限值

空气预热器的漏风一般分为以下两类：

（1）携带漏风。携带漏风又称结构漏风，由于空气预热器转子的转动，将一侧气体携带到另一侧而造成的，占总漏风的5%以内。

（2）直接漏风。直接漏风是由于压差和间隙引起的漏风，占总漏风的95%以上。直接漏风按漏风区域的不同，可分为轴向漏风、径向漏风、旁路漏风三部分，其中径向漏风量占直接漏风的60%~70%。

根据GB/T 51106—2015《火力发电厂节能设计规范》，空气预热器漏风率应符合表2-3的规定。

表2-3 空气预热器漏风率规定值

1000MW 等级及以上容量机组		300~600MW 等级机组	
投运后第一年内	投运一年后	投运后第一年内	投运一年后
不应大于4.5%	不应大于5.5%	不应大于5%	不应大于6%

2. 空气预热器密封技术

（1）弹性自补偿式密封片。回转式空气预热器弹性自补偿式密封片的结构如图2-7所示，主要由密封条、弹性组件和支撑片三部分组成。其中，支撑片固定在回转式空气预热器的仓格框架上，密封条通过弹性组件的弹性力与密封板切接触。该密封片充分利用了弹性组件的高弹性和自补偿性，具有压力位移和热膨胀位移自补偿的功能。由于空气预热器内压差的存在，密封片的密封条工作时将从压力高的空气侧向压力低的烟气侧倾倒，严重时将造成端面接触对的脱离，导致漏风量增加。但该密封片的弹性组件在压力作用下其人字结构的开口变大，这将抵消由

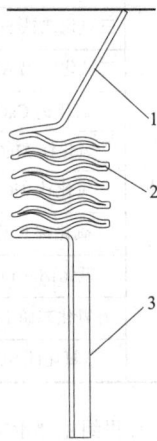

图2-7 弹性自补偿式密封片结构示意
1—密封条；2—弹性组件；3—支撑片

倾倒引起的端面间隙，实现端面压力位移自补偿的功能。另外，热端高温的作用使密封片发生膨胀变形，导致接触式密封片接触摩擦力增加。同时，由于热膨胀引起的主要是沿长度方向的伸长和沿轮廓线的伸长，轮廓线的伸长将使波纹变平坦，人字结构的开口变小，从而抵消了密封条在高度方向的热位移，实现了热膨胀位移自补偿。

（2）可调式密封。即空气预热器热端采用漏风间隙自动跟踪系统。热态运行时，空气预热器转子发生蘑菇形的热态变形，出现漏风间隙。漏风间隙一般与空气预热器转子直径的平方成正比，对于600MW机

组，热端最大运行间隙约为30mm，对于1000MW机组，约为50mm。采用漏风间隙自动跟踪系统，通过调整设置在径向的扇形密封板的高低位置，可自动调节扇形板与转子的径向密封片间隙，从而降低漏风率。

（3）固定式刚性密封。此密封片由带有一定折角的钢板制成。冷端径向密封、轴向密封及旁路密封均采用预留间隙的固定式刚性密封方法。由于钢板的刚度大，为避免因密封片卡死造成停机，必须保证热态运行时的密封片与密封挡板之间留有相当大的间隙。

（4）毛刷式密封。密封装置由排列紧密的高弹性耐高温金属丝组成，可以实现密封片与扇形板的接触式密封。但是由于刷毛较短，毛刷式密封片的间隙补偿范围很小，安装精度一般难以做到，因此密封片的根部金属片很容易与扇形板发生碰撞甚至卡死。而且刷毛耐磨性差，刷毛软化快，密封效果不能长周期保持，使用周期一般只有3~6个月。

（5）接触块式密封。接触块式密封装置安装在径向转子仓格板上。在未进入扇形板时，柔性接触块式密封片高出扇形板5~10mm；当柔性接触块式密封片运动到扇形板下面时，合页式弹簧发生形变，密封滑块与扇形板接触，形成严密无间隙的密封系统。当该密封滑块离开扇形板后，合页式弹簧将密封滑块自动弹起，以此循环进行。

3. 采用弹性自补偿式密封片技术对空气预热器改造的案例

某电厂2×1000MW机组选用三分仓容克式空气预热器，转子直径16.37m，分别布置在两侧后部烟道。为降低空气预热器漏风率，特别是机组在50%负荷左右时的漏风率，对空气预热器冷端径向密封系统进行了改造。

原空气预热器密封存在的问题如下：在低负荷工况下，径向密封间隙大，冷端径向刚性密封片和扇形板间隙有51mm；在高负荷乃至满负荷工况下，由于转子的蘑菇形复杂性变形和扇形板间隙大小偏差大，部分密封已碰到扇形板，但大部分的密封条和扇形板间隙还是很大。

改造方案：原径向刚性密封片与弹性自补偿式密封片联合使用，降低直接漏风，见图2-8。弹性自补偿式密封片和扇形板间隙可放到30mm左右，使低负荷时漏风率大大降低，达到低负荷时高效稳定的效果；在高负荷乃至满负荷时，软密封将紧贴在扇形板上，漏风率进一步降低。

改造效果：对该锅炉空气预热器漏风进行了对比试验，1000MW负荷时空气预热器漏风率略有降低；500MW负荷时空气预热器漏风率降低近50%（见表2-4和表2-5）。

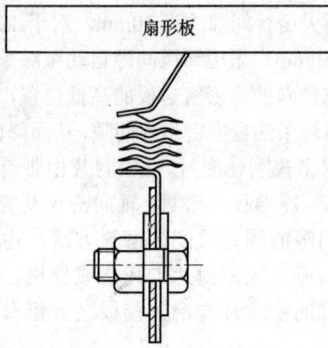

图 2-8 弹性自补偿式密封片安装示意

表 2-4 空气预热器漏风率（1000MW 工况）

项 目	单位	改造前		改造后	
		A 侧	B 侧	A 侧	B 侧
进口氧量	%	2.79	2.84	2.87	2.82
进口过量空气系数		1.15	1.16	1.16	1.16
出口氧量	%	3.92	3.98	3.65	3.83
出口过量空气系数		1.23	1.23	1.21	1.22
漏风率	%	5.94	5.99	4.06	4.27

表 2-5 空气预热器漏风率（500MW 工况）

项 目	单位	改造前		改造后	
		A 侧	B 侧	A 侧	B 侧
进口氧量	%	4.45	3.57	4.90	4.24
进口过量空气系数		1.27	1.20	1.30	1.25
出口氧量	%	6.68	6.13	6.13	5.49
出口过量空气系数		1.47	1.41	1.41	1.35
漏风率	%	13.98	15.48	7.41	7.24

四、超超临界机组典型锅炉效率及热损失

（一）典型 1000MW 一次再热超超临界机组锅炉效率及热损失

某 1000MW 超超临界机组采用螺旋管圈直流炉、单炉膛塔式布置、四角切向燃烧、摆动喷嘴调温。锅炉采用机械刮板捞渣机固态排渣，煤质资料见表 2-6。锅炉后尾部布置 2 台三分仓容克式空气预热器。锅炉制粉系统采用正压直吹式，每台炉配置 6 台中速磨煤机，锅炉最大连续出力工况时，5 台投运，1 台备用。

表 2-6 某 1000MW 一次再热超超临界直流锅炉的煤质资料

项 目		设计煤种	校核煤种
	全水分 M_t（%）	14.0	10.4
工业分析	水分 M_{ad}（%）	10.00	4.50
	灰分 A_{ar}（%）	12.00	16.77

续表

项 目		设计煤种	校核煤种
工业分析	挥发分 V_{ar}（%）	27.00	24.00
	固定碳 FC_{ar}（%）	47.00	48.83
干燥无灰基挥发分 V_{daf}（%）		36.49	32.96
热量	发热量 $Q_{gr,d}$（MJ/kg）	—	—
	发热量 $Q_{net,ar}$（MJ/kg）	23.42	22.12
元素分析	碳 C_{ar}（%）	61.45	58.33
	氢 H_{ar}（%）	3.61	3.42
	氮 N_{ar}（%）	0.71	0.68
	氧 O_{ar}（%）	7.80	9.77
	全硫 $S_{t,ar}$（%）	0.43	0.63
灰熔点	变形温度 DT（℃）	1.12×10^3	1.20×10^3
	软化温度 ST（℃）	1.17×10^3	1.30×10^3
	流动温度 FT（℃）	1.25×10^3	1.37×10^3
可磨性指数 HGI		56	53
灰分分析	二氧化硅 SiO_2（%）	35.09	49.90
	三氧化二铁 Fe_2O_3（%）	12.47	6.36
	三氧化二铝 Al_2O_3（%）	16.41	34.70
	氧化钙 CaO（%）	22.56	2.27
	氧化镁 MgO（%）	1.34	0.62
	氧化钛 TiO_2（%）	0.64	1.61
	氧化钾 K_2O（%）	0.30	0.78
	氧化钠 Na_2O（%）	0.27	0.20
	五氧化二磷 P_2O_5（%）	—	—
	三氧化硫 SO_3（%）	6.90	1.51

该机组主要承担基本负荷，还具有快速跟踪负荷变化和带部分负荷的能力，机组采用定—滑—定运行方式。

与锅炉设计效率相关的各项热损失见表 2-7，锅炉设计效率是以燃料高位发热量为基础计算的。在各项热损失中，占比最大的是干烟气热损失；由于是以燃料高位发热量计算，因此氢燃烧生成水的热损失和燃料中水分引起的热损失也占不小的比例。

表 2-7 锅炉设计效率及各项热损失

项 目		BMCR 工况	BRL 工况
燃料消耗量（实际，t/h）		355	347
输入热量（GJ/h）		8315	8134
锅炉热损失	干烟气热损失（%）	4.31	4.25
	氢燃烧生成水热损失（%）	3.47	3.47
	燃料中水分引起的热损失（%）	1.51	1.5

续表

项　目	BMCR 工况	BRL 工况
锅炉热损失		
空气中水分引起的热损失（%）	0.07	0.07
未燃尽碳热损失（%）	0.60	0.57
辐射及对流散热热损失（%）	0.19	0.2
未计入热损失（%）	0.30	0.30
总热损失（%）	10.45	10.36
锅炉热效率		
计算热效率（按燃料高位发热量计，%）	89.55	89.64
转换热效率（按低位发热量计算，%）	94.05	94.14
制造厂裕度（%）	0.35	0.42
保证热效率（%）	—	89.22

注　BMCR—锅炉最大连续出力；BRL—锅炉额定出力。

（二）典型 1000MW 二次再热超超临界机组锅炉效率及热损失

某1000MW超超临界二次再热机组采用螺旋管圈直流锅炉，单炉膛塔式布置、四角切向燃烧、摆动调温、干排渣机械输送，煤质资料见表2-8。炉后尾部烟道出口有 2 台 SCR 脱硝反应装置，每台 SCR 下方各布置 1 台三分仓容克式空气预热器。锅炉制粉系统采用中速磨煤机冷一次风机直吹式制粉系统，每台锅炉配置 6 台中速磨煤机，BMCR 工况时，5 台投运，1 台备用。

表 2-8　某 1000MW 二次再热超超临界直流锅炉的煤质资料

项　目		设计煤种	校核煤种 1	校核煤种 2
工业分析	全水分 M_t（%）	15.55	17.5	26
	水分 M_{ad}（%）	8.43	9.99	11.08
	灰分 A_{ar}（%）	8.8	12.58（+10）	14.1
	挥发分 V_{ar}（%）	—	—	—
	固定碳 FC_{ar}（%）	—	—	—
	干燥无灰基挥发分 V_{daf}	34.73	33.56	37.68
热量	发热量 $Q_{gr,d}$（MJ/kg）	—	—	—
	发热量 $Q_{net,ar}$（MJ/kg）	23.44	20.7	18.1
元素分析	碳 C_{ar}（%）	61.7	55.24	48.38
	氢 H_{ar}（%）	3.67	3.34	3.01
	氮 N_{ar}（%）	1.12	0.68	0.65
	氧 O_{ar}（%）	8.56	9.46	7.23
	全硫 $S_{t,ar}$（%）	0.6	1.2	0.63

续表

项　目		设计煤种	校核煤种 1	校核煤种 2
灰熔点	变形温度 DT（℃）	1.15×10^3	1.11×10^3	1.16×10^3
	软化温度 ST（℃）	1.19×10^3	1.14×10^3	1.17×10^3
	流动温度 FT（℃）	1.23×10^3	1.19×10^3	1.2×10^3
可磨性指数 HGI		55	55	62
冲刷磨损指数		0.84	1.0	1.3
灰分分析	二氧化硅 SiO_2（%）	30.57	48.01	51.14
	三氧化二铁 Fe_2O_3（%）	16.24	11.07	10.27
	三氧化二铝 Al_2O_3（%）	13.11	17.02	18.14
	氧化钙 CaO（%）	23.54	10.75	8.17
	氧化镁 MgO（%）	1.01	1.86	2.04
	氧化钛 TiO_2（%）	0.47	0.72	0.72
	氧化钾 K_2O（%）	0.78	1.5	1.46
	二氧化锰 MnO_2（%）	0.43	0.068	0.051
	煤中游离二氧化硅 SiO_2（%）	1.71	2.62	3.14
	三氧化硫 SO_3（%）	10.31	7.18	6.7

该二次再热锅炉的主要热力参数及与锅炉设计效率相关的各项热损失见表2-9，锅炉设计效率是以燃料低位发热量为基础计算的。各项热损失中占比最大的是干烟气热损失，其他的热损失非常少。对比表 2-7 和表 2-9 可见，大容量超超临界燃煤锅炉在燃煤相似的条件下，一次再热锅炉和二次再热锅炉的效率相似。

表 2-9　锅炉设计效率及各项热损失

项　目		BMCR 工况	BRL 工况
燃料消耗量（实际，t/h）		344.4	334.3
输入热量（GJ/h）		9036	8763
锅炉热损失	干烟气热损失（%）	4.20	4.20
	氢燃烧生成水热损失（%）	0.24	0.24
	燃料中水分引起的热损失（%）	0.14	0.14
	空气中水分引起的热损失（%）	0.06	0.06
	未燃尽碳热损失（%）	0.16	0.16
	辐射及对流散热热损失（%）	0.17	0.19
	未计入热损失（%）	0.25	0.25
	总热损失（%）	5.22	5.24
锅炉热效率	计算热效率（按燃煤低位发热量计算，%）	94.78	94.76
	转换热效率（按燃煤高位发热量计算，%）	90.17	90.15
	制造厂裕度（%）	—	0.11
	保证热效率（%）	—	94.65

第二节 烟风系统及设备节能设计

烟风系统的节能设计重点在于选择容量合适的风机、优化风机进出口流场使其减少对风机效率的不利影响，以及选择合理的介质流速和采用合理的烟风道布置以降低系统阻力。烟风道布置应在其实现烟风系统的功能、满足烟风道强度和防爆等方面的安全规定的基础上，考虑设计优化以降低阻力。

一、风机选型原则

选择合理的风机型式，能使烟风系统的风机在各工况下维持较高的效率。烟风系统风机选型的主要原则如下：

（1）一次风机宜采用动叶可调轴流式风机或带有变频装置的离心式风机。

（2）送风机宜采用动叶可调轴流式风机或带有变频装置的离心式风机，经技术经济比较，可采用带变频装置的静叶可调轴流式风机。

（3）当引风机和脱硫增压风机采用电动机驱动时，宜采用动叶可调轴流式风机；当环境温度下的风机选型点（TB 点）全压不超过 12kPa 时，并经安全性评估满足要求，宜将引风机和脱硫增压风机合并；对于大功率引风机，经技术经济比较，可采用带有变频装置的静叶可调轴流式风机。

（4）一次风机、送风机、引风机的设计最高效率点宜为燃用设计煤种锅炉额定出力（BRL）工况下的运行点。

二、风机选型参数计算原则

合理计算一次风机、送风机、引风机的选型参数，能降低风机的电耗。风机的选型参数计算包括基本风量计算、基本压头及其裕量计算，计算原则建议如下：

1. 一次风机的风量和压头计算

（1）根据 GB 50660—2011《大中型火力发电厂设计规范》的规定，采用三分仓空气预热器正压直吹式制粉系统的冷一次风机的基本风量，应按设计煤种计算，应包括锅炉在最大连续蒸发量时所需的一次风量、制造厂保证的空气预热器运行一年后一次风侧的漏风量加上需由一次风机所提供的制粉系统密封风量（按全部磨煤机计算）。

该规定也适用于四分仓空气预热器正压直吹式制粉系统的冷一次风机。

（2）根据 GB 50660—2011《大中型火力发电厂设计规范》的规定，采用三分仓空气预热器正压直吹式制粉系统的冷一次风机的基本压头，应按设计煤种及锅炉最大连续蒸发量时与磨煤机投运台数相匹配的运行参数计算，应包括制造厂保证的磨煤机及分离器阻力、锅炉本体一次空气侧阻力（含自生通风）、空气预热器阻力、管路系统阻力及燃烧器处炉膛静压（为负值）。

该规定也适用于四分仓空气预热器正压直吹式制粉系统的冷一次风机。在计算阻力时，应向设备制造厂明确上述磨煤机及分离器阻力、空气预热器阻力、燃烧器阻力不包括设备的设计裕量。

（3）根据 GB 50660—2011《大中型火力发电厂设计规范》的规定，采用三分仓空气预热器正压直吹式制粉系统的冷一次风机的风量裕量宜为 20%～30%，宜另加温度裕量，可按夏季通风室外计算温度确定；风机的压头裕量宜为 20%～30%。

该规定也适用于四分仓空气预热器正压直吹式制粉系统的冷一次风机。对于动叶可调轴流式风机，风机的高效区较大，较大的风量裕量对风机效率影响较小，风量裕量可以选择较大。但是，对于双级动叶可调轴流式风机，应关注机组低负荷工况、机组在部分负荷跳磨煤机的工况以及辅机故障减负荷（RB）工况下，风机运行点离失速点的安全距离。

2. 送风机的风量和压头计算

（1）根据 GB 50660—2011《大中型火力发电厂设计规范》的规定，送风机的基本风量应按锅炉燃用设计煤种及相应的过量空气系数计算，应包括锅炉在最大连续蒸发量时需要的二次空气量及制造厂保证的空气预热器运行一年后送风侧的净漏风量。

锅炉的过量空气系应由锅炉制造厂提供，在未得到该数值前，可参考表 2-10。

表 2-10 炉膛出口过量空气系数 α_F

燃烧室类型		燃料	燃烧方式	过量空气系数 α_F	
				大容量锅炉	中小容量锅炉
煤粉炉	固态排渣	烟煤、褐煤	切向	1.15～1.20	无烟煤、贫煤：1.20～1.25* 烟煤、褐煤：1.20
		烟煤、褐煤	墙式对冲	1.15～1.20	
		无烟煤、贫煤	双拱（W 火焰）	1.25～1.30	
	液体排渣（开式、半开式）	无烟煤、烟煤	—	1.20～1.25	1.20～1.25
		烟煤、褐煤	—	1.15～1.20	1.20

续表

燃烧室类型	燃料	燃烧方式	过量空气系数 α_F	
			大容量锅炉	中小容量锅炉
重油、煤气炉	重油、焦炉煤气	—	1.02～1.03	1.10**
	天然气、高炉煤气	—	1.03～1.05	

* 热风送粉时取较大值。

** 燃煤气炉采用气密炉墙及正压送风时，炉膛出口过量空气系数可取为 1.05；对燃油炉采用自动调节油量与空气量，且炉膛漏风系数小于 0.05 时，可取炉膛出口过量空气系数为 1.02～1.03。

（2）根据 GB 50660—2011《大中型火力发电厂设计规范》的规定，送风机的基本压头应按设计煤种及锅炉最大连续蒸发量工况计算，应包括制造厂保证的锅炉本体空气侧阻力（含自生通风）、管路系统阻力及燃烧器处炉膛静压（为负值）。

在计算阻力时，应向设备制造厂明确上述空气预热器阻力、燃烧器阻力不包括设备的设计裕量。

（3）根据 GB 50660—2011《大中型火力发电厂设计规范》的规定，对于三分仓空气预热器系统，送风机的风量裕量不宜低于 5%，宜另加温度裕量，可按夏季通风室外计算温度确定；送风机的压头裕量不宜低于 15%。当采用两分仓或管箱式空气预热器时，送风机的风量裕量宜为 10%，宜另加温度裕量，可按夏季通风室外计算温度确定；压头裕量宜为 20%。当采用热风再循环系统时，送风机风量裕量不应小于冬季运行工况下的热风再循环量。

3. 引风机的风量和压头计算

（1）根据 GB 50660—2011《大中型火力发电厂设计规范》的规定，引风机的基本风量应按燃用锅炉设计煤种在最大连续蒸发量时的烟气量、制造厂保证的空气预热器运行一年后烟气侧漏风量及锅炉烟气系统漏风量之和确定。

（2）根据 GB 50660—2011《大中型火力发电厂设计规范》的规定，引风机的基本压头应按设计煤种锅炉最大连续蒸发量工况计算，包括制造厂保证的锅炉本体烟气侧阻力（含自生通风及炉膛起始点负压）、烟气脱硝装置、烟气换热器（如有）、烟气脱硫装置（当与增压风机合并时）、除尘器及管路系统阻力。

在统计阻力时，应向设备制造厂明确上述锅炉烟气侧阻力、空气预热器阻力、脱硝系统阻力、脱硫系统阻力不包括设计裕量。对于烟气系统中存在其他阻力部件，如烟气换热器（含 GGH）等，也应按其不包含阻力裕量的计算值计入引风机基本压头。

（3）根据 GB 50660—2011《大中型火力发电厂设计规范》的规定，引风机的风量裕量不宜低于 10%，宜另加 10～15℃的温度裕量；引风机的压头裕量不低于 20%。

由于烟气系统内设备众多，也可按不同设备的阻力裕量分别计算，例如空气预热器的阻力裕量按 50%计算，脱硝系统阻力裕量按催化剂阻力的 30%计算，脱硫塔阻力裕量按制造厂提供的数据，其他部件（如所有的烟道、锅炉烟气侧、烟气换热器）的阻力裕量按 10%计算。

三、风机进出口管道布置设计

轴流式风机和离心式风机进出口管道的布置对风机效率影响较大，应合理设计。

（1）轴流式风机和离心式风机入口的直管段长度（含连接件）宜不小于 2.5 倍管段当量直径；当直管段长度（含连接件）不能满足上述要求时，应符合下列要求：

1）轴流式风机入口连接件（又称为收敛段）应靠近风机进气箱布置。

2）轴流式风机入口直管段长度（含连接件）应不低于 2 倍叶轮直径。

3）轴流式风机入口连接件为对称收缩时，单侧收缩角度应不大于 15°；连接件为单侧收缩时，收缩角度应不大于 30°，且收缩侧应为远离叶轮的一侧。

（2）为提高风机的调节效率，降低离心式风机进口处的阻力，宜装设进口风箱。风箱进口截面处的流速不应超过 15m/s，其截面的相邻两边之比宜为 0.3～0.5。风箱出口处的连接短管应设计成圆锥角为 $\alpha=40°～60°$ 的收缩型短管。进风箱内应设置阻旋板，防止产生旋涡而引起风机振动。

（3）轴流式风机和离心式风机出口的直管段长度（含连接件）不宜小于 2.5 倍风机出口当量直径。

（4）当风机出口的直管段内工质流速不大于 12.5m/s 时，风机出口（包括扩散过渡段）的直管段长度与管路当量直径之比不宜小于 2.5。当风机出口的直管段内工质流速大于 12.5m/s 时，气流速度每增加 5m/s，风机出口的直管段长度宜增加 1 倍管路当量直径。

（5）当风机出口的直管段直接连接弯管时，其布置方式应有利于气流均匀流动，弯管的曲率半径与管路当量直径之比不宜小于 1.5。

（6）当弯管必须位于风机出口附近，直管段长度（含连接件）不能满足上述要求时，风机出口直管段长度（含连接件）应不低于 1.5 倍风机出口当量直径，且这段弯管的曲率半径与管道当量直径之比应大于 1.5，并应请风机制造厂进行系统效应损失的计算。

（7）轴流式风机和离心式风机出口连接件（又称为扩张段）的扩散角不宜超过 7°，并应符合下列规定：

1）对非对称型扩散管，当扩散角 $\alpha > 20°$ 时，扩散管中心线宜偏向叶轮旋转方向，并应使风机出口外侧边的延长线与扩散管外侧边之间的夹角 $\beta \approx 10°$；当扩散角 $\alpha \leqslant 20°$ 时，应使夹角 $\beta \approx 0 \sim \alpha / 2$，见图 2-9。

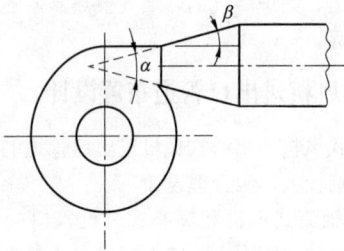

图 2-9　离心式风机出口非对称型扩散管
当 $\alpha \leqslant 20°$ 时，$\beta = 0 \sim \alpha / 2$；当 $\alpha > 20°$ 时，$\beta = 10°$

2）对称型扩散管：扩散管宜尽量长些，一般按 $l/b = 2 \sim 6$ 选用，见图 2-10。

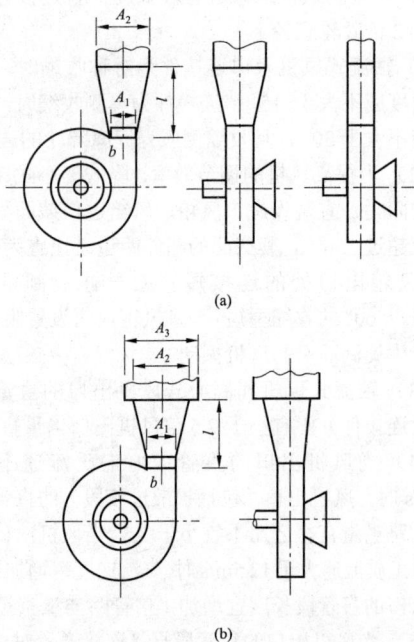

(a)

(b)

图 2-10　离心式风机出口对称型扩散管
（a）菱锥形扩散管；（b）阶梯形扩散管

四、烟风道内介质流速选择

烟风道内介质流速的选择，既是系统安全运行的要求，也是降低系统阻力的重要手段。

（1）烟风管道内介质流速的选择，应考虑介质特性、设备条件以及运行费用和工程投资等因素。对于烟道，应考虑防止过量积灰和磨损的要求。

（2）应注意煤种变化对介质流速的影响。

（3）设计流速应按表 2-11 的规定确定，表中推荐数值适用于如下条件：

表 2-11　烟风管道的推荐设计流速

管 道 名 称	流速（m/s）	备注
送风机及一次风机进、出口冷风道	10～12	
循环流化床锅炉流化风机进、出口冷风道	10～20	
热风（包括温风）总风道	15～25	
空气预热器热风再循环风道	25～35	见 4）项
干燥剂送粉、一次风机热风送粉及直吹式制粉系统的二次风道	15～25	
送风机热风送粉系统的二次风道	25～35	见 4）项
循环流化床锅炉空气预热器出口热一次风道及热二次风道	15～25	
循环流化床锅炉播煤增压热风道	15～25	
空气预热器后通往烟囱的烟道	10～15	见 5）项
脱硫吸收塔出口的玻璃钢烟道	10～20	见 6）项
通往磨煤机、高温干燥风机和热一次风机的压力冷风道	10～25	见 7）项
通往磨煤机、高温干燥风机、热一次风机和排粉机的热（温）风道	20～25	见 8）项
通往磨煤机的高温烟道和炉烟、热风混合烟道	12～28	见 9）项
冷炉烟风机通往混合室的低温烟道	10～15	

1）按锅炉最大连续出力（BMCR）工况计算流速。

2）按设计煤种计算流速，并应在燃用校核煤种的条件下介质流速不超出推荐流速上、下限。

3）所列数据为主管道流速。当介质流量较小及（或）单位长度局部阻力较小时，可取推荐流速范围内的较大值，反之取较小值。对于短管道，可根据设备的接口尺寸确定。对于支管，可按此管道可用压降的大小，取用适当的高流速。

4）对于热风再循环风道及送风机热风送粉系统的二次风道，应进行剩余压头裕量的验算。当剩余压头较大时，流速宜取上限值。

5）空气预热器通往除尘器的烟道，当燃用高灰分且磨损性较强的燃料时，流速宜取下限值。脱硫后的烟道及湿式除尘器后的烟道，流速宜取上限值。

6）对于脱硫吸收塔出口直接接入排烟冷却塔的玻璃钢烟道，流速宜取为 15～20m/s。其他的玻璃钢烟道（如脱硫吸收塔出口至湿式除尘器进口的烟道、湿式除尘器出口至烟囱的烟道），流速宜取为 14～15m/s。

7）压力冷风流速选取时，应进行剩余压头裕量的验算，并以冷热风汇合处的冷风静压高于热风静压作为必要条件。对于正压直吹式制粉系统的压力冷风（调温风），流速宜取为 10～15m/s。

8）当校核煤质原煤水分比设计煤质大得多且影响干燥出力时，流速宜取下限值。

9）对于褐煤炉风扇磨煤机制粉系统的高温烟道，流速宜取为 20～28m/s。对于内保温结构形式（内壁敷设耐火砖）的高温烟道和混合烟道，当煤粉系统抽吸能力允许时，宜选取较高流速。对于外保温结构形式的高温烟道和混合烟道，宜选取较低流速。对钢球磨煤机储仓式系统，应综合考虑布置、系统漏风和风机耗电等因素后选取。

10）高海拔气压修正为：①确定在海拔标高大于300m 地区的烟风管道截面时，应考虑大气压力降低的影响，对介质的容积流量和表 2-11 的推荐流速进行修正。②烟风道的流量修正系数为 1013/B，流速不进行修正。B 为当地海拔标高下的年平均大气压力，单位为 hPa，标准大气压下为 1013hPa。

五、一次风系统节能设计案例

通常情况下，300MW 及以上机组空气预热器出口的一次风温高于磨煤机进口所需要的风温。如燃烧烟煤的机组，空气预热器出口的热一次风温通常为300～380℃，而磨煤机进口风温一般要求为 200～280℃。通常采用冷、热一次风混合的方式，其缺点是部分冷一次风没有进入空气预热器，降低了冷却烟气的能力。

优化后的一次风系统为：全部的一次风进入空气预热器中加热，在热一次风道上设置风冷却器。风冷却器采用给水或凝结水冷却热一次风，同时用来调节风冷却器出口的热一次风温度。该方案的系统示意见图 2-11。

该方案的优点如下：

（1）空气预热器的进风量增加，可降低排烟温度，特别是机组部分负荷工况下可充分利用空气预热器的换热面积。

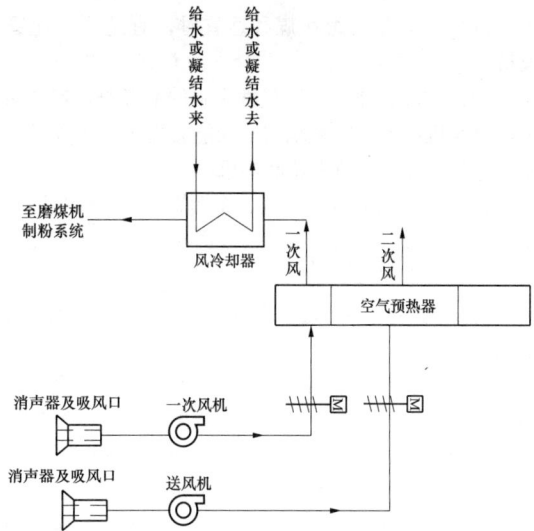

图 2-11　一次风节能优化系统示意

（2）锅炉排烟的部分能量以热一次风为媒介传递给给水或凝结水，可降低汽轮机热耗率。

（3）通过给水或凝结水流量的调整可较精确地调节磨煤机进风热风温度。

该方案的缺点如下：

（1）增加了一次风机的压头，增加了厂用电率。

（2）该方案受煤种局限，不适合热一次风温和磨煤机进口所需风温之差较小（如小于 20℃）的情况，如高水分煤。

第三节　制粉系统节能设计

制粉系统的设计与煤种关系很大。煤粉易燃易爆，制粉系统的设计应首先满足安全需要。在满足煤质条件和安全性的前提下，制粉系统的型式和磨煤机的型式基本确定，但不同的制粉系统和磨煤机的能耗有所差异，本节列出了它们对能耗的影响。制粉系统的节能设计重点在于选择容量合适的磨煤机，采用合理的煤粉管道布置以降低系统阻力。

一、磨煤机选型

磨煤机选型的主要依据为煤质（如煤的挥发分、可磨性指数、冲刷磨损指数等），可能的煤种变化范围，负荷性质和磨煤机的适用条件，并结合锅炉燃烧方式、炉膛结构和燃烧器结构，按有利于安全运行、提高燃烧效率、降低 NO_x 排放的原则，同时也应考虑制粉系统的能耗、初投资等因素，经过技术经济比较后确定。

1. 磨煤机选型原则

磨煤机型式的选择应符合下列原则：

（1）大容量机组在煤种适宜时，宜选用中速磨煤机。

（2）燃用高水分、磨损性不强的褐煤时，宜选用风扇磨煤机；当制粉系统的干燥能力满足要求并经论证合理时，也可采用中速磨煤机。

（3）燃用低挥发分贫煤、无烟煤、磨损性很强的煤种时，宜选用钢球磨煤机或双进双出钢球磨煤机。

2. 磨煤机计算出力

磨煤机的计算出力应有备用裕量，宜符合下列要求：

（1）对风扇磨煤机和中速磨煤机，在磨制设计煤种时，除备用外的磨煤机，总计算出力不应小于锅炉最大连续蒸发量时燃煤消耗量的110%；在磨制校核煤种时，全部磨煤机的总计算出力不应小于锅炉最大连续蒸发量时的燃煤消耗量。磨煤机的计算出力按磨损中后期出力计算。

（2）对双进双出钢球磨煤机，磨煤机总计算出力在磨制设计煤种时不应小于锅炉最大连续蒸发量时燃煤消耗量的115%；在磨制校核煤种时，不应小于锅炉最大连续蒸发量时的燃煤消耗量；磨煤机的计算出力宜按制造厂推荐的钢球装载量计算。

（3）对储仓式制粉系统的钢球磨煤机，每台锅炉装设的磨煤机总计算出力（在最佳钢球装载量下）在磨制设计煤种时不应小于锅炉最大连续蒸发量时燃煤消耗量的115%；在磨制校核煤种时，不应小于锅炉最大连续蒸发量时的燃煤消耗量。当1台磨煤机停止运行时，其余磨煤机按设计煤种的计算出力应能满足锅炉不投油情况下安全稳定运行的要求；必要时可经输粉机由邻炉输粉。

3. 磨煤机能耗

制粉系统的能耗包括磨煤机自身的电耗和通风电耗。常见的各种磨煤机的特点和能耗比较见表2-12。

表 2-12　　　　　　　　　　　各种磨煤机特点和能耗比较

项目	钢球磨煤机		中速磨煤机			高速磨煤机
	筒式磨煤机	双进双出磨煤机	RP（HP）型	MPS 型（ZGM 型）	E 型	风扇磨煤机
适应煤种	无烟煤、低挥发分贫煤	无烟煤、低挥发分贫煤、冲刷磨损指数高的烟煤	高挥发分贫煤和烟煤，表面水分小于19%的褐煤			褐煤
煤的冲刷磨损指数 K_e	不限，特别适合 $K_e>3.5$		≤1.0	≤2.0	≤3.5	≤3.5
煤的可磨性指数 K_{VTI}	不限	不限		>1.2		>1.3
收到基灰分（%）	不限	不限	<25～30			<25～30
煤粉细度 R_{90} 范围	4～25	4～25	8～35	8～35	10～30	25～50
通风阻力（kPa）	2～3	2～3	3.5～5.5	5～7.5	5～7.5	2.16～2.56
通风电耗（kW·h/t）	8～15	10～19	12	14～15	14～15	—
磨煤电耗（kW·h/t）	15～20（烟煤） 20～25（无烟煤）	20～25（烟煤） 25～29（无烟煤）	8～11	6～7	7～10	—
制粉电耗（kW·h/t）	22～35（烟煤） 30～40（无烟煤）	30～44（烟煤） 35～48（无烟煤）	20～23	20～23	22～28	13～15

磨煤机选用动态分离器或动静态混合器，有助于提高锅炉的效率。磨煤机采用动态分离器或动静态混合器，可优化分配器内风粉混合气体的流速、流向和分布情况，提高煤粉分配均匀性和降低煤粉的细度。例如，HP 型中速磨煤机带静态分离器的出口煤粉细度为 200 目过筛率 70%，带动静态分离器的出口煤粉细度达 200 目过筛率 78.5%。

二、制粉系统选择

制粉系统的选择应与磨煤机选型相结合，符合煤的特性、煤种的变化范围和磨煤机的特性及制粉细度的要求，并考虑锅炉炉膛和燃烧器结构、初投资、运行成本等诸多因素，以达到安全、经济运行的目的。

常见的制粉系统有中间储仓式钢球磨煤机热风送粉制粉系统、中间储仓式钢球磨煤机乏气送粉制粉系统、中速磨煤机冷一次风直吹式制粉系统、双进双出钢球磨煤机直吹式制粉系统、风扇磨煤机直吹式制粉系统。制粉系统的选择应符合下列要求：

（1）采用中速磨煤机、风扇磨煤机或双进双出钢球磨煤机制粉设备时，宜采用直吹式制粉系统。

（2）当燃用非易燃易爆煤种，且采用常规钢球磨煤机制粉设备时，宜采用储仓式制粉系统。

三、管道布置

合理的管道布置能降低管道阻力、减少磨损、均匀煤粉分配、提高锅炉效率，必要时可通过软件对管系内两相流的流场进行模拟，以帮助优化布置。

（1）直吹式制粉系统的送粉管道设计流速为 22～28m/s，下限值适用于水平布置的管道。

（2）各燃烧器的送粉管道阻力应尽量接近，必要时可加装缩孔或其他调节部件。

（3）送粉管道应满足锅炉燃烧器整体设计要求。

（4）送粉管道分叉管的布置，应考虑阻力、惯性力等对风粉均匀性的影响，并应满足下列要求：

1）分叉管宜布置在垂直管段上；如在水平管段上分叉，则分叉管应水平布置，切忌分叉管上下层布置。

2）直吹式煤粉分离器出口的垂直管段上布置分叉管时，分叉管前应有一定长度的直管段。

3）水平管的垂直弯管后紧接分叉管时，宜使 α 角接近 90°，β 角不应小于 90°，见图 2-12。

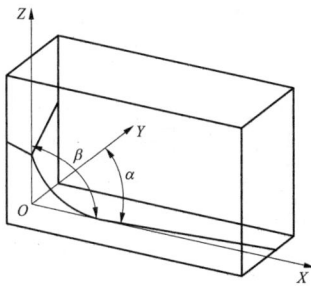

图 2-12　带弯管的分叉管

（5）直吹式送粉管道，为使煤粉分配均匀，可设置煤粉分配弯头或煤粉分配器。对大容量锅炉，宜优先选用煤粉分配器。

（6）热风送粉系统的送粉管道布置还应满足下列要求：

1）排粉机出口风箱的型式及引出管的位置，应使各根煤粉管道气流和煤粉分配均匀。

2）排粉机出口处应先接一个分配风箱，再在分配风箱上接出一次风道（乏气送粉时）或三次风道（热

风送粉时）。分配风箱的形状应保证送至各风道的风量均匀分配，在风箱接出的每根风道的接口处应设装隔离风门，该风门宜布置在易操作的运转层以上 1m 左右的位置。

（7）给粉机出口的给粉管应遵守下列规定：

1）给粉管道的布置，应使煤粉仓下粉均匀。

2）给粉管应顺着气流方向与气粉混合器短管相接，其与水平面的倾斜角不应小于 50°。

第四节　烟气余热利用系统设计

锅炉排烟热损失是火电厂中主要的热损失之一，采用排烟余热利用系统可降低排烟温度，提高电厂的经济性，是提高机组热效率的重要途径之一。

烟气余热利用的主要方式包括：①利用烟气余热加热凝结水——低温省煤器方案；②利用烟气余热加热进入锅炉的空气，即加热二次风和（或）一次风——烟气余热二元利用方案；③低温烟气置换出高温烟气热量，加热给水和凝结水——烟气余热梯级利用方案。

利用烟气余热在提高全厂热效率的同时，对于设置静电除尘器的机组，采用烟气余热利用技术降低静电除尘器进口的烟气温度，可降低烟气中飞灰比电阻，可提高除尘器的收尘效率，如烟温降低到酸露点以下，采用低低温静电除尘器可进一步提高除尘器和湿式石灰石-石膏法脱硫塔的收尘效率。

不同的烟气余热利用技术，由于烟气换热装置布置位置的不同，将对烟气系统，一、二次风系统和汽轮机凝结水系统的阻力产生不同程度影响。

因此，需根据工程实际对烟气余热利用系统进行技术经济分析，以确定技术方案。

一、低温省煤器方案

1. 原理

在空气预热器下游设置烟气换热器，又称低温省煤器或低压省煤器，放热介质为烟气，吸热介质为汽轮机热力系统中的凝结水。凝结水在烟气换热器内吸收排烟热量，降低了排烟温度，自身被加热、升高温度后再返回汽轮机低压加热器系统，取代低压加热器的部分汽轮机抽汽。在汽轮机进汽量不变的情况下，节省的抽汽在汽轮机内继续膨胀做功；在机组发电量不变的情况下，可减少汽轮机进汽，节约机组的能耗。通常从某个低压加热器引出部分或全部冷凝水，送往烟气热量回收装置。

烟气换热器的水侧与凝结水系统有以下三种连接方式：

（1）烟气换热器与低压加热器串联布置；

（2）烟气换热器与低压加热器并联布置；

（3）烟气换热器与低压加热器串并联布置。

烟气换热器的烟气侧通常有以下三种布置方式：

（1）烟气换热器布置在除尘器进口；

（2）烟气换热器布置在脱硫吸收塔进口；

（3）烟气换热器分级布置，分别布置在空气预热器和除尘器之间、除尘器和脱硫吸收塔之间。

2. 烟气换热器的水侧与凝结水系统的连接

（1）烟气换热器与低压加热器串联布置。如图 2-13 所示，从第 j-1 级低压加热器出口引出全部凝结水送入烟气换热器，加热升温后全部返回第 j 级低压加热器的入口。从凝结水系统看，烟气换热器串联于低压加热器之间，成为热力系统的一个组成部分。

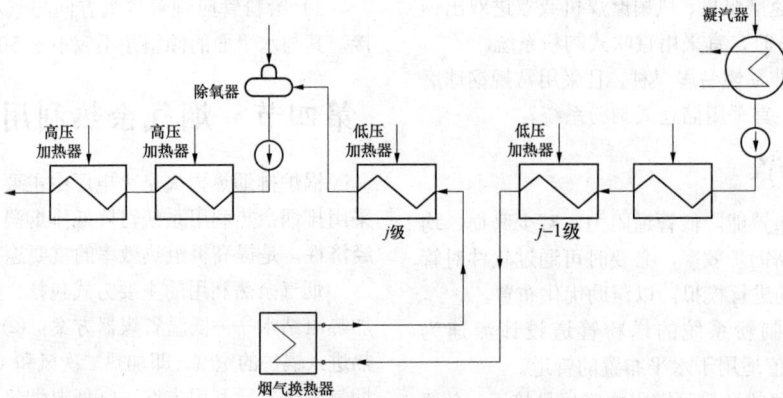

图 2-13　烟气换热器与低压加热器串联布置

串联系统的优点为：①流经烟气换热器的水量大，在烟气换热器的受热面一定时，锅炉排烟的冷却程度和烟气换热器的传热负荷大，换热器传热效率较高，经济性较好。②运行时无需进行调节，运行方式简单。

串联系统的缺点为：①凝结水流程的阻力增加，凝结水泵的压头增加。②不同机组负荷下无法进行调节，无法使各个负荷下烟气余热系统都达到最佳节能效果。

（2）烟气换热器与低压加热器并联布置。如图 2-14 所示，从第 j-1 级低压加热器出口分流部分凝结水去烟气换热器，加热升温后返回热系统，在第 j+1 级低压加热器的入口处与主凝结水相汇合。从凝结水系统看，烟气换热器与第 j 级低压加热器成并联方式；与之并联的低压加热器也可以是多个。

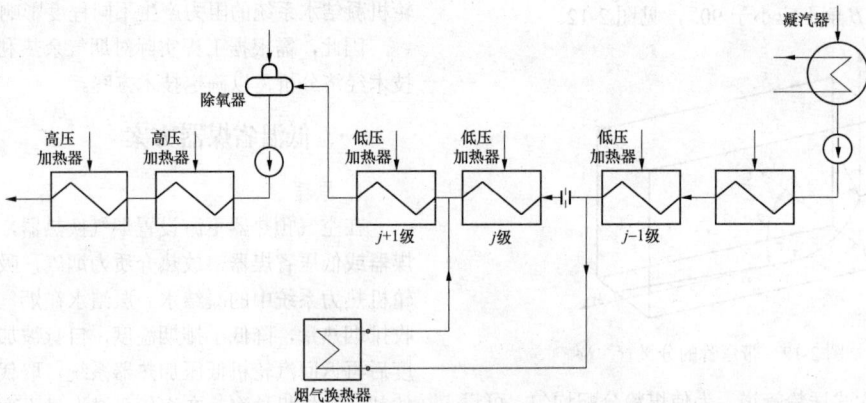

图 2-14　烟气换热器与低压加热器并联布置

并联系统的优点为：①不增加凝结水泵扬程。并联的部分凝结水旁路一个或若干个低压加热器，所减少的低压加热器水侧阻力通常可以补偿烟气换热器及其连接管道所增加的阻力。如若烟气换热器阻力较大，还可以对部分凝结水设增压泵。这对旧电厂改造较为有利。②可以通过设置调节阀调节旁路凝结水的流量，使得机组各个负荷下都能发挥烟气余热系统的最佳节能效果。③并联的烟气换热器系统是一个独立的旁路，可与主凝结水系统隔离，便于停用和维修。

并联系统的缺点为：烟气换热器的热传递效率较差。因为分流量小于全流量，相同条件下烟气换热器的出口水温将比串联时高，因此烟气换热器的传热温压将比串联系统低。

（3）烟气换热器与低压加热器串并联布置。如图 2-15 所示，从第 $j-1$ 级低压加热器出口引出全部凝结水送入烟气换热器，加热升温后全部返回第 j 级低压加热器的入口；或者引出部分凝结水在第 $j+1$ 级低压加热器的入口处与主凝结水汇合。采用这种连接方式，根据烟气换热器出口的凝结水温度，决定凝结水回到哪一级低压加热器入口。通过阀门的设置和开关，在运行时可进行两种方式的切换或同时运行。在机组高负荷时，排烟温度高，可采用串联的方式加热更多的凝结水。在机组低负荷时，排烟温度低，可采用并联的方式加热部分凝结水，并保证烟气热量回收装置中凝结水的出口温度保持在一定数值之上。

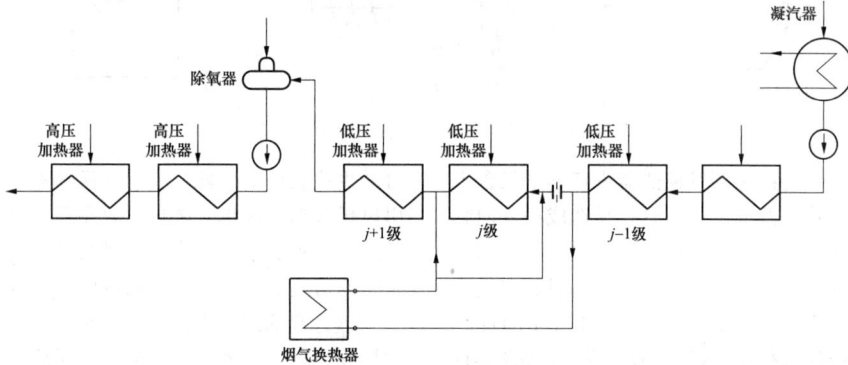

图 2-15　烟气换热器与低压加热器串并联布置

（4）带循环泵的烟气换热器与低压加热器串并联布置。如图 2-16 所示，考虑到机组部分负荷下，第 $j-1$ 级低压加热器出口凝结水温度较低，为了控制烟气换热器受热面低温腐蚀的速率，受热面管道的金属壁温应不低于某一设定值（如采用 ND 钢，建议金属壁温不低于 60℃），所以可采用凝结水再循环，提高烟气换热器入口凝结水温度，从而保证机组各种负荷工况下，烟气换热器都能安全可靠运行。

该系统的运行方式为：当烟气换热器的进水温度低于设定温度时，开启再循环泵，控制烟气换热器的进水温度为最佳范围。

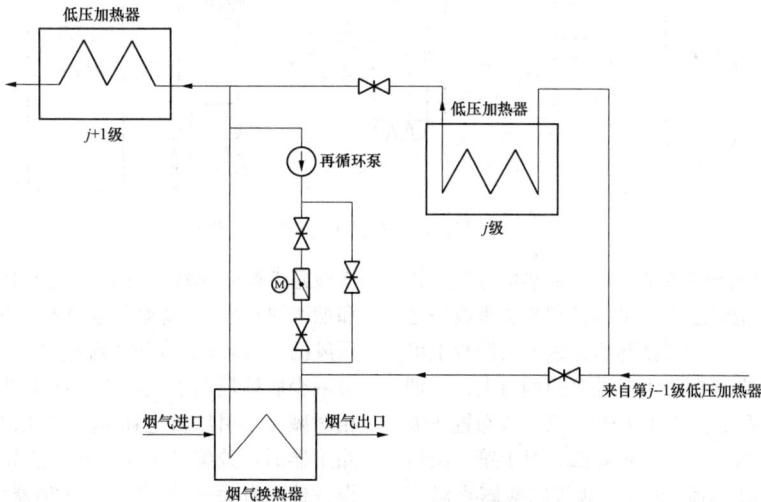

图 2-16　带循环泵的烟气换热器与低压加热器串并联布置

3. 烟气换热器的烟气侧布置方式

（1）烟气换热器布置在电除尘器进口。如图 2-17 所示，采用这种方案可将电除尘器进口的烟气温度降低到酸露点以下，同时采用低低温电除尘器。

该方案的优点：①降低除尘器入口烟气温度，提高除尘器除尘效率。当烟气温度降低到酸露点温度以下，采用低低温电除尘器，可进一步提高除尘器的除尘效率，也有利于提高下游的湿式石灰石-石膏法脱硫塔的除尘效率。对于烟煤，烟温建议降低到（90±5）℃。②烟气换热器下游的烟气体积流量减少，与烟气换热器布置在吸收塔进口的方案相比，可相对降低引风机电耗，也有利于提高除尘器效率和脱硫塔效率。③进入湿式石灰石-石膏法脱硫的烟气温度降低可减少脱硫塔的水耗。

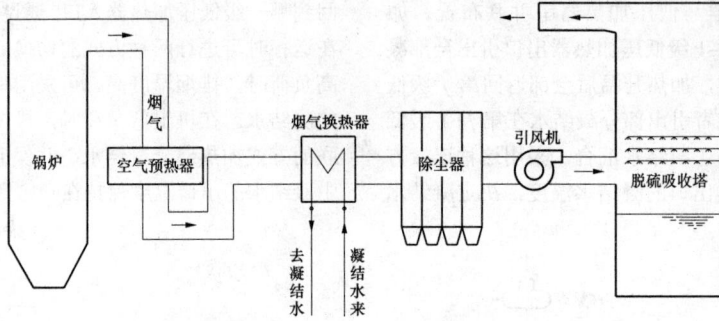

图 2-17　烟气换热器布置在除尘器进口

该方案的缺点为：①烟气换热器进口的烟气含尘量高，对换热器管束冲刷严重，且容易造成积灰而影响换热效率。②不适合于布袋除尘器和电袋除尘器。由于烟温的降低及烟气湿度的增加，容易引起布袋除尘器的糊袋，给袋式除尘器的运行带来不安全因素。

（2）烟气换热器布置在脱硫吸收塔进口。如图 2-18 所示，该方案的优点为：①烟气经过除尘器后，烟气换热器处于低尘区工作，因此飞灰对管壁的磨损程度将大大减轻。②除了烟气余热外，还利用了引风机（增压风机）的温升。③进入湿法脱硫塔的烟气温度降低，

可减少脱硫塔的水耗。④烟气换热器布置在除尘器、引风机（增压风机）之后，只要考虑对烟气换热器的低温段材料和烟气换热器与吸收塔之间的烟道进行防腐。⑤可用于布袋除尘器和电袋除尘器。

该方案的缺点为：①无法利用烟气温度降低带来的提高电除尘器效率的好处。②无法利用烟气温度降低带来的相对降低引风机电耗的好处。③SO_3 对烟气换热器的腐蚀增加。④烟气换热器位置远离主厂房，用于降低烟气温度的凝结水管道和用于吹灰的辅助蒸汽管道较长。

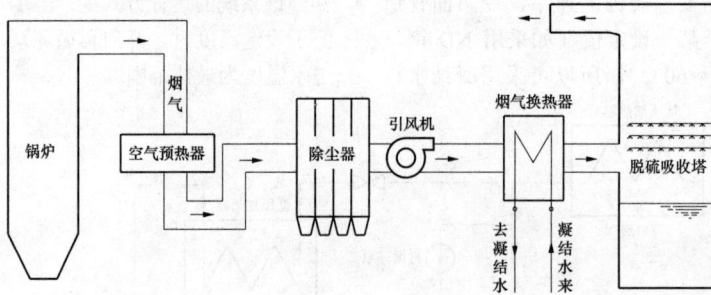

图 2-18　烟气换热器布置在脱硫吸收塔进口

（3）烟气换热器分级布置。烟气换热器分别布置在空气预热器与除尘器之间、引风机和脱硫吸收塔之间，如图 2-19 所示。将烟气换热器分为烟气流程上串联的两级，第一级布置在除尘器进口的烟道上，将烟气温度冷却到烟气酸露点以上 10℃；第二级布置在吸收塔的进口，将烟气温度进一步降低。对于第一级烟气换热器，其烟气出口温度高于烟气的酸露点温度 10℃以上，以避免下游设备，如引风机及烟道的腐蚀。系统中设置第一级烟气换热器的凝结水旁路，并设置调节阀，在低负荷工况下，部分凝结水走第一级低温省煤器的旁路，以保证第一级烟气换热器出口的烟气温度在酸露点之上，减少了烟道、引风机腐蚀的风险。

该方案的优点为：①降低了除尘器入口烟气温度，提高了除尘器除尘效率。②除尘器进口的烟气温度维持

在酸露点温度 10℃以上，避免了烟气对除尘器、风机和烟道的腐蚀。③除烟气余热外，还利用了引风机（增压风机）的温升。④进入湿法脱硫塔的烟气温度降低，可减少脱硫塔的水耗。⑤降低了引风机的入口风量，相对减少了引风机电耗。⑥第二级烟气换热器布置在除尘器后，改善了工作条件，使其受热面磨损减少，设备使用寿命延长。⑦烟气换热器分级后降低了脱硫塔进口布置空间的要求；同时，分级的换热器荷载降低，也减轻了对地基处理的要求，因此比较适合于改造项目。

该方案的缺点为：①第二级烟气换热器位置远离主厂房，用于降低烟气温度的凝结水管道和用于吹灰的辅助蒸汽管道较长，凝结水泵需克服的管道阻力也较高。②第二级换热器有腐蚀的风险。③系统较为复杂。

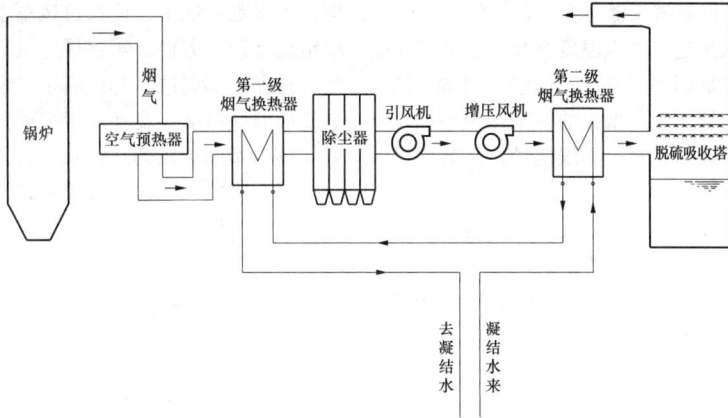

图 2-19　烟气换热器分级布置

二、烟气余热二元利用方案

此方案利用烟气余热加热两种介质，即进入锅炉的冷风及汽轮机回热系统的凝结水，系统连接如图 2-20 所示。

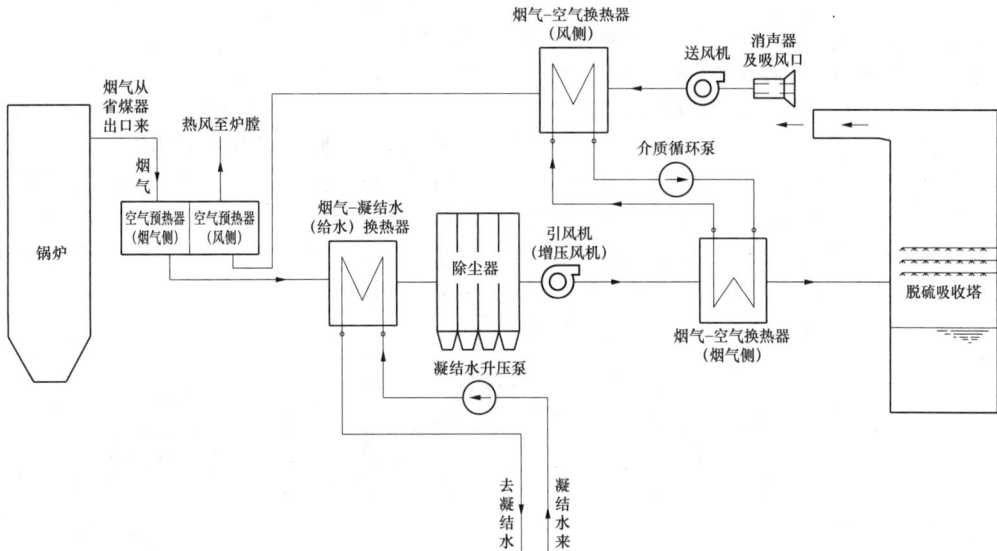

图 2-20　烟气余热二元利用方案

采用烟气余热二元利用方案，一方面，利用吸收塔入口的烟气加热锅炉进口的冷一次风和（或）冷二次风。冷风通过空气预热器后，冷风温度提高的能量一小部分转化为热风温度的提高并最终输进炉膛，提高了锅炉效率。另一方面，大部分冷风温度提高的能量经空气预热器转移至锅炉排烟，提高出口排烟温度（通常，锅炉排烟温度从 120～130℃上升至 150～160℃），较高温度的烟气具有的能量品位也较高，通常可以加热更高温度的凝结水，以获得较高的热量利用效率。

该方案有两个换热器，即烟气-空气换热器和烟气-凝结水换热器。

烟气-空气换热器的换热过程由两个部分组成，即烟气侧放热、风侧吸热，热媒水通过循环泵将烟气侧的热量转移至风侧。循环泵可采用变频电动机，通过调节热媒水的流量控制风侧锅炉进风温度。烟气-空气换热器类似于常规的暖风器，区别是常规的暖风器采用辅助蒸汽加热冷风，冷风通常加热到 30℃，该方案以烟气余热加热冷风，冷风通常加热到约 50℃甚至更高。

烟气流程上，烟气-凝结水换热器位于烟气-空气换热器（烟气侧）的上游。烟气-凝结水换热器通常布置在除尘器的进口，也可布置在脱硫塔的进口。烟气-空气换热器（烟气侧）通常布置在脱硫塔进口，也可布置在除尘器的进口。换热器布置位置的优缺点与低温省煤器方案中换热器的布置位置优缺点类似。

烟气-凝结水换热器的功能与低温省煤器方案中烟气换热器的功能一样，其与凝结水系统中低压加热器的连接方式可参考低温省煤器方案。

采用该方案,锅炉进口冷风温度升高,会造成实际排烟温度升高,排烟热损失变大,使锅炉热效率减小;但同时进入锅炉的空气所携带的外来热量增加,使锅炉热效率增加。通常,对于烟煤锅炉,热效率可提高 0.1～0.3 个百分点。

需要说明的是,通过设置类似暖风器的装置加热进入锅炉的冷风,其对锅炉效率的影响,采用 ASME PTC 4—2008《锅炉性能试验规程》、GB/T 10184—2015《电站锅炉性能试验规程》中的计算方法与 GB/T 10184—1988《电站锅炉性能试验规程》中的计算方法,得出的结果是不同的。按前者的计算结果,锅炉效率提高;按后者的计算结果,锅炉效率下降。其主要原因是 ASME PTC 4—2008《锅炉性能试验规程》计算的锅炉效率为燃料效率,即基于燃料燃烧释放的热量,输入热量仅考虑燃料发热量。GB/T 10184—1988《电站锅炉性能试验规程》计算的锅炉效率为毛效率,即输入热量为进入锅炉系统内的总能量,除了燃料发热量外,还包括外来热量,如暖风器带来的热量、风机温升的热量等。本书中的锅炉效率按 ASME PTC 4—2008 的计算方法。

该方案的优点为:①提高了锅炉效率。②提高了排烟的温度,即提高了烟气余热的品位,用于加热凝结水,将排挤参数更高的汽轮机抽汽,烟气余热利用率较高。③可通过烟气-空气换热器控制锅炉进风温

度,大多数情况下,使得进风温度与环境温度无关,机组运行较为方便。④锅炉进风温度提高,避免了空气预热器冷端腐蚀。⑤提高了排烟温度,即提高了脱硝反应器进口烟气温度,可实现脱硝全负荷运行。

该方案的缺点为:①系统较为复杂,将设置多个换热器,凝结水和热媒水管道较长,投资较高。②烟气侧和空气侧都设置了换热器,引风机和送(一次)风机的电耗提高。

三、烟气余热梯级利用方案

1. 烟气余热梯级利用方案的系统组成

烟气余热梯级利用方案主要包括以下两个部分:

(1) 旁路部分空气预热器入口的烟气,使之不经过空气预热器,不参与烟气与空气的热交换。这部分烟气先后与给水(通过给水换热器)和凝结水(通过凝结水换热器)进行热交换,加热给水和凝结水。

(2) 凝结水换热器出口的旁路烟气,与空气预热器出口烟气汇合后,再通过烟气冷却器将能量传递给冷一次风和(或)冷二次风。

该方案的主要技术特点是充分利用锅炉出口温度较低的烟气,通过热媒水加热锅炉进口的冷风,置换出的部分高温烟气加热汽轮机系统较高温度的给水和凝结水,减少了回热系统较高品质的抽汽量,可以最大限度地利用余热,实现能量的梯级利用。该方案的典型系统见图 2-21 和图 2-22。

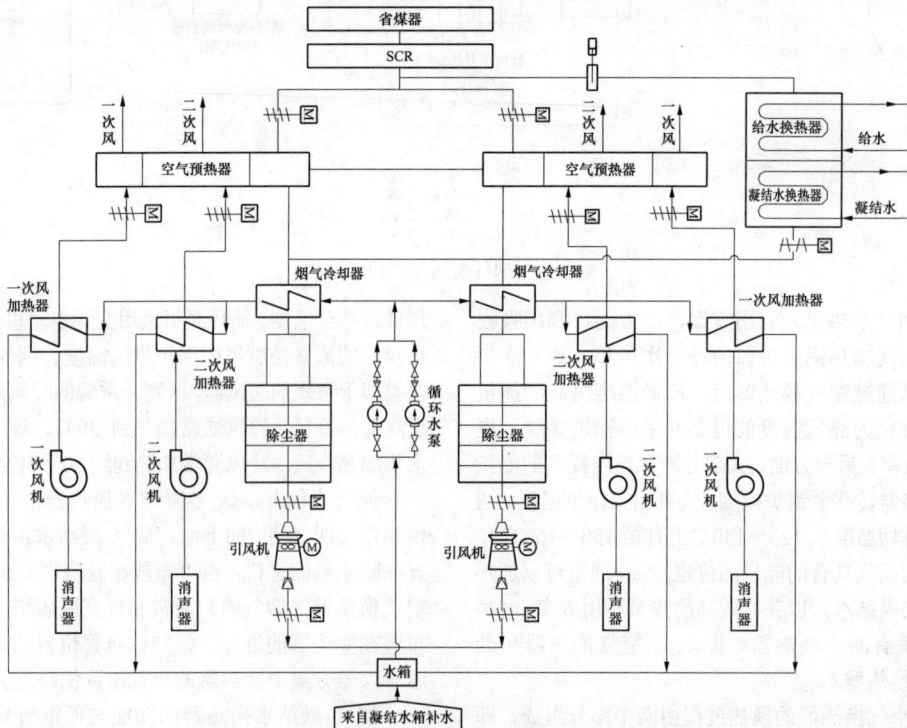

图 2-21　烟气余热梯级利用烟气侧系统示意

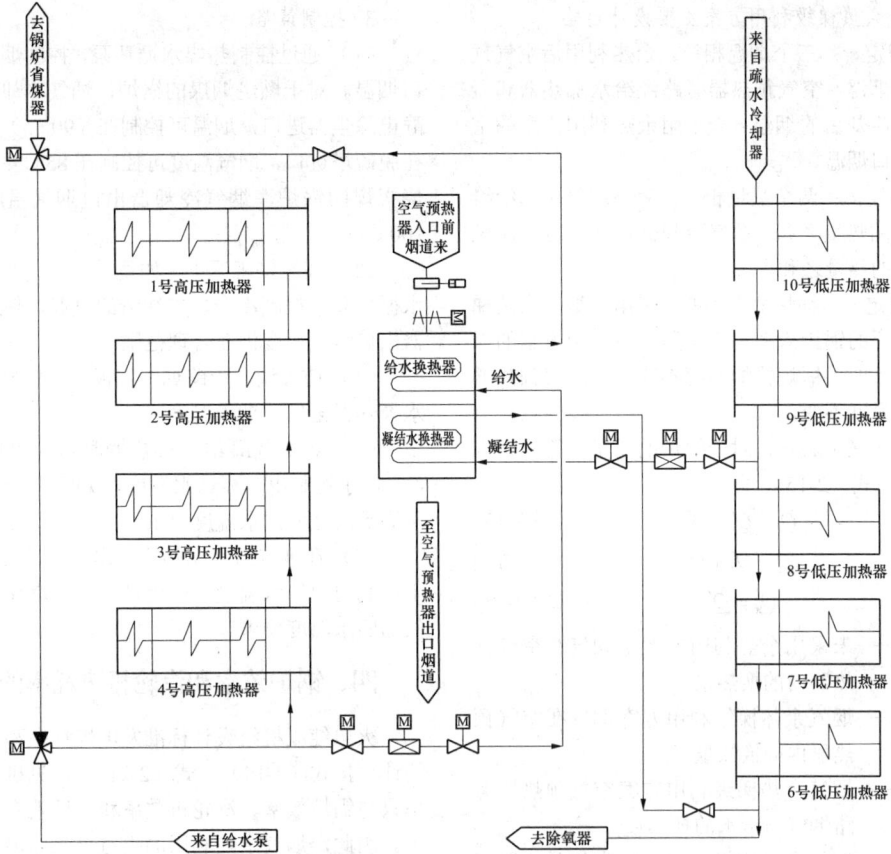

图 2-22　烟气余热梯级利用水侧系统示意

　　烟气冷却器可布置在除尘器的进口，也可布置在脱硫塔的进口。给水加热器和凝结水加热器与汽轮机给水、凝结水系统中的高压加热器、低压加热器的相互关系可以为并联，也可以串联，或者两者的结合。热媒水采用除盐水，并通过升压泵实现闭式循环，完成热量从烟气到冷风的传递。热媒水还设置有补水定压系统。

　　在气温较低的地区，当负荷低或者烟气冷却器发生故障解列时，为了保证空气预热器不发生低温腐蚀和烟气冷却器热媒水冻结的情况，有必要在烟气冷却器后设置中介热媒加热器，采用低压抽汽加热中介热媒水。正常情况下，中介热媒加热器解列，中介热媒水只经过烟气冷却器进行加热，如图 2-23 所示。

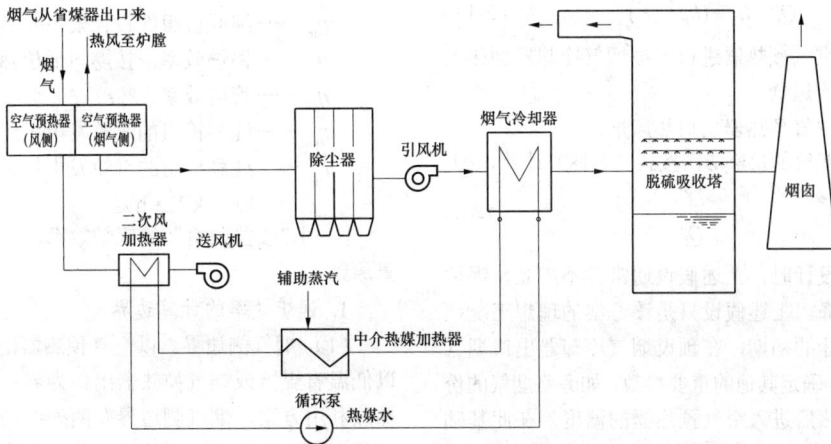

图 2-23　中介热媒水加热系统示意

2. 烟气余热梯级利用方案主要设计思路

（1）假定一：三个烟温相等。余热利用后空气预热器出口的烟温＝空气预热器旁路经给水加热器和凝结水加热器冷却后的烟温＝未采用余热利用方案的空气预热器出口烟温。

（2）假定二：两个热量相等。旁路烟气传递给给水和凝结水的热量之和＝烟气冷却器传递给冷一次风和冷二次风的热量之和。

（3）假定三：锅炉效率不变。采用了烟气余热梯级利用方案后的锅炉效率与未采用余热利用方案的锅炉效率相同，即①锅炉排烟温度不变；②空气预热器出口的热风温度不变。

针对上述三个假定，对于锅炉的热量平衡，符合式（2-13）～式（2-15），即

$$Q_1 = Q_1' - Q_4' \quad (2\text{-}13)$$
$$Q_4' = Q_2' + Q_3' \quad (2\text{-}14)$$
$$Q_4' = Q_5' \quad (2\text{-}15)$$

式中　Q_1——未采用余热利用方案全烟气在空气预热器内的换热量；

Q_1'——烟气余热梯级利用方案烟气在空气预热器内的换热量；

Q_2'——烟气余热梯级利用方案空气预热器旁路烟气与给水的换热量；

Q_3'——烟气余热梯级利用方案空气预热器旁路烟气与凝结水的换热量；

Q_4'——烟气余热梯级利用方案旁路部分的烟气未通过空气预热器交换的热量；

Q_5'——烟气余热梯级利用方案烟气冷却器的总换热量。

对于空气预热器的热量平衡，符合式（2-16）和式（2-17），即

$$Q_1 = h_2 - h_1 \quad (2\text{-}16)$$
$$Q_1' = h_2 - (h_1 + Q_5') \quad (2\text{-}17)$$

式中　h_1——空气预热器进口未被烟气冷却器加热的冷风焓；

h_2——空气预热器出口热风焓。

对于旁路烟气的份额 B，按式（2-18）计算，即

$$B = \frac{Q_4'}{Q_1} \quad (2\text{-}18)$$

实际工程设计时，上述假设通常并不成立，锅炉效率将有所下降。上述假设只是该方案的理想工况，用于在方案设计的初期，在预设烟气冷却器出口烟气温度的前提下，确定其他的重要参数，如旁路烟气的份额及冷风被加热后进入空气预热器的温度。在此基础上，可将该方案提供给锅炉和汽轮机制造厂进行设计配合，并对上述参数进行调整，尽可能趋向理想工况。

3. 控制策略

（1）通过控制热媒水循环泵，控制烟气冷却器出口烟温。对于燃烧烟煤的锅炉，烟气冷却器如布置在静电除尘器进口，烟温可控制在（90±5）℃；如布置在脱硫塔进口，烟气温度可控制在85℃左右。对于燃烧褐煤的锅炉，烟气冷却器出口烟气温度可控制在100℃。

（2）在某些工况下，如夏季工况，通过控制热媒水循环泵，控制冷一、二次风的风温，使得空气预热器出口烟气温度仍在合理范围内。

（3）通过调节旁路烟气挡板，控制旁路烟气凝结水换热器出口的烟气温度。

（4）在烟气凝结水换热器凝结水出口设置调节阀，用于控制出口凝结水温度，既保证凝结水不汽化，又满足最低的回水温度要求。

（5）在烟气给水换热器给水出口设置调节阀，用于控制出口给水温度，既保证给水不汽化，又满足最低的回水温度要求。

四、锅炉效率和汽轮机热耗率的计算

火电纯凝机组设计标准发电煤耗率和发电热效率的计算按式（2-19）～式（2-21），可见机组发电热效率只与锅炉效率、汽轮机效率和管道效率三个因素相关。因此，烟气余热利用的收益可以体现在汽轮机效率（热耗率）上，也可以体现在锅炉效率上。

$$b_{fn} = \frac{0.123}{\eta_{fn}} \times 10^5 \quad (2\text{-}19)$$
$$\eta_{fn} = \eta_{qn}\eta_{gl}\eta_{gd} \quad (2\text{-}20)$$
$$\eta_{qn} = \frac{3600}{q_{jm}} \times 100 \quad (2\text{-}21)$$

式中　b_{fn}——纯凝机组的设计发电标准煤耗率，g/(kW·h)；

η_{fn}——纯凝机组的设计发电热效率，%；

η_{gl}——锅炉效率，按燃料低位热值计，%；

η_{gd}——管道效率，%；

η_{qn}——纯凝机组的汽轮发电机组热效率，%；

q_{jm}——纯凝机组的汽轮发电机组热耗率，kJ/(kW·h)。

（一）"收益归机"的锅炉效率、汽轮机热耗率计算原则

1. 锅炉效率的计算边界

（1）烟气侧边界。以空气预热器出口为界，即不以低温省煤器或烟气换热器出口为界；对于烟气余热梯级利用方案，烟气侧边界有两处：经空气预热器的一路烟气边界为空气预热器出口；旁路烟气的边界为空气预热器进口，即给水换热器进口。

（2）风侧边界。以空气预热器进口为界，即采用一、二次风加热器时以风加热器出口为界，不采用风加热器时以风机出口为界。

采用这种计算原则，在空气预热器下游设置低温省煤器加热凝结水方案，锅炉效率不变；对烟气余热二元利用方案，锅炉效率增加；对烟气余热梯级利用方案，锅炉效率通常是下降的。

2. 汽轮机热耗率的计算原则

传递到汽轮机回热系统的烟气余热不视作汽轮机的输入热量，汽轮机热耗率计算式中的输入热量 Q_{in} 的计算式为

$$Q_{in}=q_t(h_t-h_{fw})+q_r(h_{hrh}-h_{crh}) \quad (2-22)$$

式中　q_t——主蒸汽流量；
　　　q_r——再热蒸汽流量；
　　　h_t——主蒸汽焓值；
　　　h_{fw}——最终给水焓值；
　　　h_{crh}——再热器进口蒸汽焓值；
　　　h_{hrh}——再热器出口蒸汽焓值。

以此计算方法，烟气的余热实质上进入了汽轮机热力系统，但计算汽轮机热耗率时未被计入输入热量，汽轮机的计算热耗率降低。应将烟气余热传递到回热系统的具体位置和热量提供给汽轮机制造厂，完成对汽轮机热力系统各参数的影响的精确计算，并形成汽轮机热平衡图；也可通过一些简单的计算方法对汽轮机热力系统进行估算，如等效焓降法。

（二）"收益归炉"的锅炉效率、汽轮机热耗率计算原则

1. 锅炉效率的计算边界

（1）烟气侧边界。在空气预热器下游设置低温省煤器加热凝结水方案，以低温省煤器或烟气换热器出口为界；对烟气余热二元利用方案，以烟气-空气换热器出口为界；对于烟气余热梯级利用方案，烟气侧边界为烟气冷却器出口。

（2）风侧边界。以空气预热器进口为界，即采用风加热器时以暖风器出口为界，不采用风加热器时以风机出口为界。

以此为锅炉效率计算边界，锅炉排烟热损失大为降低，锅炉效率提高。

2. 汽轮机热耗率的计算原则

传递到汽轮机回热系统的烟气余热视作汽轮机的输入热量，汽轮机热耗率计算式中输入热量 Q_{in} 的计算式为

$$Q_{in}=q_t(h_t-h_{fw})+q_r(h_{hrh}-h_{crh})+Q_g \quad (2-23)$$

式中　Q_g——输入到汽轮机回热系统的烟气余热。

以此为汽轮机热耗率计算边界，汽轮机热耗率提高。

五、烟气余热利用系统主要设计计算

1. 空气、烟气量计算

（1）1kg 煤完全燃烧时所需理论干空气量按式（2-24）计算，即

$$V^0=0.0889(C_{ar}+0.375S_{c,ar})+0.265H_{ar}-0.0333O_{ar} \quad (2-24)$$

式中　V^0——理论干空气量，m^3/kg（标况）；
　　C_{ar}、$S_{c,ar}$、H_{ar}、O_{ar}——燃料中收到基的碳、可燃硫、氢、氧的质量百分数，%。

煤中全硫 S_t 为有机硫 S_o、硫铁矿硫 S_p 及硫酸盐硫 S_s 含量的总和，其中 S_o 和 S_p 为可燃硫 $S_{c,ar}$；因可燃硫通常占煤中全硫的 90% 左右，故对一般煤种的可燃硫 $S_{c,ar}$ 也可近似地用全硫 S_t 来代替。

（2）1kg 煤完全燃烧时所需理论湿空气量按式（2-25）计算，即

$$V_w^0=(1+0.0016d)V^0 \quad (2-25)$$

式中　V_w^0——理论湿空气量，m^3/kg（标况）；
　　d——空气绝对湿度，g/kg。

（3）1kg 煤完全燃烧时理论干烟气量按式（2-26）和式（2-27）计算，即

$$V_{dg}^0=V^0-0.0555H_{ar}+0.008N_{ar}+0.007O_{ar} \quad (2-26)$$

$$m_{dg}^0=1.403V^0-0.11H_{ar}+0.01N_{ar}+0.01373O_{ar}+0.0063S_{c,ar} \quad (2-27)$$

式中　V_{dg}^0——理论干烟气量，m^3/kg（标况）；
　　N_{ar}——燃料中收到基氮的质量百分数，%；
　　m_{dg}^0——理论干烟气质量，kg/kg。

（4）1kg 煤完全燃烧时理论湿烟气量按式（2-28）和式（2-29）计算，即

$$V_{wg}^0=(1+0.0016d)V^0+0.0555(H_{ar}+0.144N_{ar}+0.126O_{ar})+0.0124M_{ar} \quad (2-28)$$

$$m_{wg}^0=1.403(1+0.00092d)V^0-0.02(H_{ar}-0.5N_{ar}-0.688O_{ar}-0.313S_{ar})+0.01M_{ar} \quad (2-29)$$

式中　V_{wg}^0——理论湿烟气量，m^3/kg（标况）；
　　M_{ar}——燃料中收到基全水分的质量百分数，%；
　　m_{wg}^0——理论湿烟气质量，kg/kg；
　　S_{ar}——燃料中收到基硫的质量百分数，%。

（5）1kg 煤完全燃烧时实际干烟气量按式（2-30）和式（2-31）计算，即

$$V_{a,dg}=\alpha V^0-0.0555H_{ar}+0.008N_{ar}+0.007O_{ar} \quad (2-30)$$

$$m_{a,dg}=(1.293\alpha+0.10754)V^0-0.11H_{ar}+0.01N_{ar}+0.01373O_{ar}+0.0063S_{c,ar} \quad (2-31)$$

式中　$V_{a,dg}$ ——实际干烟气量，m^3/kg（标况）；

　　　α ——过量空气系数，烟气流程中各位置的过量空气系数不一定相同，计算时应选取相应位置的过量空气系数；

　　　$m_{a,dg}$ ——实际干烟气质量，kg/kg。

（6）1kg 煤完全燃烧时实际湿烟气量按式（2-32）和式（2-33）计算，即

$$V_{a,wg} = (1 + 0.0016d)\alpha V^0 + 0.0555(\mathrm{H_{ar}} + 0.144\mathrm{N_{ar}} + 0.126\mathrm{O_{ar}}) + 0.0124\mathrm{M_{ar}} \quad (2\text{-}32)$$

$$m_{a,wg} = 1.293[\alpha(1 + 0.001d) + 0.085]V^0 - 0.02(\mathrm{H_{ar}} - 0.5\mathrm{N_{ar}} - 0.688\mathrm{O_{ar}} - 0.313\mathrm{S_{ar}}) + 0.01\mathrm{M_{ar}} \quad (2\text{-}33)$$

式中　$V_{a,wg}$ ——实际湿烟气量，m^3/kg（标况）；

　　　$m_{a,wg}$ ——实际湿烟气质量，kg/kg。

（7）整体的烟气量按式（2-34）~式（2-36）计算，即

$$V_g = [V_{wg}^0 + (\alpha - 1)V_w^0]B_{cal}\frac{\theta_g + 273}{273} \times \frac{101.3}{p_g} \quad (2\text{-}34)$$

$$B_{cal} = B(1 - q_4/100) \quad (2\text{-}35)$$

$$G_g = m_{a,wg}B_{cal} \quad (2\text{-}36)$$

式中　V_g ——整体的烟气容积流量，m^3/s；

　　　θ_g ——烟气温度，℃；

　　　p_g ——烟气压力，kPa；

　　　B_{cal} ——计算燃煤量，即扣除固体未完全燃烧热损失后的燃煤量，kg/s；

　　　B ——设计燃煤量，即燃烧系统设计计算中通常以锅炉在最大连续出力（BMCR）工况下消耗的燃煤量，kg/s；

　　　G_g ——锅炉机组燃烧烟气质量流量，kg/s。

2. 空气焓值 h_a、烟气焓值 h_g 和比热容计算

（1）理论空气的焓 h_a 按式（2-37）计算，即

$$h_a = V_w^0 c_a t_a \quad (2\text{-}37)$$

式中　c_a ——标准状态下湿空气比热容，查表 2-13，$kJ/(m^3 \cdot K)$；

　　　t_a ——空气温度，℃。当计算空气焓中的 h_a 时，取为空气温度。

（2）烟气焓 h_g 按式（2-38）和式（2-39）计算，即

$$h_g = h_g^0 + (\alpha - 1)h_a^0 + h_{fly} \quad (2\text{-}38)$$

$$h_g^0 = (V_{\mathrm{CO_2}}c_{\mathrm{CO_2}} + V_{\mathrm{N_2}}c_{\mathrm{N_2}} + V_{\mathrm{H_2O}}^0 c_{\mathrm{H_2O}})\theta_g \quad (2\text{-}39)$$

式中　h_g^0 ——理论烟气的焓，kJ/kg；

　　　h_a^0 ——标准状态下理论空气的焓，kJ/kg；

　　　h_{fly} ——飞灰焓，kJ/kg；

　　　$c_{\mathrm{CO_2}}$、$c_{\mathrm{N_2}}$、$c_{\mathrm{H_2O}}$ ——CO_2、N_2 和水蒸气的比热容，查表 2-13；

　　　$V_{\mathrm{CO_2}}$、$V_{\mathrm{N_2}}$、$V_{\mathrm{H_2O}}^0$ ——CO_2、N_2 和标准状态下水蒸气的量，m^3/kg；

　　　θ_g ——烟气温度，℃。

（3）烟气比热容 c_g 按式（2-40）计算，即

$$c_g = \frac{h_g}{V_{a,wg}} \quad (2\text{-}40)$$

（4）飞灰焓 h_{fly} 按式（2-41）计算，即

$$h_{fly} = \frac{A_{ar}}{100}\alpha_{fly}c_{fly}\theta_g \quad (2\text{-}41)$$

式中　α_{fly} ——飞灰过量空气系数；

　　　c_{fly} ——飞灰比热容，$kJ/(kg \cdot K)$，查表 2-13。

当燃料含灰较少（$A_{sp} \leqslant 6$）时，h_{fly} 可略而不计。A_{sp} 为燃料折算灰分，按式（2-57）计算。

（5）烟风介质气体和飞灰比热容数据。

1）空气和烟气及飞灰的平均比定压热容数据见表 2-13。

表 2-13　　　　　　　　　　　空气和烟气及灰的平均比定压热容　　　　　　　　　　　$kJ/(m^3 \cdot K)$（标况）

θ（℃）	$c_{\mathrm{CO_2}}$	$c_{\mathrm{N_2}}$	$c_{\mathrm{O_2}}$	$c_{\mathrm{H_2O}}$	c_{da}	c_a	c_{CO}	$c_{\mathrm{H_2}}$	$c_{\mathrm{CH_4}}$	c_{fly} [$kJ/(kg \cdot K)$]	$c_{\mathrm{SO_2}}$
0	1.5998	1.2946	1.3059	1.4943	1.2971	1.3211	1.2992	1.2766	1.5500	0	1.7333
100	1.7002	1.2958	1.3176	1.5052	1.3004	1.3243	1.3017	1.2908	1.6411	0.7955	1.8129
200	1.7873	1.2996	1.3352	1.5223	1.3071	1.3318	1.3071	1.2971	1.7589	0.8374	1.8882
300	1.8627	1.3067	1.3561	1.5424	1.3172	1.3423	1.3167	1.2992	1.8861	0.8667	1.9552
400	1.9297	1.3163	1.3775	1.5654	1.3289	1.3544	1.3289	1.3021	2.0155	0.8918	2.1080
500	1.9887	1.3276	1.3980	1.5897	1.3427	1.3683	1.3427	1.3050	2.1403	0.9211	2.0683

注　表中湿空气比热容 c_a 系按含湿量 $d=10g/kg$ 干空气来计算的，且对 $1m^3$（标况）干空气而言。含湿量为另一数值时，空气比热容的计算式为 $c_a = c_{da} + 0.0016dc_{\mathrm{H_2O}}$。

2）常用气体的比定压热容计算公式（适用于 0~500℃）见式（2-42）~式（2-45）。

$$c_{\mathrm{N_2}} = 1.29465 - 3.9333 \times 10^{-6}\theta + 1.58 \times 10^{-7}\theta^2 - 0.3667 \times 10^{-10}\theta^3 \quad (2\text{-}42)$$

$$c_{O_2} = 1.30586 + 8.2243 \times 10^{-5}\theta + 4.00158 \times$$
$$10^{-7}\theta^2 - 3.92592 \times 10^{-10}\theta^3 \qquad (2\text{-}43)$$
$$c_{CO} = 1.29929 - 8.66407 \times 10^{-7}\theta + 2.27936 \times 10^{-7}\theta^2 -$$
$$1.04629 \times 10^{-10}\theta^3 \qquad (2\text{-}44)$$
$$c_{CO_2} = 1.59981 + 1.07732 \times 10^{-3}\theta - 7.70675 \times 10^{-7}\theta^2 +$$
$$3.43519 \times 10^{-10}\theta^3 \qquad (2\text{-}45)$$

3. 风机电动机功率的确定

（1）风机设计轴功率按式（2-46）计算，即

$$P_s = \frac{Q_s H \phi_\rho}{1000 \eta_F \eta_m} \qquad (2\text{-}46)$$

式中　P_s——风机的轴功率，kW；

　　　Q_s——设计工况点风机入口流量，m³/s；

　　　H——设计工况点风机全压，Pa；

　　　ϕ_ρ——气体压缩系数；

　　　η_m——风机机械效率，可取 0.98；

　　　η_F——风机空气动力效率，应先根据风机入口流量（Q_s）、风机全压（H）和由制造厂提供的 Q_s-H 特性曲线确定导向器开度或叶片角度，再查取相应的效率 η_F 值。

气体压缩系数按式（2-47）或式（2-48）计算，即

1）对压比小于或等于 1.07 的中低压风机，有

$$\phi_\rho = 1 - 0.36\frac{H}{p_1} \qquad (2\text{-}47)$$

当 $H \leqslant 3000$Pa 时，取 $\phi_\rho = 1.0$。

2）对压比大于 1.07 的高压风机，有

$$\phi_\rho = \frac{\kappa}{\kappa - 1}\frac{p_1}{H}\left[\left(1 + \frac{H}{p_1}\right)^{\frac{\kappa-1}{\kappa}} - 1\right] \qquad (2\text{-}48)$$

式中　κ——气体绝热指数，对于空气，$\kappa = 1.4$；

　　　p_1——风机入口绝对压力，Pa。

（2）电动机功率按式（2-49）计算，即

$$P_e = \beta_v P_s \qquad (2\text{-}49)$$

式中　P_e——风机电动机功率，设计选型时按式（2-49）计算后根据电动机样本靠上一档选定。

　　　β_v——电动机功率裕量，按电动机启动条件取用，一般取 1.05。对于大容量风机（如 300MW 及以上机组的三大风机和脱硫增压风机），功率裕量可小于 1.05。

4. 经过风机后空气温升

按式（2-50）计算经过风机后的空气温升，即

$$\Delta t_{FD} = 9.65 \times 10^{-4} H_{FD}\phi_\rho / (\rho_a \eta_F \eta_m) \qquad (2\text{-}50)$$

式中　Δt_{FD}——风机中的空气温升，℃；

　　　H_{FD}——风机在运行工况下的全压头，Pa；

　　　ρ_a——介质密度，kg/m³；

　　　ϕ_ρ——气体压缩系数。

5. 空气露点温度的计算

当已知空气中的含湿量 d_m（g/kg 干空气）时，可计算露点温度 t_{DP}^0，即

（1）当 $d_m = 3.8 \sim 160$g/kg 时，有

$$t_{DP}^0 = \frac{236.908 \times \left[0.21433 + \lg\left(\dfrac{d_m p_a}{621.81 + d_m}\right)\right]}{7.491 - \left[0.21433 + \lg\left(\dfrac{d_m p_a}{621.81 + d_m}\right)\right]} \qquad (2\text{-}51)$$

式中　p_a——空气的绝对压力，kPa。

（2）当 $d_m = 61 \sim 825$g/kg 时，有

$$t_{DP}^0 = \frac{238.1 \times \left[0.20974 + \lg\left(\dfrac{d_m p_a}{621.81 + d_m}\right)\right]}{7.4962 - \left[0.20974 + \lg\left(\dfrac{d_m p_a}{621.81 + d_m}\right)\right]} \qquad (2\text{-}52)$$

上述公式的精确度，在 $t_{DP}^0 = 0 \sim 61$℃ 区间为 99.95% 以上，在 $t_{DP} = 44 \sim 85$℃ 区间为 99.9% 以上。

当空气的绝对压力为 $p_a = 100.725$kPa 时，也可按表 2-14 查取相应含湿量下的露点温度 t_{DP}^0。

表 2-14　　　　　　　　　　　　　空 气 含 湿 量 与 露 点

露点 t_{DP}^0（℃）	含湿量 d_m（g/kg）	露点 t_{DP}^0（℃）	含湿量 d_m（g/kg）	露点 t_{DP}^0（℃）	含湿量 d_m（g/kg）	露点 t_{DP}^0（℃）	含湿量 d_m（g/kg）	露点 t_{DP}^0（℃）	含湿量 d_m（g/kg）	露点 t_{DP}^0（℃）	含湿量 d_m（g/kg）
0	3.789	9	7.155	18	12.99	27	22.79	36	38.95	45	65.38
1	4.075	10	7.659	19	13.85	28	24.22	37	41.29	46	69.19
2	4.380	11	8.195	20	14.75	29	25.72	38	43.76	47	73.24
3	4.706	12	8.764	21	15.72	30	27.32	39	46.36	48	77.51
4	5.053	13	9.369	22	16.74	31	29.00	40	49.11	49	82.03
5	5.423	14	10.01	23	17.82	32	30.78	41	52.02	50	86.80
6	5.817	15	10.69	24	18.96	33	32.66	42	55.09	51	91.85
7	6.236	16	11.41	25	20.17	34	34.56	43	58.34	52	97.21
8	6.681	17	12.18	26	21.44	35	36.74	44	61.76	53	102.9

露点 t_{DP}^0 （℃）	含湿量 d_m （g/kg）	露点 t_{DP}^0 （℃）	含湿量 d_m （g/kg）	露点 t_{DP}^0 （℃）	含湿量 d_m （g/kg）	露点 t_{DP}^0 （℃）	含湿量 d_m （g/kg）	露点 t_{DP}^0 （℃）	含湿量 d_m （g/kg）	露点 t_{DP}^0 （℃）	含湿量 d_m （g/kg）
54	108.9	60	153.4	66	218.2	72	316.7	78	475.9	84	764.5
55	115.2	61	162.5	67	231.8	73	337.8	79	512.1	85	835.9
56	122.0	62	172.3	68	246.4	74	360.8	80	552.0	86	918.0
57	129.1	63	182.6	69	262.0	75	385.9	81	596.4	87	1013
58	136.7	64	193.7	70	278.8	76	413.1	82	645.9	88	1124
59	144.8	65	205.6	71	297.0	77	443.1	83	701.6	89	1256

6. 烟气中水蒸气露点的计算

当已知烟气中的含湿量 d_g（g/kg 干烟气）时，可按式（2-53）或式（2-54）计算烟气中的水蒸气露点（水露点）t_{DPg}^0，即

（1）当 $d_g=3.8\sim160$g/kg 时，有

$$t_{DPg}^0=\dfrac{236.908\times\left\{0.21433+\lg\left[\dfrac{d_g p_g}{(804/\rho_{dg})+d_g}\right]\right\}}{7.491-\left\{0.21433+\lg\left[\dfrac{d_g p_g}{(804/\rho_{dg})+d_g}\right]\right\}}$$

$$(2-53)$$

（2）当 $d_g=61\sim825$g/kg 时，有

$$t_{DPg}^0=\dfrac{238.1\times\left\{0.20974+\lg\left[\dfrac{d_g p_g}{(804/\rho_{dg})+d_g}\right]\right\}}{7.4962-\left\{0.20974+\lg\left[\dfrac{d_g p_g}{(804/\rho_{dg})+d_g}\right]\right\}}$$

$$(2-54)$$

式中　p_g——烟气的绝对压力，kPa；

ρ_{dg}——干烟气密度，kg/m³（标况）。

7. 烟气酸露点的计算

燃煤锅炉省煤器及空气预热器出口的烟气酸露点可按式（2-55）~式（2-58）计算，如空气预热器上游设置 SCR 脱硝装置，则应考虑由于 SCR 催化剂将烟气中的部分 SO_2 转换为 SO_3 后，导致烟气酸露点上升，其增幅可按式（2-59）计算。经验计算式（2-55）的本质是根据燃煤的成分来计算烟气酸露点，其适用范围为烟气温度在酸露点以上，即对于烟气余热利用系统，为省煤器出口至（降温幅度在酸露点以下的）烟气换热器进口或至湿法脱硫塔进口。当烟气温度降低到按式（2-55）计算得出的酸露点以下时，由于烟气中气态 SO_3 的冷凝导致其分压力下降，烟气中 SO_3 成分与煤成分无相关性，故式（2-55）已不适用。因此，应采用按烟气成分为基准的经验计算式（2-60）或式（2-62）计算烟气酸露点。例如，低低温除尘器

上游的烟气换热器出口部分的冷却后的烟气及低低温除尘器下游的烟气，湿式石灰石-石膏法脱硫塔下游的烟气即属于式（2-60）和式（2-62）适用的范围。

（1）根据燃煤的成分来计算烟气酸露点，见式（2-55）和式（2-56），即

$$t_{DP}=t_{DPg}^0+\frac{\beta(S_{sp})^{1/3}}{1.05^n} \qquad (2-55)$$

$$S_{sp}=S_{c,ar}\frac{4182}{Q_{net,ar}} \qquad (2-56)$$

$$n=\alpha_{fly}A_{sp} \qquad (2-57)$$

$$A_{sp}=A_{ar}\frac{4182}{Q_{net,ar}} \qquad (2-58)$$

式中　t_{DP}——烟气酸露点，℃；

t_{DPg}^0——烟气中纯水露点，按式（2-53）和式（2-54）确定，℃；

S_{sp}——燃料折算硫分，按可燃硫 $S_{c,ar}$ 计算，%；

n——指数，表征飞灰含量对酸露点影响的程度；

α_{fly}——飞灰份额，对煤粉炉，$\alpha_{fly}=0.8\sim0.9$；

A_{sp}——燃料折算灰分；

β——与炉膛出口过量空气系数 α_F 有关的参数，$\alpha_F=1.2$ 时，$\beta=121$；$\alpha_F=1.4\sim1.5$ 时，$\beta=129$；一般工程计算中可取 $\beta=125$。

（2）SCR 脱硝装置后烟气酸露点增幅，按式（2-59）计算，即

$$\Delta t_{DP}=26\lg[(K_{SO_3}+K_{SCR,SO_3})/K_{SO_3}] \qquad (2-59)$$

式中　K_{SCR,SO_3}——烟气通过 SCR 催化剂时形成的 SO_3 转化率，一般可按 1%（0.01）选取；

K_{SO_3}——SO_3 转化率，对煤粉炉 $K_{SO_3}=0.5\%\sim2\%$（0.005~0.02），煤的含硫量高时取下限，含硫量低时取上限。

当计及煤中飞灰碱性成分对 SO_3 吸收作用的影响时，实际上的转化率 K_{SO_3} 值将变小。

(3) 按烟气成分为基准来计算烟气酸露点的下限值，按式 (2-60) 和式 (2-61) 计算，即

$$t_{DP}=255+27.6\lg p_{SO_3}+18.7\lg p_{H_2O} \qquad (2-60)$$

$$p_{SO_3}=\frac{K_{SO_3}V_{SO_2}}{V_{a,wg}}p_g=\frac{K_{SO_3}\times0.007S_{c,ar}}{V_{a,wg}} \qquad (2-61)$$

式中　p_{SO_3}——烟气中 SO_3 分压力, at (1at=9.80665×10^4Pa);

　　　　p_{H_2O}——烟气中水蒸气分压力, at;

　　　　p_g——烟气绝对压力, at;

　　　　$V_{a,wg}$——1kg 煤完全燃烧的实际湿烟气量, m^3/kg（标况）;

　　　　V_{SO_2}——1kg 煤完全燃烧的烟气中标准状态下 SO_2 的容积, m^3/kg。

(4) 按烟气成分为基准来计算烟气酸露点的上限值，即

$$t_{DP}=186+26\lg SO_3+20\lg H_2O \qquad (2-62)$$

$$SO_3=\frac{V_{SO_3}}{V_{a,wg}}\times100=\frac{K_{SO_3}V_{SO_2}}{V_{a,wg}}\times100 \qquad (2-63)$$

$$H_2O=\frac{V_{H_2O}}{V_{a,wg}}\times100 \qquad (2-64)$$

式中　SO_3——烟气中 SO_3 体积份额, %;

　　　　V_{SO_3}——1kg 煤燃烧的烟气中标准状态下 SO_3 的容积, m^3/kg;

　　　　H_2O——烟气中水蒸气体积份额, %;

　　　　V_{H_2O}——1kg 煤燃烧的烟气中标准状态下的水蒸气容积, m^3/kg。

六、烟气换热器设计

1. 有效平均温差

在传热速率方程 $Q=KA\Delta t_m$ 中, Δt_m 是换热设备的传热推动力，称为传热的有效平均温差。参与换热的两种流体分别沿着传热面的两侧流动，其流动方式不同，有效平均温差也不同。就是说有效平均温差与两种流体的流向有关。

烟气换热器中常见的流体流向有顺流和逆流两种，其在传热过程中的温度变化趋势见图 2-24。

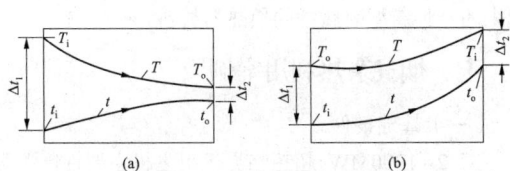

图 2-24　烟气换热器中的烟气和液体介质温度变化

(a) 顺流; (b) 逆流

由于在流动过程中，冷、热流体的温度一直处于变化之中，因此需要计算传热过程中的有效平均温差 Δt_m, 也称对数平均温差，即

$$\Delta t_m=\Delta t_{lm}=\frac{\Delta t_1-\Delta t_2}{\ln\dfrac{\Delta t_1}{\Delta t_2}}\times100 \qquad (2-65)$$

式中　Δt_1——换热器较大的端温差, ℃;

　　　　Δt_2——换热器较小的端温差, ℃。

有效平均温差 Δt_m 也可用近似公式计算，即

$$\Delta t_m\approx[(\Delta t_1+\Delta t_2)/2+2\sqrt{\Delta t_1\Delta t_2}]/3 \qquad (2-66)$$

在 $\Delta t_1/\Delta t_2\leqslant10$ 的条件下，式 (2-66) 的计算结果误差小于 1%。在换热器实际设计中，几乎碰不到的 $\Delta t_1/\Delta t_2=20$ 的情况，此时式 (2-66) 的误差也很少大于 2%, 故式 (2-66) 可用于工程设计。

当 $\Delta t_1/\Delta t_2\leqslant2$ 时，可用算术平均温差 $\Delta t_{am}=(\Delta t_1+\Delta t_2)/2$ 代替 Δt_{lm}, 这样带来的误差不到 4%。

2. 烟气换热器受热面积的计算

换热器受热面积一般是由烟气换热器制造厂家根据采购方提供的相关边界条件进行计算的。当需要进行估算时，可参照下述方法:

(1) 烟气换热器的计算受热面积 A_1 可按式 (2-67) 计算，即

$$\left.\begin{array}{l}A_1=\dfrac{Q_{GH}}{K_{GH}\Delta t_m}\\[2mm]Q_{GH}=G_{GH}\rho_g c_g(t_i-t_o)\end{array}\right\} \qquad (2-67)$$

式中　A_1——烟气换热器的计算受热面面积, m^2;

　　　　Q_{GH}——烟气换热器设计热负荷, kJ/h;

　　　　K_{GH}——换热系数, kJ/($m^2\cdot h\cdot$℃);

　　　　G_{GH}——进入烟气换热器的烟气量, m^3/h;

　　　　ρ_g——进出口平均烟气温度下的烟气密度, kg/m^3;

　　　　c_g——进出口平均风温下的烟气比热容, kJ/(kg·℃);

　　　　t_i、t_o——烟气换热器进出口烟气温度, ℃。

换热系数和受热面的型式相关，需查询专业标准，如苏联的《锅炉热力计算标准 (1998 年版)》; 对于新型受热面的换热系数，应根据制造厂家数据和试验数据。对于普通的鳍片受热面管簇，可参考式 (2-68) 和式 (2-69) 计算，即

1) 水平布置鳍片管簇，换热系数为

$$K_{GH}=121.88v_1^{0.8} \qquad (2-68)$$

2) 垂直布置鳍片管簇，换热系数为

$$K_{GH}=127.7v_1^{0.84} \qquad (2-69)$$

$$v_1=\frac{G_{GH}}{3600A} \qquad (2-70)$$

式中　v_1——迎风面烟气流速, m/s;

　　　　A——迎风面积, m^2。

（2）实际选用的受热面积 A_2，可按式（2-71）计算，即

$$A_2 = \beta_s A_1 \qquad (2\text{-}71)$$

式中 β_s——安全系数，取为 1.20～1.25。

3. 烟气换热器的阻力计算

烟气换热器风侧阻力按式（2-72）计算，即

$$\sum \Delta p_{GH} = n_s \Delta p_s \qquad (2\text{-}72)$$

$$\Delta p_s = 7.355 v_1^{1.51} \qquad (2\text{-}73)$$

式中 $\sum \Delta p_{GH}$——烟气换热器风侧阻力，Pa；

n_s——烟气换热器管排总数；

Δp_s——单排管子阻力，Pa。

为减少能耗，设计中对所选烟气换热器的计算阻力不宜大于 400Pa。

4. 烟气换热器翅片主要类型

常见的烟气换热器管的翅片有螺旋翅片、H 形翅片和针形翅片。H 形翅片管和螺旋翅片管的翅片厚度通常小于 2mm。常见翅片管的结构及特点见表 2-15。

表 2-15　　　　常见换热器翅片管的结构及特点

针翅管	结构示意图	优点	缺点
螺旋翅片管		生产效率高，翅片节距、高度和壁厚变化范围大，强化传热性能好	抗磨性能较差，易积灰
H 形翅片管		抗积灰性能好，抗磨性能好，具有较好的自清灰功能，强化传热性能好	生产效率较低
针形翅片管		强化传热性能好，耐磨性好	生产效率很低，较易积灰

5. 受热面材料

根据其抗酸腐蚀的能力，烟气换热器的受热面材料通常选 20G 钢、ND 钢、0Cr17Ni2Mo2 不锈钢、氟材料。

ND 钢即 09CrCuSb 钢，是目前国产的理想的耐硫酸低温露点腐蚀钢。ND 钢广泛用于含硫烟气环境下的省煤器、空气预热器、热交换器和蒸发器等装置设备，用于抵御含硫烟气结露点腐蚀。ND 钢具有较强的耐氯离子腐蚀的能力。

0Cr17Ni2Mo2 钢是奥氏体不锈钢，对于无机酸、有机酸、碱和盐类的耐腐蚀性较强，尤其耐点腐蚀能力较强。在海水和酸性烟气介质中，其耐腐蚀性比 0Cr19Ni9 钢好。与该钢种类似的钢号有美国的 TP316、TP316H，日本的 SUS316TB、SUS316TP 等。

氟材料是指含有氟元素的碳氢化合物，具有非常优异的耐化学腐蚀性和热稳定性，还具有优良的绝缘性、不燃性和不黏性，摩擦系数极小等优点。用于换热器氟材料常见的为聚四氟乙烯塑料（Polytetrafluoroethylene，简称 Teflon、PTFE、F4 等），它是最近十余年所发展起来的一种新型耐腐蚀的换热器材料。

七、烟气余热利用案例

（一）基础条件

某 2×1000MW 超超临界机组主机主要性能参数见表 2-16。

表 2-16 主机主要性能参数

参 数	BMCR工况	THA工况
电功率（MW）	1055.495	1000.000
蒸汽流量（t/h）	2906.14	2682.64
回热级数	9	9
给水温度（℃）	304.1	298.6
主蒸汽参数（MPa/℃）	29.2/605	29.2/605
热再热蒸汽参数（MPa/℃）	5.79/623	5.37/623
空气预热器排烟温度（修正后，℃）	120	118
计算效率（未计入梯级利用，%）	94.84	94.87
锅炉保证热效率BRL（%）	94.6	

注 THA—汽轮机热耗率验收。

煤种成分如表 2-17 所示。

表 2-17 煤 种 成 分

项 目		符号	单位	设计煤种	校核煤种
元素分析	收到基碳	C_{ar}	%	59.96	55.11
	收到基氢	H_{ar}	%	3.05	2.93
	收到基氧	O_{ar}	%	7.93	8.44
	收到基氮	N_{ar}	%	0.66	0.94
	收到基全硫	$S_{t,ar}$	%	0.65	0.68
工业分析	全水分	M_t	%	17.1	16.2
	空气干燥基水分	M_{ad}	%	9.89	9.74
	收到基灰分	A_{ar}	%	10.65	15.70
	干燥无灰基挥发分	V_{daf}	%	31.76	30.82
	收到基低位发热量	$Q_{net,ar}$	MJ/kg	23.02	21.21
	哈氏可磨性系数	HGI		57	59
	冲刷磨损指数	K_e		0.63	2.97
灰熔融性温度	变形温度	DT	℃	1120	1370
	软化温度	ST	℃	1150	1380
	半球温度	HT	℃	1170	1420
	流动温度	FT	℃	1190	>1500
灰成分	二氧化硅	SiO_2	%	42.53	41.00
	三氧化二铝	Al_2O_3	%	16.25	20.94
	三氧化二铁	Fe_2O_3	%	11.75	10.13
	氧化钙	CaO	%	16.85	17.44

续表

项 目		符号	单位	设计煤种	校核煤种
灰成分	氧化镁	MgO	%	1.12	0.71
	氧化钠	Na_2O	%	0.96	1.29
	氧化钾	K_2O	%	1.27	0.48
	二氧化钛	TiO_2	%	1.06	1.45
	三氧化硫	SO_3	%	7.72	5.67
	二氧化锰	MnO_2	%	0.111	0.005

考虑烟气脱硝装置的影响，计算得到的烟气露点如表 2-18 所示。

表 2-18 烟 气 露 点

项 目	单位	设计煤种	校核煤种
烟气水露点	℃	41.9	41.5
烟气酸露点	℃	101.8	103.8

烟气参数如表 2-19 所示。

表 2-19 烟 气 参 数

项 目	单位	设计煤种 BMCR工况	设计煤种 THA工况	校核煤种 BMCR工况
省煤器出口烟气量	kg/s	976.8	919.3	982.14
省煤器出口烟气温度	℃	374	367	374
空气预热器出口烟气量	kg/s	1019.88	962.24	1024.53
空气预热器出口烟气温度	℃	120	118	120
除尘器入口烟气含尘量（干烟气，6%含氧，标况下）	g/m³	12.335	12.335	19.498

（二）烟气余热利用方案一：烟气余热梯级利用

方案一采用锅炉烟气能量梯级利用方案，将排烟温度从 118℃降低到 85℃左右。系统可参考图 2-21 和图 2-22。

1. 给水和凝结水换热器

被置换出的高温旁路烟气温度为 367℃（THA工况），用来加热汽轮机系统中的高压给水。经高压给水换热器后，烟气温度降低到 216℃，用来加热凝结水。因此该案例采用给水+凝结水的两级换热。

该案例中给水泵出口的部分给水经旁路通过 3 级高压加热器和 1 级外置式蒸汽冷却器，进入给水换热器受到烟气加热后，给水换热器的出口给水连接至外置式蒸汽冷却器出口，即高压给水换热器与 3 级高压加热器+外置式蒸汽冷却器并联。给水换热器阻力小于 3 级高压加热器+外置式蒸汽冷却器的阻力，对给水泵扬程无影响。

根据该案例的汽轮机热平衡图，7 号低压加热器进口的凝结水可作为凝结水换热器的接入点。由于凝结水换热器进口烟气温度仍较高，凝结水换热器拟与 5、6、7 号低压加热器并联，部分凝结水进入凝结水换热器进行加热，出口凝结水连接至除氧器进口。凝结水换热器中凝结水的阻力小于 3 级低压加热器的阻力，对凝结水泵扬程无影响。

2. 烟气冷却器和二次风加热器

空气预热器出口的烟气与旁路烟气汇合后进入烟气冷却器中进行冷却。由于烟气冷却器的传热温差低，因此换热面积大，占地空间也较大，所以在加装烟气冷却器时，需合理考虑其布置位置。烟气冷却器可布置在除尘器前，或布置在脱硫吸收塔前，也可分级布置在电除尘和脱硫吸收塔的进口。

烟气冷却器用于加热冷二次风，布置在除尘器进口。烟气冷却器中以水作为中间热媒，在烟气冷却器中被烟气加热的水进入二次风加热器中对二次风加热，并形成一个闭式循环。

方案一拟考虑将每台炉空气预热器后的烟气分 2 路进入 2 台以水为介质的烟气冷却器中，被加热的水再进入 2 台送风机出口的二次风加热器中。

该案例设计煤种的烟气酸露点温度为 102℃。烟气冷却器中的烟气-热媒水换热器的换热管道和鳍片采用 ND 钢材质。其他换热器均采用碳钢材质。

该案例烟气冷却器中，介质水的温度取为 70℃，最低金属壁面温度为 70℃。水露点为 41.9℃左右，金属壁温选定 70℃左右是安全的。

3. 换热器设计

该案例需设计 4 种换热器，分别为给水换热器、凝结水换热器、烟气冷却器和二次风加热器。其中给水换热器、凝结水换热器和烟气冷却器采用 H 形鳍片管形式；二次风加热器采用螺旋横肋管形式，螺旋肋片管的换热面积比同种规格光管要大，可减小二次风加热器的外形尺寸和管排数。

烟气冷却器、二次风加热器、给水换热器、凝结水换热器的参数（THA 工况）见表 2-20～表 2-23。

表 2-20　烟气冷却器的参数（THA 工况，每炉 2 个）

项　　目	单位	数值
换热负荷	MW	17.038
烟气流量	kg/s	481.12

续表

项　　目	单位	数值
烟气进口温度	℃	119
烟气出口温度	℃	85
循环水流量	kg/s	324.9
循环水进口温度	℃	70
循环水出口温度	℃	100

表 2-21　二次风加热器的参数（THA 工况，每炉 2 个）

项　　目	单位	数值
换热负荷	MW	17.038
二次风流量	kg/s	308.84
二次风进口温度	℃	22.1
二次风出口温度	℃	76
循环水流量	kg/s	324.9
循环水进口温度	℃	100
循环水出口温度	℃	70

表 2-22　给水换热器的参数（THA 工况）

项　　目	单位	数值
换热负荷	MW	24.428
烟气流量	kg/s	147.095
烟气进口温度	℃	367
烟气出口温度	℃	216.1
给水流量	kg/s	47.64
给水进口温度	℃	186.1
给水出口温度	℃	298.6

表 2-23　凝结水换热器的参数（THA 工况）

项　　目	单位	数值
换热负荷	MW	15.35
烟气流量	kg/s	147.095
烟气进口温度	℃	216.1
烟气出口温度	℃	119
凝结水流量	kg/s	39.22
凝结水进口温度	℃	83.3
凝结水出口温度	℃	175

采用方案一，机组热耗率下降 92kJ/(kW·h)，如表 2-24 所示。

表2-24　　　　方案一成果

项　目	单位	THA 工况
换热负荷	MW	39.780
汽轮机原热耗率	kJ/(kW·h)	7218
烟气余热利用后汽轮机热耗率	kJ/(kW·h)	7126
汽轮机热耗率降低	kJ/(kW·h)	92
汽轮发电机增加的做功量（发电量）	kW	14356.1
换热利用效率	%	36.1

1 号高压加热器和 2 号高压加热器以及外置式蒸汽冷却器抽汽量减少，使得再热蒸汽流量增加，这部分增加的再热蒸汽流量导致的锅炉煤耗量增加将从机组煤耗计算中扣除。

4. 对锅炉效率的影响

当采用锅炉能量梯级利用解决方案后，由于二次风温被提高到约 76℃，空气预热器出口换热端差减小，使得空气预热器的效率相应地降低。由于烟气量的16%通过旁路，空气预热器的排烟温度由118℃提高到 119℃，增加 1℃，二次风出口温度由原来342℃降低到332℃左右，降低了约10℃。锅炉效率略有下降。

5. 对辅机的影响

在采用锅炉烟气能量梯级利用解决方案后，由于烟气冷却器、二次风加热器等均存在阻力，对送风机、引风机的阻力以及电耗均将产生影响。

烟气冷却器阻力设计值为 600Pa，计算得到该案例单台机组引风机电耗增加 2×420kW。

二次风加热器阻力设计值为 400Pa，计算得到该案例单台机组送风机电耗增加 2×130kW。

烟气降温至约85℃，脱硫系统用水量减少，与设置 GGH 的脱硫吸收塔相当，每台机组脱硫可节约用水 50t/h。

该案例给水换热器和凝结水换热器都与相应的高压加热器和低压加热器并联，不会增加给水泵和凝结水泵的功率。

设置了 2 台用于烟气冷却器和二次风加热器之间换热的热媒水泵，热媒水泵扬程设计值为 0.5MPa，单台机组热媒水泵电耗增加 2×135kW。

（三）烟气余热利用方案二：低温省煤器方案

1. 凝结水系统的连接方式

根据锅炉 THA 工况下烟气热量回收装置进口的烟气温度为118℃，有两种方案可供选择：

方案 A：低温省煤器设置在除尘器前，烟气出口温度为85℃，为保证换热器端差和不产生低温腐蚀，此时凝结水从 8 号和 9 号低压加热器出口引出后混合。采用低压加热器和烟气热量回收装置全串联的方式，

凝结水被加热后，回到 7 号低压加热器的入口，此方案主要排挤了 8 号低压加热器的抽汽。

方案 B：低温省煤器设置在脱硫吸收塔前，考虑除尘器温降和引风机温升后，烟气入口温度为126℃，烟气出口温度设为 94℃，凝结水从 8 号低压加热器出口抽出，采用低压加热器和烟气热量回收装置全串联的方式，凝结水被加热后，回到 7 号低压加热器的入口，此方案主要排挤了 7 号低压加热器的抽汽。

该案例中低温省煤器方案采用第一种配置方式。

2. 低温省煤器设计参数

低温省煤器设计参数如表 2-25 所示。

表2-25　低温省煤器设计参数（THA 工况，2 台/炉）

项　目	单位	数值
换热负荷	MW	2×16.606
烟气流量	kg/s	962.2
烟气进口温度	℃	118
烟气出口温度	℃	85
凝结水流量	kg/s	494.553
凝结水进口温度	℃	70
凝结水出口温度	℃	86.0

3. 经济性分析

由于烟气温度为 118℃，低温省煤器只能加热汽轮机 8 号和 9 号低压加热器出口混合后的凝结水。方案二的经济性分析如表 2-26 所示。

表2-26　　　　方案二成果

项　目	单位	THA 工况
换热负荷	MW	33213
汽轮机原热耗率	kJ/(kW·h)	7218
烟气余热利用后汽轮机热耗率	kJ/(kW·h)	7193
汽轮机热耗率降低	kJ/(kW·h)	25
汽轮发电机增加的做功量（发电量）	kW	3901.4
换热利用效率	%	11.7

4. 对辅机的影响

设置低温省煤器后，凝结水泵和引风机的电耗会上升。虽然凝汽器凝汽量会略有增加，但是循环水泵为定速泵，电耗不会变化；凝汽量相对增加不多，不会造成凝汽器背压的变化。因此，采用常规低温省煤器方案仅需计算凝结水泵和引风机电耗的增加。该案例烟气系统阻力设计值为600Pa，凝结水系统增加阻力设计值为0.5MPa，计算得到该案例单台机组引风机

和凝结水泵电耗增加 2×420kW 和 315kW。

另外，进入吸收塔的烟气温度从 118℃ 降低至 85℃ 左右，吸收塔蒸发水耗会有较大程度的降低，针对该案例，计算得到 THA 工况下降低水耗 50t/h。

（四）烟气余热利用方案对比

该案例提出的烟气余热梯级利用方案和低温省煤器方案，都回收了部分烟气热力，节约了燃煤。烟气余热梯级利用方案回收的热量约为 39.780MJ/s，排挤汽轮机抽汽做功 14356.1kW，热量利用率为 36.1%。低温省煤器方案回收的热量为 33.213MJ/s，排挤汽轮

机抽汽做功 3901.4kW，热量利用率为 11.7%，相比烟气余热综合利用方案，其热量利用率低。

锅炉能量梯级利用方案中，引风机和送风机的电耗会上升，此外烟气冷却器中还需增加热媒水泵电耗，采用此种方案后每台机组的电耗增加 1370kW。如仅采用在电除尘器入口设置低温省煤器的方案，则在设置低温省煤器后，凝结水泵和引风机的电耗会上升，增加电耗 1155kW。

经济分析如表 2-27 所示。

表 2-27　　　　　　　　　　　　　　烟气余热利用解决方案对比

项　　目	单位	锅炉能量梯级利用方案	低温省煤器方案（基准）	差价
汽轮发电机增加的发电量	kW	14356.1	3901.4	10455
无烟气余热利用时汽轮机热耗率（TMCR 工况）	kJ/(kW·h)	7218	7218	—
烟气余热利用时汽轮机热耗率（TMCR 工况）	kJ/(kW·h)	7126	7193	−67
无烟气余热利用时发电煤耗率	g/(kW·h)	263.3	263.3	—
烟气余热利用时发电煤耗率	g/(kW·h)	260.8	262.4	−1.6
发电煤耗率下降数量	g/(kW·h)	2.5	0.9	1.6
不设置烟气余热利用装置的厂用电率	%	4.04	4.04	—
设置烟气余热利用装置的厂用电率	%	4.18	4.16	—
无烟气余热利用时的供电煤耗率	g/(kW·h)	274.4	274.4	—
烟气余热利用时的供电煤耗率	g/(kW·h)	272.2	273.8	—
供电煤耗率下降	g/(kW·h)	2.2	0.6	1.6
年节约标准煤（按发电煤耗率计算）	t/a	13750	4950	8800
节约工业水	t/h	50	50	—
年节约工业水费用	万元/a	14	14	—
引风机增加的电耗	kW	840	840	—
送风机增加的电耗	kW	260	—	—
凝结水泵增加的电耗	kW	0	315	—
热媒水泵增加的电耗	kW	270	—	—
厂用电增加	kW	1370	1155	215

第三章

火电厂汽轮机专业节能设计

火电厂的热经济性指标取决于机组供电标准煤耗率，其与锅炉热效率、汽轮机热耗率、管道热效率及厂用电率有关。其中汽轮机的参数和通流结构等，是决定汽轮机热耗率的关键。

超（超）临界机组具有更高的效率、更低的热耗率，已成为我国新建火电的主流机组。本章节能设计优化将以超（超）临界机组为基础展开介绍。

目前，火电厂采用的汽轮机热力系统节能技术主要有设置低温省煤器利用锅炉排烟余热加热汽轮机凝结水或给水、设置 0 号高压加热器、设置加热器的外置式蒸汽冷却器、系统及管道优化、设备及热力系统的疏水系统优化、凝结水泵采用变频技术等。

第一节 汽轮机参数对热耗率的影响及选择

汽轮机的热耗率与多种因素有关，除汽轮机本体结构因素外，汽轮机的进汽初参数和排汽背压是决定机组热效率的重要参数。提高汽轮机新蒸汽的压力和温度、降低排汽背压、采用再热系统以及增加再热级数，都是提高机组循环热效率的主要措施。

一、汽轮机参数对热耗率的影响

（一）蒸汽参数对机组热耗率的影响

1. 蒸汽温度

（1）蒸汽温度对热耗率的影响。超（超）临界机组在一定的参数范围内，蒸汽初压不变，提高蒸汽初温会提高循环效率。主蒸汽温度每提高 10℃，机组热耗率可下降 0.25%～0.3%；再热蒸汽温度每提高 10℃，机组热耗率可下降 0.16%～0.2%。提高蒸汽温度对机组效率的影响比提高压力要显著，而主蒸汽温度对机组热效率的影响尤为明显。同时，蒸汽温度提高使得初蒸汽比体积增大和低压缸排汽湿度减小，汽轮机的内效率也可提高，对提高机组的热经济性有利。

（2）蒸汽温度对材料的影响。汽轮机进口蒸汽温度提高主要受材料允许使用温度限制。主蒸汽和再热蒸汽温度均为 600℃的超超临界机组材料选择已经较成熟，主蒸汽管道、过热器出口联箱及其连接管道材质为 A335 P92/T92，锅炉高温过热器选材为 Super304H 和 HR3C 等。

选择主蒸汽和热再热蒸汽管道材料时，首先，钢材的高温蠕变断裂强度必须满足管道热应力的要求；其次，钢材的热膨胀系数应比较小、导热系数应比较大。通常认为比较经济安全的高温蒸汽管道材料，在工作温度下的 100000h 蠕变持久强度平均值应达到 90～100MPa。

（3）蒸汽温度选择。提高超超临界机组主蒸汽和再热蒸汽温度，不能超出使用材料的允许范围，同时应根据工程外部条件，对热效率的提高和投资的增加量进行技术经济比较。

提高主蒸汽温度将使主蒸汽管道和锅炉高温材料量显著增加，且锅炉受热面壁厚增大，加工制作困难。600℃左右的温度是 A335 P92/T92 钢材许用应力快速下降区间。目前已投运的超超临界机组汽轮机进口主蒸汽温度均未超过 600℃，主蒸汽管道等所采用的 A335 P92 材料已取得了大量成功的运行经验。因此，汽轮机进口处的主蒸汽温度不宜超过 600℃。

管道的允许工作温度随着压力的降低可适当升高，当再热蒸汽管道采用 A335 P92 材料时，汽轮机进口再热蒸汽温度可提高到 620℃。考虑再热蒸汽管道的 2℃温降以及 5℃的温度偏差，锅炉再热器出口的再热蒸汽热段管道设计温度为 627℃，仍在 A335 P92 管道的许用使用范围 630℃内，但温度裕量较小，对运行控制的要求较高。因此，汽轮机进口处的再热蒸汽温度不宜超过 620℃。

使用含 Co 和 B 的新型 9%Cr 钢转子锻件（材料 FB2）和铸件（材料 CB2），能满足再热蒸汽温度为 620℃的汽轮机相关材料要求。在设计中应注意对汽轮机材料应力水平的控制，以及转子冷却的问题，以保证设备在再热蒸汽温度为 620℃参数下运行的安全性。

2. 主蒸汽压力

（1）主蒸汽压力对热耗率的影响。超（超）临界机组在一定参数范围内，当主蒸汽温度不变，提高压力时，可提高机组循环效率。主蒸汽压力提高 1MPa，机组热耗率可下降 0.13%～0.15%。主蒸汽压力提高会使锅炉所有承压部件、主给水管道、主蒸汽管道、汽轮机高压缸及部分辅机设备的壁厚增加。

当主蒸汽温度一定时，存在一个最佳主蒸汽压力，当压力提高过大，超过最佳压力时，机组热效率反而会降低。原因是压力提高时蒸汽比体积减小，使汽轮机高压通流部分叶片高度减小，造成叶片级的二次流损失和轴封漏汽损失增大，抵消部分因提高压力参数所带来的好处。同时，低压缸的排汽湿度将随压力的提高而增加，增大了湿气损失，使汽轮机的热效率下降。

（2）主蒸汽压力对材料的影响。主蒸汽压力主要影响锅炉受热面管道、主蒸汽和主给水等系统管道以及汽轮机主汽阀、高压缸等的厚度，而材料选用是由温度决定的。在设计中应注意由于管道壁厚增加引起的管道热应力的问题。

（3）主蒸汽压力选择。主蒸汽压力的提高应与主蒸汽温度相匹配，同时应进行热效率提高和投资增加的技术经济性比较。超超临界一次再热 600MW 级、1000MW 级机组的主蒸汽压力，根据再热蒸汽温度不同可以提高到 27MPa 或 28MPa。

（4）再热蒸汽压力的选择。再热蒸汽压力与主蒸汽压力的比值称为再热压比。再热压比存在着一个最佳范围，在该范围内机组具有较好的热耗收益。某制造厂 1000MW 机组的再热压比与热耗率的关系如图 3-1 所示，图中 p_{re}/p_0 含义即为再热压比。

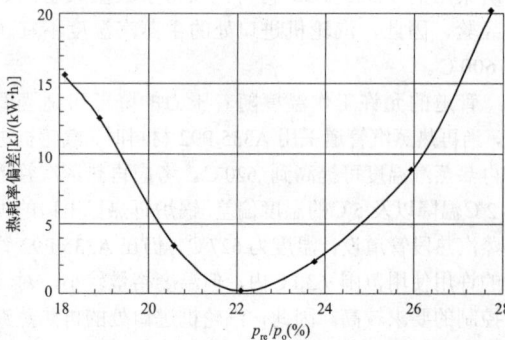

图 3-1 某制造厂 1000MW 机组再热压比与热耗率的关系

（二）高参数汽轮机热耗率保证值

提高机组初参数能够有效地提高机组热效率，不同参数的汽轮机热耗率保证值见表 3-1。

表 3-1 汽轮机热耗率考核工况下热耗率保证值

序号	机组类型	机组参数	热耗率 [kJ/(kW·h)]	给水泵驱动方式
1	1000MW级超超临界	28MPa/600℃/620℃ −4.9kPa	7258	汽动
		26.25MPa/600℃/600℃ −4.9kPa	7325	汽动
		25MPa/600℃/600℃ −4.9kPa	7338	汽动
		28MPa/600℃/620℃ −11kPa	7584	空冷 汽动
		25MPa/600℃/600℃ −11kPa	7655	空冷 汽动
2	600MW级超超临界	28MPa/600℃/620℃ −4.9kPa	7278	湿冷 汽动
		25MPa/600℃/600℃ −4.9kPa	7358	湿冷 汽动
		28MPa/600℃/620℃ −11kPa	7618	空冷 汽动
		25MPa/600℃/600℃ −11kPa	7695	空冷 汽动
3	600MW级超临界	25MPa/566℃/566℃ −4.9kPa	7526	湿冷 汽动
		25MPa/566℃/566℃ −11kPa	7932	空冷 汽动
			7740	电动

二、二次再热机组参数对热耗率的影响

（一）二次再热机组设计

大容量机组采用中间再热可提高热力循环的平均吸热温度，降低热耗率，提高热力循环的效率，国内投运的亚临界及以上参数机组均采用了中间再热。理论上，再热级数越多则热力循环效率越高，二次再热机组比一次再热机组热力循环效率提高约 1.5%，参数为 31MPa/600℃/620℃/620℃的二次再热循环如图 3-2

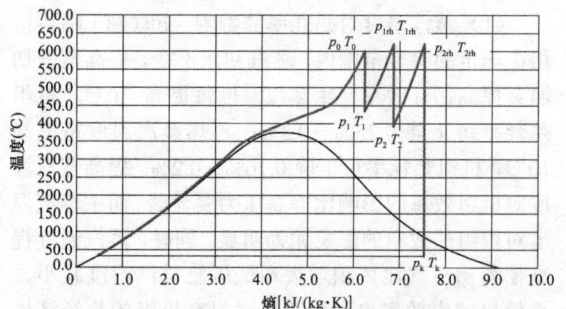

图 3-2 31MPa/600℃/620℃/620℃二次再热循环示意

所示。二次再热机组的汽轮机、锅炉和热力系统配置比一次再热机组更复杂，投资也更大。

二次再热机组的设计应综合考虑汽轮机主蒸汽进口温度、压力，一、二次再热进口蒸汽温度，汽轮机排汽湿度，回热系统等因素，以使机组循环效率最高。

目前国内已建成投运的二次再热机组有：

（1）华能安源电厂超超临界二次再热 660MW 机组，该机组是我国首台投运的二次再热机组，机组参数为 31MPa/600℃/620℃/620℃；

（2）国电泰州电厂二期超超临界二次再热机组，机组容量为 1000MW，参数为 31MPa/600℃/610℃/610℃；

（3）华能莱芜电厂超超临界二次再热机组，机组容量为 1000MW，参数为 31MPa/600℃/620℃/620℃。

（二）二次再热机组参数选择

1. 主蒸汽压力

当温度不变、二次再热机组主蒸汽压力低于 31MPa 时，随压力的提高，机组热效率幅度较大，高于 31MPa 时上升幅度较小。某 1000MW 二次再热机组的主蒸汽压力对热耗率的影响见表 3-2。

表 3-2 某 1000MW 二次再热机组主蒸汽压力变化对热耗率的影响

主蒸汽压力变化（MPa）	热耗率相对降低（%）	对热耗率的影响（%/MPa）
25～28	0.547	0.182
28～31	0.377	0.126
31～35	0.298	0.075

再热蒸汽压力与主蒸汽压力存在最佳比值，主蒸汽压力提高意味着较高的再热蒸汽压力。在再热温度不变的条件下，提高主蒸汽和再热蒸汽的压力，将使低压缸的排汽湿度增大，加大了湿汽损失，对汽轮机的热效率有不利影响。

若主蒸汽压力选择较低，如采用 28MPa，但主蒸汽温度仍为 600℃，除汽轮机热力性能下降外，超高压-高压缸的排汽温度将超过 430℃，需采用合金钢材料，排汽管道成本将增加。

当主蒸汽压力提高使锅炉过热器出口集箱壁厚超过 160mm 时，则存在集箱原材料采购的问题。受制于锅炉的制造限制，锅炉最大连续出力（BMCR）工况下出口主蒸汽压力推荐为 32.4～35MPa。

因此，二次再热机组的汽轮机进口主蒸汽热耗率验收（THA）工况压力建议采用 31MPa。目前，国内二次再热汽轮机均采用全周进汽，最大进汽工

况的主蒸汽压力将会提高，具体数值各汽轮机厂略有不同。

2. 主蒸汽温度

二次再热超超临界机组主蒸汽压力较一次再热机组高，再提升温度将进一步增加管道和部件壁厚，增加大口径管道集箱、主蒸汽阀门等制造、加工的难度和运行的风险，同时成本上升较快，经济性不理想。因此，二次再热机组的汽轮机进口主蒸汽温度宜采用 600℃。

3. 再热蒸汽温度

与一次再热机组再热系统相同，通过增加管道壁厚，能满足再热蒸汽温度从 600℃ 提高到 620℃ 的安全裕度。因此，二次再热机组的汽轮机一次再热和二次再热蒸汽进口温度宜选择为 620℃。

4. 再热压力选择

（1）一次再热压力选择。一次再热压力的选择首先要考虑对机组热耗率的影响，通常随着一次再热压力升高，机组热耗率会降低，但压力升高到一定程度后，继续升高压力，热耗率会变为缓慢升高。一次再热压力选择应在机组热耗率较低的区域。图 3-3 为某 1000MW 汽轮机的一次再热压力与热耗率下降幅度的关系示意，一次再热压力在 11.7～12.5MPa 范围时，热耗率处于较低的区域。

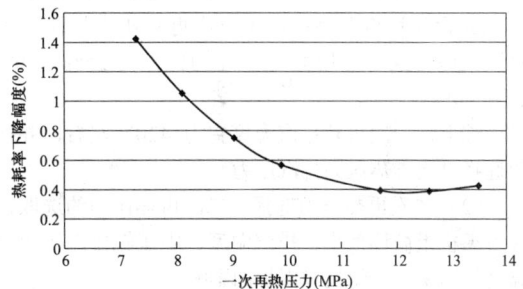

图 3-3 某 1000MW 汽轮机一次再热压力与热耗率的关系

一次再热压力的选择还应考虑给水温度和超高压-高压缸的排汽温度。给水温度与超高压-高压缸的排汽压力关系密切，机组超高压-高压缸排汽也是 1 号高压加热器的抽汽汽源，一次再热压力对应的饱和水温度是确定给水温度的决定因素。若一次再热压力选取过高，锅炉给水温度也相应提高，不利于锅炉的安全运行。同时造成超高压缸排汽温度偏高，锅炉一次再热器进口温度高，对其设计造成不利影响，也对排汽管道和加热器的材料提出较高的要求，需要选择低合金钢。例如，某 1000MW 汽轮机的一次再热压力与给水温度关系如图 3-4 所示，一次再热压力 11.7MPa 对应的给水温度为 330℃；而对应 11.7MPa 的一次再热压力，制造厂给出的超高压-高压缸排汽温度将达到 452.7℃。

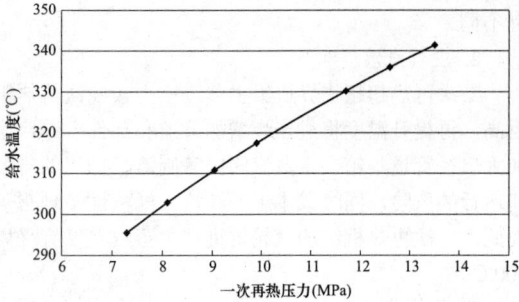

图 3-4 某 1000MW 汽轮机一次再热
压力与给水温度的关系

如一次再热压力选取过低，锅炉给水温度偏低，也会导致机组循环效率降低，同时会使二次再热受热面难以布置。例如，某机型的一次再热压力为 11.08MPa 时，对应的给水温度为 327.6℃，对应超高压缸排汽温度为 426.1℃，汽轮机热耗率为 7104kJ/（kW·h）；当一次再热压力选择较低，为 8.51MPa 时，对应的给水温度为 312.5℃，对应超高压缸排汽温度为 387.8℃，汽轮机热耗率为 7142kJ/（kW·h）。

综合考虑机组热耗率、给水温度、汽轮机和锅炉设计以及工程投资的影响，国内各制造厂根据汽轮机的设计特点分别提出了一次再热压力最佳取值范围，即一次再热压力/主汽压力比值为 25%～30% 或为 34%～37%。

综上，一次再热排汽温度宜为 420℃ 左右，并据此选择一次再热压力排汽压力。

（2）二次再热压力选择。二次再热压力的选取，应考虑机组循环效率、排汽湿度、中压缸排汽压力和温度等因素对汽轮机和锅炉的影响。

二次再热压力选取较低时，中压排汽温度大幅度增加，为保证低压缸的可靠性，必须降低二次再热中压缸的排汽压力。与一次再热高压缸相比，由于中压排汽压力的降低，排汽温度的提高，二次再热中压缸进出口容积流量将增加一倍以上，对汽轮机设计有不利影响。

二次再热压力的选择要考虑对机组热耗率的影响。与一次再热压力对机组热耗率影响趋势相同，随着二次再热压力的升高，机组热耗率也是先降后升。某 1000MW 汽轮机的二次再热压力与热耗率下降幅度的关系见图 3-5，二次再热压力从 2MPa 开始，随着再热压力的提高，热耗率下降，再热压力升高到 2.7MPa 后，下降趋势减缓，升高到 3MPa 以上，热耗率升高。二次再热压力适宜的区间为 2.7～3MPa。

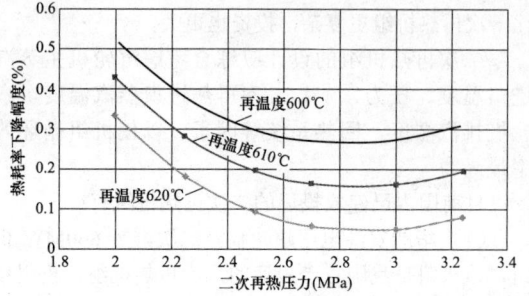

图 3-5 某 1000MW 汽轮机二次再热压力与热耗率的关系

二次再热压力和温度与汽轮机末级排汽湿度有关。末级叶片工作状态必须处在一定的湿度范围，以防止蒸汽过热，损坏末级叶片。二次再热压力越高，排汽湿度越大；二次再热温度越高，排汽湿度越小。二次再热温度为 620℃ 时，某 1000MW 空冷机组取用不同二次再热压力对应的排汽湿度见图 3-6，可见高背压时机组的排汽湿度均较小，因此，与一次再热机组不同，超超临界二次再热机组关注的问题是湿度应保证机组运行的安全。

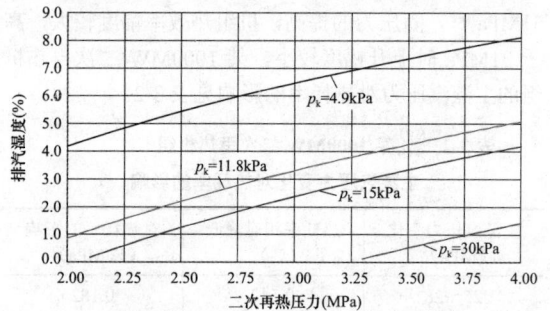

图 3-6 某 1000MW 空冷机组二次再热压力与
排汽湿度的关系（再热温度为 620℃）

如二次再热压力选取较高，则中压缸排汽温度偏高，锅炉二次再热器进口温度也偏高，对锅炉设计造成不利影响，同时二次再热循环所占份额下降，整体循环效率下降。

如二次再热压力选取较低，后续循环效率下降，导致整体循环效率降低；使低压缸排汽湿度降低，在背压变化较大时，机组末端通流情况变化剧烈，对机组安全性造成影响；使中压缸排汽温度较高，比体积增大；使中压缸排汽联通管道和低压缸的通流面积增大，给设计带来不利的影响。图 3-7 为二次再热温度为 620℃ 时，某 1000MW 汽轮机二次再热压力与中压缸排汽温度的关系。

综合考虑机组循环效率和中压缸排汽温度、低压缸排汽湿度等因素，参数为 31MPa/600℃/620℃/620℃ 的湿冷汽轮机组，二次再热压力宜取为 2.8～3.2MPa，中压缸排汽压力宜取为 0.45～0.5MPa。

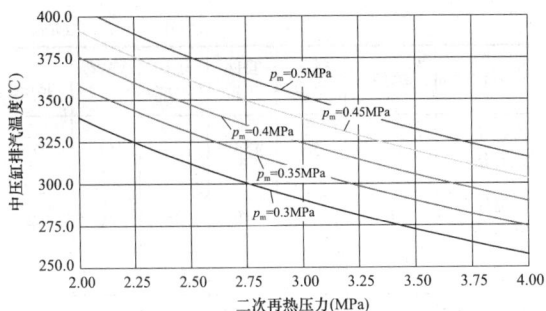

图 3-7　某 1000MW 汽轮机二次再热压力与中压缸
排汽温度的关系（二次再热温度为 620℃）

5. 给水温度

提高锅炉省煤器入口的给水温度可以提高工质的平均吸热温度，有效提高机组的经济性，降低机组发电煤耗。给水温度每提高 1℃，汽轮机热耗率降低约 2.5kJ/（kW·h）。随着机组主蒸汽参数和抽汽压力的提高，给水温度也相应提高。通常一次再热超临界、超超临界机组锅炉省煤器入口的给水温度范围分别为 270～285℃、290～305℃。二次再热超超临界机组高压加热器出口给水温度约为 320～325℃，考虑设置外置式蒸汽冷却器，锅炉省煤器入口温度可以达到 330℃，比常规一次再热机组高约 25～30℃。

给水温度提高应兼顾锅炉设计的要求，保证锅炉运行的安全性，过高的给水温度对锅炉有以下几方面的影响：①造成锅炉省煤器系统的温压降低，增加省煤器的换热面积，使省煤器布置困难。②无法保证锅炉水冷壁进口形成一定的欠焓，当锅炉水冷壁系统运行存在温度偏差时，影响锅炉的安全。③使锅炉的排烟温度上升，影响锅炉的效率，必须采取措施降低排烟温度。

当二次再热机组给水温度高于 330℃时，为了保证锅炉运行安全以及锅炉效率，需增加前置冷却器或空气预热器旁路换热器等装置，而换热装置的冷却介质一般采用给水或凝结水，这又会不同程度地降低汽轮机效率。

（三）二次再热机组汽轮机热耗率保证值

某制造厂提供的不同容量、不同参数的二次再热机组考核工况下汽轮机热耗率保证值见表 3-3。

表 3-3　某制造厂二次再热机组汽轮机
热耗率保证值

二次再热机组类型	机组参数	热耗率[kJ/（kW·h）]	引风机驱动方式
1000MW 超超临界	31MPa/600℃/610℃/610℃　−5.25kPa	7125	电驱
1000MW 超超临界	31MPa/600℃/620℃/620℃　−4.8kPa	7051	电驱
660MW 超超临界	31MPa/600℃/620℃/620℃　−4.92kPa	7187	汽驱

三、一次再热及二次再热超超临界机组典型汽轮机参数

国内已运行的一次再热超超临界机组参数经历了由 25MPa/600℃/600℃ 和 26.25MPa/600℃/600℃ 到 27MPa/600℃/610℃、28MPa/600℃/620℃ 的过程，由于材料、汽轮机特性等因素限制，目前一次再热机组的初参数最高为 28MPa/600℃/620℃，二次再热机组的初参数普遍采用 31MPa/600℃/620℃/620℃。本节列出了节能效果最佳的高参数汽轮机机组典型参数。

（一）1000MW 一次再热超超临界机组

1. 汽轮机型式和参数

采用超超临界、一次中间再热、四缸四排汽、单轴、双背压、凝汽式汽轮机，具有九级非调整回热抽汽，额定转速为 3000r/min。

汽轮机型号为 N1023-28MPa/600℃/620℃，主要参数见表 3-4。

表 3-4　N1023-28MPa/600℃/620℃汽轮机
主要参数汇总表

名称	单位	TRL工况	TMCR工况	VWO工况	THA工况
功率	MW	1023	1074	1094	1023
发电热耗率	kJ/（kW·h）	7499	7196	7214	7207
主蒸汽压力（绝对压力）	MPa	28	28	28	26.58
再热热段蒸汽压力（绝对压力）	MPa	5.670	5.698	5.855	5.417
高压缸排汽压力（绝对压力）	MPa	6.098	6.127	6.297	5.826
主蒸汽温度	℃	600	600	600	600
再热热段蒸汽温度	℃	620	620	620	620
高压缸排汽温度	℃	357.6	358.2	363.5	359.1
主蒸汽流量	t/h	2915.33	2915.33	3002.79	2754.75
再热蒸汽流量	t/h	2379.65	2389	2455.86	2268.92
背压（绝对压力）	kPa	11.0	4.6	4.6	4.6
补给水率	%	1.5	0	0	0
主给水温度	℃	303.1	303.2	305.3	299.8

2. 主要热经济指标

（1）汽轮机热耗率验收（THA）工况的热耗率：7207kJ/（kW·h）；考虑烟气余热利用方案后的热耗率：7163kJ/（kW·h）。

（2）锅炉保证热效率（按低位发热量）：94.45%（BRL工况）。

（3）管道效率：99%（估计值）。

（4）机组绝对效率：49.9%；考虑烟气余热利用方案后的机组绝对效率：50.26%。

（5）发电厂热效率：46.71%；考虑烟气余热利用方案后的发电厂热效率：46.99%。

（6）机组发电标准煤耗率：263.34g/（kW·h）；考虑采用一级烟气余热利用方案后的发电标准煤耗率：261.73g/（kW·h）。

（二）660MW一次再热超超临界机组

1. 汽轮机型式和参数

采用超超临界、一次中间再热、三缸两排汽、单轴、单背压、表面式间接空冷式机组，汽轮机具有八级非调整回热抽汽，额定转速为3000r/min。

汽轮机型号为N660-28MPa/600℃/620℃，主要参数见表3-5。

表3-5 N660-28MPa/600℃/620℃汽轮机主要参数汇总表

名称	单位	额定工况	THA工况	夏季工况	VWO工况	阻塞背压
功率	MW	660	660	618	680	664
发电热耗率	kJ/（kW·h）	7561	7520	8081	7577	7505
主蒸汽压力（绝对压力）	MPa	28	28	28	28	28
再热蒸汽压力（绝对压力）	MPa	5.344	4.857	5.293	5.49	5.348
高压缸排汽压力（绝对压力）	MPa	5.815	5.28	5.762	5.976	5.819
主蒸汽温度	℃	600	600	600	600	600
再热蒸汽温度	℃	620	620	620	620	620
高压缸排汽温度	℃	355.3	338	354.0	359.7	355.4
主蒸汽流量	t/h	1899	1890	1899	1956	1899

续表

名称	单位	额定工况	THA工况	夏季工况	VWO工况	阻塞背压
再热蒸汽流量	t/h	1563	1558	1561	1634	1563
背压（绝对压力）	kPa	10	10	28	10	6.2
补给水率	%	1.5	0	1.5	0	0
给水温度	℃	301.2	300.7	301.0	301.5	301.2

2. 主要热经济指标

（1）汽轮机热耗率验收（THA）工况的热耗率：7520kJ/（kW·h）；考虑烟气余热利用方案后的热耗率：7488kJ/（kW·h）。

（2）锅炉保证热效率（按低位发热量）：94.0%（BRL工况）。

（3）管道效率：99%（估计值）。

（4）机组绝对效率：47.87%；考虑烟气余热利用方案后的机组绝对效率：48.08%。

（5）发电厂热效率：44.55%；考虑烟气余热利用方案后的发电厂热效率：44.74%。

（6）机组发电标准煤耗率：276.09g/（kW·h）；考虑采用一级烟气余热利用方案后的发电标准煤耗率：274.92g/（kW·h）。

（三）1000MW二次再热超超临界机组

1. 汽轮机型式和参数

采用超超临界、二次中间再热、五缸四排汽、单轴、双背压、凝汽式汽轮机，具有十级非调整回热抽汽，额定转速为3000r/min。

汽轮机型号为N1000-31MPa/600℃/620℃/620℃，主要参数见表3-6。

表3-6 N1000-31MPa/600℃/620℃/620℃汽轮机主要参数汇总表

名称	单位	TRL工况	TMCR工况	VWO工况	THA工况
功率	MW	1000	1036.011	1070.625	1000
发电热耗率	kJ/（kW·h）	7266	7085	7078	7095
主蒸汽压力（绝对压力）	MPa	31.003	31	31.861	29.871
一次再热蒸汽压力（绝对压力）	MPa	10.393	10.433	10.714	10.052

续表

名称	单位	TRL工况	TMCR工况	VWO工况	THA工况
二次再热蒸汽压力（绝对压力）	MPa	3.15	3.178	3.26	3.067
主蒸汽温度	℃	600	600	600	600
超高压缸排汽温度	℃	426.8	427.3	427	427.8
一次再热蒸汽温度	℃	620	620	620	620
高压缸排汽温度	℃	443.8	444.3	444.2	444.8
二次再热蒸汽温度	℃	620	620	620	620
主蒸汽流量	kg/s	747.323	747.323	769.743	717.099
一次再热蒸汽流量	kg/s	661.495	663.208	681.795	638.052
二次再热蒸汽流量	kg/s	566.239	570.051	585.125	549.599
超高压缸排汽压力（绝对压力）	MPa	11.059	11.099	11.397	10.695
高压缸排汽压力（绝对压力）	MPa	3.516	3.546	3.637	3.421
中压缸排汽压力（绝对压力）	MPa	0.412	0.412	0.431	0.408
背压（绝对压力）	kPa	9	5.02	5.02	5.02
低压缸排汽流量	kg/s	391.396	393.44	401.708	382.09
补给水率	%	2	0	0	0
给水温度	℃	328.1	328.3	330.3	325.6

2. 主要热经济指标

（1）汽轮机热耗率验收（THA）工况的热耗率：7085kJ/（kW·h）；考虑烟气余热利用方案后的热耗率：7040kJ/（kW·h）。

（2）锅炉保证热效率（按低位发热量）：94.6%（BRL工况）。

（3）管道效率：99%（估计值）。

（4）机组绝对效率：50.81%；考虑烟气余热利用方案后的机组绝对效率：51.14%。

（5）发电厂热效率：47.59%；考虑烟气余热利用方案后的发电厂热效率：47.89%。

（6）机组发电标准煤耗率：258.47g/（kW·h）；考虑采用一级烟气余热利用方案后的发电标准煤耗率：256.83g/（kW·h）。

（四）660MW二次再热超超临界机组

1. 汽轮机型式和参数

采用超超临界、二次中间再热、四缸四排汽、单轴、双背压、凝汽式汽轮机，具有十级非调整回热抽汽，额定转速为3000r/min。

汽轮机型号为 N660-31MPa/600℃/620℃/620℃，主要参数见表3-7。

表3-7　N660-31MPa/600℃/620℃/620℃汽轮机主要参数汇总表

名称	单位	TRL工况	TMCR工况	VWO工况	THA工况
功率	MW	660.019	699.3113	718.58	660.02
发电热耗率	kJ/（kW·h）	7406	7091	7076	7105
主蒸汽压力（绝对压力）	MPa	31	31	31	29.16
一次再热蒸汽压力（绝对压力）	MPa	10.02	10.08	10.35	9.48
二次再热蒸汽压力（绝对压力）	MPa	3.53	3.57	3.67	3.37
主蒸汽温度	℃	600	600	600	600
超高压缸排汽温度	℃	424.6	425.4	427.1	426.2
一次再热蒸汽温度	℃	620	620	620	620
高压缸排汽温度	℃	464.9	465.83	465.53	466.5
二次再热蒸汽温度	℃	620	620	620	620
主蒸汽流量	t/h	1826.363	1826.363	1881.200	1706.836
一次再热蒸汽流量	t/h	1611.585	1617.703	1663.037	1518.282

续表

名称	单位	TRL 工况	TMCR 工况	VWO 工况	THA 工况
二次再热蒸汽流量	t/h	1379.373	1392.350	1429.012	1310.970
超高压缸排汽压力（绝对压力）	MPa	10.893	10.956	11.251	10.305
高压缸排汽压力（绝对压力）	MPa	3.926	3.972	4.075	3.744
中压缸排汽压力（绝对压力）	MPa	0.484	0.502	0.514	0.478
背压（绝对压力）	kPa	11.8	5.4	5.4	5.4
低压缸排汽流量	t/h	975.656	982.728	1049.700	939.232
补给水率	%	1.5	0	0	0
给水温度	℃	324.7	325.06	326.99	320.62

2. 主要热经济指标

（1）汽轮机热耗率验收（THA）工况的热耗率（汽动引风机）：7187kJ/（kW·h）；考虑烟气余热利用方案后的热耗率（汽动引风机）：7132kJ/（kW·h）。

（2）锅炉保证热效率（按低位发热量）：93.9%（BRL 工况）。

（3）管道效率：99%（估计值）。

（4）机组绝对效率：50.09%；考虑烟气余热利用方案后的机组绝对效率：50.48%。

（5）发电厂热效率：46.56%；考虑烟气余热利用方案后的发电厂热效率：46.92%。

（6）机组发电标准煤耗率：264.15g/（kW·h）；考虑采用一级烟气余热利用方案后的发电标准煤耗率：262.13g/（kW·h）。

第二节　汽轮机本体对机组效率的影响

汽轮机的通流部分设计、汽封设计以及进汽方式的选择，对汽轮机运行的经济性、可靠性以及灵活性具有关键性的作用。提高汽轮机的相对内效率主要应从减少汽轮机级内损失、减少外部损失方面考虑，尤其要重视汽轮机汽封的选择。同时还应根据高参数大容量汽轮机的特点，采用合理的进汽模式、设置补汽阀以及优化汽轮机末级叶片等措施，以保证机组宽负荷的运行效率。

一、影响汽轮机内外效率的因素

（一）汽轮机相对内效率

汽轮机级的有效焓降与理想焓降之比称为级的相对内效率，又称级效率。其大小与级的类型、结构、叶型、反动度、速比、叶高以及蒸汽的性质等有关。

汽轮机内蒸汽实际用于做功的有效焓降与理想焓降之比称为汽轮机相对内效率，表示汽轮机内能量转换的完善程度，是用来衡量汽轮机经济性的一个重要指标。目前汽轮机的相对内效率通常为86%～91%。

（二）汽轮机级内损失

汽轮机级内损失主要包括喷嘴损失、动叶损失、余速损失、叶高损失、扇形损失、叶轮摩擦损失、部分进汽损失、漏汽损失和湿汽损失，应根据具体情况分析每一级可能存在的损失。例如，只有在非全周进汽的级才会有部分进汽损失，工作在湿蒸汽区的级才会有湿汽损失。

1. 喷嘴损失

蒸汽在喷嘴叶栅内流动时汽流与流道壁面之间、汽流各部分之间存在的碰撞和摩擦引起的损失称为喷嘴损失。减少喷嘴损失有以下方法：

（1）在冲动级中采用一定的反动度，使蒸汽流过动叶栅时相对速度增加；

（2）在强度允许的条件下，尽量减少叶片出口边厚度；

（3）采用减缩型叶片、窄型叶栅等。

2. 动叶损失

蒸汽在动叶流道内流动时汽流与流道壁面之间、汽流各部分之间存在的碰撞和摩擦引起的损失称为动叶损失。减少动叶损失的方法有：

（1）改进动叶线型；

（2）采用适当的反动度。

3. 余速损失

当蒸汽离开动叶栅时，仍具有一定的绝对速度，排汽将带走一部分动能，这部分能量损失称为余速损失。当汽流进入下一级时，汽流动能可以部分被下一级所利用，以提高汽轮机的相对内效率。为充分利用其余速，可加装汽流导向板。末级的余速无法再利用。减少余速损失的方法有：

（1）选用最佳速度比；

（2）将汽轮机排汽管做成扩压式，回收部分余速能量。

4. 叶高损失

汽流在喷嘴和动叶栅的根部和顶部形成涡流所造成的损失，称为叶高损失或叶片端部损失。叶高损失在短叶片中比较大，当叶片高度小于15mm时，端部漩涡非常大，损失随之增大。

减少叶高损失的方法有：汽轮机容积流量很小时，为了防止叶高损失的影响，通常设计成部分进汽方式，以减少喷嘴数量，增大叶片高度。

5. 扇形损失

由于叶片沿轮缘成环形布置，使流道截面成扇形，沿叶高方向各处的节距、圆周速度、进汽角不同。在设计时，参数的选取只能保证平均直径截面处为最佳值，沿叶片高度其他截面的参数，将偏离最佳值，并引起汽流撞击叶片产生能量损失，该损失称为扇形损失。

减少扇形损失的方法有：采用弯扭叶片，全三维叶片级效率提高约2%。

6. 叶轮摩擦损失

蒸汽由于黏性在叶轮表面形成附面层，由叶轮带动旋转，与蒸汽在隔板和汽缸壁上的附面层之间形成摩擦阻力；并由于叶轮离心力的带动，在汽室内形成涡流。克服摩擦阻力和涡流所消耗的能量损失称为叶轮摩擦损失。

减少叶轮摩擦损失的方法有：

（1）减少叶轮与隔板间的轴向距离；

（2）提高叶轮的光滑度。

7. 部分进汽损失

部分进汽损失由鼓风损失和斥汽损失两部分组成：

（1）当级的部分进汽度小于1时，动叶栅只在进入装有喷嘴弧段时才有工作汽流通过。当动叶进入无喷嘴弧段时，动叶产生鼓风作用，消耗一部分有用功，这些损失称为鼓风损失。

（2）当动叶再度进入装有喷嘴的弧段时，工作汽流需首先排斥并加速停滞在动叶汽道中的蒸汽，因而消耗一部分能量，这些损失称为斥汽损失。

减少部分进汽损失的方法有：

（1）对于鼓风损失可采用全周进汽，在不进汽的弧段内安装护罩；

（2）对于斥汽损失可减少喷嘴组数，使两组喷嘴之间的间隙不大于喷嘴叶栅的节距。

8. 漏汽损失

汽轮机内由于存在压差，一部分蒸汽不经过喷嘴和动叶的流道，而经过各种动静间隙泄漏，不参与主流做功，从而形成损失，这部分能量损失称为漏汽损失。漏汽损失包括隔板漏汽损失与叶顶漏汽损失等。

减少漏汽损失的方法有：

（1）加装隔板汽封片，减少漏汽量；

（2）在动叶片根部安装径向汽封片；

（3）在叶轮上开平衡孔，使隔板漏汽经过平衡孔漏向后级，避免混入主流。

9. 湿汽损失

在汽轮机的低压区蒸汽处于湿蒸汽状态，湿蒸汽中的水不仅不能膨胀加速做功，还要消耗汽流动能，对叶片的运动产生制动作用并消耗有用功，这些损失称为湿汽损失。

减少湿汽损失的方法有：

（1）采用中间再热机组，减少末级的湿度；

（2）当末级湿度较大时，应采用去湿装置。

（三）汽轮机外部损失

1. 外部漏汽损失

汽轮机的主轴在穿出汽缸两端处装有端部汽封，由于压差的存在，在高压端有部分漏汽向外漏出；在低压端，由于级内压力低于大气压力，为了防止空气漏入汽轮机内，向低压汽封处通入蒸汽密封，这部分蒸汽的大部分漏入汽缸，也有少部分漏向大气，漏出的蒸汽不做功，其所造成的损失为外部漏汽损失。

2. 机械损失

汽轮机运行时，需克服支撑轴承和推力轴承的摩擦阻力并带动主油泵、调速器等，都将消耗一部分有用功而造成损失，这些损失为机械损失。

二、采用全周进汽模式

汽轮机的高压进汽端分为：①喷嘴不分组段的全周进汽形式；②喷嘴分组的非全周进汽形式。全周进汽的机组无调节级，第一级叶片的进汽压力及焓降均与流量成正比。机组的运行模式为单阀控制模式，只能通过节流或滑压的方式调节汽轮机的进汽量及功率。喷嘴分组的非全周进汽的机组有调节级，可通过改变部分进汽度影响机组的流量和级的进汽压力、焓降。

非全周进汽机组的第一级（调节级）叶片在低负荷、最小部分进汽时，应力远大于额定负荷工况，加上部分进汽的冲击载荷等因素，该级叶片的动强度设计的安全性至关重要。对于超超临界机组，高压端叶片级的工作条件更加苛刻，喷嘴调节级的结构形式已显示出不足。同时，超超临界参数下热力循环滑压运行效率已高于定压喷嘴调节，采用喷嘴调节效率高的优势已不明显。因此，原采用喷嘴调节级的机组，目前已逐步改型为全周进汽无调节级的机组。

在超超临界汽轮机中，全周进汽模式具有如下优势：

（1）由于无强度不足的限制，可采用单流程叶片级，与双流程相比，在额定工况下高压缸效率高约 3%。

（2）全周进汽无附加汽隙激振，提高了机组的轴系稳定性。

（3）全周进汽滑压调节运行的部分负荷经济性比反动式变压喷嘴调节和冲动式变压喷嘴调节要高。

图 3-8 为不同进汽调节方式对部分负荷热耗率的影响。

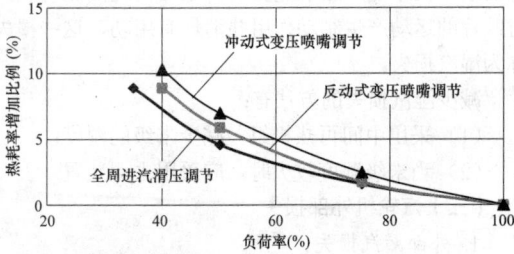

图 3-8　不同进汽调节方式对部分负荷热耗率的影响

三、设置补汽调节阀

全周进汽的汽轮机进汽压力与流量成正比，机组只有在最大流量 VWO 工况运行时，进汽压力才能达到额定值。目前设计中主蒸汽流量均有一定的裕量，根据 GB/T 5578—2007《固定式发电用汽轮机规范》的有关规定，可计算出湿冷机组 THA 工况的流量仅为 VWO 工况的 88%～92%；空冷机组如果按国际电工委员会（IEC）标准定义额定工况，其流量约为 VWO 工况的流量 95%。在全周进汽的滑压运行模式下，不能充分利用蒸汽压力的能力，机组效率有所损失。例如，某机型 THA 工况流量为最大流量的 95% 时，机组热耗率损失约为 20kJ/（kW·h）；THA 流量为最大流量的 88% 时，机组热耗率损失约为 35kJ/（kW·h）。

全周进汽机组调频时，采取节流的方式，将引起运行经济性的下降，例如，某机型 5% 的全周节流会使热耗率增加约 12kJ/（kW·h）。

针对国内现行规范以及机组运行负荷普遍较低的情况，为充分发挥全周进汽机组的潜力，并使机组具有很好的调频能力，可以采用补汽调节阀的技术，即将新蒸汽经过补汽阀节流后通入高压缸某级后与主汽流相混合。由于补汽的汽源来源于主蒸汽，进入高压中间级将产生附加节流损失，使补汽阀开启后工况的经济性降低。例如，某机型补汽阀开启后的总进汽量增加 8%，VWO 工况的热耗率将增加约 50kJ/（kW·h）。补汽量越大，热耗率增加量越大。对于负荷率较低的机组，综合考虑超负荷的经济性下降与额定负荷及部分负荷经济性的收益，设置补汽阀对机组整体经济性有所提高。

补汽阀设置的关键是确定阀门开启点，即主调门阀门全开，达到额定进汽压力的流量。只有大于该流量，才打开补汽阀供汽。如果主调门的最大流量设计过大，补汽阀开启点移后，则在热耗率保证工况下，机组的进汽压力未达到额定压力，蒸汽压力仍有潜力。反之，主调门的最大流量设计过小，则在热耗率保证工况下，补汽阀已开始进汽，则由于补汽要损失一定的做功能力，会降低保证工况的经济性。补汽阀的开启点目前多选在汽轮机最大连续功率（TMCR）工况或热耗率验收（THA）工况。

四、末级叶片优化

汽轮机末级叶片是决定汽轮机组功率和性能的关键部件，其级效率每增加 1%，汽轮机热耗率将降低 0.1%。末级叶片又是电厂进行冷端优化的重要因素，其"排汽容积-损失特性"是对汽轮机组的背压、端差、凝汽器面积、冷却水倍率及冷却水温升等设计参数进行技术经济分析优化的基础。

末级叶片的背压取决于外部凝汽系统的变化。末级叶片在正常变工况运行的容积流量变化为 4～4.5 倍，对机组出力变化的影响超过 5%。通常将排汽损失对出力影响的 3% 作为设计基础，此时额定负荷容积流量约处在叶片的 $0.75～1.35Q_{opt}$（Q_{opt} 为最佳轴向排汽容积流量）之间。因每个长叶片的适用范围不同，应根据排汽容积流量选配经济性最好的长叶片作为低压末级叶片。

通常将无因次量出口轴向马赫数作为长叶片级气动特性的特征量。末级叶片效率特性基本与流量大小无关，仅取决于出口马赫数。对于特定的末级叶片，可将叶片气动特性用排汽余速损失-排汽流量反映。每个末级叶片均有不同的排汽余速损失特性曲线，图 3-9 为某机型末级叶片排汽余速损失-排汽流量的示意图。

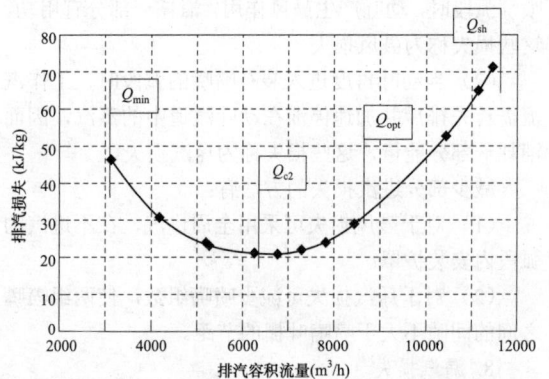

图 3-9　某机型末级叶片排汽余速损失-排汽流量特性曲线

每个叶片有其固有的 4 个特征排汽容积流量值：

（1）零功率的最小容积流量 Q_{min}，级效率接近于零，对应的出口轴向马赫数约为 0.23。通常认为小于该容积流量，机组进入负功状态，叶片的激振力将迅速增加。

（2）最佳轴向排汽容积流量 Q_{opt}，此时排汽为完全轴向，无切向排汽损失，对应的出口轴向马赫数约为 0.59。

（3）最小余速损失的容积流量 Q_{c2}，此时虽然排汽不是轴向，有切向损失，但总的排汽损失最小。

（4）最大负荷容积流量 Q_{sh}，大于该容积流量时，气流将在叶片外做无功膨胀，通常称为阻塞工况，机组虽可以在大于该容积流量工况下运行，但叶片的有效出力不再增加。

为兼顾变工况运行的经济性，宜使机组额定工况的排汽容积流量尽可能等于叶片的最佳轴向排汽容积流量 Q_{opt}，而 75%额定负荷时接近最小余速损失的容积流量 Q_{c2}。对应的末级叶片排汽速度宜为 180～220m/s。

近年，国内制造厂为了适应更大容量的湿冷和空冷机组，陆续开发制出更长的末级叶片，建立了更完整的末级叶片系列。

上海汽轮机厂：湿冷机组末级长叶片系列为690mm、800mm、1050mm、1220mm；空冷机组末级长叶片系列为520mm、665mm、910mm、1050mm。

东方汽轮机厂：湿冷机组末级长叶片系列为660mm、736.6mm、800mm、856mm、909mm、1016mm、1092.3mm、1200mm、1400mm；空冷机组末级长叶片系列为661mm、770mm、863mm、1030 mm。

哈尔滨汽轮机厂：湿冷机组末级长叶片系列为665mm 、710mm、800mm、855mm、900mm、1000mm；空冷机组末级长叶片系列为620mm、680mm、710mm、940mm。

五、先进汽封技术

汽轮机的汽封可分为轴端汽封（简称轴封）、隔板汽封和通流部分汽封，分别用来防止汽轮机的轴端、隔板和动叶顶部、根部蒸汽的泄漏。汽轮机级间蒸汽泄漏使得机组内效率降低，根据汽轮机运行的测试统计结果，漏汽损失占级总损失的 29%，其中动叶顶部漏汽损失则占总漏汽损失的 80%，比静叶或动叶的型面损失或二次流损失还大。

随着汽轮机汽封技术的不断发展，许多新型汽封得到应用。任何一种新型汽封，在适合的工作条件下均应达到兼顾汽轮机安全和效率的要求。汽封的密封效果主要取决于汽封结构型式、密封的径向间隙大小以及加工质量和安装技术水平。

目前主要使用的先进汽封技术如下：

1. 梳齿式迷宫汽封

梳齿式迷宫汽封的断面通常采用梳齿式，结构示

意见图 3-10。梳齿式迷宫汽封为一种非接触式密封，用逐级节流的方法来抑制泄漏，具有成本低、结构简单、安全可靠且易于安装的优点。受设备轴向长度的限制，梳齿式迷宫密封泄漏量较大，并且泄漏量随压差的增大而上升。另外，梳齿式迷宫汽封是刚性密封，当密封间隙过小，在汽轮机启动达临界、异常振动超差和气流激振时，汽封齿易与转子碰磨，造成永久性磨损，导致密封间隙增加。此时只能将汽封径向间隙调大到 0.60～0.80mm，以确保机组的安全性。

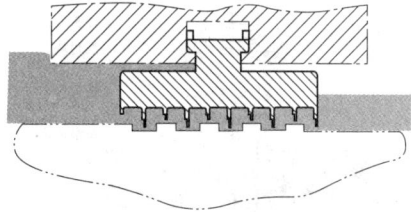

图 3-10　梳齿式迷宫汽封简图

2. 蜂窝式汽封

蜂窝式汽封是在静子密封环的内表面上装设蜂巢形状的正六面体孔状的密封物，其材料是海斯特镍基耐温薄板。蜂窝式汽封芯格尺寸为 0.8～2mm，板厚0.05～0.2mm，蜂窝深度为 3～6mm，具有较宽的密封带，相当于增加了汽封齿数量，改变了传统汽封低齿只能布置 1～2 齿的缺点，加大了汽流阻力，提高了密封效果。蜂窝式汽封结构仍然是一种刚性密封，与梳齿式迷宫汽封相同，一旦碰磨就会造成永久性的磨损，间隙随之增大。蜂窝式汽封通常用于低压末级叶顶湿蒸汽区。

3. DAS 汽封

DAS 汽封为东方汽轮机厂自主研制的先进性汽封，也称为"大齿汽封"，其结构形式与梳齿式汽封类似，但加厚了高齿部分的齿宽，与轴的径向间隙略小于其他齿，并将铁素体材料嵌入汽封块中，与转子摩擦时产生的热量小，不易弯轴。如与轴产生碰磨，虽会造成机组振动，但由于高齿齿厚不易磨掉，能保护其他齿不遭破坏，保证正常运行时的汽封间隙。

4. 布莱登汽封

布莱登汽封是在两个相邻汽封块的垂直断面上安装弹簧，并通过沟槽将蒸汽通入汽封块背部，依靠汽轮机各级前后的压差变化克服弹簧力，可根据机组负荷的变化自动调整密封间隙。布莱登汽封解决了传统汽封存在的碰磨问题以及造成的间隙永久增大的问题。汽封齿仍采用传统的梳齿式，由于汽轮机级的前后压差要求，布莱登汽封宜使用于高压部分隔板，而中低压部分及轴封则不适用。布莱登汽封对安装工艺要求较高，在应用中主要存在的问题是弹簧质量和卡塞。

5. 接触式汽封

接触式汽封是在传统梳齿式汽封块中间嵌入一圈能与轴直接接触的密封片，并且能在弹簧片作用下保证始终与轴接触，其结构见图 3-11。该密封可以与轴接触，属于柔性密封，能适应转子振动，长期保持间隙不变，常用在轴封最外侧，有效地提高机组真空。密封片长期与轴面接触，对材料的强度、物理特性等要求较高，且摩擦产生的热量如不能及时排走，可能导致过热变形，在高温段须慎重。

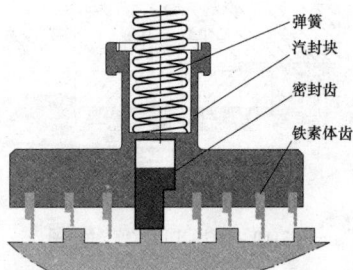

图 3-11　接触式汽封结构简图

6. 刷式汽封

刷式汽封是在原有汽封基础上加装一圈刷式密封条，替代原来的高齿，属于柔性密封。密封条高度高于高齿，减小了汽封间隙，同时由细金属丝密集排列的密封条可使流体产生自密封效应，从而减少泄漏。密封条的刷毛采用高密度的高温钴基合金细金属丝，可以耐 1200℃的高温。密封条可以适应机组运行时转子的瞬态跳动，不会对机组振动造成大的影响。刷式汽封价格昂贵且加工工艺要求较高。

第三节　主蒸汽和再热蒸汽系统节能设计

主蒸汽和再热蒸汽系统相对简单，主要是连接汽轮机和锅炉的管道，系统设计不涉及相关设备。但由于系统管道的设计参数高，通过技术经济比较选择合适的系统压降，也可达到较明显的节能效果。

一、主蒸汽和再热蒸汽系统压降优化

（一）主蒸汽、再热蒸汽管道压降设计要求

1. 一次再热机组主蒸汽、再热蒸汽管道压降

GB 50660—2011《大中型火力发电厂设计规范》中给出了一次再热机组主蒸汽及再热蒸汽系统压降的要求值：锅炉过热器出口至汽轮机进口的压降，不宜大于汽轮机额定进汽压力的 5%；再热蒸汽系统总压降，对于亚临界及以下参数机组，宜按汽轮机额定功率工况下高压缸排汽压力的 10%取值，其中冷再热蒸汽管道、再热器、热再热蒸汽管道的压降宜分别为汽

轮机额定功率工况下高压缸排汽压力的 1.5%～2.0%、5%、3.5%～3.0%；对于超（超）临界参数机组，再热蒸汽系统总压降宜在汽轮机额定功率工况下高压缸排汽压力的 7%～9%范围内确定，其中冷再热蒸汽管道、再热器、热再热蒸汽管道的压降宜分别为汽轮机额定功率工况下高压缸排汽压力的 1.3%～1.7%、3.5%～4.5%、2.2%～2.8%。

2. 二次再热机组主蒸汽、再热蒸汽管道压降

超超临界二次再热机组 THA 工况的主蒸汽压力为 31MPa，较常规一次再热机组主蒸汽压力 25MPa 高 20%以上；二次再热机组的一次再热压力约为 11MPa，较一次再热机组的再热压力 5～6MPa 高出较多；二次再热机组的二次再热压力约为 3.0MPa，较一次再热机组的再热压力小很多；因此，GB 50660—2011《大中型火力发电厂设计规范》中针对一次再热机组主蒸汽及再热蒸汽系统压降的要求值已不适用于二次再热机组。

根据计算以及工程实践，对于超超临界二次再热机组主蒸汽及再热蒸汽系统压降的建议值如下：

（1）主蒸汽管道压降不宜大于汽轮机额定进汽压力的 4%。

（2）一次再热蒸汽系统总压降宜按汽轮机额定功率工况下超高压缸排汽压力的 4.5%～6.0%确定，其中冷再热和热再热蒸汽管道压降比宜为 35%:65%。

（3）二次再热蒸汽系统总压降宜按汽轮机额定功率工况下高压缸排汽压力的 10%～12%确定，其中冷再热和热再热蒸汽管道压降比宜为 25%:75%。

3. 主蒸汽、再热蒸汽管道压降对热耗率的影响

GB 50764—2012《电厂动力管道设计规范》规定了主要管道的流速，其中一次再热机组四大管道的流速见表 3-8。

表 3-8　　　　　四大管道的推荐流速

管道名称	推荐流速（m/s）
主蒸汽管道	40～60
高温再热蒸汽管道	45～65
低温再热蒸汽管道	30～45
高压给水管道	2～6

由于高压给水管道的流速较低，流速变化对压降影响相对较小，该压降主要影响给水泵的功率，间接影响机组的热耗率，且影响小。主蒸汽和再热蒸汽管道的流速较高，流速变化对其压降影响相对较大，减小管道压降对机组热耗率影响效果较明显。

某 1000MW 超超临界机组的主蒸汽和再热蒸汽系统压损对汽轮机热耗率影响的曲线分别见图 3-12 和图 3-13。

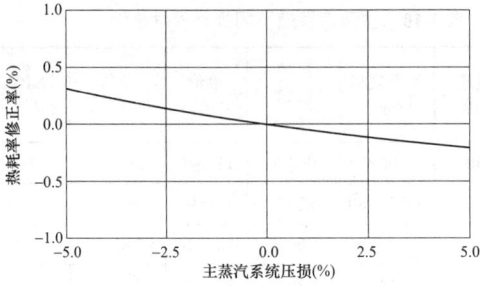

图 3-12　某 1000MW 超超临界机组主蒸汽
系统压损对汽轮机热耗率的影响

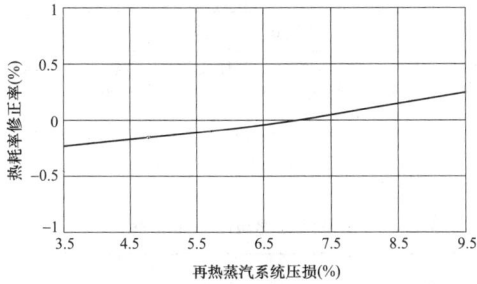

图 3-13　某 1000MW 超超临界机组再热蒸汽
系统压损对汽轮机热耗率的影响

（二）降低管道压降的方法

1. 降低主蒸汽和再热蒸汽系统管道压降的主要方法

（1）优化主厂房布置，在满足管道应力计算的前提下减少管道的长度。

（2）采用内径管，优化管道管径，合理选择介质流速。

（3）在布置条件允许的情况下，多选用煨弯弯管，少用热压弯头。煨弯弯管半径（R）宜为管道外径（DN）的 3～5 倍。煨弯弯管比热压弯头的局部阻力系数小，具体数值见表 3-9。

（4）主管与支管之间的三通连接在沿着介质流动方向宜选用斜三通。

表 3-9　煨弯弯管和热压弯头的局部阻力系数

弯头类型	R/DN	不同弯曲角度弯管（弯头）的局部阻力系数				
		90°	60°	45°	30°	22.5°
煨弯弯管	>3.0	0.20	0.15	0.12	0.09	0.07
热压弯头	1.5	0.25	0.20	0.16	—	—

2. 弯管技术的特点

主蒸汽和再热蒸汽管道设计中采用弯管技术。与热压弯头技术相比，弯管技术除了能降低管道局部阻力外，还具有以下特点：

（1）弯管的弯曲半径大，减小了整个管线的展开长度，提高了管系的刚度，同时大的弯曲半径能够降低流体对管系的冲击，降低管道的振动。

（2）弯管内流动介质对弯管外弧内壁的冲刷比弯头小。

（3）采用弯管技术能够减少管道的总焊口数。

（4）弯头受成型限制，直管段通常为 50～80mm，弯头起弧点距焊口距离较近，厚壁管焊口热影响区与弯头起弧点重合。

（三）系统管道压降的选择

GB 50660—2011《大中型火力发电厂设计规范》中推荐的管道压降值仅是指导性的要求，在工程中应根据燃煤价格和管道及其附件价格，在保证热耗率和投资合理的前提下，优化主蒸汽和再热蒸汽管道规格及其布置，确定系统管道压降。具体方法是根据不同的压降计算出热耗率变化值，折算为年燃煤费用差值，同时计算出管道规格初投资，综合比选后，确定技术经济最优的管径。

对于再热系统，还应考虑冷再热系统管道材质等级较低，管道费用低于热再热系统管道，适当提高冷再热管道的管径对增加投资影响较小，却可以明显降低再热系统的阻力。因此，冷再热管道管径选择可适当加大，设计流速取下限值，降低在整个再热系统阻力中的比重，减少再热系统投资。

二、主蒸汽和再热蒸汽管道压降优化设计案例

下面将结合某 660MW 超超临界二次再热机组的外部条件，对主蒸汽和再热蒸汽管道不同规格进行压降计算，并通过技术经济比较优选出合适的管道规格。

1. 压降优化的方法

采用 THA 工况的数据，对二次再热机组的主蒸汽、再热冷段和热段选用不同管道规格分别计算压降，在计算中仅考虑管道系统阻力造成的压降，再热系统中锅炉再热器本体压降作为定值。计算目的是比较不同规格管道压降的变化值。

主蒸汽、一次再热热段、一次再热冷段、二次再热热段、二次再热冷段管道的流速计算范围较现行规程推荐范围适当扩大。例如，主蒸汽系统计算流速范围按 40～75m/s，并以 5m/s 阶梯递增，计算出各流速对应的管径规格及其对应的管道压力损失。再以 50m/s 流速所对应的压力损失为基准点，分别计算不同流速相对 50m/s 流速压力损失。

经计算得出该二次再热机组不同系统的介质流速对应的管道压损，见图 3-14。

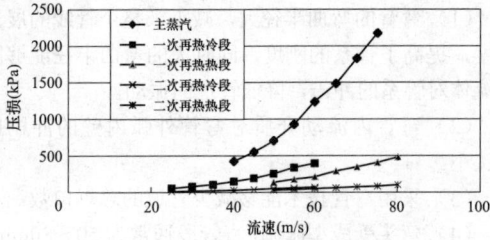

图 3-14 不同系统的流速变化引起的压损变化

从图 3-14 可以看出，主蒸汽系统流速变化对系统压损的影响最大，而二次再热系统流速变化对系统压损的影响最小，再热系统中的冷段流速变化对系统压损的影响大于热段。

由沿程阻力和局部阻力计算式 $\Delta p = \xi_t \omega^2 / (2v)$ 可知，当比较管道流速与压降关系时，介质的比体积有较大的影响，例如，主蒸汽管道介质比体积相对其他系统小，动压头 $\omega^2 / (2v)$ 较大，故流速对于压降的影响较大。

制造厂提供的主蒸汽对热耗率的修正如下，当主蒸汽压力大于 31MPa 时，压力增大 100kPa，热耗率降低 0.0133%；当主蒸汽压力小于 31MPa 时，压力增大 100kPa，热耗率降低 0.0183%。根据上述热耗率的修正系数，可计算出管道压力损失引起的热耗率以及标准煤耗率。

以下计算以标准煤价 1050 元/t 为边界条件，求得主蒸汽的不同流速相对于 50m/s 流速的每年节煤收益。贷款年限按 15 年计算，同时考虑贷款利率，可得出节煤的折现值，定为 NPV1（节煤现值用正值表示）。

主蒸汽不同流速下管道的初投资相对于 50m/s 流速的管道投资的增量定义为 NPV2（投资增加量用负值表示）。

综合考虑 NPV1、NPV2 在不同设计流速带来的净效益年值，记作 NPV。NPV 最大值对应的设计流速即为优选的设计流速。上述计算综合考虑了燃煤价格、管道投资等因素，在计算中忽略下列次要因素：

（1）不同管道规格对应的支吊架、保温成本变化。

（2）不同管道规格对应的安装成本变化。

（3）管道投资全部计入项目资本金，即不考虑管道投资部分在还款期内产生的利息以及不同管道投资对项目总投资中项目准备金的影响。

2. 技术经济比较

以主蒸汽管道作为示例，主蒸汽管道采用 A335 P92 材料的内径管，影响管道单位质量的价格因素主要是加工制造难度，例如大口径厚壁管等。不同流速对应的管材总价见表 3-10。主蒸汽管道长度按 289.1m 考虑。

表 3-10 主蒸汽管道不同规格管材总价

流速（m/s）	管道规格（mm）	单位质量（kg/m）	单价（元/t）	总价（万元/t）	NPV2（万元/t）
40	ID292×93	902.6	112640	2939.2	−533.3
45	ID279×89	826.5	110592	2642.5	−236.6
50	ID267×86	766.7	108544	2405.9	0.0
55	ID254×82	696.7	102400	2062.5	343.4
60	ID241×78	630.0	102400	1865.0	540.9
65	ID229×74	585.5	102400	1733.5	672.6
70	ID223×73	550.0	102400	1628.2	777.7
75	ID216×70	519.2	102400	1537.0	868.9

根据流速选用的不同规格的主蒸汽管道对应的 NPV1、NPV2、NPV 结果见表 3-11。

表 3-11 主蒸汽流速与净效益关系

流速（m/s）	平均压降（kPa）	热耗率［kJ/（kW·h）］	节煤价值（万元/年）	NPV1（万元）	NPV2（万元）	NPV（万元）
40	426	7179.2	37.6	342.6	−533.3	−190.6
45	552.5	7180.4	20.7	188.4	−236.6	−48.0
50	707	7181.9	0.0	0.0	0.0	0.0
55	931	7184.1	−30.0	−273.1	343.4	70.4
60	1237	7187.0	−70.9	−646.2	540.9	−105.3
65	1483.5	7189.4	−103.9	−946.7	672.6	−274.1
70	1834	7192.7	−150.9	−1374.0	777.7	−596.3
75	2177	7196.0	−196.8	−1792.2	868.9	−923.1

主蒸汽管道的流速与 NPV1、NPV2、NPV 的曲线关系见图 3-15。

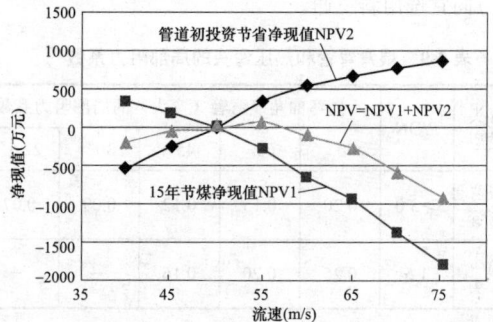

图 3-15 主蒸汽管道蒸汽流速优化

一次再热冷段、一次再热热段和二次再热冷段、二次再热热段的分析思路与主蒸汽管道相同。流速与 NPV1、NPV2、NPV 的曲线关系分别见图 3-16～

图 3-19。

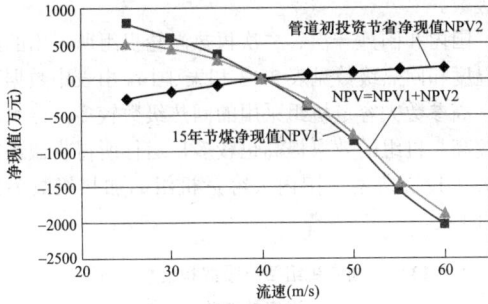

图 3-16　一次再热冷段管道蒸汽流速优化

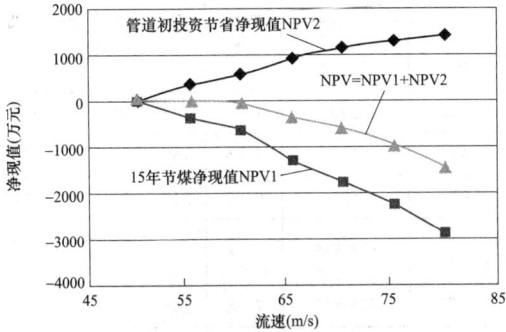

图 3-17　一次再热热段管道蒸汽流速优化

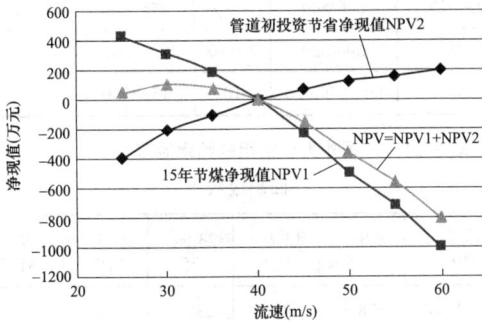

图 3-18　二次再热冷段管道蒸汽流速优化

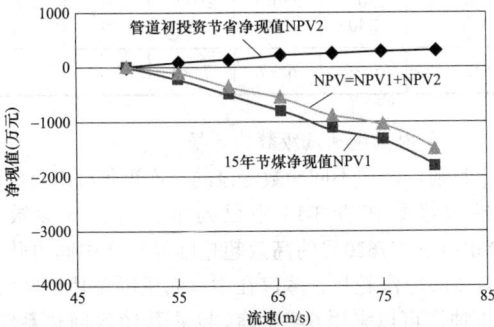

图 3-19　二次再热热段管道蒸汽流速优化

通过以上比较，当主蒸汽管道按 55m/s、一次再热冷段蒸汽管道按 25m/s、一次再热热段蒸汽管道按 55m/s、二次再热冷段蒸汽管道按 30m/s、二次再热热

段蒸汽管道按 50m/s 作为设计流速时，可实现最佳经济效益。

3. 流速选择结果分析

（1）对于主蒸汽管道，综合考虑壁厚较厚、管材 A335 P92 造价高、燃煤价格高等因素，不宜选择较低的流速作为设计流速。因为较低流速确定的管道规格大，管道成本增加量比压力损失减小量带来的节约燃煤效益更明显。

（2）对于一次再热冷段管道，采用低流速后得到的热耗率降低效益比管道成本的增加量明显，故选择较低流速作为设计流速。

（3）对于一次再热热段管道，虽然管材和主蒸汽管材相同，但是由于压力较低，壁厚较薄，管道重量在采用不同流速比选时的变化较小，管道初投资成本的变化不如煤耗降低的收益明显。因此选择的流速靠近规范推荐的下限值50m/s。

（4）二次再热冷段管道与一次再热冷段管道类似，二次再热冷段管道介质压力更低，其比体积约为一次再热冷段介质比体积的 3～4 倍，相对一次再热系统体积流量大，设计流速选择应较一次再热冷段高一些，取 30m/s。

（5）采用相同的分析方法以及定量计算结果，二次再热热段的设计流速取 50m/s。

4. 管道规格选择结论

通过以上计算及分析，最终确定的主蒸汽、一次再热蒸汽、二次再热蒸汽管道规格见表 3-12。

表 3-12　管 道 规 格 选 择 计 算

管道名称	规格（最小内径×最小壁厚或公称外径×公称壁厚，mm）	流速（m/s）	
		推荐值	设计值
主蒸汽半容量管	ID254×82	40～60	55.00
一次再热冷段主管	φ864×45	30～45	25.00
一次再热冷段支管	φ610×32	30～45	25.12
一次再热热段全容量管	ID635×89	50～65	54.65
一次再热热段半容量管	ID445×63	50～65	55.64
二次再热冷段主管	φ1270×34	30～45	30.29
二次再热冷段支管	φ902×24	30～45	30.00
二次再热热段全容量管	ID1067×49	50～65	50.41
二次再热热段半容量管	ID762×36	50～65	49.42

第四节　回热系统节能设计

在汽轮机初参数、排汽背压、再热级数确定的前提下，进一步提高汽轮机循环效率主要靠优化抽汽回热系统。与提高机组初参数相比，优化汽轮机的回热系统具有投资少、技术风险小、实现相对容易等优点。

汽轮机回热系统优化主要措施有：合理增加回热级数，提高主机的循环效率；充分利用回热抽汽的过热度，采用外置式蒸汽冷却器减少高品质能量直接换热带来的损失；利用锅炉排烟余热加热凝结水或主给水，提高水的温升，排挤汽轮机抽汽，提高主机的循环效率。

一、选择回热系统级数

1. 回热系统对机组的影响

回热循环是在朗肯循环的基础上对吸热过程进行了优化。抽汽回热循环除提高机组热效率之外，对机组还有以下影响：

（1）采用抽汽加热给水，减轻了锅炉的热负荷，省煤器的换热面积得以减少；

（2）进入凝汽器的乏汽减少，凝汽器的换热面积减少；

（3）汽轮机汽耗率的增加使汽轮机高压段的蒸汽流量增大，抽汽使汽轮机低压段的流量减小，从而使汽轮机的结构更为合理。

虽然抽汽回热循环所需要的设备多、系统复杂，但是全面的技术经济分析表明，采用回热系统对减少设备投资和经济运行都是有利的，因此除燃气–蒸汽联合循环外，火力发电机组均采用抽汽回热循环。

2. 回热抽汽级数及给水温度的确定原则

对于相同参数的机组，回热级数越多，给水温度越高，循环效率就越高。但要提高给水温度，必须提高抽汽温度，抽汽做功的焓降将减少。给水温度升高，在锅炉排烟温度不变的情况下，锅炉尾部换热面积将增加，投资将增加；或在换热面积不变的情况下，锅炉排烟温度将升高，锅炉效率将降低。同时，给水温度的提高还需要考虑锅炉运行的安全，保证在锅炉水冷壁进口形成一定的欠焓。

对于一定的回热级数而言，存在着一个循环效率最高的给水温度，可以通过综合技术经济比较来确定。通常给水温度为蒸汽初压下饱和温度的 0.65～0.75 倍。

由于相同蒸汽量在不同压力下凝结时所放出的热量基本相同，用低压抽汽加热给水比高压抽汽更经济。低压抽汽在汽轮机中做功的焓降较大，可减少汽轮机的总耗汽量和进入凝汽器的凝汽量，使机组耗煤量和冷源损失更小。

在一定的给水温度条件下，回热循环的效率随着回热级数的增多而提高，但随着回热级数的增多，回热循环效率的增量将逐渐减少，采用过多的回热级数效率增加的收益将不明显，且级数的增多使系统复

杂、投资增加。应通过技术经济比较来确定合理的回热级数。

国内和国外一次、二次再热汽轮机组所采用的给水温度和回热级数见表 3-13 和表 3-14。由表中数据可见，高参数大容量机组采用的回热级数较多，给水温度较高，机组的效率提高也较多，运行所得收益通常会大于投资费用。国内大容量机组的加热级数多为 7～10 级。

表 3-13 国内机组回热级数和给水温度的增益

蒸汽初参数		回热级数	给水温度（℃）	相对提高效率（%）
压力（MPa）	温度（℃）			
2.35	390	1～3	105～150	6～7
3.43	435	3～5	150～170	8～9
8.82	535	6～7	210～230	11～13
12.76～13.24	535/535	7～8	220～230	14～15
16.67	535/535	7～8	245～270	15～16
24.2	566/566	8～9	270～285	17～18
25～27	600/600	8～9	285～300	18～19
28	600/620	8～10	295～305	19～20
31	600/620/620	10	315～330	—

表 3-14 国外大型机组的给水温度和回热级数

新汽压力（MPa）	9.8～12.5	13.7～17.6	23.5～25	27.5～29	29～31.5
新汽温度（℃）	538～566	538～566	538～566	580	600
给水温度（℃）	230～240	240～260	260～280	280～300	300～315
回热级数	5～6	6～7	7～9	8～9	9～10

3. 国内机组抽汽级数的选择

目前，国内不同参数等级的一次再热机组对应回热抽汽级数在表 3-13 中已列出。对部分参数为 28MPa/600℃/620℃ 的高效超超临界一次中间再热的低背压湿冷汽轮机，蒸汽在中、低压缸做功焓降大，低压抽汽可以采用 6 级抽汽，共采用 10 级回热系统，抽汽分别加热 3 台高压加热器、1 台除氧器和 6 台低压加热器。与 9 级回热系统相比，10 级回热系统增加了 1 级低压加热器，汽轮机的热耗率降低 10～12kJ/（kW·h）。

660MW 和 1000MW 二次再热湿冷机组通常采用

10 级回热抽汽，即抽汽分别加热 4 台高压加热器、1 台除氧器和 5 台低压加热器。

空冷机组由于汽轮机背压较湿冷机组高，蒸汽在汽轮机中、低压缸中的做功焓降减小，通常低压回热级数较湿冷机组少 1 级。

4. 抽汽管道阻力的选择

回热系统抽汽管道的压降对汽轮机热耗率有直接的影响，应进行技术经济比较确定。各加热器抽汽管道压降的推荐值如下：

（1）至各级高压加热器阻力宜低于相应汽轮机抽汽接口处蒸汽压力的 3%。

（2）至设置外置式蒸汽冷却器的高压加热器阻力宜低于汽轮机抽汽接口处蒸汽压力的 5%。

（3）除布置在凝汽器喉部的低压加热器外，至除氧器及其他各级低压加热器抽汽管道阻力宜低于汽轮机抽汽接口处蒸汽压力的 5%。

二、设置高压加热器外置式蒸汽冷却器

1. 采用外置式蒸汽冷却器提高机组效率

蒸汽冷却器可分为内置式和外置式两种类型。国内大容量常规机组的高压加热器大多设置内置式蒸汽冷却器，即高压加热器的蒸汽冷却段。但内置式蒸汽冷却器对抽汽的过热度利用有限，而外置式蒸汽冷却器可以更有效地利用抽汽过热度，提高机组的热经济性。

对于一次再热机组，经过锅炉再热后的第 3 级抽汽过热度高达 220～260℃，对应的 3 号高压加热器换热温差增大，换热温差引起的不可逆损失增大，影响机组的热经济性。在第 3 级抽汽管路上设置外置蒸汽冷却器，可充分利用蒸汽过热度，减少不可逆换热损失。设置外置式蒸汽冷却器后，在各种负荷工况下都能一定程度地提高给水温度，相应的热耗率降低 12～15kJ/（kW·h）。

2. 外置式蒸汽冷却器系统设置

外置式蒸汽冷却器与主给水有三种连接方式，即全流量串联、部分流量串联和并联，见图 3-20～图 3-22。三种方式均可减少抽汽与给水之间的温差，降低不可逆损失。

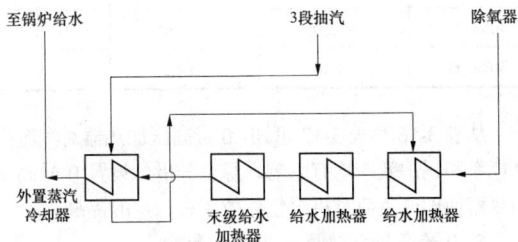

图 3-20　全流量串联外置式蒸汽冷却器

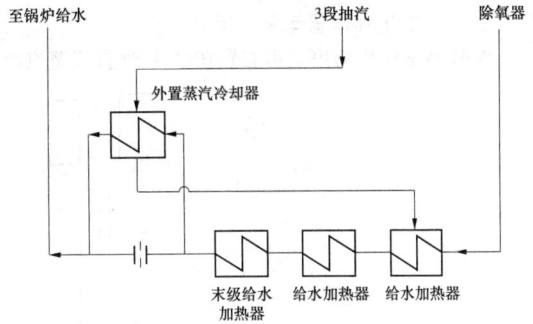

图 3-21　部分流量串联外置式蒸汽冷却器

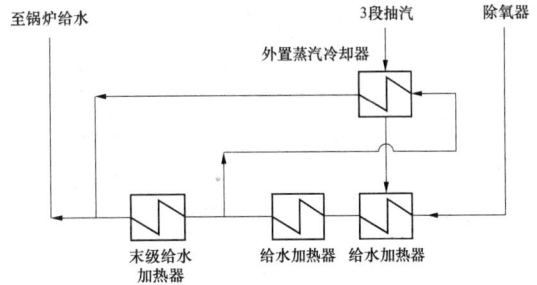

图 3-22　并联外置式蒸汽冷却器

以上三种系统中，串联外置式蒸汽冷却器热经济性较好。但大容量机组采用全流量串联外置式蒸汽冷却器会使得壳体短粗，结构不合理，加工和制造有一定难度，所以推荐使用部分流量串联外置式蒸汽冷却器，包括水室内带旁路的全流量外置式蒸汽冷却器。

三、设置 0 号高压加热器

1. 0 号高压加热器方案及作用

设置 0 号高压加热器的最初目的，是为了解决已建成机组低负荷时进入脱硝装置的烟气温度低于允许温度的问题。具体方案是在汽轮机高压缸的第一级抽汽口前选择一个合适的抽汽点进行抽汽，加热新增加的 0 号高压加热器。目前，抽汽口有从汽轮机补汽阀后接出的，也有在缸体上直接开孔的；同时需在抽汽管道上设置关断阀、止回阀、调节阀、安全阀等，蒸汽被冷却后的疏水接至 1 号高压加热器。对于改造的机组，为了避免 1 号高压加热器现场开疏水进口，通常接入 2 号高压加热器。0 号高压加热器通常在部分负荷情况下投运，运行时通过调节阀控制抽汽进入 0 号高压加热器的压力，使进入锅炉省煤器的给水达到一定温度，维持进入脱硝装置的烟气达到所要求的温度。

0 号高压加热器还可参与机组一次调频，通过抽汽管道上的调节阀控制进入 0 号高压加热器的蒸汽量，用来调节汽轮机的暂态功率。需要负荷降低时，开大调节阀直至全开，使抽汽量增加；需要负荷增加时，则关小调节阀，使抽汽量减少，使抽汽进入高压缸多做功。

2. 0号高压加热器布置位置

0号高压加热器可采用布置在 3 号外置式蒸汽冷却器前、后两种方案，见图3-23。

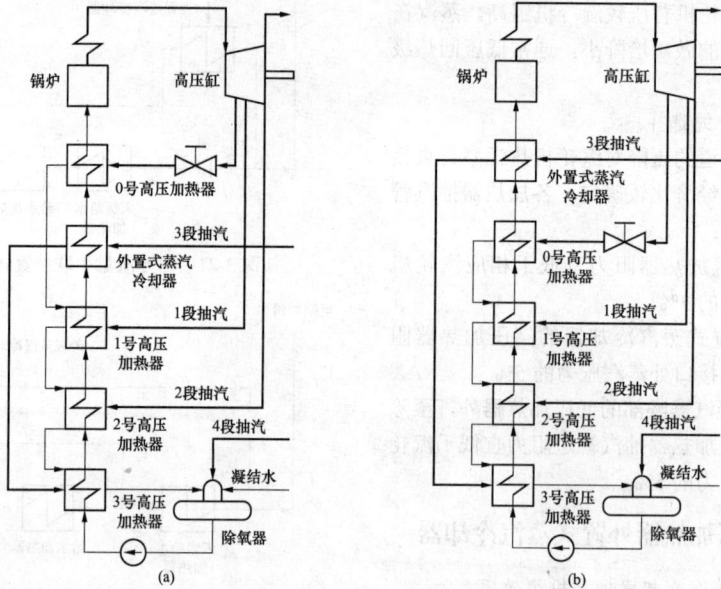

图3-23　抽汽加热0号高压加热器布置示意

（a）布置在外置式蒸汽冷却器后；（b）布置在外置式蒸汽冷却器前

3. 给水加热温度的确定

设置 0 号高压加热器，理论上可保证机组低负荷时锅炉省煤器入口的给水温度与高负荷工况相当，但考虑汽轮机低负荷抽汽的压力和抽汽量、锅炉运行安全性以及脱硝催化剂安全经济运行的最低温度，实际给水被加热达到的温度较额定负荷时的温度低。某1000MW 超超临界机组设置 0 号高压加热器后给水最终温度的变化见表3-15。

表3-15　某 1000MW 机组设置 0 号高压

加热器前后给水最终温度比较　（℃）

负荷	设置 0 号高压加热器	不设置 0 号高压加热器	提高温度值
75%THA	293.5	274.8	18.7
50%THA	288	251	37
40%THA	274.3	239.4	34.9
30%THA	258.8	226.4	32.4

4. 0号高压加热器对机组效率的影响

0 号高压加热器在部分负荷时可以提高进入锅炉的给水温度，降低汽轮机的热耗率，某 1000MW 超超临界机组设置 0 号高压加热器后，汽轮机热耗率的变化见表3-16。同时，由于进入锅炉的给水温度提高，导致锅炉排烟温度上升，将使得锅炉效率有所下降，锅炉效率变化的情况见表3-17。

表3-16　某 1000MW 超超临界机组设置

0 号高压加热器前后汽轮机热耗率比较

［kJ/（kW·h）］

负荷	设置 0 号高压加热器	不设置 0 号高压加热器	热耗率降低
75%THA	7376	7397	21
50%THA	7607	7650	43
40%THA	7823	7864	41
30%THA	8275	8319	44

表3-17　某 1000MW 超超临界机组设置

0 号高压加热器前后锅炉效率比较

（%）

负荷	设置 0 号高压加热器	不设置 0 号高压加热器	效率降低值
75%THA	94.40	94.61	0.21
50%THA	94.25	94.43	0.18
40%THA	94.20	94.36	0.16
30%THA	93.46	93.62	0.16

从表3-16和表3-17可知，0号高压加热器对汽轮机热耗率和锅炉效率均有影响，综合分析，设置 0 号高压加热器使部分负荷时机组整体效率有一定的提高。

5. 0号高压加热器对投资的影响

0 号抽汽管道的设计压力和设计温度均较高，

表 3-18 是某 1000MW 机组 0 号抽汽管道的设计参数。

表 3-18　某 1000MW 机组 0 号高压加热器抽汽管道的设计参数

项　　目	设计压力（表压力，MPa）	设计温度（℃）	管道材料
0 段抽汽管道（调节阀前）	18.81	575	A335P91
0 段抽汽管道（调节阀后）	9.1	575	A335P91

较高的设计参数造成抽汽管道上的关断阀、止回阀、调节阀和安全阀等阀门的材料和压力、温度等级提高，阀门造价也相应提高。尤其是调节阀，各运行工况要求差别较大，选型困难，造价比较昂贵。因此，仅为了提高机组部分负荷工况效率而考虑是否设置 0 号高压加热器时，应进行技术经济比较后确定。

第五节　给水系统节能设计

给水系统及设备的设置、选择，对机组运行的安全性、经济性有重要的影响。尤其是给水泵组驱动方式、容量的选择，直接影响机组的能耗。除氧器的选型对于减少对空排汽量至关重要。

一、汽轮机给水泵组设置

（一）给水泵的配置

1. 给水泵台数及容量的选择

根据 GB 50660—2011《大中型火力发电厂设计规范》规定，300MW 及以上凝汽式机组的给水泵设置应符合下列要求：

（1）湿冷机组给水泵的配置。300MW 级及以上机组宜配置 2 台汽动给水泵，单台给水泵容量为最大给水消耗量的 50%；或配置 1 台汽动给水泵，给水泵容量为最大给水消耗量的 100%。

（2）空冷机组给水泵的配置：①300MW 级直接空冷机组可以配置数量不少于 2 台的调速电动给水泵，单台给水泵的容量应为最大给水消耗量的 50%。②600MW 级及以上直接空冷机组可以采用调速电动给水泵，亚临界机组的给水泵的配置不宜少于 2 台，单台容量为最大给水消耗量的 50%；超（超）临界机组可以配置 3 台，单台给水泵容量为最大给水消耗量的 35%，可以不设置备用给水泵。当采用汽动给水泵时，可以配置 2 台，单台容量应为最大给水消耗量的 50%。③300MW 级及以上的间接空冷机组，可以配置 2 台汽动给水泵，单台给水泵的容量应为最大给水消耗量的 50%。

（3）启动备用给水泵的配置：①300MW 级及以上机组可以配置 1 台容量为最大给水消耗量 25%～35%的定速或调速电动给水泵，作为启动给水泵；也可根据需要配置 1 台容量为最大给水消耗量 25%～35%的调速电动给水泵，作为启动与备用给水泵。②当机组启动汽源满足给水泵汽轮机启动要求时，也可取消启动用电动给水泵。

2. 国内大容量火力发电机组给水泵配置

国内 600MW 级或 1000MW 级容量的超（超）临界湿冷或间接空冷机组，给水泵配置主要有以下几种方式：

（1）2 台 50%汽动给水泵+1 台 25%～30%启动备用电动给水泵；

（2）1 台 100%汽动给水泵+1 台 25%～30%启动电动给水泵；

（3）2 台 50%汽动给水泵+1 台 25%～30%启动电动给水泵；

（4）1 台 100%汽动给水泵，不设启动给水泵；

（5）2 台 50%汽动给水泵，不设启动给水泵。

目前，国内 600MW 级或 1000MW 级容量的超（超）临界直接空冷机组给水泵，有采用电动给水泵作为运行泵，也有采用汽动给水泵作为运行泵。

汽动给水泵的台数和容量选择，取决于机组容量、设备可靠性、机组在电网中的作用、设备投资及运行费用等多种因素。基于提高机组效率、简化系统、降低造价的原因，近期国内新建机组趋向于选用 100%容量汽轮机给水泵组。

（二）100%容量汽轮机给水泵组

1. 设备制造情况

600MW 级或 1000MW 级超（超）临界机组所配50%容量、100%容量的给水泵和给水泵驱动汽轮机均可国产化。

2. 运行可靠性

国产给水泵和给水泵驱动汽轮机，其设备本体可靠性均能够满足机组长期安全稳定运行的要求，大修的间隔完全能做到与主机相同。

单台 100%容量汽动给水泵组在机组升降负荷时，不存在泵的切换等控制环节，系统简单。当 2 台 50%容量汽动给水泵组中的 1 台故障时，另 1 台可以保证机组 60% THA 负荷，机组整体可靠性高。

3. 年运行维护检修费用

（1）年维护检修费用。单台 100%容量的汽动给水泵组，设备数量少，系统简单，易于维护管理，年维护检修费用较低。

（2）年运行费用。以 2×50%容量国产汽动给水泵组配置为基准，1×100%容量国产汽动给水泵组方案具有辅机效率较高，机组热耗率降低 5.5～8kJ/（kW·h），机组发电标准煤耗率下降 0.2~0.3g/（kW·h）。

4. 初投资的比较

单台 100%国产汽动给水泵组主要设备的初投资比 2 台 50%国产汽动给水泵组略低。

由于 1×100%汽动给水泵组比 2×50%汽动给水泵组的设备基础宽 2m 左右，当汽动给水泵组布置在汽机房靠 B 排运转层时，汽机房跨距需要增加 2m，相应土建费用会增加。

（三）给水泵汽轮机排汽方案

1. 凝汽器的设置方案

汽轮机给水泵组采用 1×100%容量配置时，给水泵汽轮机排汽可以进入主汽轮机凝汽器或独立设置的给水泵汽轮机凝汽器。

给水泵汽轮机排汽进入主汽轮机凝汽器且不设置启动电动给水泵时，需采用汽动给水泵进行启动，在锅炉清洗、吹管前应满足投运条件，汽轮机凝汽器及其辅助系统需具备投运条件，对施工组织要求较高。

对于排汽进入单独设置的给水泵汽轮机凝汽器的方案，给水泵汽轮机及其凝汽器相对独立，安装周期较短，与排汽进入主汽轮机凝汽器方案相比，可以提前投运。但需配套相应的循环冷却水系统、抽真空系统及凝结水系统等，系统复杂，运行检修工作量较大。

2. 给水泵汽轮机排汽方案初投资比较

单独设置给水泵汽轮机凝汽器及其辅助系统，设备及管道的初投资较排汽进入主汽轮机凝汽器方案高，在综合考虑主汽轮机凝汽器和给水泵汽轮机凝汽器换热面积差值的条件下，2 台 1000MW 机组初投资约高 450 万元。

3. 给水泵汽轮机排汽方案运行背压的差别

主汽轮机使用的是大中型凝汽器，由于采用了较先进的设计理念和手段，在相同冷却水温、相同循环倍率等条件下，较给水泵汽轮机使用的小型凝汽器端差小 2~3℃，相应凝汽器背压将降低 0.5~0.8kPa。

对于给水泵汽轮机排汽进入主汽轮机凝汽器和单独设置的给水泵汽轮机凝汽器方案，均不设置排汽蝶阀时，由于给水泵汽轮机直排主汽轮机凝汽器的排汽管道较长，排汽管道阻力比单独设置凝汽器高约 0.2kPa。

主汽轮机采用双背压凝汽器，100%容量的给水泵汽轮机排汽进入主汽轮机凝汽器时，给水泵汽轮机排汽将会减小主汽轮机双背压的压差。

（四）前置泵和汽动给水泵同轴布置

汽动给水泵前置泵可采用电动机驱动方案，也可采用与主给水泵同轴布置、由给水泵汽轮机驱动的方案。

1. 运行能耗比较

在机组发电量相同的情况下，前置泵与主给水泵

同轴布置方案由于多耗汽，在 THA 工况增加热耗率约 10kJ/（kW·h）。

2. 厂用电比较

在机组发电量相同的情况下，前置泵与主泵同轴布置采用汽轮机驱动，可减少厂用电率约 0.12%。

3. 初投资比较

（1）设备的价格差。对 2 台 1000MW 机组而言，汽动前置泵采用电动机驱动较前置泵与主泵同轴布置价格高约 60 万元方案相比较。

（2）前置泵布置方案。汽动前置泵与主给水泵同轴布置可分为下排汽布置与上排汽布置两种方案，两种方案只是中低压给水管道不同，工程造价相差不大。考虑厂房布置的合理性及轴封管道、油管道、疏水管道等布置的因素，推荐采用下排汽方案。

汽动前置泵采用电动机驱动或与主给水泵同轴布置汽轮机驱动的方案，两者的土建基础、管道安装等建设费用基本相当。

二、除氧器选型

除氧器是汽轮机回热系统中的混合式加热器，利用蒸汽与喷淋水直接接触，加热给水至除氧器运行压力所对应的饱和温度，并除去给水中的溶解氧和其他不凝结气体。

除氧器分为常规除氧器、内置式除氧器两种类型。

常规除氧器由除氧头和给水箱两部分组成，除氧头对给水进行加热除氧，给水箱储存除氧的水。常规除氧器除氧过程是凝结水通过水室中的恒速喷嘴，成为圆锥形的雾膜与蒸汽充分接触，绝大部分的不凝结气体通过排气管排出。喷雾除氧后的水经过淋水盘，层层向下流动，形成水帘与加热蒸汽再接触并汽化，完成深度除氧。

内置式除氧器是将除氧头和水箱合并，成为既能除氧又能储水的除氧器。喷雾装置确保凝结水和蒸汽充分接触，并且被加热到饱和温度，大部分的溶解氧从水中析出进入蒸汽空间，随同少量蒸汽由排气管排出。除过氧的水与射入水箱的蒸汽进一步充分接触，由亨利定律可知，溶解氧将从水中扩散到蒸汽中，以达到深度除氧的目的。

常规除氧器和内置式除氧器的比较见表 3-19。

表 3-19 常规除氧器和内置式除氧器的比较

序号	项目	内置式除氧器	常规除氧器
1	除氧类型	喷雾型	喷雾淋水盘式或其他类型
2	本体结构	单容器结构，喷嘴置于水箱中	双容器结构，除氧头+水箱

续表

序号	项目	内置式除氧器	常规除氧器
3	材料	喷嘴及鼓泡管采用不锈钢材料，壳体采用碳钢	除氧头采用不锈钢复合板，水箱采用碳钢
4	喷嘴形式及容量	采用盘形喷嘴，单个喷嘴流量为1200t/h	弹簧喷嘴配多个小流量喷嘴，单喷嘴最大流量25 t/h
5	除氧器自重	1000MW 机组运行质量为460t	1000MW 机组运行质量为520t
6	最大容量	6000t/h	2400t/h
7	除氧效果	除氧水含氧量≤5μg/L	除氧水含氧量≤7μg/L
8	运行压力范围	0.02～2.0MPa	0.049～0.83MPa或0.147～1.20MPa
9	负荷变化范围	10%～110%（即最低负荷可达10%）	35%～105%
10	工作温度	加热蒸汽从水下送入，除氧器整体工作温度水平降低	除氧器的整体工作温度比内置式除氧器高
11	管道系统	无除氧器再循环泵	一般设有除氧器再循环泵
12	排气损失	排气损失小，只有70kg/h	排气损失大，在500kg/h 以上
13	设备维护费用	不需要填料，不需要更换喷嘴，设备维护及备件费用低	需要填料，设备维护及备件费用高
14	运行噪声	正常运行时噪声水平≤65dB（A）	运行噪声较内置式除氧器高

第六节 凝结水系统节能设计

凝结水泵是凝结水系统中的重要设备，其配置、选型、调节方式对电厂的安全性和经济性具有十分重要的影响。凝结水补水系统应根据工程具体情况进行优化，以达到简化系统、降低厂用电率的目的。

一、凝结水泵选型

（一）凝结水泵的配置

1. 凝结水泵台数及容量的选择

根据 GB 50660—2011《大中型火力发电厂设计规范》，凝汽式机组的凝结水泵配置应符合下列规定：

（1）凝汽式机组宜装设 2 台凝结水泵，单台容量应为最大凝结水量的100%；也可装设 3 台凝结水泵，单台容量应为最大凝结水量的50%；其中 1 台应为备用。

（2）工业抽汽式供热机组或工业、采暖双抽式供

热机组，每台机组宜装设 2 台凝结水泵；每台泵的容量应分别按 100%设计热负荷工况下凝结水量和 50%最大凝结水量计算，应取较大值。

（3）对凝汽采暖两用机组，宜装设 3 台容量各为50%最大凝结水量的凝结水泵。

2. 1000MW 级机组凝结水泵的配置

由于国内制造水平的原因，早期 1000MW 级机组凝结水泵，多按 3×50%容量配置；随着凝结水泵制造水平的提高，现在通常按 2×100%容量配置。

（二）凝结水泵变频

1. 凝结水泵选择变频的原因

根据 GB 50660—2011《大中型火力发电厂设计规范》，凝结水泵选型要考虑以下的裕量：

（1）凝结水泵容量为机组最大凝结水量的110%；凝结水泵的扬程需考虑最大凝结水量从凝汽器热井到除氧器入口（包括喷雾头）的介质流动阻力另加 20%裕量。

（2）阻力计算时，选用除氧器的最大工作压力和凝汽器的最高真空。

（3）低压加热器、轴封冷却器、化学精处理装置、除氧器喷嘴等设备的阻力按最大值选择。

（4）凝结水调节阀需要考虑一定的压降。机组部分负荷运行，凝结水流量减少，凝结水系统阻力变小，由于凝结水泵"流量-扬程"特性，泵扬程将升高，为了匹配管道阻力和泵扬程，需要使凝结水调节阀两端的压降增大。

以上因素会使凝结水泵在低负荷运行时偏离设计工况点，效率下降，节流损失增大，增加电耗。只有采用调速凝结水泵，通过改变转速而改变特性曲线，才能解决此问题。

某型号凝结水泵采用变频调速与采用阀门调节的机械流量控制，在不同流量下的能量消耗曲线见图 3-24。由图可见，凝结水泵的流量越低，节能效果越大。

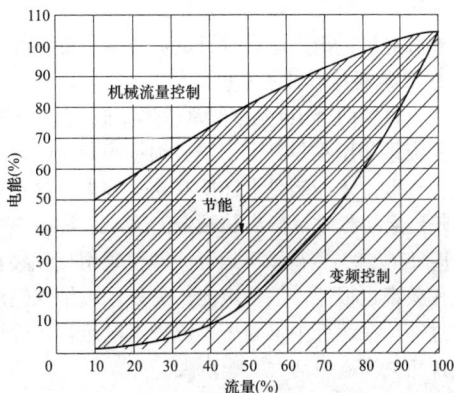

图 3-24 凝结水泵变频调速与阀门调节的能量消耗曲线

2. 凝结水泵变频装置的配置

凝结水泵按 2×100%容量配置时，运行方式是 1 运 1 备，可以配置 1×100%变频器或 2×100%变频装置。目前电厂凝结水泵变频调节方式多采用"一拖二"方案，即 2 台凝结水泵配置 1 台变频装置，通过切换，每台凝结水泵都能变频运行。当变频器故障时在一定条件下可自动切到工频运行，不影响电厂正常运行。其优点是节省 1 台变频装置，减少投资；缺点是回路较复杂。

凝结水泵按 3×50%容量配置时，运行方式是 2 运 1 备，配置 2 台 50%变频装置。既能满足运行需要，又可降低设备造价。

进口高压变频器的价格已低于 700 元/kW，凝结水泵采用变频装置，初投资可在 2~3 年内收回。

二、凝结水补水系统设置与优化

1. 常规凝结水补水系统的设置

在设置有凝结水补水箱的系统中，化学水处理车间设置有不同流量的除盐水泵，将除盐水箱内的水输送至主厂房外的凝结水补水箱，满足机组正常运行补水需求，同时除盐水泵的流量也要满足锅炉启动和清洗时的需求。凝结水补水箱通过水位信号控制除盐水泵开启或关闭，保证凝结水补水箱水位在正常范围。凝结水系统高水位排水以及机组大修时的系统存水回到凝结水补水箱。

2. 凝结水补水用户的特点

由凝结水补水箱引接出的除盐水经布置在汽机房内的凝结水输送泵和凝结水补水泵供至主厂房内的各个用户，主要包括锅炉上水、除氧器上水、锅炉启动清洗阶段补水、凝结水系统上水、凝汽器补水、闭式水即膨胀水箱充水和部分辅机的启动充水等。这些用水点所需的补水量和扬程各不相同，差别很大。例如，锅炉上水需要考虑锅炉最高水位，需选择比较高的压头；凝汽器补水压头只需要克服管路的阻力和静水压即可；除氧器上水需满足锅炉启动清洗时的补水量；超临界机组正常运行时机组可能不需要补水。

3. 常规凝结水补水系统的问题

当仅设置两台 100%凝结水输送泵时，由于各用户需要的流量和压头差异大，泵必须按照最大流量和最高扬程选取，才能满足上述所有功能要求。这使得凝结水输送泵运行时，偏离其额定工况，通常在 50%~60%甚至在 20%负荷以下运行。即使采用变频装置，其工作效率也很低，浪费电能。另外，凝结水输送泵扬程过高，在运行中常处于小流量工况运行，管道压差大，相关管道振动大、噪声大。

4. 凝结水补水系统的优化

针对因采用凝结水补水箱而造成的系统复杂程度

增加以及凝结水输送泵运行存在的问题，经技术经济比较，可以取消凝结水补水箱，与化学水处理专业的储水箱合并及单独设置凝结水输送系统，并分组设置不同流量和扬程的泵满足相对接近的功能要求，即 2 机共用 1 台锅炉上水泵和 2 台凝结水补水泵，当机组采用稳压吹管时，也可采用两台部分容量的锅炉上水泵。其中，锅炉上水泵按锅炉上水、启动冲洗阶段机组补水及机组吹管要求选择，但不考虑 2 台机组同时启动，可分别供除氧器补水、凝结水系统上水和锅炉启动上水、启动和清洗；凝结水补水泵考虑 2 台机组同时补水，按锅炉最大连续蒸发量的 1.5%或 1%来选择容量，以满足凝汽器热井正常补水、凝汽器事故补水、定子冷却水启动充水及真空泵工作液启动充水等。

取消凝结水补水箱后，当凝结水系统高水位排水以及机组大修时的系统存水需要排放至循环水回水管道或机组排水槽等处，不建议排放至化学水处理专业的储水箱。

取消凝结水补水箱这个中间环节，可使系统设置和控制更为简单；取消除盐水泵，设置凝结水输送泵和锅炉上水泵，可节约设备初投资，减少运行及检修费用；小流量、低扬程的凝结水补水泵可以采用定速泵，根据机组运行期间的背压以及实际补水量，选择不投运补水泵或单独 1 台运行或 2 台同时运行，运行更灵活，补水泵较少处于低效区，电耗低，同时避免了管道振动噪声等问题。

第七节　凝汽器及
真空系统节能设计

凝汽器是汽轮发电机组重要的辅机设备，凝汽器及其附属设备的选型与机组的经济运行关系密切。真空系统的主要作用是启动建立真空和维持凝汽器真空，真空泵选型正确是保证凝汽器真空的基础，合理的真空系统设计是实现汽轮机设计背压的保证。

一、背压与汽轮机热耗率的关系

1. 影响凝汽器背压的因素

以下因素将对凝汽器背压造成不利影响：

（1）凝汽器冷却面积不足；

（2）凝汽器内汽流流场分布不合理；

（3）循环水流量不足；

（4）循环冷却水水质差，造成凝汽器内换热管结垢；

（5）与凝汽器连接的管道泄漏，真空严密性差；

（6）真空泵工作效率下降；

（7）抽真空系统不合理，造成凝汽器内聚集空气，影响传热。

2. 背压对汽轮机热耗率的影响

根据朗肯循环，汽轮机背压越低，汽轮机效率越高。在一定范围内，两者基本呈线性关系，但当排汽压力低于阻塞背压时，汽轮机效率将不受背压变化的影响。图 3-25 为某额定背压为 4.9kPa 的湿冷机组凝汽器背压对汽轮机热耗率的修正曲线。

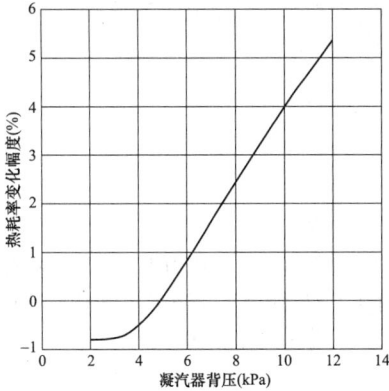

图 3-25　某湿冷机组凝汽器背压对热耗率的修正曲线

二、凝汽器选择

1. 凝汽器的类型

随着汽轮机单机容量的增大和排汽口的增多，多壳体、多压凝汽器得到了广泛应用。国内 600MW 级及以上湿冷汽轮机和 1000MW 级间接空冷汽轮机基本采用两个低压缸，300MW 级机组基本采用一个低压缸，600MW 级间接空冷汽轮机可以采用一个或两个低压缸。

凝汽器根据壳体数量、流程情况分为以下四种：

（1）单壳体、单背压、单流程凝汽器。凝汽器循环冷却水分两路由凝汽器前水室的进水口接入，升温后分两路由凝汽器后水室的出水口流出，如图 3-26 所示。

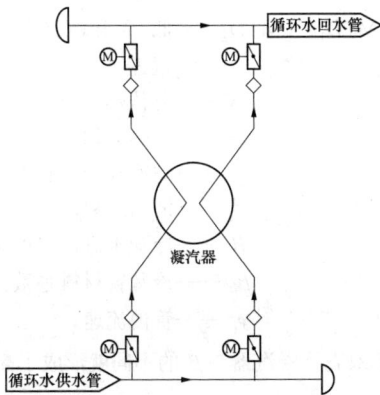

图 3-26　单壳体、单背压、单流程凝汽器示意

（2）双壳体、双背压、单流程凝汽器。凝汽器循

环冷却水分两路进入低压凝汽器进水口，升温后经高、低压凝汽器之间的循环水联通管进入高压凝汽器进水口，再次升温后由高压凝汽器两路出水口流出，如图 3-27 所示。

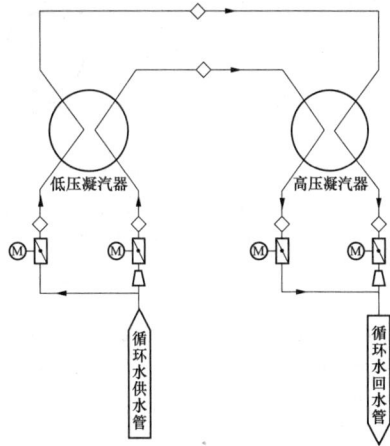

图 3-27　双壳体、双背压、单流程凝汽器示意

（3）双壳体、单背压、双流程凝汽器。凝汽器循环冷却水分别由两个凝汽器前水室一侧的进水口接入，升温后经凝汽器后水室的循环水联通管进入凝汽器的反向流程，再次升温后分别由两个凝汽器前水室一侧的出水口流出，如图 3-28 所示。

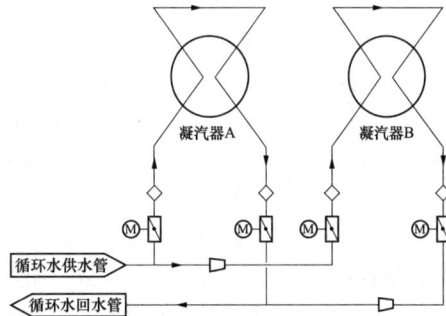

图 3-28　双壳体、单背压、双流程凝汽器示意

（4）双壳体、单背压、单流程凝汽器。凝汽器循环冷却水分别由两个凝汽器前水室的进水口接入，升温后又分别由两个凝汽器后水室的出水口流出，如图 3-29 所示。

2. 双背压与单背压凝汽器的选择

凝汽器壳体数量以及流程数量确定比较简单，主要是根据汽轮机低压缸排汽量来确定凝汽器壳体的数量。目前 300MW 及以下机组多数采用单壳体，600MW 级、1000MW 级的机组多采用双壳体。凝汽器流程数量选择主要是根据循环水管道布置而确定的。而双背压与单背压凝汽器的选择时考虑的因素较多，本节将详细进行说明。

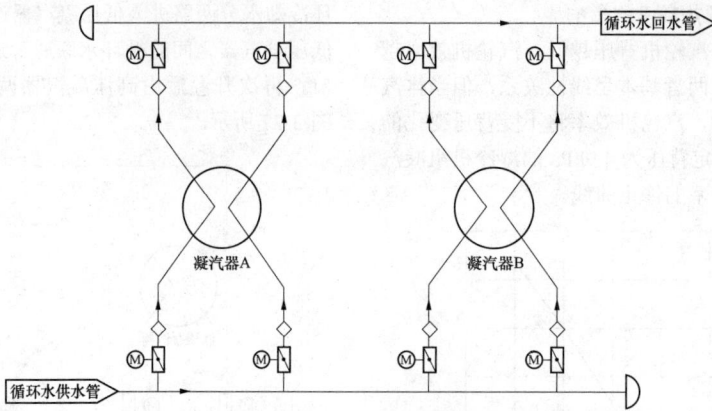

图 3-29 双壳体、单背压、单流程凝汽器示意

双背压凝汽器是将凝汽器的汽室分隔成两个独立部分，两个低压缸排汽分别排入各自的汽室，冷却水串联通过两个汽室的管束。由于各汽室的冷却水进口温度不同，使得各汽室的压力不同，形成双背压。

单背压、双背压凝汽器中汽轮机排汽热量与冷却水温度变化的关系见图 3-30。

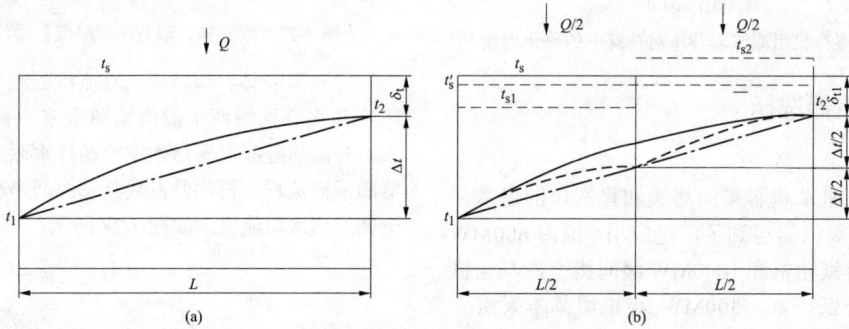

图 3-30 汽轮机排汽热量与冷却水温度关系
（a）单背压凝汽器；（b）双背压凝汽器

Q—热负荷；t_1—冷却水进口温度；t_2—冷却水出口温度；L—冷却管长度；Δt—温升；δ_t—端差；t_s—背压对应饱和温度；t_{s1}—低背压侧背压对应饱和温度；t_{s2}—高背压侧背压对应饱和温度；t_s'—双背压平均对应的饱和温度

在单背压凝汽器中，温度为 t_1 的冷却水流经冷却管吸收热量 Q 后，温度上升至 t_2，$t_2-t_1=\Delta t$，为温升；$t_s-t_2=\delta_t$，为端差。对于双背压凝汽器，沿凝汽器冷却管长度 L 方向将凝汽器分为两部分，$Q/2$ 热量分别排入低压侧和高压侧汽室，温度为 t_1 的冷却水经低压侧吸收 $Q/2$ 热量后，温度升高 $\Delta t/2$，经高压侧吸收 $Q/2$ 热量后，温度升高到 t_2，$\Delta t_1=\Delta t_2=\Delta t/2$。

可以根据式（3-1）和式（3-2）计算出双背压凝汽器低、高压汽室的蒸汽凝结温度，即

$$t_{s1} = \frac{\left(t_1 + \dfrac{\Delta t}{2}\right)e^{\frac{\Delta t}{\text{LMTD}_1}} - t_1}{e^{\frac{\Delta t}{\text{LMTD}_1}} - 1} \qquad (3-1)$$

$$t_{s2} = \frac{t_2 e^{\frac{\Delta t}{\text{LMTD}_2}} - \left(t_1 + \dfrac{\Delta t}{2}\right)}{e^{\frac{\Delta t}{\text{LMTD}_2}} - 1} \qquad (3-2)$$

$$\text{LMTD} = \frac{Q}{2KA} \qquad (3-3)$$

$$K = C\beta_c\beta_t\beta_m\sqrt{v_C} \qquad (3-4)$$

式中　LMTD_1、LMTD_2——低、高压汽室中对数平均温差；

K——总传热系数；

A——传热面积；

C——与冷却管径有关的系数；

β_c——清洁系数；

β_t——冷却水进口温度系数；

β_m——冷却管材料系数；

v_C——管内流速。

对于双壳体凝汽器，β_t 的不同就形成了高压侧和低压侧。

双背压凝汽器的 $t_s' = (t_{s1} + t_{s2})/2$ 所对应的 p_s'，总小于单背压凝汽器 p_s，即双背压凝汽器的平均背压低

于相同条件下单背压凝汽器的背压，增大了汽轮机在低压缸的焓降，提高了机组的经济性。采用双背压凝汽器，机组热效率可提高0.15%～0.25%。

在凝汽器面积相同、循环水冷却倍率相同的条件下，随着循环冷却水温度的升高，双背压凝汽器的平均背压与单背压凝汽器的背压差值逐渐加大，双背压凝汽器的优势增大。但当凝汽器进口冷却水温低于某个临界温度时，双背压凝汽器反而不经济，该临界温度应根据环境条件计算得出。在凝汽器面积相同、循环水冷却水温度相同的条件下，循环水冷却倍率越小，双背压凝汽器的优势越大。因此，只有当环境温度较低、循环水量较大时，采用单背压凝汽器经济性才会较双背压凝汽器好。另外，在其他条件相同时，机组负荷越低，单背压经济性越好。

三、真空系统节能优化

（一）真空泵的选择

目前，国内大中型火电厂冷端系统所配套的抽气设备普遍采用水环式真空泵（以下简称"真空泵"）。真空泵的主要参数如下：

1. 过冷度

真空泵过冷度是真空泵设备吸入口处的设计温度与设计排汽背压对应饱和温度的差值。初始温差（ITD）为凝汽器设计条件下蒸汽凝结时的饱和温度与凝汽器冷却水入口温度之差。按HEI（美国热交换学会）标准，真空泵过冷度选取25% ITD或4.2℃（7.5℉）中的较大值。

某空冷机组真空泵过冷度的确定过程见表3-20。

表3-20　　某空冷机组真空泵过冷度

项　目	设计工况	THA工况（VWO）	TRL工况
冷却水温度（℃）	15	31	53.5
凝汽器背压（kPa）	3.4	10	28
相应压力饱和温度（℃）	26.2	45.83	67.55
ITD（℃）	11.2	14.83	14.05
25%ITD（℃）	2.8	3.71	3.51

各设计工况25%ITD均小于4.2℃，故真空泵过冷度取4.2℃。

2. 设计吸入压力的确定

按HEI标准，真空泵设计吸入压力为3.4kPa（绝对压力）或凝汽器最低运行压力的较小值，目前国内机组凝汽器最低运行压力很少有低于3.4kPa的。故设计吸入压力取为3.4kPa。

3. 设计吸入温度的确定

设计吸入温度为真空泵设计吸入压力相对应的饱和蒸汽温度减去过冷度4.2℃。3.4kPa对应的饱和蒸汽温度为26.2℃，故真空泵设计吸入温度为22℃。

4. 真空泵抽吸能力的确定

真空系统的漏空气量按HEI标准《Standards for steam surface condensers》（表面式凝汽器标准）和《Standards for air cooler condensers》（空冷凝汽器标准）设计。根据主汽轮机及给水泵汽轮机配置情况，以3.4kPa作为凝汽器的设计压力，在标准相应的数据表中选取。

由于真空系统真空度越高，漏空气量越大，在实际运行工况真空系统的漏空气量均小于根据HEI标准选取的泄漏量。

（二）真空系统的选择

1. 并联母管系统分析

双背压凝汽器抽真空并联母管系统见图3-31，系统流程为：高压凝汽器内不凝结气体通过抽空气管道以及安装在联通管上的节流孔板进入低压凝汽器内，与低背压凝汽器内的抽空气管道汇合，再引至真空泵入口母管，通过并联的真空泵抽吸排出。该系统简单，由于高、低压凝汽器存在一定的压差，可减少真空泵的出力。但高、低压凝汽器存在互相干扰，容易造成抽气不均衡，影响凝汽器换热，使得凝汽器实际背压比设计背压高，影响机组运行的经济性。例如，某600MW超临界湿冷机组满负荷时实际背压比设计背压高0.6～0.8kPa。

高、低压凝汽器之间压差是由循环水温、循环水量、机组负荷共同决定的。在机组出力相同的情况下，高、低压两个凝汽器在不同循环水温度下的压差不同。例如，在额定工况、循环水温20℃时，高、低压凝汽器压差为1.0kPa；在循环水温10℃时，高、低压凝汽器压差为0.9kPa；在循环水温33℃时，高、低压凝汽器压差为2.0kPa。同样，对于不同的出力和循环水量下，高、低压两个凝汽器也会存在压差偏离设计值的情况。

并联母管系统在高、低压凝汽器抽空气联络管上设置了节流孔板，以控制高压侧到低压侧的抽气量。节流孔板的孔径是按额定工况设计选择的，在高、低压凝汽器的压差发生变化时，节流孔板不能适应压差的变化。当压差较大时会造成高压侧过度抽气，低压侧抽气严重不足，不凝结气体积聚，导致有效传热面积减少，传热端差增大，汽轮机排汽温度升高；当高、低压凝汽器压差较小时，高压侧对低压侧的抽气影响减弱，高、低压凝汽器对应的汽轮机排汽温差较小，如同单背压凝汽器，失去了双背压凝汽器应有的效益。

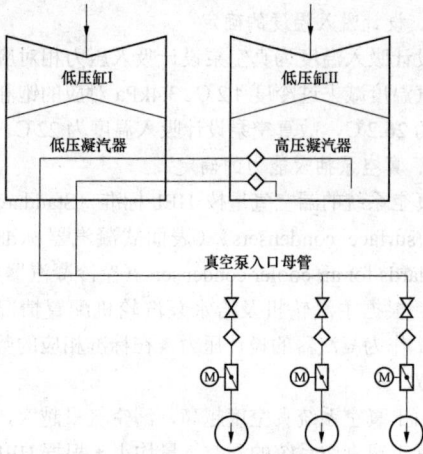

图 3-31 真空泵并联母管系统

2. 单泵单抽系统

为解决并联母管系统高、低压凝汽器的抽气不均衡问题，可采用高、低压凝汽器分别抽气的方案，即单泵单抽方案，见图 3-32，具体方案是高、低压凝汽器之间取消抽气联络管道，设置 3 台真空泵，两侧的 2 台真空泵分别对应高、低压凝汽器，中间 1 台真空泵作为公共备用，通过在抽气母管上设置的 2 个关断阀与高、低压凝汽器连接。该方案可实现正常运行时高、低压凝汽器分别抽真空，在启动或真空严密性差时并列抽真空的功能。

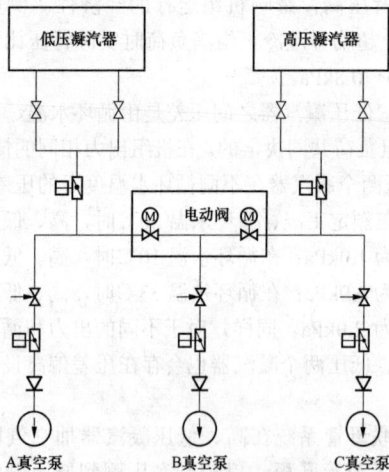

图 3-32 真空泵单泵单抽系统

（三）改善真空系统的措施

影响真空泵运行性能的因素有工作水进口温度、工作水流量、吸入口压力和吸入口混合物温度。其中，真空泵工作水进口温度是最关键的因素，工作水进口温度升高将降低真空泵的抽吸能力。针对工作水进口温度高的情况，可以从降低工作水冷却水温度、提高冷却器换热面积、增加冷却水量等方面考虑。

常见的措施有：

（1）采用较低温度的冷却水源替代较高温度的水源，例如，夏季时采用工业水、空调水或深井水等。

（2）加装制冷装置降低工作水冷却水的温度。

（3）增加工作水冷却器的换热面积。

第八节 热力系统疏水节能设计及乏汽利用

火电厂中与蒸汽有关的热力系统和设备，在机组启动、停机及正常运行时均可能产生疏水或乏汽，导致一部分工质和能量的损失。充分利用、回收好疏水或乏汽，可以节约资源、减少能耗。设备的疏水及乏汽通常流量较大且参数较高，需采取措施回收利用。

一、低压加热器疏水系统优化

1. 低压加热器疏水泵配置方案及原则

低压加热器有两种疏水方式，一种是疏水逐级自流到凝汽器，每个低压加热器均设内置式疏水冷却段；另一种是采用低压加热器疏水泵，将加热器疏水通过疏水泵打入该加热器出口的主凝结水管道。

例如，某制造厂八级回热系统的常规设置是带内置式疏水冷却段的 5 号低压加热器疏水自流到 6 号低压加热器，6 号低压加热器无疏水冷却段，疏水由低压加热器疏水泵打入 6 号低压加热器出口的主凝结水管道内，7、8 号低压加热器均无疏水冷却段，两台低压加热器的疏水经外置式疏水冷却器后流入凝汽器。

疏水泵配置方案首先应考虑低压加热器疏水是否顺畅，随着大容量机组低压加热器级数增多，末几级低压加热器的压差变小，尤其是在低负荷时会出现疏水不畅的问题，就需要设置疏水泵。此外，为了提高机组热经济性，还可以通过技术经济比较确定是否设置低压加热器疏水泵。

2. 加热器疏水系统比较

超超临界机组八级回热系统采用低压加热器疏水泵时，常规设置一级低压加热器疏水泵，THA 工况下较疏水自流方案的热耗率下降 2～4kJ/（kW·h）。以湿冷为例，高效超超临界湿冷机组采用十级回热系统时，除了在 7 号低压加热器疏水管道上设置疏水泵外，考虑到末两级低压加热器的压差很小，为了解决末两级疏水不畅的问题，在 9 号低压加热器疏水管道上也设置疏水泵，将 8 号、9 号级低压加热器疏水引至 9 号低压加热器出口凝结水管道，与采用一级低压加热器疏水泵的方案相较，降低热耗约 2kJ/（kW·h）。

采用低压加热器疏水泵方案，会影响疏水泵和凝结水泵的电耗，主要影响因素如下：

（1）由于部分疏水不再进入凝汽器，凝结水泵的功率会相应下降。

（2）输送未进入到凝汽器的疏水至凝结水系统，疏水泵需要消耗能量。

（3）疏水泵和凝结水泵的效率不同，凝结水泵效率可达到82%左右，而疏水泵效率为78%左右。

（4）虽然疏水泵前后设置的阀门以及调节阀会增加管道阻力，但是疏水泵进口具有一定的压力，基本可以抵消调节阀等阻力的增加。因此，疏水泵出口的管道阻力较凝结水泵出口至疏水泵接入凝结水管道处的管道阻力小。

综合考虑，设置加热器疏水泵与不设置加热器疏水泵两种方案的厂用电基本无区别。

3. 采用烟气余热利用装置时低压加热器疏水泵的选择

为提高机组循环效率，可将凝结水引至炉后的烟气余热利用装置，利用锅炉排烟的余热将凝结水加热后再返回凝结水系统。在特殊工况时，凝结水可通过余热利用装置旁路运行。

烟气余热利用系统对不同工况的低压加热器抽汽量影响较大，同时通过低压加热器的凝结水量变化较大，影响凝结水系统的阻力。低压加热器疏水泵的流量和扬程在不同工况会有较大的变化，需要核对疏水泵在不同工况下运行的安全性。采用变频装置更有利于疏水泵的节能降耗。

二、暖风器疏水系统优化

1. 暖风器系统调节方式及原则

由于环境温度和机组负荷变化，需要相应调整暖风器的出力。系统调节的基本原则应是在满足暖风器安全稳定运行以及性能要求的前提下，减少暖风器的蒸汽耗量，达到节能的目的。暖风器自动调节方式可分为蒸汽侧调节和疏水侧调节。

（1）蒸汽侧调节。蒸汽侧调节是在暖风器高温蒸汽入口管道上加装调节阀，通过控制蒸汽流量达到改变换热效果的目的，典型设计见图3-33。

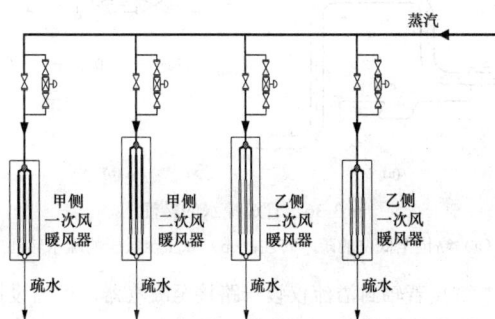

图3-33　暖风器蒸汽侧调节典型系统

为满足调节阀的调节性能，在设计工况下调节阀前后的压差约为0.1MPa，存在蒸汽节流损失，节流温降约为6℃，使得传热能力减弱。在机组负荷减小时，调节阀开度变小、压差变大，暖风器内部的压力以及饱和温度将降低，热能损失将增大。

当暖风器内部疏水不能及时排尽时，由于蒸汽侧调节造成暖风器内压力波动，积水过冷后会与热的蒸汽进行热交换，反复混合造成水击现象，影响运行安全。

（2）疏水侧调节。疏水侧调节是在暖风器疏水管道上设置调节阀，通过控制疏水流量而改变暖风器中疏水水位，即调节暖风器蒸汽段和疏水段的换热面积比例，达到改变换热效果的目的。由于水的传热系数较蒸汽冷凝放热系数小很多，暖风器总换热面积不变时，改变蒸汽段和疏水段的换热面积比例相当于调整了暖风器的换热量。暖风器疏水侧调节的典型系统设计见图3-34。

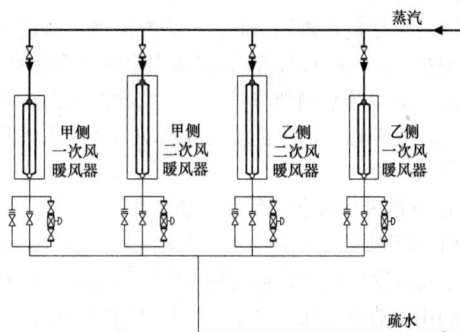

图3-34　暖风器疏水侧调节典型系统

由于蒸汽不经过节流进入暖风器，蒸汽换热能力不会由于节流而减弱，避免了热量损失。采用疏水侧调节，暖风器中的蒸汽压力稳定，避免了水击现象的发生。为避免调节失灵，暖风器中要始终保持一定的水位，因而所选的暖风器较蒸汽侧调节的暖风器换热面积要大。同时由于长期存水，应注意暖风器的防腐和防冻问题。

（3）调节方式比较。暖风器蒸汽侧调节和疏水侧调节各有特点，两种调节方式的比较见表3-21。

表3-21　暖风器蒸汽侧和疏水侧调节方式比较

项目	蒸汽侧调节	疏水侧调节
传热介质	过热蒸汽+饱和蒸汽	过热蒸汽+饱和蒸汽+饱和水+过冷水
汽源压力	不能过低	可以较低
暖风器内压力	随调节阀开度变化	不随调节阀开度变化

续表

项目	蒸汽侧调节	疏水侧调节
疏水水位	避免暖风器中长期积水	暖风器中应始终有一部分疏水
调节方式	调节压力改变饱和温度	压力和饱和温度不变,调节蒸汽段和疏水段的换热面积比例
设备投资	较少	稍高

2. 暖风器疏水系统

常见的暖风器疏水去向是通过疏水泵将疏水排至除氧器,或是疏水依靠压力差自流至凝汽器。结合暖风器调节方式,暖风器疏水系统配置有以下四种方式:

(1)采用蒸汽侧调节时,一、二次暖风器疏水汇集到疏水箱,再经疏水泵进入至除氧器。

(2)采用蒸汽侧调节时,一、二次暖风器疏水汇集到疏水母管,利用压差进入至凝汽器。

(3)采用疏水侧调节时,一、二次暖风器疏水可汇集到疏水箱或疏水母管,再经疏水泵进入至除氧器。

(4)采用疏水侧调节时,一、二次暖风器疏水可汇集到疏水母管,再经机械式或热动力式疏水阀利用压差进入至凝汽器。

3. 暖风器疏水至除氧器或凝汽器的比较

(1)暖风器疏水至除氧器或凝汽器的特点。暖风器疏水排入除氧器的优点是疏水的热量可以得到较合理的利用,缺点是疏水泵要消耗高品质的电能,另外在设计中应避免暖风器疏水泵的汽蚀。

暖风器疏水直接排入凝汽器的优点是系统简单、设备运行维护成本低,缺点是实际回收的热量仅为凝汽器背压对应的饱和水与系统补水温差,热经济性较差。

(2)暖风器疏水至除氧器或凝汽器的热经济性比较。以某600MW超临界机组为例,暖风器汽源为5段抽汽,采用疏水回收至除氧器方案,由于暖风器疏水温度低于除氧器进水温度,需增加4段抽汽量;较疏水回收至凝汽器方案,主凝结水流量减少,5、6、7、8段抽汽量也相应减少,抽汽量减少的比例与凝结水减少的份额相同。两种方案做功差异可按等效热降定量分析,疏水回收至除氧器与至凝汽器相比,热经济性有所提高,热耗率收益约为10.5kJ/(kW·h)。暖风器疏水回收至除氧器方案中疏水泵需要消耗电功率,但同时由于凝结水量减少,也降低了凝结水泵电功率。由于凝结水泵和疏水泵的扬程、效率、输送介质的密度不同,其电耗也略有不同。由于凝结水泵的效率较高,消耗的厂用电较少,可节约厂用电10~15kW·h。

三、汽水管道疏放水系统节能设计

1. 管道疏放水系统节能措施

管道疏放水系统应保证机组在各种工况下运行时,能排出设备和管道内的积水,防止汽轮机进水和本体积水,并满足系统暖管和热备用的要求。为减少热力及疏水系统泄漏,可以采取以下措施:

(1)运行中相同压力的疏水管路应尽量合并,减少疏水阀门和管道。但不能违反GB 50764—2012《电厂动力管道设计规范》中强制性条文规定的"主蒸汽管道、低温再热蒸汽管道、高温再热蒸汽管道以及抽汽管道的疏水应单独接至疏水扩容器或凝汽器,不得采用疏水转注或合并"的要求。

(2)根据管道布置和系统特点,可采用高位至低位的疏水转注或高压至低压的疏水转注。

(3)将较高品质的疏水回收到参数基本对应的加热器。

(4)处于热备用的管道或设备前设置的暖管应采用组合型自动疏水器,不应采用节流孔板连续疏水。

(5)自动疏水器应采用质量可靠的机械式或热力式疏水器。

(6)针对国内疏水阀普遍泄漏的情况,可在主要疏水管道上增加一个气动疏水阀。

2. 管道疏放水系统节能方案

(1)相同压力管道疏水的合并方式(见图3-35)。

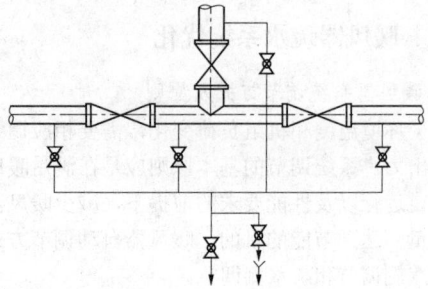

图3-35 相同压力管道疏水的合并

(2)管道疏水的转注方式(见图3-36)。

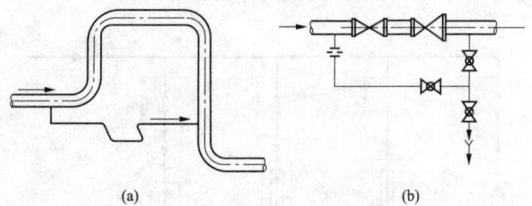

图3-36 管道疏水的转注
(a)高位至低位的疏水转注;(b)高压至低压的疏水转注

(3)若轴封溢流仅设一路接至凝汽器,可增设接至末级低压加热器,回收部分能量。

（4）轴封系统回汽管靠近轴封加热器处的疏水，可与轴封加热器疏水合并后进轴封加热器水封，见图3-37。

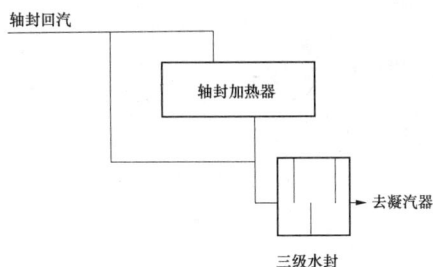

图3-37　轴封系统疏水合并

四、废热利用方案设计

（一）可利用的乏汽

火电厂热力系统和设备运行过程中排出少部分蒸汽或高温冷凝水，在回收过程中产生的二次蒸汽称为乏汽。乏汽由于压力较低，通常不能满足用汽设备的要求，但若将其直接排掉，会造成工质和热量的损失。乏汽仍属于品质较高的低温蒸汽，具有一定的热值，应采取措施将其送回热力系统，充分利用其热量，减少高品质蒸汽的使用量。

火电厂热力管道及系统放水、放气的工质一般被集中回收，但有些设备由于工艺要求，会持续或间断产生排汽，在常规设计中未加以利用，如：

（1）汽水系统排污过程中各种大气式扩容器的排汽，例如锅炉疏水扩容器和辅助蒸汽疏水扩容器等；

（2）除氧器运行过程中对空的连续排汽；

（3）设备检修时系统放水、放气的工质和热量损失；

（4）其他生产过程中生成热量未被利用的损失，如汽轮机润滑油和工作油、空气压缩机润滑油等，工作升温后的热能利用等。

随着电厂对节能减排工作越来越重视，上述部分的热量和工质的损失应考虑回收利用，尤其是除氧器运行排汽的回收利用。

（二）除氧器连续排汽的回收

内置式除氧器连续排放蒸汽通常为0.1%～0.2%的加热蒸汽量，按照0.2%考虑，年利用小时数按5000h计，600MW级机组除氧器年排放蒸汽量约700t，1000MW级机组约900t。除氧器的年连续排放量较大，具有一定的回收价值。

目前除氧器连续排汽可采用的回收方式有三种方式：

（1）除氧器的连续排汽进入凝汽器。进入凝汽器仅回收了工质，排汽的热量未能回收利用，但系统简单、成熟、可靠。

（2）除氧器的连续排汽进入5号低压加热器，排汽热量被凝结水吸收，热量回收利用效果好。由于除氧器连续排气中含有不凝结气体，在低压加热器里积聚导致传热性能降低，影响加热器端差。长期运行会使加热器内部腐蚀受损。

（3）设置乏汽回收装置，用凝结水作为介质回收排汽热量，年回收热量2.0～2.4GJ。由于需要设置换热装置，系统复杂，投资大。

（三）扩容器排汽的回收

超（超）临界机组中对空排汽的扩容器主要有锅炉疏水扩容器和辅助蒸汽疏水扩容器等。其中，辅助蒸汽疏水扩容器可优化为辅助疏水母管，疏水排至锅炉疏水扩容器和凝汽器，避免了扩容器向空排汽。

超（超）临界机组仅设置锅炉疏水扩容器收集锅炉的启动排水，水质合格的疏水将接入凝汽器进行回收，经扩容后的蒸汽直接排入大气不进行回收。若将排汽接入凝汽器，只能够回收锅炉启动过程中少量的工质，但会增加凝汽器真空系统的风险；若设置锅炉疏水扩容器排汽乏汽回收装置，回收装置的投资较高，且不能连续运行，经济性不佳。因此，通常不考虑锅炉疏水扩容器的排汽回收。

第九节　汽轮机排汽余热利用

凝汽式汽轮机排汽经冷却后，其热量最终会排入大气，形成巨大的冷端损失，这是火电厂能源使用效率低的主要原因，应采取措施充分利用该部分热量。汽轮机排汽余热的特点是品位低，不能直接被利用，可采用设置热泵吸取汽轮机凝汽余热供热或采用汽轮机组低真空运行供热的方式，以及将机组暂时改为背压运行的方式，实现汽轮机排汽余热利用。

一、热泵供热

在火电厂中，热泵特指将汽轮机抽汽热能或者电能作为驱动能源回收汽轮机排汽余热的装置。按工作方式，热泵可分为吸收式热泵和压缩式热泵；按驱动方式，热泵可分为蒸汽驱动和电驱动两种。在火电厂中，主要采用蒸汽驱动方式，即是利用电厂中一定参数的抽汽作为驱动热源而获取废热，能源利用更加直接，减少了机组的冷端损失和电力输送损失，提高了能源利用率。

1. 吸收式热泵余热回收系统

典型的吸收式热泵余热回收系统见图3-38。

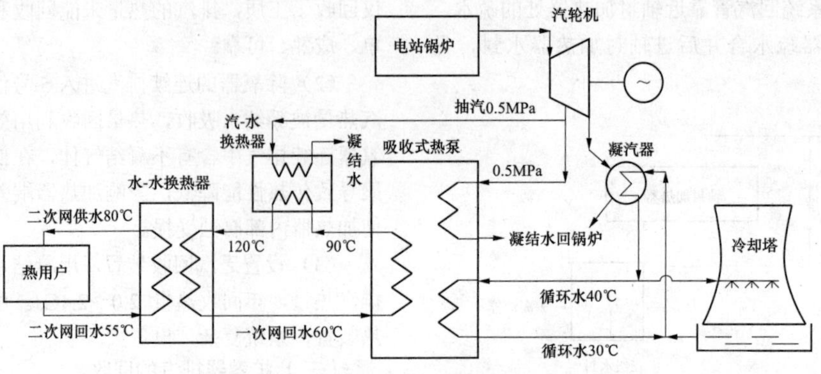

图 3-38 典型吸收式热泵余热回收系统

吸收式热泵效益指标为能效比 COP 值（coefficient of performance），即获得的工艺或采暖用热媒热量与高温驱动热源热量的比值，作为评价其效益的指标。

如果以 Q_D、Q_G 为回收的低温热源热量、驱动热泵的高温热源热量，在泵类等耗功忽略不计的前提下，则吸收式热泵的 COP 值应为

$$COP = \frac{Q_G + Q_D}{Q_G} = 1 + \frac{Q_D}{Q_G}$$

吸收式热泵的 COP 值大于 1，实际上 Q_D 总小于 Q_G，通常 $Q_D/Q_G=0.6\sim0.8$，故 COP 值一般为 1.6～1.8。

2. 蒸汽驱动压缩式热泵余热回收系统

典型的蒸汽驱动压缩式热泵系统见图 3-39。

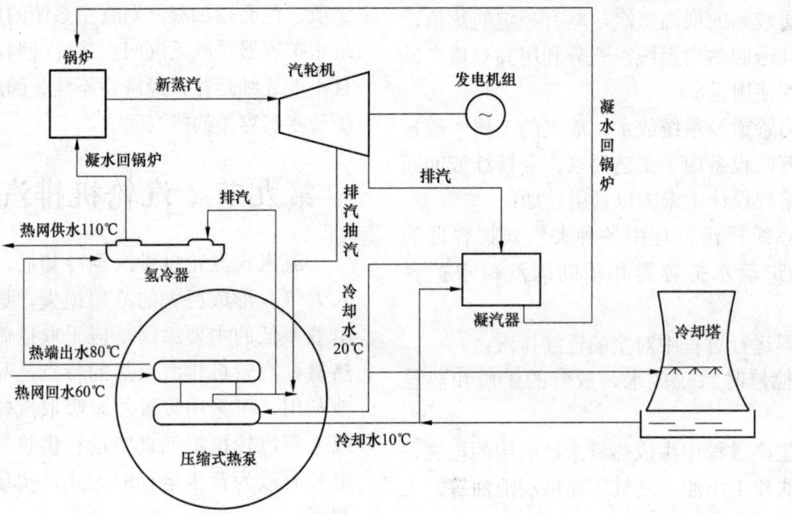

图 3-39 典型的蒸汽驱动压缩式热泵系统

压缩式热泵能效比 COP 为中温物体获得的热量 Q_1 与所消耗能量（给水泵汽轮机做功）W 之比，在理想状态下，蒸汽压缩式热泵传给中温热源的热量 Q_1 为从低温处吸取的热量 Q_2 与所消耗能量 W 之和，即 $Q_1=Q_2+W$。

$$COP(\text{热泵}) = \frac{Q_1}{W} = \frac{Q_2 + W}{W} = 1 + \frac{Q_2}{W}$$

压缩式热泵 COP 一般为 3.5 以上。

为与吸收式热泵统一，压缩式热泵效益的能效可按系统制热效率 COP（系统）考虑，COP（系统）为热泵系统制热量和热泵系统能耗（给水泵汽轮机能耗）的比值，即

$$COP(\text{系统}) = [(h_1-h_2)COP(\text{热泵})+(h_2-h_3)]/(h_1-h_3)$$

式中 h_1——热泵汽轮机进汽焓值；

h_2——热泵汽轮机排汽焓值；

h_3——热泵冷凝器凝结水焓值。

COP（热泵）值越高，COP（系统）值就越高。

3. 吸收式热泵和压缩式热泵比较

吸收式热泵和压缩式热泵两种方案所能增加的对外供热能力和提高全厂热效率取决于驱动热源的参数。驱动热源的参数越低，吸收式热泵效果好于压缩式热泵；随着驱动蒸汽参数的提高，差距变小；驱动蒸汽参

数达到一定值时,两种热泵系统制热效率[COP(系统)]相当。所以两种方案的选择,应根据驱动蒸汽参数和初投资,通过经济技术比较确定。对常规电厂来说,为实现能源的梯级利用,一般热泵的驱动蒸汽参数较低,更适用于吸收式热泵方案。

4. 热泵的适用范围及边界条件

(1) 电站热泵技术可适用于所有的常规采暖供热系统。

(2) 热泵可用于一级热网回水温度低于55℃,热泵热网出口温度比低温热源出口温度高30~60℃,最高可达到90~100℃。

(3) 热泵的设计容量低温热源应不大于汽轮机最小凝汽量。

(4) 对于直接空冷热电联产机组,可采用乏汽作为低温热源,间接空冷机组和湿冷机组的低温热源可采用冷却循环水。

(5) 当利用主机乏汽或循环水余热时,不宜为了提高热泵的效益而提高机组运行背压方式。

二、汽轮机低真空供热

汽轮机低真空供热技术是常规背压和高背压双运行模式的供热技术,即非采暖期汽轮机按常规背压运行,利用循环水作为机组的冷却水源,汽轮机余热不利用;采暖期汽轮机按高背压运行,利用热网循环水作为凝汽器的冷却水源,回收汽轮机余热。由于热网循环水回水温度一般不低于50℃,比正常的循环水温度高,所以采暖期汽轮机需高背压运行。为适应汽轮机两种不同背压的运行模式,汽轮机在采暖期和非采暖期需采用两种不同的结构型式。目前低真空供热技术有两种方案,即单转子两套动静叶片互换的方案和双转子互换的方案。

低真空供热系统见图3-40。

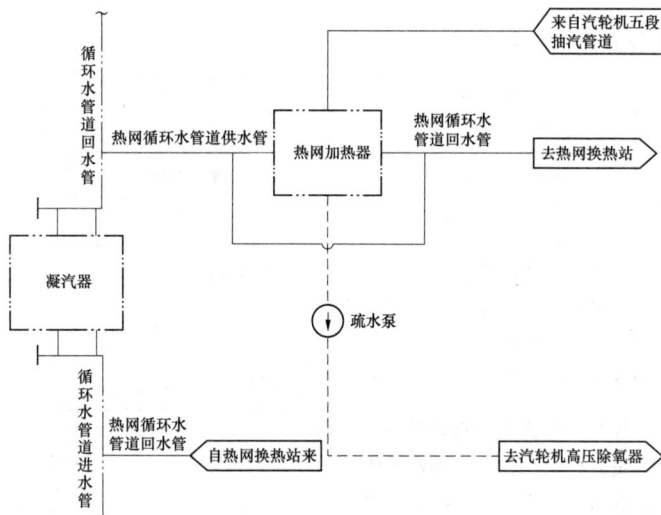

图3-40　低真空供热系统

1. 汽轮机低真空供热的设计特点

(1) 低真空供热的高背压对于亚临界机组可达到54kPa(饱和水温度83℃),超临界机组可达到45kPa(饱和水温度78.7℃),系统还需设置尖峰热网加热器,利用抽汽进一步提高热网循环水温度,以满足供热需求。

(2) 需采取合理的低压缸喷水及水幕保护,控制排汽温度,防止排汽超温。

(3) 高背压工况运行时,凝结水温度一般为78~85℃,凝结水除盐装置应采用耐高温树脂。

(4) 电负荷基本受制于热负荷,不利于电负荷调度。

(5) 大部分采暖时段,热网调节需采用调质的方式。

(6) 热网供水温度较高的地区,由于最大抽汽量较小,采用本机抽汽常常不能满足供水温度要求,需与其他机组合并考虑供热。

(7) 叶片拆装或两次更换汽轮机转子工作,全年影响发电时间约20d。

2. 汽轮机低真空供热技术的适用范围

(1) 热负荷较大,与多台抽凝机组协同供热的电厂。

(2) 热网供热回水温度低于60℃的项目。

三、汽轮机抽凝背(NCB)供热

NCB机型目前应用在常规350MW级及以下容量的抽凝机组中。该机型是把发电机放在汽轮机的前部，主油泵采用电动机驱动，高中压部分与低压部分之间采用自动同步离合器（SSS），高中压部分、低压部分均单独设立一套控制启动装置。该机型具备凝汽、抽汽、背压三种运行功能，根据热负荷变化进行切换。当供热负荷大于抽凝工况的供热能力时，可脱开低压缸，机组按背压方式高中压缸单独运行。机组的特点是自动同步离合器可自动连接和脱开，运行模式多；背压运行时供热量大，无冷源损失；电厂全年热效率高。

NCB 机组也可以采用双轴的方式，即高中压缸带 1 个发电机，低压缸带 1 个发电机，2 个发电机总功率为机组额定功率。双轴机型的电气系统配置及运行操作复杂，投资较高。

NCB 机组背压运行热力系统见图 3-41。

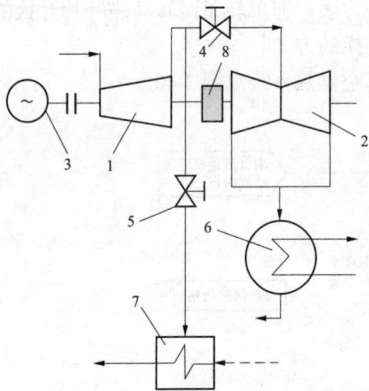

图 3-41　NCB 机组背压运行热力系统

1—高中压缸；2—低压缸；3—发电机；4—低压缸调节阀；
5—供热抽汽控制阀；6—凝汽器；
7—热网加热器；8—SSS 离合器

1. 汽轮机抽凝背（NCB）供热技术的设计特点

（1）NCB 机组背压模式运行时，低压缸要处于热备用状态，同时低压缸的润滑油系统、轴封系统均要正常投入，且凝汽器要保持真空状态。低压缸投入和解列的系统设置及控制逻辑系统设计复杂。

（2）由于凝汽器要接收汽动给水泵排汽、低压加热器的疏水、高压加热器和除氧器的事故放水、轴封蒸汽疏水、管道疏水等，所以凝汽器处于工作状态时，仍需要少量的循环冷却水进行冷却。循环水泵的配置与选型要考虑冬季背压运行工况。

2. 汽轮机抽凝背（NCB）供热技术的适用范围

（1）供热量较大，协同供热机组较少的热电厂。

（2）对热网供热回水温度无限制。

四、汽轮机排汽余热利用热经济指标分析案例

（一）热泵供热

以我国西北某集中采暖地区 2 台 350MW 超临界抽汽供热机组为案例分析。汽轮机额定抽汽压力为 0.4MPa，温度为 262℃，最大抽汽量为 500t/h，热泵 COP 值按 1.7 考虑，余热回收量为 86.3MW，热泵功率为 209.6MW。机组采暖期发电标准煤耗率约 227.8g/（kW·h）。

（二）汽轮机低真空供热

东北某 350MW 超临界机组采用低真空供热技术的机组参数及经济指标见表 3-22。

表 3-22　某 350MW 低真空供热机组的
参数及经济指标

项目	参数	
	夏季	冬季
汽轮机型式	超临界、一次中间再热、两缸两排汽、单轴、抽凝式	
额定功率（MW）	350	314
汽轮机初蒸汽参数	24.2MPa/566℃/566℃	
汽轮机额定进汽量（t/h）	980	980
汽轮机排汽量（t/h）	620.79（额定）	665.31（最小）
设计额定排汽压力（kPa）	6.8	40
加热器级数	8（3 高压加热器+1 除氧器+4 低压加热器）	7（3 高压加热器+1 除氧器+3 低压加热器）
给水温度（℃）	278.0	276.9
汽轮机叶片级数	I+13HP+11IP+2×6LP	I+13HP+11IP+2×5LP
末级叶片高度（mm）	1029	350
增加供热能力（MW）	—	103
机组年均设计发电标准煤耗率［g/（kW·h），锅炉效率按 93% 计］	—	196

第四章

火电厂水工专业节能设计

火电厂水工专业的主要范围包括供水系统、补给水系统、生产生活给排水、消防水等。其中节能潜力较大的为火电厂的供水系统。供水系统主要有湿冷系统、空冷系统和干湿式联合冷却系统（hybrid cooling system）三种类型，我国火电厂供水系统基本为湿冷系统和空冷系统，本章也主要介绍湿冷系统和空冷系统的节能设计。湿冷系统又可分为循环供水系统、直流供水系统；空冷系统分为直接空冷系统和间接空冷系统。供水系统对火电厂效率影响较大，相比较而言，对于相同容量、相同进汽参数的机组，湿冷系统的发电标准煤耗率较空冷系统低 7g/（kW·h）以上。

火电厂供水系统节能设计，首先应维持汽轮机的背压，提高汽轮机的效率，增加能源利用率；其次尽可能减少供水系统设备的能耗。

第一节 湿冷系统节能设计

按照供水方式分类，湿冷系统可分为直流供水系统、循环供水系统、混合供水系统三种基本类型。直流供水系统的冷却水直接从水源取得，通过凝汽器加热后排至水源中去；循环供水系统的冷却水进入凝汽器吸热，经过冷却塔或冷却池冷却后重复进入凝汽器。混合供水系统兼有直流供水系统和循环供水系统的特点，即在水源水量丰富时，采用直流供水方式运行；在水源水量不足时，采用直流和循环混合或全部采用循环方式运行。混合供水方式在国内应用较少，故本书仅介绍直流供水系统和循环供水系统节能。

一、直流供水系统节能

（一）直流供水系统简介

直流供水系统是火电厂主机冷却系统的一种重要冷却方式，其主要原理是利用江河湖海的水作为冷却介质，直接冷却汽轮机排入凝汽器的蒸汽，从而形成并保持汽轮机做功循环的冷端背压。直流供水系统分为淡水直流供水系统和海水直流供水系统两种。直流

供水系统典型流程如图 4-1 所示。

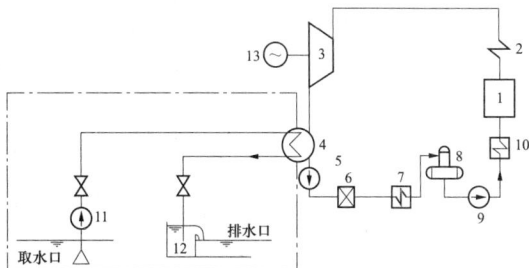

图 4-1 直流供水系统典型流程

1—锅炉；2—过热器；3—汽轮机；4—凝汽器；
5—凝结水泵；6—凝结水精处理装置；7—低压加热器；
8—除氧器；9—给水泵；10—高压加热器；
11—冷却水泵；12—虹吸井；13—发电机

直流供水系统实际应用很多，所有配套设备均可以国产。由于直流供水系统水温较低，故采用直流供水系统的机组运行背压最低。

（二）直流供水系统设备

直流供水系统的设备主要有冷却水泵、清污设备、真空泵等。

（三）直流供水系统节能方向

（1）充分利用虹吸高度，降低冷却水泵扬程。

（2）耗能设备。直流供水系统的耗能设备主要集中在冷却水泵上，节能的主要思路即根据夏季和冬季运行水温的不同，在保证汽轮机背压的条件下，调整冷却水泵流量或扬程，或者直接减少运行冷却水泵台数，使冷却水泵的耗电降到最低，并且能够达到汽轮机对背压的要求。

（3）直流供水系统中冷却水流量较大，合理利用直流供水系统中冷却水尾水排水余能也是节能的重要途径。

（4）温排水的综合利用。

（四）直流供水系统节能方案及实例

1. 利用虹吸作用降低直流供水系统扬程

为了降低冷却水泵的供水扬程，采用直流供水系

统的火电厂都要利用虹吸作用降低冷却水泵的工作水头。供水系统利用虹吸作用的示意见图4-2。

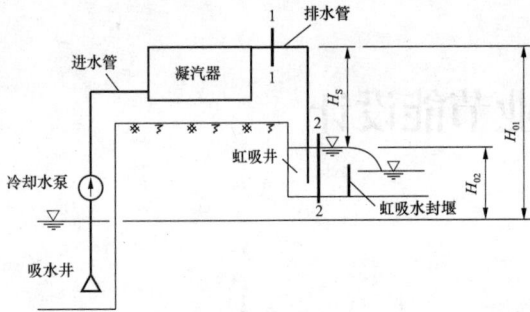

图4-2 利用虹吸作用示意

当没有利用虹吸作用时，泵所需的工作水头为

$$H_p = H_{01} + h_{w1} \qquad (4-1)$$

式中 H_p——冷却水泵的工作水头，m；

H_{01}——泵吸水间水位至凝汽器排水管最高点之间的高度差，m；

h_{w1}——从泵吸水口至凝汽器排水管最高点的系统水头损失，m。

当有虹吸作用时，泵的工作水头为

$$H_p = H_{01} + h_{w1} - (p_a - p_0) \qquad (4-2)$$

式中 p_a——当地大气压力，m 水柱；

p_0——凝汽器排水管最高点的绝对压力，m 水柱。

为了求取虹吸作用高度，可在系统的过流断面1-1和2-2之间列出能量平衡方程，即

$$H_S + p_0 + v_1^2/(2g) = p_a + v_2^2/(2g) + h_{w2} \qquad (4-3)$$

式中 v_1——排水管最高点处的管内流速，m/s；

v_2——虹吸井内水的流速，m/s；

h_{w2}——凝汽器排水管的水头损失，m 水柱；

H_S——凝汽器排水管最高点与虹吸井最低水位之间的高差，m；

g——重力加速度，m/s²。

对式（4-3）加以整理可以得到

$$H_S = p_a - p_0 + h_{w2} + \left(\frac{v_2^2 - v_1^2}{2g} \right) \qquad (4-4)$$

一般工程凝汽器排水管流速为2.5～3.0m/s，虹吸井内流速约为1.0m/s，则式（4-4）中 $(v_2^2 - v_1^2)/(2g)$ 为 -0.2～-0.4m，平均可取-0.3m。由于数值不大，在实际工程设计中往往可忽略这一项。式（4-3）中 H_S 即为最大虹吸利用高度。

关于凝汽器排水管最高点的绝对压力 p_0 值，DL/T 5339—2006《火力发电厂水工设计规范》8.2.2 条规定不宜低于20kPa，一般可采用20～30kPa。

从式（4-4）可见，排水管的水头损失 h_{w2} 越大，计算出的可利用虹吸高度 H_S 也越大。但由于 h_{w2} 的增加也

同样使在有虹吸作用下的泵扬程增加。把式（4-4）代入式（4-2），可以得到有虹吸作用时泵扬程计算公式，即

$$H_p = H_{01} - H_S + h_{w1} + h_{w2} \qquad (4-5)$$

或

$$H_p = H_{02} + h_{w1} + h_{w2} \qquad (4-6)$$

式中 H_{02}——泵吸水间水位与虹吸井水位间的高差，m。

式（4-6）即为直流供水系统冷却水泵总扬程的计算式。

考虑供水系统的安全，虹吸最大利用高度 H_S 不宜大于7.5m。从凝汽器排水管顶端至堰顶间的高差宜取8.5～9.0m，一般采用8.5m较为安全。

对我国沿海及沿长江的 30 个单机容量为 300～1000MW 的机组进行统计，凝汽器排水管顶至虹吸井水封堰顶间的高差有 3 个为 9.0m 左右，2 个为 8.5m，其余均为 7.0～7.5m。供水系统最大流量时的虹吸利用高度为 6～7.5m，最大虹吸利用高度为8.0m（浙江某火电机组在供水系统低流量运行时）。

2. 直流供水系统凝汽器的低位布置

在火电机组辅机中，冷却水泵为厂用电大户之一，泵组耗功与扬程为直线关系。以一台 1000MW 汽轮机为例，冷却水量约为25m³/s，冷却水扬程每增加 1m，电耗约增加 300kW。

在直流供水系统中，泵阻力由系统阻力和净扬程两部分组成。对于拟定的供水系统，系统阻力为不变值，在虹吸利用高度一定的情况下，若降低泵组扬程，需从降低净扬程着手。

直流供水系统净扬程计算如图4-3所示。

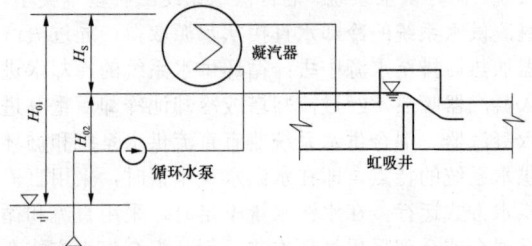

图4-3 直流供水系统净扬程计算示意

H_{01}—虹吸作用未形成前水泵供水的几何高度；

H_{02}—水泵供水的净扬程；H_S—虹吸利用高度

其净扬程 H_{02} 取决于设计水位和虹吸井堰上水位，设计水位取决于厂址水文条件，是不变量。若要降低冷却水泵的净扬程，即降低虹吸井堰上水位，通常有以下三种方法。

（1）汽机房整体降低标高。即汽轮机部分整体下卧，凝汽器标高随之降低。若无其他限制，一般最为经济的布置是凝汽器第一排管顶标高较平均低潮位

高 7～8m。汽机房整体降标高也要与厂坪标高相适应，以便于大件设备的运输，可整体下降一层也可下降两层，与可利用的虹吸高度和机组主辅机的布置有关。

（2）汽机房局部降标高。即个别辅机局部下卧，比如凝汽器底部下卧，喉部加长，而汽机房其余部分依然维持地上布置。在 1000MW 级火电机组中，喉部可加长约 3m，该方案虽下卧有限，但相对改动不多，影响小，增加投资不多，但节电效果佳。

（3）汽机房整体降标高加局部降标高。即汽机房整体降标高（方式一）后，依然有未被充分利用的虹吸高度，此时可将凝汽器等辅机局部再下降，以充分利用虹吸高度。

凝汽器采用低位布置后，同时减小或消除了出水的堰上水头，没有跌水环节，运行安静，无需尾部消泡或泡沫大为减小，为满足环保要求创造了条件。

3. 无阀供水系统

无阀供水系统是指供水系统的冷却水泵进出口、凝汽器的进出口管道均不加装阀门，使得系统易于布置、减少局部水头损失及降低投资与维护费用。无阀供水系统适应于泵站紧邻汽机房的情况，每台冷却水泵独立设置一条供水管道；有水量调整要求的，通过泵组加装变频装置、采用双速电动机来实现。按每条管道减少 3 个阀门考虑，水头损失可降低 0.45～0.6m。辽宁某电厂一期工程 2×800MW 机组采用的直流无阀供水系统，如图 4-4 所示，是引进苏联的技术。

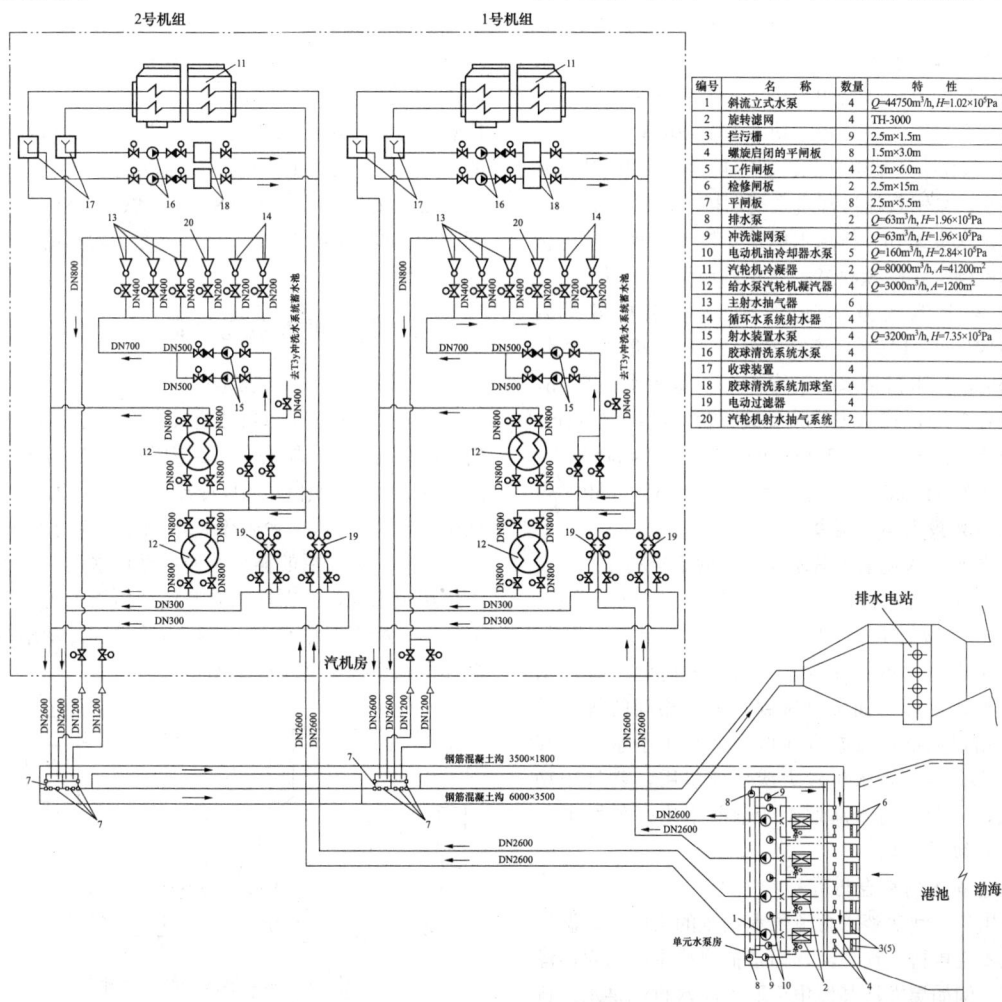

图 4-4　辽宁某电厂一期工程供水系统

4. 直流供水系统中冷却水尾水排水余能利用

水位变幅大的地区，直流供水系统中要考虑水能回收。一般在泵房设置与电动机同轴的水轮机，共同驱动冷却水泵。为简化泵房布置及便于管理，也可另

建水电站回收水能。一般水轮机回收的功率为驱动水泵功率的 30%左右。

（1）电动机-水轮机-水泵同轴机组。西南地区某 2×200MW 扩建工程采用此种排水余能回收方式。

该工程两台汽轮机凝汽器及辅机冷却器采用从长江取水的直流供排水系统，冷却水泵的总水头达 40m，排水富裕水头达 20~25m，取水量为 13.5m³/s。为了充分利用排水余能，对冷却水泵房的 4 台立式冷却水泵均同轴安装了水轮机，已安全运行多年。

我国西南地区江、河上游水位落差大，水源水位往往与岸上高差大，有不少火电厂采用这种排水余能回收方式。

（2）建设排水余能电站。一些火电机组建有排水电站回收排水余能。

1）西南地区某电厂一期工程机组容量为 2×360MW，从长江取水，采用直流冷却方式，每台机取水量为 12.75m³/s，冷却水泵的设计水头为 41m，一期工程共安装 4 台冷却水泵，电动机总容量为 4×3300=13200kW。排水水电站的设计流量为 50m³/s，设计水头为 20m，共安装 4 台水轮机组，工程安装 2 台水轮机组，每台机组的设计额定功率为 1800kW。

2）东北地区某电厂装机总容量为 6×200MW，从嫩江取水，采用直流冷却水系统，排水总量 30m³/s，排水富裕水头 15m。排水水电站安装 4 台水轮发电机组，单机额定容量 800kW。水电站已运行 15 年。

3）东北地区另一电厂一期工程装机容量为 2×800MW，采用海水直流冷却系统，每台机组排水量为 25m³/s，排水富裕水头平均 4.0m，最大水头 5.5m，最小水头 2.5m，排水电站按安装 4 台水轮机组设计，一期安装 2 台，每台水轮机组的额定功率为 800kW，最大功率为 1170kW，最小功率为 440kW。水电站自 2001 年开始投入运行至今。

5. 虹吸井溢流堰无跌水或跌水的余能利用

对于电厂直流冷却水系统，排水有用户需求时，其引水布置设计可将堰上水头的水力余能充分利用，即考虑堰上或堰前取水。通常考虑到下级用水户在建设、管理方面难以做到与电厂相同的等级，一般让用户从堰后设泵升压取水。对于小水量，其升压功率有限；若水量较大或全部引用，其升压功耗较大，可考虑将水从堰上或堰前引出，使堰上、下水位差得以利用。

6. 温排水的综合利用

采用江、河等淡水直流供水系统的火电厂，温排水可以不直接排入江、河，而是把温排水排入农田灌溉系统。例如黑龙江某发电厂取嫩江水直流供水，排水排入当地的农灌干渠，供电厂周围约 10km 范围内的农田春灌及冬灌。辽宁某发电厂利用水库做水源，采用直流及冷却池供水系统。农灌季节采用直流运行方式，排水先用于排水电站发电，然后再排入农灌渠供农业灌溉。由于春季排水温度比自然水温高 10℃以上，可使附近的稻田提前半个多月育秧及插秧，促进

农作物早熟及增产。在非灌溉季节，排水经升压后再送回水库。在初春季节将部分温排水引入养鱼场，用于孵化鱼苗及养鱼。

7. 供水系统的流量调节

为适应季节性气温、水温、机组负荷和供热抽汽的变化，降低厂用电，节省冷却水泵电耗，对供水系统的流量调节是必要的。常用的流量调节措施有：依靠运行泵组数量的变化，配置双速电机，加装变频装置、液力耦合器以及改变叶轮角度等。

8. LNG 汽化冷源与电厂热源的相互利用

对于紧邻 LNG 站的电厂，电厂冷却水可考虑利用 LNG 站汽化热源排水，电厂的冷却水温排水供给 LNG 站，作为其汽化工艺的热水，站、厂冷却水相互利用。与电厂冷却水量相比，电厂用水大于 LNG 站的热排水，电厂可全部接收使用。莆田燃机电站紧邻 LNG 站，LNG 站的冷排水量约 6.1 m³/s，比自然水温低 5℃，电厂总体冷却水因此约降低 2℃，提高了冷却效果，节能增效；同时可按 LNG 站所需海水量，将电厂的温排水（比自然海水温度高约 8℃）回供给 LNG 站，提高其供水温度，两厂的冷、热水充分互为利用，实现循环经济运行。

二、循环供水系统节能

（一）循环供水系统简介

循环供水系统是以自然通风冷却塔或机械通风冷却塔为冷却设备的冷却系统，多应用于北方内陆地区。一般每台机组配 1 座自然通风冷却塔，1 条压力进水管，1 条压力排水管，设 2 台循环水泵，1 座循环水泵房。

冷却塔冷却后的循环水通过循环水沟自流到循环水泵房吸水池，经循环水泵升压后由压力进水管送到凝汽器，凝汽器排水经压力排水管送回冷却塔冷却。循环供水系统典型流程见图 4-5。

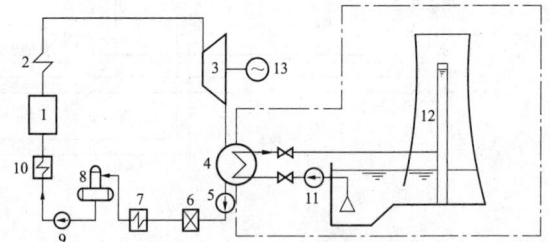

图 4-5　循环供水系统典型流程

1—锅炉；2—过热器；3—汽轮机；4—凝汽器；
5—凝结水泵；6—凝结水精处理装置；7—低压加热器；
8—除氧器；9—给水泵；10—高压加热器；
11—循环水泵；12—冷却塔；13—发电机

循环供水系统在技术理论和实际应用中均非常成熟，所有配套设备均可以国产。与采用空冷系统的机

组相比，循环供水系统运行背压相对较低。

（二）循环供水系统设备

循环供水系统的设备主要有循环水泵、清污设备、真空泵等。

（三）循环供水系统节能方向

循环供水系统的耗能设备主要集中在循环水泵上，节能的主要思想即根据各季节运行水温的不同，调整循环水泵流量或扬程，或者直接减少运行循环水泵台数，使循环水泵的耗电降到最低，并且能够达到汽轮机对背压的要求。另外，也可考虑提高循环供水系统中冷却设备的冷却效率。

（四）循环供水系统节能方案及实例效果

1. 逆流式自然通风冷却塔均匀配风技术

自然通风冷却塔是火电厂中最常见、最重要的冷却设施，构筑物庞大、初投资高，其冷却效果及供水扬程与电厂发电收益及运行费用紧密相关，是节能设计重点研究的目标。

自然通风冷却塔的分类如图4-6所示。

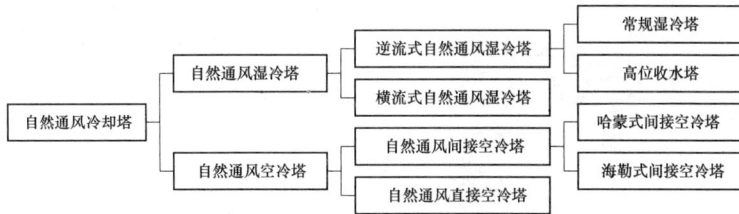

图 4-6 自然通风冷却塔的分类

冷却塔的冷却效果受多方面因素的影响，如环境气象参数、冷却塔设计参数、机组运行负荷等。调查发现，国内外电厂大多重视冷却塔水侧性能的改善，包括改变填料、配水形式、喷嘴结构、喷嘴布置方式等，冷却塔的改造很少涉及气侧流场。近年来，人们已经逐渐认识到自然风对于冷却塔的不利影响，并积极寻求有效解决措施。

自然风是影响冷却塔冷却效果的一个重要因素。自然风是随机变量，某一点的风速和风向是随着时间不断变化的，对于冷却塔的影响非常复杂，与塔的类型、形状、负荷大小等因素也有关。

针对逆流式自然通风冷却塔在设计、运行中存在的诸多问题，国内部分科研单位研发了冷却塔均匀配风技术，通过冷却塔进风导流装置提高冷却塔进风均匀性，改善冷却塔的冷却性能，降低循环水出塔温度，从而提高机组运行经济性。目前，主要是在冷却塔底部进风圆周人字形支柱外均匀布置一定数量的导风板装置（见图4-7和图4-8），利用导风板的导流作用削弱自然风的不利影响，使冷却塔的进风方式、进风区域、进风量、气流分布发生变化，冷却塔周边进风均匀性明显提高；冷却塔周边进入冷却塔的空气（水平）区域扩大，提高冷却塔进风量 12%～30%，在冷却塔内部形成稳定的上升气流，使空气均匀地穿透冷却塔内部，减少了塔内的漩涡区间。

（1）山东某电厂加装导风板改造。该电厂目前共4台机组，总装机容量为1200MW，7 号～10 号机组容量均为300MW，分别配置一座淋水面积5500m² 的逆流式自然通风冷却塔。电厂年平均风速为 3.1m/s。

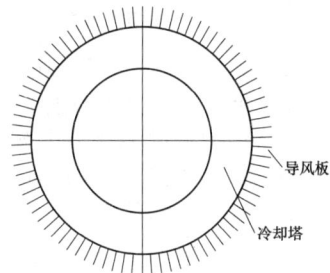

图 4-7 导风板装置平面布置

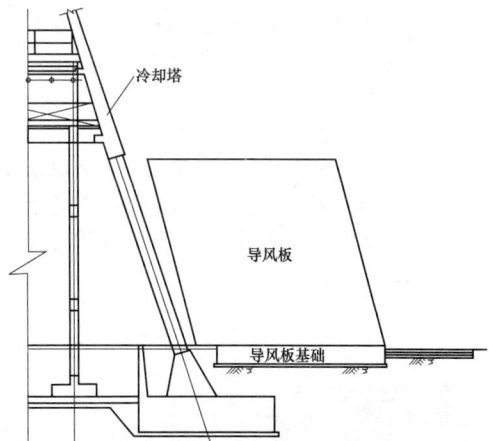

图 4-8 导风板装置立面布置

7 号、8 号机组冷却塔的主要尺寸如下：

塔顶标高：114.700m；

喉部标高：86.025m；

进风口标高：7.728m；

零米层半径：42.685m。

电厂 7 号机组冷却塔于 2006 年进行了加装导风板的技术改造，见图 4-9，改造周期为 2 个月。经过调研发现，加装在冷却塔进风口处的导风板每 3 个一组，上方通过三角架固定在人字柱上，下方固定在混凝土基础上。导风板为倒梯形，外侧为带有弧度的圆边。导风板靠近人字柱侧的斜边倾斜角度与人字柱倾斜角度相近，外侧则为垂直地面的直角边。导风板高度约为冷却塔进风口高度的 2/3。经过改造的冷却塔在运行中循环水温度降低约 1.2℃，效果比较明显。

图 4-9　山东某电厂 7 号机冷却塔加装导风板

（2）天津某热电厂加装导风板。该电厂三期工程为 2×300MW 供热机组，每台机组设置 1 座淋水面积 5000m² 逆流式自然通风冷却塔，于 1999 年投入运行。年平均风速 3.2m/s。冷却塔高度为 110m，淋水面积 5000m²，夏季 10% 气象条件下设计出塔水温为 31.88℃。

电厂三期工程 6 号冷却塔人字柱为方形，人字柱位于集水池内，外围有约 2m 的散水坡。6 号冷却塔于 2009 年进行了加装导风板的技术改造。导风板采用龙骨外包钢板方式，导风板的混凝土基础固定在人字柱外侧，与人字柱倾斜角度相近。导风板形状为平行四边形。导风板高度约为进风口高度的 4/5，见图 4-10。现场调研发现，加装在冷却塔进风口处的个别导风板损坏和锈蚀较为严重。加装导风板后冷却塔运行效果有较大改善，循环水温降幅约 1.0℃。春秋季自然风速较大时，效果更明显。

图 4-10　天津某热电厂 6 号机组冷却塔加装导风板

（3）上海某电厂加装导风板。该电厂位于黄浦江边，八期工程建设规模为 1200MW，安装 2×600MW 燃煤发电机组。每台机组配 1 座淋水面积为 9000m² 的逆流式自然通风冷却塔。电厂年平均风速 3.5m/s。

冷却塔的主要尺寸如下：

塔顶标高：150.600m；

喉部标高：119.840m；

进风口标高：9.800m；

零米层直径：122.06m。

冷却塔风筒壳体由 48 对直径为 800mm 的预制钢筋混凝土人字支柱支撑在环板基础上，环板基础宽 7.0m，厚 1.5m。由于地质条件较差，环板基础下采用了 500mm×500mm 的预制钢筋混凝土方桩，桩端支承在粉砂土层上。

电厂对一座冷却塔进行了加装导风板改造，见图 4-11。导风板为钢筋混凝土结构，与塔外散水坡连成一体，五块导风板通过钢管连接成一组。导风板分布均匀，形状为平行四边形，倾斜角度与人字柱倾斜角度一致。导风板高度与进风口高度一致。

加装导风板后冷却塔运行效果有较大改善，循环水温降幅约 1.0℃。据了解，有关单位对加装导风板后的冷却塔进行了冷却性能测试，即使在发电负荷 400MW 情况下，循环水温降幅约为 0.8℃。

图 4-11　上海某电厂冷却塔加装导风板

上述实例说明，实施此项技术后，冷却塔的冷却能力有所提高，平均循环水温可降低 0.9～1.1℃，供电煤耗率降低 0.9～1.1g/（kW·h），节能效果较显著；另外，实施此项技术无需停机，对机组正常运行没有影响；实施后冷却塔的进风量增大，进风均匀，抵抗侧风的能力有所增强。

2. 湿冷塔高位收水技术

高位收水塔是 20 世纪 70 年代哈蒙公司提出的一项旨在节能和降噪的湿冷塔技术，其最显著的特点是冷却塔落水高度远低于常规湿冷塔，且落水高度受淋水面积影响很小。因此，应用于超大型冷却塔中优势更加突出。国内蒲城电厂 2×330MW 机组首次采用了哈蒙公司的高位收水塔技术，国内已有1000MW机组的高位收水塔投入运行，见图4-12，有关参数见表4-1。

可以预见，由于节能环保的特点，高位收水塔在国内有推广的趋势。

图4-12 某电厂二期2×1000MW超超临界燃煤发电机组高位收水塔

表4-1 某电厂1000MW机组
高位收水塔有关参数   （m）

参　　数	数值	参　　数	数值
塔筒总高度	189.0	填料顶面净淋水面积（m²）	12075
进风口高度	13.8	塔底部（零米层）直径	137.5
喉部高度	150.066	喉部直径	82.5
填料顶部标高	18.200	塔顶直径	86.0
填料底部标高	16.700	填料顶部塔内径	126.158
喷溅装置底盘标高	18.840	除水器顶部标高	20.790
收水装置顶标高	14.000	收水装置底标高	12.800

高位收水塔取消了常规塔底部的集水池，经过冷却后的循环水在淋水填料底部被收水装置截留收集，输送到循环水泵房附近的高位吸水井，再经过循环水泵送回主厂房。高位收水塔配水系统和淋水填料与常规塔相似，其配水、集水槽等见图4-13和图4-14。

高位收水塔有以下三个主要特点：

（1）高位收水塔净扬程显著降低。常规超大型冷却塔循环水泵净扬程为13～14m，而高位收水塔仅6～7m（以集水槽水面计），见图4-15。下落水滴的势能回收约7m。初步计算，每台1000MW机组循环水泵电动机功率可减少近3000kW，见表4-2。

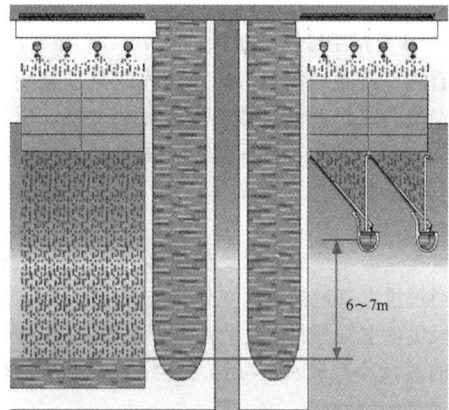

图4-13 高位收水塔配水及填料层

图4-14 高位收水塔集水槽

图4-15 高位收水塔与常规塔循环水泵扬程比较

表4-2 高位收水冷却塔
循环水泵扬程比较

塔　　型	某1000MW机组常规塔	高位收水塔
循环水泵台数	1机3泵	1机3泵
循环水泵设计流量	9.4m³/s	9.68m³/s
循环水泵扬程	30.2m	20.4m
循环水泵效率	87.5%	88%
循环水泵电动机额定功率	3700kW	2800kW

（2）冷却塔配风配水的均匀性显著改善。高位收水塔配水系统和填料系统的布置与常规冷却塔一致，高位收水塔在采用常规冷却塔塔芯材料优化布置的基础上，由于冷却水通过淋水填料后即被收水设备收走，没有形成大范围雨区，风阻大大减小，不仅能提高冷却塔的进风量，而且冷风可以顺利到达塔芯区域，配风也更加均匀。

（3）冷却塔噪声减小。在自然通风冷却塔中，降雨是主要的噪声来源。使用高位收水装置，可以基本消除降雨，保证对环境只造成非常小的噪声影响，因此不再需要额外的减噪装置（如空气进口处的隔板、冷水水池处的斜板或围绕冷却塔的隔音墙），据哈蒙公司测算，噪声水平可以降低约 8～10dB。

目前，高位收水技术主要针对 600MW 级以上机组配备的超大型冷却塔，并需对具体项目进行具体分析。

3. 机械通风冷却塔采用变频风机

变频风机的电动机低速是通过调节供电频率实现。采用变频风机可以实时调整风机运行功率，从而实现风机节能的目的。

第二节　空冷系统节能设计

一、直接空冷系统节能

（一）直接空冷系统简介

直接空冷系统是指汽轮机的排汽直接被空气冷凝，空气与蒸汽间通过散热器进行热交换，所需要的冷却空气通常由机械通风方式供给。直接空冷系统中的换热装置称为空冷凝汽器，由若干换热管束组成。

直接空冷系统流程示意如图 4-16 所示。汽轮机排汽通过排汽管道被送往室外的空冷凝汽器内，轴流冷却风机使空气强制流过散热器外表面，将空冷凝汽器内的蒸汽冷凝成水，凝结水再经泵送回到汽轮机

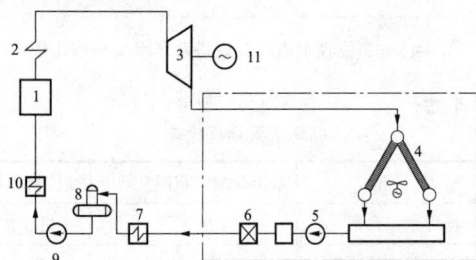

图 4-16　直接空冷系统流程示意

1—锅炉；2—过热器；3—汽轮机；4—空冷凝汽器；
5—凝结水泵；6—凝结水精处理装置；7—低压加热器；
8—除氧器；9—给水泵；10—高压加热器；11—发电机

的回热系统。

直接空冷系统节水效果显著，相对于湿冷机组节水率可达 85% 左右，基础建设投资、占地面积均比间接空冷系统小，防冻措施比间接空冷系统多，因而很长一段时间内是空冷技术的主流。但直接空冷技术热经济性相对较差，在夏季高温情况下尤为显著；而且直接空冷机组在夏季高背压下运行时，突然的大风足可引起机组背压陡增而跳闸，所以直接空冷技术的环境适应能力相对较差。

（二）直接空冷系统设备

直接空冷系统的设备主要有直接空冷凝汽器、风机、冲洗水泵等。直接空冷凝汽器由管束组成，为换热部件；风机为空气提供设备；冲洗水泵为清洗设备。

（三）直接空冷系统节能方向

1. 耗能设备

空冷系统的耗能设备主要集中在风机和水环真空泵上。风机节能的主要思想就是在保证汽轮机背压的条件下，降低风机的转速或者直接减少运行风机台数。根据夏季和冬季的气候影响，以及气候温度的历史数据，使风机的耗电降到最低，并且能够达到汽轮机对背压的要求和汽轮机低压缸需要带走的排汽焓。水环真空泵节能的思想主要是在能够达到背压要求和不凝结气体及时排放，以及不影响凝汽器的效率的条件下，降低水环真空泵的转速或减少真空泵的运行台数。

2. 维持直接空冷系统的稳定性

根据不同季节和气候条件，调整直接空冷汽轮机的效率。在达到汽轮机最佳真空所需的条件下，提高能源利用率，从而达到节能的目的。

（四）直接空冷系统节能方案及实例效果

1. 风机群变频调速

空冷凝汽器系统由若干台空冷凝汽器构成，每台空冷凝汽器配置一台轴流风机，安装在汽机房外的空冷平台上。轴流冷却风机布置在一个水平平面内，形成庞大的轴流冷却风机群。风机电动机通常均为变频控制，变频调速装置通过硬接线和通信方式与电厂 DCS 相连，DCS 根据不同的蒸汽负荷和环境温度控制风机启停及转速，使汽轮机的排汽压力保持恒定。

风机电动机采用变频控制，具有节能效果明显、能够软启动、控制调节方便的优点。

由流体力学可知，P（功率）为 Q（流量）与 p（压力）的乘积，流量 Q 与电动机转速 n 成正比，即 $Q \propto n$；压力 p 与电动机转速 n 的二次方成正比，即 $p \propto n^2$。功率 P 与电动机转速 n 的三次方成正比，即 $P \propto n^3$。

如果效率一定，当要求调节流量下降时，转速 n 可成比例下降，则轴输出功率 P 成立方关系下降，

即电动机的耗电功率与转速近似成三次方的关系。降低风机的转速，可以使流量成正比例减少；压力成平方关系减少；轴功率成立方关系降低，因而节电效果显著。风机转速与流量、压力和轴功率的关系见表 4-3。

表 4-3　风机转速与流量、压力和轴功率的关系　（%）

转速	流量	压力	轴功率	节电率
100	100	100	100	0
90	90	81	72.9	17.1
80	80	64	51.2	48.8
70	70	49	34.4	65.7
60	60	36	21.6	78.4
50	50	25	12.5	87.5

注　在实际运行中，由于转速下降会引起风机系统效率下降，且受调整装置效率影响，实际节电率小于表中所列数值。

北方某 2×600MW 亚临界直接空冷机组，根据空冷风机的设计参数，查得空冷风机配置如下：

型号：G-TF9.14M8-C132；
风量：506m³/s；
风机全压：103.5Pa；
风机直径：9.144m；
顺流风机台数：40；
逆流风机台数：16（分别为每列的 2 号和 6 号风机）；
叶片数：8；
叶轮转速：75r/min；
轴功率：82.7kW。
空冷风机电动机参数如下：
型号：YPT-315L2-6W；
铭牌功率：132kW；
效率：94%；
电压：380V。

北方某电厂各月份单台风机的实际消耗的平均功率见表 4-4。

表 4-4　各月份单台风机实际消耗的平均功率　（kW）

月份	风机功率
1	30.29
2	27.11
3	45.00
4	86.96

续表

月份	风机功率
5	52.22
6	65.91
7	94.06
8	94.43
9	93.41
11	48.41
12	30.83

各月份单台风机实际消耗的平均功率曲线见图 4-17。

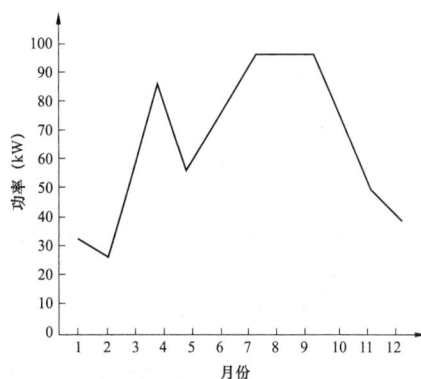

图 4-17　各月份单台风机实际消耗的平均功率曲线

因此，根据空冷机组运行不同的蒸汽负荷及环境温度，通过变频器调节空冷轴流冷却风机转速、控制起停在节能方面的效益是显而易见的。

2. 减小直接空冷系统的过冷度

由于直接空冷机组的排汽通过排汽装置、排汽管道、蒸汽分配管、空冷凝汽器等换热设备，有沿程阻力和局部阻力损失，使凝结水回水温度低于汽轮机排汽压力所对应的饱和温度，这就是直接空冷系统的过冷度。

以 660MW 超临界直接空冷汽轮机为例，主要参数变化见表 4-5。

表 4-5　660MW 超临界直接空冷汽轮机主要参数

序号	项目	参数			
1	机组功率（MW）	660	660	660	660
2	过冷度（℃）	0	1	3	5
3	1 号低压加热器抽汽量（t/h）	57.28	59.08	62.77	66.44
4	汽轮机热耗率[kJ/（kW·h）]	7869	7869	7870	7872

续表

序号	项 目		参 数			
5	设计煤质燃煤量	（t/h）	281.3	281.3	281.5	281.7
		（t/d）	6752	6752	6757	6760
6	电站总效率（%，低热值、设计煤）		36.65	36.65	36.62	36.60

由表 4-5 可知，过冷度在 1℃左右时，对机组效率基本没有影响，燃煤量也基本没有差别；过冷度在 3℃时，机组效率下降 0.03%，汽轮机热耗率增加 1kJ/（kW·h），日燃煤量增加 5t 左右；过冷度在 5℃时，机组效率下降 0.05%，汽轮机热耗率增加 3kJ/（kW·h），日燃煤量增加 8t 左右。这对于机组的设计指标和日后的运行来说，还是有一定的影响的。

减小直接空冷系统过冷度的方法有：

（1）对于相同的设计条件，单排管空冷器通流面积较大，较双排管和三排管有利于降低蒸汽阻力，凝结水过冷度较小。

（2）对于不设排汽装置的直接空冷机组，设置单独的低真空除氧加热器。例如，国外某公司为南非最新提供的某 6×800MW 超临界机组，即装有这套装置。

（3）对于设有排汽装置的直接空冷机组，因各汽轮机厂家的现有排汽装置结构不完全相同，虽然汽轮机排汽与凝结水回水有一定的接触，但接触面积相对较小，对减小凝结水过冷度作用不大，故应考虑对排汽装置做进一步改进。

（4）优化排汽管道、蒸汽分配管的布置，合理布置阀门，减少排汽阻力损失。

（5）提高系统的气密性。

（6）提高运行的自动化水平。

二、间接空冷系统节能

直接空冷系统对于大风的敏感性要高于间接空冷系统，尤其是炉后来风对直接空冷系统的影响更加严重，热风回流率较高，在夏季机组不能及时调整负荷的情况下很容易造成机组跳闸。间接空冷系统对夏季热风的防范能力要优于直接空冷系统，因此对夏季大风持续时间长、风频较高、风向多变的地区，选择间接空冷系统，更加有利于机组的安全、经济运行。

（一）间接空冷系统简介

对主机来说，间接空冷系统分为带混合式凝汽器的间接空冷系统（混凝式间接空冷系统）和带表面式凝汽器的间接空冷系统（表凝式间接空冷系统）。

1. 带混合式凝汽器的间接空冷系统（混凝式间接空冷系统）简介

图4-18所示为带混合式凝汽器的间接空冷系统流程示意图。混凝式间接空冷系统主要由喷射（混合）式凝汽器和安装有翅片管散热器的空冷塔构成。由圆形铝管铝翅片的管束组成的以"∧"形排列的散热器，称为缺口冷却三角，在缺口处加装百叶窗就构成一个冷却三角。该系统中的冷却水是高纯度的中性水，pH 值介于 6.8～7.2。冷却水在混合式凝汽器中直接与汽轮机排汽混合换热，并使排汽冷凝成水。凝汽器出口处凝结水的绝大部分（约98%），由冷却水循环泵送至空冷塔侧的散热器，与空气对流换热冷却后，再由调压水轮机将其送回至喷射式凝汽器。凝汽器出口处凝结水的极少部分（约2%），由凝结水泵经过凝结水精处理装置送至机组回热系统。通过调节水轮机导叶的开度，调节喷射式凝汽器喷嘴前的水压，以保证形成微薄且均匀的垂直水膜，使冷却水与汽轮机排汽能够充分接触换热。

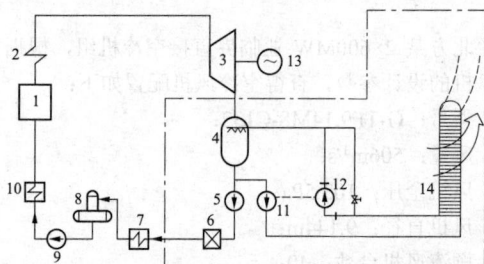

图 4-18 带混合式凝汽器的间接空冷系统流程示意

1—锅炉；2—过热器；3—汽轮机；4—凝汽器；
5—凝结水泵；6—凝结水精处理装置；7—低压加热器；
8—除氧器；9—给水泵；10—高压加热器；11—循环水泵；
12—水轮机组；13—发电机；14—散热器

虽然混凝式间接空冷系统是我国最早应用的电厂空冷系统，并且已经有 20 多年的运行经验，但该系统存在设备较多、系统整体控制复杂、安全系数相对较低、循环冷却水系统与汽水系统相互混合等缺点。混凝式间接空冷系统一般不适用于对给水品质要求较高的大容量、高参数超（超）临界空冷机组。

2. 带表面式凝汽器的间接空冷系统（表凝式间接空冷系统）简介

表凝式间接空冷系统与常规湿冷系统基本相似，不同之处在于表凝式间接空冷系统用干式冷却塔替代湿式冷却塔，用除盐水代替循环水，用密闭式循环冷却水系统代替开式循环冷却水系统。当冷却水温度变化时，体积也会发生变化，需要设置膨胀水箱。膨胀水箱顶部与冲氮系统连接，一定压力的氮气既可以对冷却水体积的变化起补偿作用，又可以避免冷却水与空气接触，保证冷却水的水质。冷却塔底部位置设有储水箱和两台水泵，可向冷却塔内的空气散热器充水。

散热器由翅片管束组成，散热器安装在干式冷却塔中，整个系统采用自然通风方式冷却。图4-19示出了带表面式凝汽器的间接空冷系统流程。

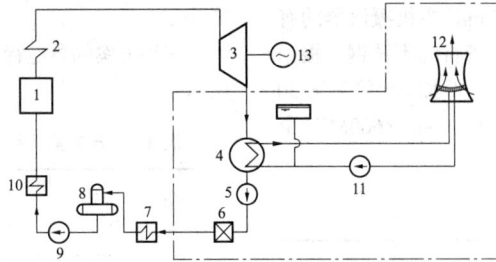

图4-19　带表面式凝汽器的间接空冷系统流程

1—锅炉；2—过热器；3—汽轮机；4—凝汽器；5—凝结水泵；6—凝结水精处理装置；7—低压加热器；
8—除氧器；9—给水泵；10—高压加热器；11—循环水泵；12—散热器；13—发电机

（二）间接空冷系统设备

间接空冷系统主要包含汽轮机凝汽器（表面式或混合式凝汽器）、闭式循环水管、间接空冷塔（机械通风或自然通风）、循环水泵等。间接空冷塔又包含散热器、供风系统、稳压水箱、储水箱、充排水系统等。

间接空冷系统典型流程如图4-20所示。

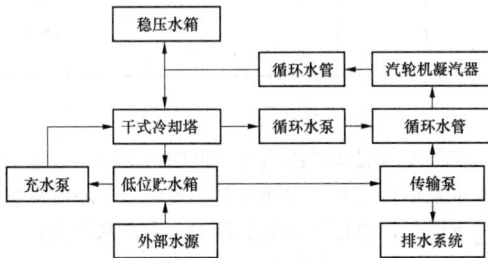

图4-20　间接空冷系统典型流程

（三）间接空冷系统节能方向

（1）耗能设备。间接空冷系统的耗能设备与湿冷系统中循环供水系统的耗能设备类似，主要集中在循环水泵上。节能的主要思想就是根据各季节的运行水温的不同，调整循环水泵流量或扬程，或者直接减少运行循环水泵台数，使循环水泵的耗电降低到最低，并且能够达到汽轮机对背压的要求。

（2）提高间接空冷系统中冷却设备的冷却效率，优化间接空冷中散热设备的运行方式。

（3）对于海勒式间接空冷系统，设置水能回收的水轮机。

（四）间接空冷系统节能方案及实例效果

混凝式间接空冷系统中的水轮机安装于该系统回水管路中，由于散热器顶部要维持微正压，而凝汽器又在真空状态下运行，加上散热器顶部与凝汽器喷嘴之间有较大的水位差，因此循环水在进入凝汽器前有剩余压头。水轮机的主要作用就是回收从空冷塔返回喷射式凝汽器中冷却水的剩余压头，驱动水轮机发出电能，用以减小循环水泵实耗功率，一般工程节流水头约为水泵工作水头的1/2，水轮机回收的能量为水泵电动机功率的25%～30%。

如山西某电厂200MW空冷机组水轮发电机回收功率即相当于循环水泵耗功率的25%，该水轮机为低水头水轮机，由于其出口管和真空下运行的凝汽器连接，为减小气蚀，水轮机采取低转速（370～440r/min）运行。水轮机除回收能量外，还起调节压力作用。

该电厂200MW空冷机组水轮发电机主要技术参数如下：

额定水量：6.11m³/s；

额定水头：13m；

最大静压头：20m；

额定输出功率：650kW；

额定转速：384r/min；

凝汽器压力：0.01MPa；

供水允许最高温度：70℃。

第三节　节能设计案例

西北地区某电厂2×660MW机组主机及给水泵汽轮机排汽采用表凝式间接空冷系统，该系统由表面式凝汽器、循环水泵、空冷散热器、自然通风空冷塔、循环水管等组成，空冷散热器位于塔周围，采用立式布置方式，1机1塔。

每座间接空冷塔设 10 个冷却三角扇段，共 176 个冷却三角，每座间接空冷塔的空冷散热器翅片管总面积为 1614266m²。散热器外缘直径为 151.7m，空冷塔人支柱零米直径为 142.2m，进风口高度 27.5m，出口直径 88.2m，空冷塔高度为 175m。主机凝汽器的有效冷却面积约 42000m²，冷凝管管材为不锈钢。根据冷却塔冷端优化结果及其分析，循环水冷却倍率按 50 倍设计。循环水管干管直径为 3.0m。某 2×660MW 空冷机组循环水量见表 4-6。

表 4-6　某 2×660MW 空冷机组循环水量

机组容量（MW）	TMCR 工况凝汽量+给水泵汽轮机凝汽量（t/h）	循环水量（m³/h）
1×660	1×1159	1×58000
2×660	2×1159	2×58000

1. 循环水泵台数的选择

循环水泵总体上可采用 1 机 2 泵或 1 机 3 泵的配置方案。

对于 1 机 3 泵配置方案，3 台水泵全部运行时，可提供 100%的循环水流量；2 台水泵运行时，可提供 75%的循环水流量。对于 1 机 2 泵配置方案，2 台水泵全部运行时，可提供 100%的循环水流量；1 台水泵运行时，可提供 60%的循环水流量。由于 1 机 2 泵配置的方案卧式离心泵制造困难，立式离心泵没有供货及运行业绩。而 1 机 3 泵配置方案，不论是立式离心水泵还是卧式离心水泵，都技术成熟，且有运行业绩。因此暂不考虑 1 机 2 泵配置方案，拟对 1 机 3 泵配置方案做进一步讨论。

根据以上分析，初步选定如下几种循环水泵配置方案进行比较。

（1）方案一：定速水泵方案。3 台水泵均采用定速，1 台机组共配置 3 台定速水泵，单台水泵配置如下：

流量：5.37m³/s；

扬程：22.0m；

功率：1600kW。

（2）方案二：双速水泵方案。双速水泵的电动机低速运转是通过调节电机极对数实现的。对本工程配置的循环水泵，通过增加 2 对电机极对数，经过计算，水泵低速运行的循环水量是按设计工况（TMCR 工况）运行的循环水量的 0.8 倍设计。

双速水泵配置如下：

流量：5.37m³/s（高速）/4.296m³/s（低速）；

扬程：22.0m（高速）/14.08m（低速）；

功率：1600kW（高速）/1000kW（低速）。

（3）方案三：变频水泵方案。变频水泵的电动机低速是通过调节供电频率实现的。本工程按照每台机组配置两台变频电机，设置一套变频器考虑。

三种方案的各运行工况下的循环水量情况如表 4-7 所示。

表 4-7　各方案运行工况下的循环水量百分数

方案一：定速水泵方案		方案二：双速水泵方案		方案三：变频水泵方案	
水泵运行工况	循环水量百分数（%）	水泵运行工况	循环水量百分数（%）	水泵运行工况	循环水量百分数（%）
3 台定速	100	3 台高速	100	3 台定速	100
		3 台低速	80	2 台定速和 1 台变频	75%~100%可调
2 台定速	75	2 台高速	75	2 台定速	75
		2 台低速	60	1 台定速和 1 台变频	50%~75%可调

2. 运行循环水量的确定

在环境气温或机组出力较低的情况下，定速泵可减少水泵运行台数，双速水泵和变频水泵还可在低速条件下运行，以达到节能的目的。空冷系统设计温度为 15.0℃，从气象要素逐月平均统计看，1~4 月和 10~12 月这 7 个月的各月平均温度低于设计温度。初步考虑，定速泵在这 7 个月可减少水泵台数运行，双速水泵和变频水泵可在这 7 个月减泵或低速运行，其他月水泵高速定速运行。

运行循环水量的确定，首先通过控制冬季最低出塔温度 20℃、机组阻塞背压 6.0kPa 工况下的最小运行循环水量，再根据定速、双速、变频水泵的运行特点，分别配置运行循环水量与机组微增出力最经济的运行方式，并综合对各方案进行经济性的分析计算。

所选取的循环水量按保证机组出力、空冷系统安全运行（如冬季防冻）等计算。机组排汽量按照设计工况 TMCR 工况的排汽量计算。

经过计算，冬季运行工况下在控制最低出塔温度 20℃情况下，循环水量与背压对应关系见表 4-8。

表4-8　　　　　　　　　　　　　控制最低出塔温度20℃时循环水量与背压关系

项　目	单位	数　值						
凝汽量	t/h	1159	1159	1159	1159	1159	1159	1159
焓差	kJ/kg	2230.52	2230.52	2230.52	2230.52	2230.52	2230.52	2230.52
循环水量	t/h	34800	40600	43500	46400	49300	52200	58000
循环水量系数		0.6	0.7	0.75	0.8	0.85	0.9	1
倍率		30.0	35.0	37.5	40.0	42.5	45.0	50.0
温升	℃	17.7	15.2	14.19	13.30	12.5	11.8	10.6
端差	℃	4	4	4	4	4	4	4
出塔温度	℃	20	20	20	20	20	20	20
进塔温度	℃	37.7	35.2	34.19	33.31	32.5	31.8	30.6
凝结水温度	℃	41.7	39.2	38.19	37.30	36.5	35.8	34.6
背压	Pa	8088	7069	6694.04	6379.86	6113	5885	5513

由表4-8可知，在冬季间接空冷塔在控制最低出塔循环水温度20℃，并实现机组最大出力情况下，循环水量流量系数控制在0.85左右就能满足系统运行要求。

3. 循环水系统运行方式

循环水系统的运行流量的确定需考虑诸多因素，如机组凝汽器对流速的要求、双速水泵和变频水泵本身对流量的要求、间冷塔的运行（冬季防冻）等。还应满足DL/T 5339—2006《火力发电厂水工设计规范》等规范、标准的要求。另外，对变频水泵，在低速的某些范围内，水泵容易发生共振。

根据计算，当环境温度低于4℃，即冬季运行模式下，若不调节调整百叶窗开度，无论循环水量如何调节都将低于阻塞背压。故在冬季运行模式下，通过循环水量的调节并调节百叶窗开度使机组安全、经济稳定运行，不同环境温度下循环水量及背压关系见表4-9。为了防止间接空冷塔散热器发生冰冻，也可减少循环水量提高机组背压，但循环水泵节省的运行费用要远低于降低机组背压带来的收益，故不考虑这种运行方式，循环水泵运行费用与机组微增出力带来的收益见表4-10。

表4-9　　　　　　　　　　　　　　　不同环境温度下运行数据

环境温度（℃）	项　目	单位	数　值							
3	凝汽器进水温度	℃	15.40	16.46	16.90	17.29	17.64	17.95	18.24	18.50
	凝汽器出水温度	℃	33.30	31.81	31.22	30.72	30.28	29.89	29.55	29.25
	循环水流量系数		0.60	0.70	0.75	0.80	0.85	0.90	0.95	1.00
	系统阻力	m	9.52	10.62	12.04	13.54	15.11	16.77	18.50	20.31
	机组背压	kPa	5.98	5.51	5.33	5.18	5.06	4.95	4.85	4.77
	微增出力	MW	0.00	0.00	0.00	0.00	0.00	0.00	0.00	0.00
4	凝汽器进水温度	℃	16.45	17.51	17.95	18.34	18.69	19.00	19.29	19.55
	凝汽器出水温度	℃	34.35	32.86	32.27	31.77	31.33	30.94	30.60	30.30
	循环水流量系数		0.60	0.70	0.75	0.80	0.85	0.90	0.95	1.00
	系统阻力	m	9.49	10.58	11.99	13.49	15.06	16.71	18.44	20.24
	机组背压	kPa	6.33	5.84	5.65	5.50	5.36	5.25	5.15	5.06
	微增出力	MW	−0.71	0.00	0.00	0.00	0.00	0.00	0.00	0.00
5	凝汽器进水温度	℃	17.49	18.56	19.00	19.39	19.74	20.06	20.35	20.60
	凝汽器出水温度	℃	35.40	33.91	33.33	32.82	32.39	32.00	31.66	31.35

环境温度（℃）	项目	单位	数　值							
5	循环水流量系数		0.60	0.70	0.75	0.80	0.85	0.90	0.95	1.00
	系统阻力	m	9.47	10.54	11.95	13.44	15.01	16.66	18.38	20.18
	机组背压	kPa	6.70	6.18	5.99	5.82	5.69	5.57	5.46	5.37
	微增出力	MW	−1.50	−0.39	0.00	0.00	0.00	0.00	0.00	0.00
6	凝汽器进水温度	℃	18.53	19.60	20.04	20.43	20.79	21.10	21.39	21.65
	凝汽器出水温度	℃	36.44	34.95	34.37	33.86	33.43	33.04	32.70	32.39
	循环水流量系数		0.60	0.70	0.75	0.80	0.85	0.90	0.95	1.00
	系统阻力	m	9.44	10.51	11.91	13.40	14.96	16.60	18.32	20.11
	机组背压	kPa	7.09	6.54	6.34	6.17	6.02	5.90	5.79	5.69
	微增出力	MW	−2.33	−1.16	−0.72	−0.36	−0.05	0.00	0.00	0.00
7	凝汽器进水温度	℃	19.58	20.65	21.09	21.48	21.84	22.15	22.44	22.70
	凝汽器出水温度	℃	37.49	36.00	35.42	34.92	34.48	34.09	33.76	33.45
	循环水流量系数		0.60	0.70	0.75	0.80	0.85	0.90	0.95	1.00
	系统阻力	m	9.41	10.48	11.88	13.36	14.91	16.55	18.26	20.05
	机组背压	kPa	7.50	6.92	6.71	6.53	6.38	6.25	6.13	6.03
	微增出力	MW	−3.20	−1.97	−1.52	−1.13	−0.81	−0.52	−0.28	−0.06
8	凝汽器进水温度	℃	20.63	21.70	22.14	22.54	22.89	23.21	23.50	23.76
	凝汽器出水温度	℃	38.54	37.05	36.47	35.97	35.54	35.15	34.81	34.50
	循环水流量系数		0.60	0.70	0.75	0.80	0.85	0.90	0.95	1.00
	系统阻力	m	9.39	10.44	11.84	13.31	14.86	16.50	18.20	19.98
	机组背压	kPa	7.93	7.33	7.10	6.91	6.75	6.61	6.49	6.39
	微增出力	MW	−4.12	−2.83	−2.35	−1.95	−1.61	−1.31	−1.05	−0.83
9	凝汽器进水温度	℃	21.67	22.74	23.19	23.58	23.94	24.25	24.54	24.80
	凝汽器出水温度	℃	39.58	38.09	37.51	37.01	36.58	36.19	35.86	35.55
	循环水流量系数		0.60	0.70	0.75	0.80	0.85	0.90	0.95	1.00
	系统阻力	m	7.86	10.41	11.80	13.27	14.82	16.44	18.14	19.92
	机组背压	kPa	8.37	7.74	7.51	7.31	7.14	7.00	6.87	6.76
	微增出力	MW	−5.07	−3.72	−3.22	−2.80	−2.44	−2.13	−1.86	−1.62

表 4-10　　　　循环水泵运行费用与机组微增出力收益

序号	环境温度（℃）	项目	单位	循环水流量系数							
				0.60	0.70	0.75	0.80	0.85	0.90	0.95	1.00
1	4	水阻	m	9.44	12.01	13.41	14.90	16.46	18.10	19.82	21.61
2		运行费用	万元	3.24	4.12	4.61	5.12	5.65	6.22	6.80	7.42
3		微增出力	MW	−0.71	0.00	0.00	0.00	0.00	0.00	0.00	0.00
4		微增收益	万元	−1.32	0.00	0.00	0.00	0.00	0.00	0.00	0.00

续表

序号	环境温度（℃）	项目	单位	循环水流量系数							
				0.60	0.70	0.75	0.80	0.85	0.90	0.95	1.00
5	5	水阻	m	9.44	12.01	13.41	14.90	16.46	18.10	19.82	21.61
6		运行费用	万元	3.54	4.50	5.02	5.58	6.17	6.78	7.42	8.10
7		微增出力	MW	−1.50	−0.39	0.00	0.00	0.00	0.00	0.00	0.00
8		微增收益	万元	−3.03	−0.78	0.00	0.00	0.00	0.00	0.00	0.00
9	6	水阻	m	9.44	12.01	13.41	14.90	16.46	18.10	19.82	21.61
10		运行费用	万元	4.24	5.39	6.02	6.69	7.39	8.12	8.89	9.70
11		微增出力	MW	−2.33	−1.16	−0.72	−0.36	−0.05	0.00	0.00	0.00
12		微增收益	万元	−5.62	−2.79	−1.75	−0.86	−0.11	0.00	0.00	0.00
13	7	水阻	m	9.44	12.01	13.41	14.90	16.46	18.10	19.82	21.61
14		运行费用	万元	5.08	6.47	7.22	8.02	8.86	9.75	10.67	11.64
15		微增出力	MW	−3.20	−1.97	−1.52	−1.13	−0.81	−0.52	−0.28	−0.06
16		微增收益	万元	−9.27	−5.72	−4.40	−3.29	−2.34	−1.52	−0.81	−0.18
17	8	水阻	m	9.44	12.01	13.41	14.90	16.46	18.10	19.82	21.61
18		运行费用	万元	4.75	6.05	6.75	7.50	8.29	9.11	9.98	10.88
19		微增出力	MW	−4.12	−2.83	−2.35	−1.95	−1.61	−1.31	−1.05	−0.83
20		微增收益	万元	−11.15	−7.67	−6.38	−5.28	−4.36	−3.55	−2.86	−2.24
21	9	水阻	m	9.44	12.01	13.41	14.90	16.46	18.10	19.82	21.61
22		运行费用	万元	4.94	6.28	7.01	7.79	8.61	9.46	10.36	11.30
23		微增出力	MW	−5.07	−3.72	−3.22	−2.80	−2.44	−2.13	−1.86	−1.62
24		微增收益	万元	−14.26	−10.47	−9.07	−7.88	−6.87	−5.99	−5.23	−4.56

4. 水泵运行台数

根据表4-9与表4-10，以及定速水泵、双速水泵及变频水泵运行特点和水泵配置的数量，按水泵运行费用与降低背压产生的微增出力带来的收益最经济的运行为原则，来选择水泵运行方式，见表4-11。

表4-11　　　　　　　　　　循环水泵运行方式（1×660MW）

序号	环境温度（℃）	要求的循环水量（m³/s）	方案一：定速水泵方案		方案二：双速水泵方案		方案三：变频水泵方案	
			水泵供水量（m³/s）	主机背压（kPa）	水泵供水量（m³/s）	主机背压（kPa）	水泵供水量（m³/s）	主机背压（kPa）
1	<4	14.01	16.11 [3（定速）]	6	15.04 [2（高速）和1（低速）]	6	14.01 [2定速和1变频(20Hz变频)]	6
2	4	9.66	12.09 [2（定速）]	6	9.66 [2（低速）]	6.33	10.27 [1定速和1变频(35Hz变频)]	6
3	5	12.09	12.09 [2（定速）]	6	12.09 [2（高速）]	6	12.09 [1定速和1变频(50Hz变频)]	6
4	6	13.7	12.09 [2（定速）]	6.34	12.89 [3（低速）]	6.17	13.7 [2（定速）和1变频（20Hz变频）]	6

序号	环境温度（℃）	要求的循环水量（m³/s）	方案一：定速水泵方案		方案二：双速水泵方案		方案三：变频水泵方案	
			水泵供水量（m³/s）	主机背压（kPa）	水泵供水量（m³/s）	主机背压（kPa）	水泵供水量（m³/s）	主机背压（kPa）
5	7	16.11	16.11 [3（定速）]	6.03	16.11 [3（高速）]	6.03	16.11 [3（定速）]	6.03
6	8	16.11	16.11 [3（定速）]	6.39	16.11 [3（高速）]	6.39	16.11 [3（定速）]	6.39
7	9	16.11	16.11 [3（定速）]	6.76	16.11 [3（高速）]	6.76	16.11 [3（定速）]	6.76

5. 水泵年运行费用比较

方案一：定速水泵方案，在环境温度低于4℃时，为了机组能够经济运行并控制出塔水温，循环水系统的最小流量不低于总流量的85%，需要3台水泵均投运。当环境温度高于4℃，可通过水泵运行数量调整循环水量，当环境温度高于7℃后，为了更经济运行，尽量降低机组背压，需要3台水泵均投运。

方案二：双速水泵方案，其中两台采用双速即可达到60%水量的要求，在方案一运行的基础上，通过运行水泵数量和双速调节，可达到节约电耗的目的。

方案三：变频水泵方案，可以根据环境温度的不同，调节循环水量来控制机组的背压，使机组始终处于节能经济运行状态。

水泵年运行费用比较按照机组年利用小时数5500h，分摊至不同环境温度下进行水泵年运行费用比较计算。比较电价按照成本电价0.21元/（kW·h）计。各方案的水泵年运行费用见表4-12，总费用见表4-13。

表4-12　　2×660MW机组各方案的水泵年运行费用比较　　（万元）

序号	环境温度（℃）	时间（h）	方案一：定速水泵方案	方案二：双速水泵方案（2台双速）	方案三：变频水泵方案（1台变频）
1	<4	2164	364.90	334.60	305.72
2	4	55	9.21	9.12	7.00
3	5	60	10.05	10.05	10.05
4	6	72	15.54	15.10	13.04
5	7	87	23.63	23.63	23.63
6	8	81	26.23	26.23	26.23
7	9	84	31.71	31.71	31.71
8	合计	2603	481.28	450.45	417.39
9	差值		基准	−30.83	−63.89

表4-13　　2×660MW机组各方案的总费用汇总表　　（万元）

序号	项目	方案一：定速泵方案	方案二：双速水泵方案（2台双速）	方案三：变频水泵方案（1台变频）
1	循环水泵及电动机设备费（采用卧式泵）	819	901	947
2	变频控制装置室土建费用	—	—	40
3	初投资（采用卧式泵）	819	901	987
4	初投资差（采用卧式泵）	基准	+82	+168
5	年固定费用（采用卧式泵）	116.71	128.39	140.65
6	年固定费用差值	基准	11.68	23.94
7	年运行费用差（采用卧式泵）	基准	−30.83	−63.89
8	年总费用差值（采用卧式泵）	基准	−19.144	−39.95

注　年固定费用分摊率按14.25%计算。

6. 循环水泵切换运行说明

大容量双速水泵电动机为高压电动机，为保护电动机，高低速之间切换一般需停泵，目前也有不停泵切换方式，但电动机控制及保护等方面的费用增加。

低电压电动机的变频水泵自动调频运行。对高电压大容量电动机的变频水泵，为防止短时间内电动机供电频率变化较大、保护变频器和电动机，一般为手动/自动两种调节模式。

双速水泵运行台数和高低速运行方式根据环境气温、机组负荷和间冷塔防冻运行要求确定。

变频水泵的运行调频除受水泵出水管道压力变送器反馈的信号控制外，间冷塔出水水温反馈信号也是变频水泵的运行调频的主要参数之一。

7. 分析和结论

（1）以上几种方案在技术上均能满足机组冷却系统的运行要求。

（2）方案一：定速泵方案，即1机3泵，均采用定速，循环水量可以在75%～100%之间调节。在冬季运行工况下循环水泵提供的循环水量均高于机组冷却系统运行要求的最小水量，故在三个方案中年运行费用最高。

（3）方案二：双速泵方案，其中2台采用双速，循环水量可以在60%～100%之间调节。方案二在冬季工况和低温期具有一定的调节能力，基本能够满足机组冷却系统运行要求，故比方案一年运行费用要低。

（4）方案三：变频泵方案，其中1台采用变频调节，循环水量可以在50%～100%调节。方案三全年循环水泵提供的循环水量均与机组冷却系统运行要求的最小水量相当，使机组处于最经济运行状态，故在三个方案中年运行费用最低。

从初投资角度看，1机3泵均采用定速泵时初投资最小，较1机3泵（其中2台双速）低82万元，较1机3泵（其中1台变频）低168万元。从年总费用角度看，1机3泵（其中1台采用变频）方案年总费用在3个方案中最低，比1机2泵（其中2台双速电机）方案低约20.8万元，比1机3泵（定速泵）方案低约39.95万元。从水泵切换运行角度看，变频调节切换较双速泵调节切换更灵活，调节范围相对更宽。变频调节和双速调节均能达到节省能耗的目的，变频调节调节水量能力更强。如果机组利用小时数较低，机组长期处于不满发状态，通过变频调节循环水量会节省更多电能，因此推荐采用变频调节方式。循环水泵配置按照1机3泵，考虑其中1台采用变频调节。每台机组设置变频器1台，采用"一拖二"控制方式。

第五章

火电厂电气专业节能设计

节能设计贯穿火电厂电气专业设计的整个过程，与电厂运行的经济性密切相关。电气节能设计关系到发电厂电气系统方案的确定、电气设备的选择和布置、控制方式的拟定，并且对其他专业设计也有一定程度的影响，因此需要正确处理好各方面的关系，全面分析有关影响因素，在保证电气设备及系统安全可靠运行的前提下，经过必要的技术、经济比较，采用先进的电气节能设计。

电气节能设计的主要内容包括厂用电率估算、配合工艺专业合理选择电动机调速方式、电气系统节能设计、照明系统节能设计等。

第一节 厂用电率的估算及
降低厂用电率的设计措施

一、厂用电率的概念及估算方法

（一）厂用电率的概念

设计厂用电率是火电厂节能设计的重要指标之一，是对工艺系统辅机配置的考量，其计算和评估应有相应的边界条件。对设计厂用电率、运行厂用电率、考核工况厂用电率等不同概念，应注意区分边界条件和适用场合。

各厂用电率的定义如下：

（1）设计厂用电率是全年机炉发电和供热所需的自用电能消耗量分别与同一时期对应机组发电量和供热量的比值，是在设计阶段衡量、评估为了满足整个发电和供热工艺流程而配置的辅机自用电能消耗量的指标。

（2）运行厂用电率是统计期内基于实际运行参数的实测值，同一机组在不同时期、不同水文气象条件、不同燃料情况、不同出力下的运行厂用电率都有可能不同。

（3）考核工况厂用电率是机组性能考核验收时机组自用电能消耗的短时平均值。需注意的是，机组性能考核工况主要考核汽轮发电机组的热耗率，其他运行参数仅用于修正或参考；考核工况本身对其他机炉辅机以外的辅机工况不做明确规定，只要求能配合机

炉辅机进而保证主机的额定出力；由于性能考核的外围条件和时机的不同，即使是同一机组，其考核工况下（额定出力）的厂用电率也是不同的。

可见，设计厂用电率不同于运行厂用电率和考核工况厂用电率：设计厂用电率是设计阶段工艺系统辅机配置情况的客观反映，是设计值；运行厂用电率是某一运行时段内的实测值；考核工况厂用电率是机组性能考核的即时实测值。不应对三者做简单比较。

（二）设计厂用电率估算方法

1. 纯凝电厂设计厂用电率估算公式

$$e = \frac{S_c \cos\varphi_{av}}{P_g} \times 100 \qquad (5\text{-}1)$$

$$S_c = \sum(KP_a) \qquad (5\text{-}2)$$

式中 e ——设计厂用电率，%；

S_c ——汽轮发电机组在 100%额定出力时（夏季）的厂用电计算负荷，kV·A；

K ——换算系数，可按表 5-1 选取；

P_a ——按汽轮发电机组夏季 100%额定出力工况确定的厂用电动机功率，kW；

$\cos\varphi_{av}$ ——电动机在运行时的平均功率因数，可取 0.8；

P_g ——发电机的额定功率，即 100%出力时的功率。

表 5-1 换算系数

负荷类别	换算系数 K 取值	
单元机组容量	≤125MW	≥200MW
给水泵电动机	1.0	1.0
循环水泵电动机	0.8	1.0
凝结水泵电动机	0.8	1.0
其他高压电动机	0.8	0.85
其他低压电动机	0.8	0.7
直接空冷机组空冷风机电动机（采用变频装置）	1.25	
静态负荷	加热器取 1.0，电子设备取 0.9	

注 本表引自 DL/T 5153—2014《火力发电厂厂用电设计技术规程》。

当确有需要且具备相应条件时，可对 S_c、P_g 进行年度时间段内的时间加权统计。即发电机组在年度运行时间段内，可根据发电功率的不同，分为 n 个时间段，每一个时间段记作 i，相应的发电功率记作 P_i，相应的时间段记作 T_i，相应的厂用电计算负荷记作 S_i，则 S_c、P_g 也可按下列公式计算，即

$$S_c = \frac{\sum_{i=1}^{n}(S_i T_i)}{T}$$

$$P_g = \frac{\sum_{i=1}^{n}(P_i T_i)}{T}$$

$$S_i = \sum(K P_{ai})$$

$$T = \sum_{i=1}^{n} T_i$$

式中　S_c ——厂用电计算负荷在全年的时间加权平均值，$kV \cdot A$；

P_g ——发电机的发电功率在全年的时间加权平均值，kW；

P_i ——发电机在 i 时间段内的发电功率，kW；

S_i ——对应 i 时间段内的厂用电计算负荷，$kV \cdot A$；

P_{ai} ——对应 i 时间段内的厂用电动机功率，kW；

T_i ——发电机、厂用负荷在 i 时间段内的运行时间，h；

T ——机组年利用小时数，h。

2. 热电厂设计厂用电率估算公式

（1）供单位热量所耗用的厂用电量

$$e_r = \frac{[(S_c - S_{coZW} - S_{ZD})\alpha_r + S_{coZW}]\cos\varphi_{av}}{Q_r}$$

式中　e_r ——供单位热量所耗厂用电量，$kW \cdot h/GJ$；

S_{coZW} ——用于热网的厂用电计算负荷在全年的时间加权平均值，可按 S_c 计算，$kV \cdot A$；

S_{ZD} ——用于发电的厂用电计算负荷在全年的时间加权平均值，可按 S_c 计算，$kV \cdot A$；

α_r ——对应全年时间加权平均值时，供热用热量与总耗热量之比，应由热机专业提供；

Q_r ——供热用的热量在全年的时间加权平均值，应由热机专业提供，GJ/h。

（2）热电厂供热厂用电率

$$\xi_r = \frac{e_r Q_r}{P_g} \times 100$$

式中　ξ_r ——热电厂供热厂用电率，%。

（3）热电厂发电厂用电率

$$e_d = \frac{[(S_c - S_{coZW} - S_{ZD})(1-\alpha_r) + S_{ZD}]\cos\varphi_{av}}{P_g} \times 100$$

式中　e_d ——热电厂发电厂用电率，%。

（4）热电厂综合厂用电率

$$\xi_{zh} = e_d + \xi_r$$

式中　ξ_{zh} ——热电厂综合厂用电率，为供热厂用电率与发电厂用电率之和，%。

3. 厂用电计算负荷的计算原则

估算厂用电率用的厂用电计算负荷 S_c，其计算原则大部分与厂用变压器的负荷计算原则相同。不同部分可按如下原则处理：

（1）只计算经常连续运行的负荷。

（2）对于备用的负荷，即使由不同变压器供电，也不予计算。

（3）全厂性的公用负荷，按机组的容量比例分摊到各机组上。

（4）随机组运行工况或季节性变动的负荷，如采用了变频调速等节能手段的机炉辅机、循环水泵、通风、供暖等，按一年中的时间加权平均负荷值计算。

（5）在 24h 内变动大的输煤系统、中间储仓制的制粉系统的负荷，可按设计采用工作班制进行修正，一班制工作的乘以系数 0.33，二班制工作的乘以系数 0.67。

（6）照明负荷乘以系数 0.5。

4. 机组性能考核工况下的设计厂用电率

机组性能考核工况下的设计厂用电率估算宜满足以下要求：

（1）机组性能考核工况可对应汽轮机的热耗率验收（THA）工况，即汽轮机在设计背压下的额定功率工况。

（2）机组性能考核工况的设计厂用电率估算宜取汽轮机 THA 工况作为机组工况的边界条件。该工况下的设计厂用电率可按照式（5-1）和式（5-2）进行估算。此时，发电机额定功率 P_g、平均功率因数 $\cos\varphi_{av}$、换算系数 K 的含义和取值均不变，但 S_c 应为汽轮发电机组在 THA 工况下的厂用电计算负荷，P_a 为工艺专业按汽轮机 THA 工况相应选取的厂用电动机功率。

对主要高压电动机也可采用轴功率法进行计算，电动机的轴功率应为对应汽轮机 THA 工况下的电动机轴功率，其他负荷计算可采用换算系数法。

实际工程中，因为机组性能考核工况当时的环境条件等因素的影响，其与事先已定义的汽轮机 THA 工况边界条件本身会有偏差，所以考核工况厂用电率实测值与按以上方法对机组性能考核工况设计厂用电率的估算值仍会有偏差。

二、降低厂用电率的设计措施

在火电厂的各工艺系统中，汽轮机辅助系统、锅炉制粉系统、锅炉烟风系统、锅炉辅助系统、供水系统、输煤系统等通常是耗电量比较大的主要系统。优化这些工艺系统的系统设计、设备选择及布置设计，往往能够取得较为明显的降低厂用电率的效果。

电气系统方面，由于电气设备的效率一般都比较高，采取节能设计措施对厂用电率的影响不如工艺系统的效果明显。但是，在技术、经济合理时，亦应采取合理措施，尽可能地降低厂用电率。

下面结合目前大中型燃煤机组工程设计，对降低厂用电率的主要措施进行介绍。

（一）选择技术经济优化的高效主机

1. 锅炉设计时降低厂用电率的措施

现代大容量锅炉均采用较高的蒸汽参数，提高锅炉蒸汽的初始温度和压力，可以提高循环的热效率。在锅炉初始压力和背压保持不变的前提下，初始温度越高，热效率也越高，从而进一步提高机组的发电效率，降低煤耗，降低与其相关的热力系统主要设备（如给水泵、凝结水泵等）、烟风系统主要设备（如送风机、引风机、一次风机）、制粉系统主要设备（如磨煤机）等的电能消耗量。

2. 发电机设计时降低厂用电率的措施

（1）根据汽轮机各种工况下的出力及相关参数选择匹配的发电机容量，避免发电机容量不足限制汽轮机出力，或者发电机容量过大造成不必要的浪费。

（2）合理选择发电机的冷却方式和励磁方式。

（3）发电机设计中，应尽量提高发电机和励磁机的效率以降低铁损和铜损；改善氢、油、水系统的配置以提高氢冷、水冷效果。

（二）合理选择制粉系统

制粉系统中最主要的设备是磨煤机。对于300MW级及以上大中型燃煤机组，根据煤质情况，应用较多的是钢球磨煤机和中速磨煤机。中速磨煤机虽然对煤种的适应性不如钢球磨煤机广泛，但在其适用的煤种范围内，具有系统简单、辅机少、磨煤机出力调节幅度大、调节灵活、操作方便、噪声低、制粉耗电量低、节省土建投资等优点，节省初投资和厂用电消耗的效果十分明显。

详见第二章的相关内容。

（三）优化烟风系统辅机选型裕量

烟风系统的一次风机、送风机、引风机（又称三大风机）的耗电量在厂用电总消耗量中所占比重很高，通过合理设计风机的裕量，合理选择风机型式及电动机铭牌功率，能大幅降低厂用电率。

详见第二章的相关内容。

（四）合理设计脱硫系统

脱硫系统通常采用的、对降低厂用电率有明显效果的优化设计措施包括：

（1）增压风机与引风机合并设置，不仅可简化工艺系统，还能降低机组厂用电率。

（2）优化脱硫循环泵及氧化风机配置，通过调整其运行方式，可极大地控制脱硫系统的耗电量。

（五）降低电除尘系统的能耗

电除尘器本体及供电装置的选型设计除了直接影响电除尘器的性能外，还对火电厂的厂用电率有较大影响。

电除尘新技术如低低温电除尘技术，通过采用低温省煤器降低烟气温度，不仅能有效提高除尘效率，还可节省煤耗及厂用电。

电除尘供电电源新技术，如高频电源、中频电源和工频三相电源等，大多具备高效率、高功率因数、节能等优点。另外，电除尘电源控制新技术如节能闭环控制、断电振打控制、反电晕控制等的开发和应用，也为电除尘提效节能提供了有利条件。新型电除尘供电装置的选用详见本章第三节。

设计中应根据具体工程的排放要求，结合燃煤性质、飞灰性质、烟气性质等工况条件，合理选择电除尘及其供电装置等新技术或新工艺，在保证除尘效率的前提下，尽可能降低厂用电。

（六）供水系统优化

供水系统的功率负荷与季节气温、水温密切相关。可以通过系统的优化配置增强调节能力，实现供水系统经济水量随机组负荷、供水水温的变化而变化。

我国火电厂的供水系统通常采用扩大单元制系统、每台机组配置多台循环水泵、部分或全部循环水泵配置双速驱动/变频电动机等方案，运行中可根据不同季节、不同负荷，通过对循环水泵转速、运行台数的灵活调节，实现节约厂用电、降低厂用电率的目的。

（七）合理选用电动机调速方式

主要辅机的容量是按满足机组最大出力的条件确定的。由于火电厂的水、风、煤的消耗量随着机组发电负荷的变化而变化，所以应根据机组发电负荷对相关水泵、风机等进行调节。

过去，大多数火电厂的水泵、风机都是由定速电动机驱动，用阀门或挡板进行节流控制，电能浪费较大。目前，国内许多新建项目或改造项目采取了多种新型电动机调速方式，使得电动机在机组发电负荷偏离额定负荷较大时能运行在最经济的状态下。

电动机调速方式选用详见本章第二节内容。

（八）布置设计优化

在全厂总布置、主厂房及各工艺系统布置设计中，应结合工程场地条件，在满足规范、经济合理、适合运行、便于管理的同时，优化厂区总平面、主要工艺系统的布置，尽可能地减少厂区面积和主厂房体积，最大限度地发挥设备的功能，有效缩减各系统距离和管道长度，从而降低管道阻力导致的额外损耗，可在一定程度上降低厂用电消耗。

对于大型燃煤机组，锅炉烟风系统的耗电量很大，提高引送风系统效率，降低挡板等损耗，对降低厂用电率具有明显作用。在设计上应合理安排一次风机、送风机及其他风机的风道位置、距离、通径、转弯半径等，降低烟风道系统阻力，降低风机电耗。

（九）电气设计优化

电厂内用电设备所需电能是通过各级厂用变压器及输电线路从发电机出口或电力系统引接的。变压器存在电能和磁能的相互转换，尽管转换效率较高，仍存在一定的电能损耗；导体和电气设备本身存在电阻，电流通过这些设备时也会产生电能损耗。

在满足系统要求、保证安全可靠的前提下，可通过优化电气系统及设备选型设计、采用节能照明系统设计等措施，降低厂内电气系统各环节的电能损耗，从而降低厂用电率。

电气设计优化详见本章第三节、第四节的相关内容。

第二节　电动机调速

电动机的驱动方式有定速驱动和变速驱动两种。

现阶段，我国火电厂中除少量采用液力偶合器、双速电动机及变频调速装置外，大部分水泵和风机基本上还是采用定速电动机驱动，通过调节阀门的开度来调节流量和压力，具有结构简单、设备投资少等优点。然而，这种调节方式在机组变负荷运行时，由于水泵和风机的运行偏离高效点，运行效率会降低，能量损失和浪费很大；通过增加管道的阻力控制水的流量，会导致阀门损耗大，尤其是在低出力运行情况下；此外，频繁对调节阀进行操作，阀门的可靠性也会下降。

当各种风机、水泵、油泵采用变速驱动时，由于空气或液体在一定的速度范围内的流量与转速的一次方成正比，所产生的阻力大致与转速的二次方成正比，所需的功率与转速的三次方成正比，在机组负荷降低，所需风量、流量减少的情况下，通过调节电动机的转速来调节风量、流量，电动机消耗的功率会呈三次方下降，节能效果非常明显。

2006年7月，国家发展和改革委员会会同有关部门组织编制的《"十一五"十大重点节能工程实施意见》中，将电动机系统节能工程列为重点节能工程之一，提出要"推广变频调速、永磁调速等先进调速技术，改善风机、泵类电动机系统调节方式，逐步淘汰闸板、阀门等机械节流调节方式"。本节将对目前几种技术成熟的交流电动机调速方式及其节能应用进行介绍。

一、交流电动机调速方式概述

交流电动机的转速表达式为

$$n_0 = 60f/p \tag{5-3}$$

$$n = \frac{60f}{p}(1-s) \tag{5-4}$$

$$s = \frac{n_0 - n}{n_0} = F(U, R_1, X_1, R_2, X_2) \tag{5-5}$$

式中　n_0——电动机同步转速；
　　　n——异步电动机转速；
　　　f——电源频率；
　　　p——定子绕组极对数；
　　　s——异步电动机转差率；
　　　U——电源电压；
　　　R_1——定子绕组电阻；
　　　X_1——定子绕组电抗；
　　　R_2——转子绕组电阻；
　　　X_2——转子绕组电抗。

可见，要改变异步电动机的转速，可从以下三个方面着手：

（1）改变电动机定子绕组的极对数 p，以改变定子旋转磁场的转速 n_0。

（2）改变电动机所接电源的频率 f，以改变电动机同步转速 n_0。

（3）改变电动机的转差率 s，以改变电动机转速 n。

衡量调速系统性能的主要技术指标是调速比和静差率。

调速比又称调速范围，是指在额定负载下，传动系统的最高转速 n_{max} 与最低转速 n_{min} 之比。调速系统的调速范围必须大于生产机械所需要的调速范围。

静差率又称转速变化率，是指电动机以一定转速运行时，负载由理想空载（转速为 n_{0N}）增加到额定值（转速为 n_N）时转速降落与理想空载转速的比值。静差率用来表示负载变化时电动机转速变化的程度，它与电动机机械特性硬度（转矩与转速的关系）有关，该数值越小，说明电动机稳定性越好。静差率的计算公式为

$$\xi = \frac{n_{0N} - n_N}{n_{0N}}$$

式中　ξ——电动机静差率；
　　　n_{0N}——电动机空载转速；
　　　n_N——电动机额定负载转速。

各种常用调速方式比较见表5-2。

表 5-2

各种常用调速方式比较

调速方式	改变电动机定子绕组的极对数 p	改变电动机的转差率 s						改变电动机所接电源的频率 f
	变极调速	串级调速	变阻调速	定子变压调速	电磁（滑差）调速	液力耦合器	永磁调速	变频调速
电动机类型	笼型电动机、多速电动机	绕线式电动机	绕线式电动机	绕线式或高阻抗笼型电动机	笼型电动机	笼型电动机	异步电动机	异步电动机
适用容量	中、小容量 0.4~100	大、中容量 15~2000	大、中容量 15~2000	小容量 ≤220	小容量 0.4~315	大、中容量 30~22000	大、中容量 0.75~4000	不限
调速精度（%）	—	±1	±2	±2	±2	±1	±1	±0.5~0.02
调速范围	2:1~4:1	65%~100%	65%~100%	80%~100%	10%~80%	20%~98%	5%~100%	5%~200%
静差率	较小	较小	大	大	较小	大	小	小
平滑性	有级	无级	有级	无级	无级	无级	无级	无级
效率（%）	0.7~0.9	0.8~0.95	$1-s$	$1-s$	$1-s$	$1-s$	负载率高时，效率可达 0.8~0.95	0.6~0.95
功率因数	0.7~0.9	0.35~0.75	0.8~0.9	0.6~0.8	0.65~0.9	0.65~0.9	0.65~0.9	0.3~0.95
投资费用	1	1.5	1.1	1.3	1.3	1.4	3~6	2~4.5
节电率（%）	20~30，节能效果优	20~30，节能效果优	10~20，节能效果一般	10~20，节能效果一般	15~25，节能效果良	15~25，节能效果良	10~60，节能效果优	20~60，节能效果优
优点	(1) 结构和接线简单、可靠；(2) 无高次谐波干扰电网；(3) 低速运行时功率因数较高；(4) 无转差损耗，效率高；(5) 机械特性较硬、稳定性好	(1) 转差损耗可回馈，转换效率很高（可达 95%）；(2) 投资较少；(3) 当有故障时，可切换全速运行，避免停产	(1) 设备简单，控制方便，运行可靠，投资较高；(2) 功率因数较高；(3) 无高次谐波干扰电网；(4) 启动和调速设备可合二为一	(1) 结构、接线简单，维护修理方便，投资小；(2) 易实现自动控制，可软启动	(1) 结构坚固耐用；(2) 启动转矩大；(3) 控制功率小；(4) 有速度负反馈；(5) 自动调节时机械特性硬度高；(6) 对电网无谐波干扰	(1) 柔性传动，隔离主、从动轴间扭振，减缓冲击，延长设备使用寿命；(2) 结构简单，检修方便，检修周期长；(3) 无电气连接，对安装环境要求不高；(4) 可实现软启动，便于自动控制；(5) 噪声低，利于环保	(1) 效率高；(2) 可实现软启动，控制简单；(3) 纯机械结构，无谐波干扰，不需变电源，不受电磁干扰；(4) 电动机和负载之间无机械连接，柔性传动、延长设备使用寿命；(5) 结构简单，容易在现有装置上改造，设备方便，运维成本低；(6) 适应环境能力强	(1) 调速范围大，机械特性硬，精度高；(2) 效率高、响应速度快、对设备冲击小；(3) 可实现软启动；(4) 容易在现有设备上改造

续表

调速方式	改变电动机定子绕组的极对数 p	改变电动机的转差率 s						改变电动机所接电源的频率 f
	变极调速	串级调速	变阻调速	定子变压调速	电磁（滑差）调速	液力耦合器	永磁调速	变频调速
缺点	（1）不能无级调速，大型电动机有载调速、会产生冲击电流，影响电网；（2）不能频繁变速	（1）调速范围大时，价格昂贵，改变电动机调速设备品质，需测和集电环；（2）如果不采取任何措施，总功率因数很低（即使高速运行也只有0.6左右）	（1）有转差损耗，效率较低；（2）一般为有级调速，连续调速需要采用水电阻调速装置	（1）有转差损耗，效率低；（2）电压小幅下降则电动机的最大转矩大幅下降，调速范围较小	（1）耦合器本身存在较大滑差，高速损失较大；（2）低速运行时，差损耗功率大、效率低；（3）设备复杂，易出现故障，运行可靠性差，维护工作量大	（1）需要安装专用的冷却系统；（2）运行时需要达到系统；（3）无法达到电动机的最大转速，调速节延时较长；（4）能量转换效率低，损耗较大；（5）需要定期更换液压油	（1）有滑差，无法将负载转速提高到电动机额定转速之上；（2）调速装置检修、维护期间，被驱动设备无法投入使用；（3）对于改造项目，安装时需要移动电动机，建造安装基础	（1）变频器（尤其是高压变频器）价格较高、初期投资较大；（2）会对电网产生谐波干扰；（3）高压变频调速装置对安装空间和环境条件要求较高
适用对象	大、中型电动机一般采用双速，如循环水泵；三速或四速用于小型电动机		需要频繁启动、负载变化不大、短时低速运行的泵、风机	小容量、调速精度要求不高、调速范围不大的离心式泵、风机	在少灰尘、无剧烈振动环境中的中低速（1200r/min以下）负载，如起重机、泵、风机、给粉机等	容量较大的水泵和风机，如锅炉给水泵	所有有调速要求的泵和风机	所有有调速要求的泵和风机

注　本表中部分内容引自李青等编著的《火电厂节能减排手册　节能技术部分》，北京：中国电力出版社，2013。表中部分数据和内容根据有关制造厂资料进行了调整，设计者应根据实际工程所采用的设备参数进行设计。

二、调速方式的选择

在选择辅机设备的调速方式时，应根据设备的要求、调速装置的效率高低、价格高低、技术复杂程度、维修难易程度及对电网的影响等因素，经技术经济比较后确定，优先考虑以电子控制为核心的高效调速节能装置。选择调速方式时可从以下几个方面考虑。

（一）满足规程规范的要求

GB/T 51106—2015《火电厂节能设计规范》中5.2.9对辅机设备的电动机调速方式规定如下：

（1）高压电动机调速方式应根据工艺设备选型及负载特性，经技术经济比较后确定。

（2）低压电动机调速宜采用笼型电动机配变频器驱动方式。

（3）对需要连续或经常调节风量或水量的风机和泵类电动机，宜采用变频调速装置。

（4）对于连续运行的用电设备，可根据工艺要求和设备运行方式选用双速电动机。

（二）技术成熟

根据国内交流调速装置的科研、生产和使用情况，目前技术成熟并具有一定规模系列化生产能力的交流调速装置有适配笼型电动机的变极调速装置（双速或多速电动机）、电磁调速电动机、液力偶合器与液体调速离合器、变频调速装置、串极调速装置、变阻和变压调速装置。

对于大功率变频调速装置、无换向器电动机，尚须进一步开发、系列化和产业化。

永磁调速技术起步比较晚，目前国内外针对该技术的研究不多，尚无统一的产品标准，但是其优异的性能已经越来越受到高耗能企业的广泛关注。近年来，永磁调速器在电力、石油、化工、钢铁等领域的离心式风机、泵类设备上均已有应用，其节能效果显著。

（三）满足调速参数要求

调速装置应能满足功率、变量规律、调速范围、调速精度、速度稳定性等参数的要求。

（四）经济合理

对于技术成熟且又符合运行规律的交流调速方式，还要考虑其投入产出比是否合算。需要比较不同调速方式的节能效益、运行效率、功率因数、谐波含量和投资回收期，再做选择。

（五）满足安装维护条件

选择调速方式应考虑环境温度、湿度、粉尘、燃气、面积及空间等条件。

（1）在有可燃气体的场合，调速装置和电动机应选用防爆式。

（2）水泵的调速装置应进行"三防"处理，电动机最低限应是防滴式。

（3）在负荷运行不允许短时停电的场合，调速装置应有旁路切换额定转速措施，以备调速装置一旦发生故障，及时切换至额定转速运行，保留节流方式；也可采用多运行模式，如变频-工频、串级-变阻-全速节流等，确保生产连续性和安全性。

三、变频调速系统的选用及相关设计

变频调速技术是随着电力电子技术的发展而兴起并逐步完善的。合理采用变频调速装置可以降低厂用电率并提高相关工艺系统的控制水平。

（一）工艺设备的负载特性及变频调速装置的适用性

变频技术的应用首先体现在变频器的设计及选择上，选择变频器时必须充分了解变频器所驱动设备的负载特性。在实践中，生产机械根据负载特性可分为三种，即恒转矩负载、恒功率负载以及风机、泵类负载。

1. 恒转矩负载

负载转矩与转速 n 无关，任何转速下负载转矩总保持恒定或基本恒定，设备的功率与转速成正比。例如传送带、搅拌机等摩擦类负载以及吊车、提升机等位能负载都属于恒转矩负载。

变频器拖动恒转矩性质的负载时，低速下的转矩要足够大，并且有足够的过载能力。如果需要在低速下稳速运行，应考虑标准异步电动机的散热能力，避免电动机的温升过高。

2. 恒功率负载

负载要求的转矩大体与转速成反比。

负载的恒功率性质是就一定的速度变化范围而言的。当速度很低时，受机械强度的限制，负载转矩不可能无限增大，在低速下转变为恒转矩性质。

负载的恒功率区和恒转矩区对传动方案的选择有很大的影响。电动机在恒磁通调速时，最大容许输出转矩不变，属于恒转矩调速；而在弱磁调速时，最大容许输出转矩与速度成反比，属于恒功率调速。

如果电动机的恒转矩和恒功率调速范围与负载的恒转矩和恒功率范围一致，即所谓"匹配"的情况下，电动机的容量和变频器的容量均为最小。

3. 风机、泵类负载

风机、泵类负载的特性曲线是在一定转速下测定的。当转速由 n_1 变为 n_2 时，其流量 Q、扬程 H 及功率 P 的近似关系为

$$\frac{Q_2}{Q_1} = \frac{n_2}{n_1} \; ; \quad \frac{H_2}{H_1} = \left(\frac{n_2}{n_1}\right)^2 \; ; \quad \frac{P_2}{P_1} = \left(\frac{n_2}{n_1}\right)^3$$

当所需风量、流量减小时，利用变频装置通过调速的方式来调节风量、流量，可以大幅度地节约电能。由于高速时所需功率随转速增长过快，与速度的三次

方成正比，所以不应使风机、泵类负载超工频运行。

各工艺系统中，可使用变频调速装置的主要设备的负载特性见表5-3。

表5-3　可使用变频调速装置的主要设备负载特性

专业	主要设备	负载特性
热机	凝结水泵及三大风机	风机、泵类负载
供水	循环水泵、生活给水泵、补给水泵、复用水泵、直接空冷风机	风机、泵类负载
输煤	叶轮给煤机、振动给煤机、翻车机系统重车调车机、斗轮机、火车取样装置行走	恒转矩负载
除灰	刮板捞渣机、干式排渣机	恒转矩负载
	渣浆泵	风机、泵类负载
化水	超滤系统给水泵、反渗透高压泵、加药装置计量泵及除盐水泵	风机、泵类负载

（二）变频调速装置的配置和接线方式

1. 锅炉引风机、送风机、一次风机等

这类风机的运行方式都是连续、不间断的，随负荷的变化要经常进行调整，且其调节较频繁。这一运行方式要求所采用的变频器应具有瞬停再启动功能，以及飞车启动功能。变频调节控制方式可采用以下三种配置方案：

（1）"一拖一"无工频旁路方案，如图5-1所示。

图5-1　"一拖一"无工频旁路方案简图

（2）"一拖一"手动工频旁路方案，如图5-2所示。

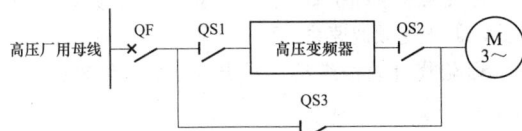

图5-2　"一拖一"手动工频旁路方案简图

（3）"一拖一"自动工频旁路方案，如图5-3所示。

图5-3　"一拖一"自动工频旁路方案简图

三种配置方案优缺点比较见表5-4。

表5-4　"一拖一"变频调速装置三种配置方案优缺点比较

方案	优点	缺点
"一拖一"无工频旁路方案	回路简单	一旦变频器故障将影响风机的正常运行，造成风机停运
"一拖一"手动工频旁路方案	一旦变频器故障可将风机手动切换到工频运行	必须降低锅炉出力，停止风机运行来进行手动切换，切换后再工频启动运行
"一拖一"自动工频旁路方案	可以在运行中进行变频与工频的相互自动投切，能够完全适应风机运行方式需要	初期投资较高

2. 凝结水泵等泵类

这类水泵一般按机组容量选配为100%额定容量两台或50%额定容量三台，运行方式一般为一运一备或两运一备，运行中需要根据负荷进行频繁调节。根据这一运行特点，要求所采用的变频器具有瞬停再启动功能、飞车启动功能和工/变频互切功能。其变频调节控制方式可采用以下三种配置方案：

（1）"一拖一"方案，配置接线可采用图5-1～图5-3所示方案。

优点：回路简单，不需要进行泵间的切换，每台水泵均可变频运行，方式灵活。

缺点：由于该类水泵额定容量较大，每台泵都配置一台变频器，初期投资会比较高。

也可以将其中一台泵的电动机配置变频器，其他泵仍采用工频。当变频调速电动机故障时，投入工频电动机运行。这种方式可降低初期投资，但节能节电的效果略差。

（2）"一拖二"方案，针对100%容量两台水泵配置，运行方式为一台泵变频运行，另一台泵工频备用。两台水泵配置一台变频器，每台泵既可以变频运行，也可以在变频器故障时切换至工频运行。两台泵的变/工频切换接线可采用两种方式，电气接线方式分别如图5-4、图5-5所示。

图5-4中QF1～QF8为断路器或接触器，QF3与QF4、QF5与QF7、QF6与QF8之间具有机械或电气闭锁。

图5-5中QF1～QF5为断路器或接触器，QF4与QF5之间具有机械或电气闭锁。

切换方式：两种方式均为自动切换方式。通过对断路器或接触器进行操作，既可以将运行中的变频泵切换到工频，然后以变频器启动备用泵后，停止工频泵；也可以先启动工频备用泵投入运行，将原变频运行泵切换到工频运行后，再将变频器切换到备用工频泵，停止原变频运行泵。

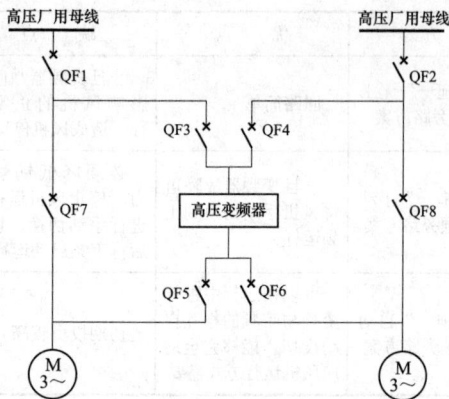

图 5-4　高压变频器"一拖二"方式 A

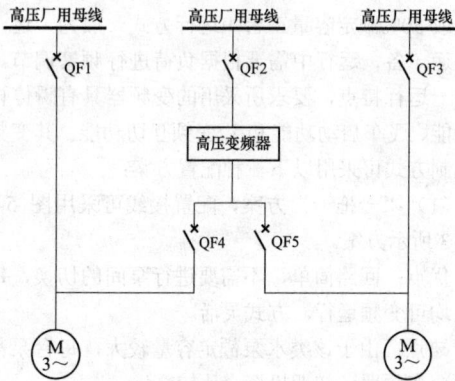

图 5-5　高压变频器"一拖二"方式 B

要求：变频器具有飞车启动功能和配有工/变频自动互相切换软件的控制系统，以解决切换过程中的相位差问题。

特点：运行方式非常灵活。采用一台变频器既能实现单台泵的工/变频切换，又能实现两台泵间的变频切换，任何时候都能实现凝结水泵的变频调节运行。

优点：不仅最大限度地利用了变频器，而且可以节约初期投资费用。

缺点：由于两台泵共用一台变频器，两台泵间的切换比较烦琐；当变频泵事故跳闸时，备用泵工频联锁启动后对凝结水系统的冲击较大。

当受经济条件限制时，可将图 5-4 中的 QF3～QF8 改为隔离开关，则切换方式相应改为手动切换方式。优点是二次回路接线比自动切换方式简单。缺点是无法实现两台泵的变/工频自动切换，当变频工作中的泵因故障或日常轮换运行要求停机时，备用泵投入后，只能以工频方式运行，无法切换至变频工作。

（3）"一拖三"方案，适用于 50%容量 3 台水泵配置，接线如图 5-6 所示。

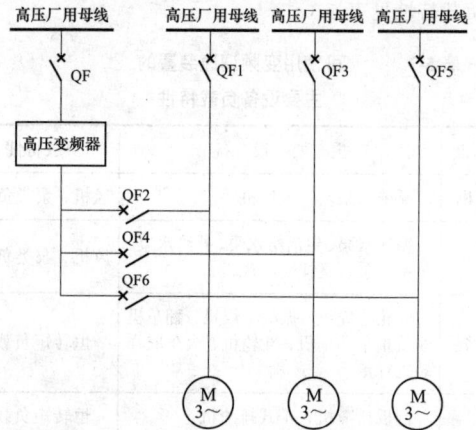

图 5-6　"一拖三"接线

优点：3 台泵仅配置一台变频器，通过断路器的切换，每台泵都能变频运行，节省投资。

缺点：接线回路较复杂，控制逻辑烦琐；如果变频泵发生故障，在进行变频-工频的切换过程中会对工艺系统的运行造成影响。

3. 渣浆泵、循环水泵、热网循环泵等泵类

这类泵一般都属并列运行方式，根据负荷需要一台或两台运行，另一台备用。这种母管制的系统中，都不需要"一拖一"配置变频器，只装一台变频器就能满足运行要求：一台泵运行时采用变频运行；两台泵运行时一台工频运行、另一台变频运行，由变频泵进行母管的调节工作。其接线方式可选用上述"一拖二"方案或"一拖三"方案。

4. 低压加热器疏水泵、加药泵、仪表空气压缩机、空气压缩机等

这类泵和压缩机宜采用"一拖一"变频调节配置方式，低压变频调速系统可不配置工频旁路。

5. 输煤叶轮给煤机、锅炉给煤机、给粉机等风机类

这类机械属于恒转矩机械，应采用启动转矩较大的变频器，以"一拖一"变频调速方式进行控制，可不配置工频旁路。

（三）变频调速系统设备选择

1. 一般规定

（1）变频调速系统设备应满足电气使用条件和环境使用条件要求。

（2）变频调速系统宜选择谐波电压和谐波电流低的变频器，变频器对厂用母线的谐波影响限制量应符合国家有关电能质量、公用电网谐波的规定，当谐波

含量超出允许值时，宜采取抑制和耐受措施。

2. 特殊要求

变频调速系统的设备选择除应遵循一般电气设备和导体选择所适用的规程规范外，还应满足以下特殊要求。

（1）变频器的选择。

1）变频器容量应与负载电动机的额定容量相匹配，同时满足下列条件：

a. 变频器输出容量不宜小于电动机额定容量的1.1倍。

b. 变频器额定输出电流不宜小于电动机额定电流，并宜考虑 $1.05\sim1.1$ 倍的电流修正系数。

c. 变频器最小输出工作电流不应小于电动机最小转矩时的输出电流。

d. 变频器最大输出电流不应小于电动机可能的最大运行转速电流。

2）当具有下列工况或要求时，变频器容量应进行以下修正：

a. 变频器同时驱动多台电动机并列运行时，其容量不宜小于同时运行的电动机容量之和。

b. 对于频繁启动、制动负载或重载启动负载，当其最大工作电流超过变频器过载能力时，变频器输出电流应按最大工作电流选择。

c. 当电动机容量裕度偏大且负载容量尚留有裕度时，变频器容量可按负载轴功率折算至电动机输入功率选择，但变频器容量不应小于电动机额定容量。

3）变频器电压值应按下列原则确定：

a. 变频器额定输入电压应采用厂用母线标称电压。

b. 变频器输出电压不应小于电动机额定电压。

c. 变频器输出电压变化率应避免对电动机绝缘产生损害，当高压变频器输出三相线电压变化率大于 $1000V/\mu s$、低压变频器输出三相线电压变化率大于 $1500V/\mu s$ 时，应设置滤波装置或采取其他有效措施。

4）变频器输出频率范围应满足工艺负载或电动机允许调速范围要求。

5）变频器的控制方式应与工艺负载特性、电动机特性及其运行工况相适应，并应符合下列规定：

a. 二次方类负载宜选用电压频率比控制方式。

b. 恒转矩类负载宜选用矢量控制方式或直接转矩控制方式。

c. 当一台变频器同时驱动多台电动机并列运行时，应选用电压频率比控制方式。

6）变频器型式的选择：

a. 高压变频器宜采用交-直-交电压源型，也可采用交-直-交电流源型；宜采用12脉冲及以上整流器结构；宜选择高-高接线。

b. 低压变频器宜采用交-直-交电压源型。

7）直接空冷系统轴流风机变频器的选择还应满足下列要求：

a. 宜选用适应正反转运行的变频器。

b. 宜选用低噪声变频器。

c. 宜选用输入、输出谐波滤波器。

d. 输出端宜配置正弦滤波器，也可采用电抗器。

e. 当技术经济合理时，也可配置12脉冲低压变频器。

8）当环境温度大于 $40℃$、海拔超过1000m或超过制造厂规定的海拔值时，应考虑降额修正。变频器的降额修正系数宜按制造厂推荐值。

（2）电动机的选择。

1）变频调速系统电动机应采用高效节能型三相异步电动机。其中，高压变频调速系统宜选用标准笼型感应电动机；低压变频调速系统宜选用变频专用电动机；直接空冷系统轴流风机应选用变频专用电动机。

2）当采用变频专用电动机时，电动机的性能和技术要求应符合 GB/T 20161《变频器供电的笼型感应电动机应用导则》、GB/T 21209《变频器供电笼型感应电动机设计和性能导则》和 GB/T 21707《变频调速专用三相异步电动机绝缘规范》的有关规定。

3）变频调速系统电动机宜采用强制冷却方式；当采用自然冷却时，电动机最低运行速度应不低于10%额定转速或由制造厂确认。

4）变频调速系统电动机额定容量（转矩）应与负载额定容量（转矩）相匹配，并应适应变频运行工况。电动机额定值应按下列条件校验：

a. 满足电动机最低运行速度时的最大负载转矩需要。

b. 满足电动机最大转矩时可能出现的最高转速需要。

（3）导体和电器的选择。低压变频调速系统的导体及电器额定电流值宜根据变频器厂提供的谐波数据值进行修正。当缺乏变频器厂家资料时，可按下列规定取值：

1）直接为变频器供电的回路导体和电器的额定电流值可按大一级选择。

2）接有大量变频器的母线段，其母线和母线进线回路电流裕度值可按该母线段变频器的工频额定电流计算之和的30%选取。

（4）电缆的选择。

1）高压变频调速系统宜选用普通电力电缆。

2）低压变频调速系统宜选用屏蔽电力电缆或铠装电缆，也可选用变频专用电缆；当不选用变频专用电缆时，电缆截面宜按大一级选择。

3）变频器系统控制、信号、测量及保护回路应选用屏蔽型控制电缆和计算机电缆。

（四）设计应注意的问题

1. 变频器安装地点

低压变频器由于体积较小，安装地点选择比较容易。

高压变频器系统体积相对较大，一般由 4～5 面柜体组成，因此，布置变频器时需要考虑如下因素：

（1）离电动机设备、厂用配电装置不能太远。

（2）周围环境对变频器运行可能造成的影响。

变频器的安装和运行环境要求较高，高压变频器发热量很大，为了使变频器能长期稳定和可靠运行，安装变频器的室内环境温度一般要求控制在 0～40℃。因此变频器宜考虑装设风道将其热风直接排到室外。如果温度超过允许值，应考虑配备相应的空调设备，如果变频器制造厂能够提供空-水冷冷却方式，也可采用。同时，室内不应有较大灰尘、腐蚀或爆炸性气体、导电粉尘等。

2. 变频器低电压保护的设计

变频器对于电源有一定的要求，输入电压不能超出变频器的工作电压范围，一般不低于 65%，否则变频器就会停止工作。例如，凝结水泵的低电压保护动作时间为 9s，低电压整定值在 45%～50%额定电压，故在较大负荷（如电泵）启动时，电压的短时下降，基本不会出现变频器停止工作而电动机低电压保护动作的情况。但对于其他电动机，如给煤机、给粉机等，可能会发生电源短时低落导致失电的情况，为保证可靠性，变频器宜具备低电压穿越能力，可对变频器的低电压保护增加一定延时，以防止母线电压瞬时降低时误动。

此外，变频器低电压保护动作应联跳变频器电源侧断路器，以保证变频器故障时备用泵自动投入，避免引起工艺系统的停顿，进而造成故障扩大。

3. 电源切换

高压厂用工作段通常装设厂用电源快切装置，当工作电源发生故障时，能快速切换到备用电源，保证机组的正常运行。目前快切装置都能保证在 0.1s 内完成快速切换，如果失败，则可能转到慢切。在电源切换过程中，由于电压的跌落和恢复，变频器会出现电压低停止工作，然后恢复电压后再投入工作的情况。当变频器再次投入运行时，由于电动机尚在惰转状态，为了减少变频器对电动机冲击，变频器应有跟踪电动机的转速、实现平滑重启动的功能。

4. 采用工频、变频自动互切控制的电动机保护配置

采用工频、变频可以自动互切控制方式后，需注意电动机差动保护和接地保护的配置与常规电动机有所不同：

（1）差动保护。对于容量为 2000kW 及以上电动机，需配置电动机差动保护。由于常规电动机差动保护装置的电流采样是基于工频下的傅里叶级数进行计算的，不适用于低频工况，故差动保护只能在工频运行时投入，变频时须退出。差动保护的两组 TA 分别装设在工频电源开关侧和电动机中性点侧。变频运行时的电动机出线及定子的相间短路故障由变频器保护实现。

近年来已有综合保护装置厂家推出了专用于变频电动机的差动保护装置，该装置的电流采样采用了不同的计算原理，无论工频还是变频均能正确动作。于是差动保护的电动机电源侧 TA 装设位置可以由工频电源处改至工频和变频电缆 T 接点下与电动机出线之间，保护动作同时跳工频电源断路器和变频器出口断路器，由此可保证电动机内部绕组的保护灵敏度。

（2）接地保护。电动机工频运行时的接地保护由工频开关柜出口的零序 TA 与工频电动机综合保护装置实现。但对于电动机变频运行，当变频器出口至电动机之间电缆发生单相接地时，接地电流非常小，工频开关柜出口的零序 TA 检测不到零序电流，无法实现接地保护。故变频运行时的单相接地故障由变频器保护装置进行检测，并发报警信号至 DCS。

（五）变频调速节电量估算方法

对于工程前期设计阶段，由于缺乏实际数据，可以根据改造经验估算节电量，以确定采用变频调速方案的经济性。估算可依据如下经验数据：

（1）送风机、引风机、一次风机等风机类设备变频改造后，节电率为 35%～40%。其中，离心风机一般为 40%，轴流风机一般为 35%。

（2）循环水泵、凝结水泵、给水泵等水泵类设备变频改造后，节电率约为 35%。

采用变频调速方案后的年节电量估算公式为

$$E = P_N \beta T \varepsilon \times 10^{-4}$$

式中　E——采用变频调速方案后的年节电量，万 kW·h；

　　　P_N——电动机的额定功率，kW；

　　　β——电动机负载率；

　　　T——设备年运行时间，h；

　　　ε——经验节电率，%。

【案例 5-1】 某 2×660MW 超超临界、二次循环燃烧机组，每台机组设置 2 台 100%容量凝结水泵，一运一备，电动机额定功率为 2240kW。试对采用变频调速装置的经济性进行分析。按以下基础参数和技术条件考虑：

（1）变频器造价按 650 元/kW 计。

（2）机组发电标准煤耗率按 275g/（kW·h）计。

（3）假定的负荷及运行时间：年运行小时数 7000h，折合年利用小时数 5000h，其中 100%负荷下运行

2000h，75%负荷下运行 2000h，50%负荷下运行 3000h。

（4）分别按以下三种煤价进行分析：400、700、1000元/t。

（5）贷款利息按 5.95%考虑。

（6）功率计算时暂不考虑变频器的能耗。

（7）对于设置凝结水泵变频装置的方案，考虑设置一套"一拖二"变频装置。单台机组变频器价格为 145.6 万元，变频器房间及通风空调装置造价约 20 万元，因此，两台机组凝结水泵设置变频装置总投资约 331.2 万元。每个变频器室通风空调装置容量约 7kW，考虑空调机组（5.5kW）仅夏季投运 3 个月，全年两个变频器室通风空调耗电约 73800kW·h。

解：（1）对凝结水泵是否设置变频装置的耗电量进行计算，结果见表 5-5。

表 5-5　　变频装置耗电量计算结果

负荷	项目	单位	凝结水泵定速运行	凝结水泵变频运行
100%THA	流量	t/h	1355	1355
	扬程	m	358.8	319
	效率	%	80.32	81.4
	单台泵功率	kW	1648.9	1446.3
	年运行小时数	h	2000	2000
	两台机组年耗电量	kW·h	6595600	5785200
75%THA	流量	t/h	1015.6	1015.6
	扬程	m	374.8	227
	效率	%	70.83	78.2
	单台泵功率	kW	1464	803.6
	年运行小时数	h	2000	2000
	两台机组年耗电量	kW·h	5856000	3214400
50%THA	流量	t/h	677.5	677.5
	扬程	m	379.9	188
	效率	%	55.83	67.4
	单台泵功率	kW	1255.8	514.8
	年运行小时数	h	3000	3000
	两台机组年耗电量	kW·h	7534800	3088800
两台机组凝结水泵年耗电量总计		kW·h	19986400	12088400
年耗电差（考虑变频器室通风空调耗电量）		kW·h	基准	−7824200
年标准煤差		t	基准	−2151.7

（2）按照标准煤价为 400、700、1000 元/t 分别计算投资回收年限，结果见表 5-6。

表 5-6　　投资回收年限计算结果

项　　目		单位	凝结水泵定速运行	凝结水泵变频运行
年标准煤差		t	基准	−2151.7
标准煤价400 元/t	年节约耗煤成本	万元	基准	86.068
	投资回收年限	年	基准	4
标准煤价700 元/t	年节约耗煤成本	万元	基准	150.62
	投资回收年限	年	基准	3
标准煤价1000 元/t	年节约耗煤成本	万元	基准	215.17
	投资回收年限	年	基准	2

（3）经济性分析结论。从以上计算结果可以看出，对于凝结水泵，设置变频器比不设变频器的经济性要好。现在大部分新建电厂均采用凝结水泵变频设置，部分老厂也在做凝结水泵变频改造。凝结水泵采用变频器，在技术上已经非常成熟，在火电厂的运用中也日渐广泛，经济效果十分明显。

四、永磁调速方式的选用及相关设计

（一）永磁调速与变频调速的比较

1. 输出电压要求

由于变频调速装置的输出电压直接加在电动机负载上，因此对所输出电压不平衡度、输出电压变化率、输出的共模电压等均有相关限制条件，这就对变频调速系统的设计以及产品质量等提出了更多要求。

永磁调速设备为精密的机械设备，采用负载滑差调速技术，透过气隙传递转矩，不存在输出电压对负载的影响。

2. 对电力的谐波影响

目前应用最广泛的单元级联多电平变频器输出谐波虽然较小，但没有被吸收掉的谐波在一定程度上降低了供电效率及电能质量，有可能干扰附近设备，导致电气设备的误动及损坏。

永磁调速在实际运行中不会产生谐波。

3. 对振动和噪声的影响

采用变频调速需要对电动机、风机或水泵需进行精密的轴校准，以防止电动机与负载间振动的相互传递，避免引起机械振动和噪声。

永磁调速的磁力偶合器取代了常规的刚性联轴器，电动机和负载之间没有机械连接，两侧的振动不会相互传递。采用永磁调速装置后，可降低振动 80%左右，噪声亦会下降。

4. 对电动机启动的影响

变频器在低速运转状态中负载一直被加载，转速由零至额定转速需要一定的时间，电动机容易发热。

永磁调速启动时，将气隙调节到最大，实现空载启动，可降低电动机启动电流、缩短启动时间。当电动机达到额定转速时，通过调整气隙使负载平滑启动，降低了启动电流。

5. 对环境要求

目前，国内应用较多的变频器属电压源型，内部应用了较多的电子装置，对环境的要求非常严格。在实际工程设计中，高压变频器需安装于单独房间内，并设置通风保温设备确保运行环境的可靠。

永磁调速装置允许在−50～+100℃和0%～100%相对湿度环境下工作，可安装于室内、室外，并可在高海拔、高粉尘、湿度大、易燃易爆、空间狭小等恶劣环境中使用。

（二）设计应注意的问题

1. 安装空间

永磁调速器安装在电动机和负载之间，对于改造项目，需将电动机后移，留出足够距离安装永磁调速器。因此，在改造前需注意电动机后方是否有足够的安装空间。

对于水冷型永磁调速器，需配套安装一套水冷系统（包括水泵、水箱、管道、阀门等），同样需要考虑是否有足够安装水冷系统的空间。

2. 冷却水

水冷型永磁调速器采用冷却水对永磁调速器进行散热，为防止永磁调速器发生结垢、生锈等情况，对冷却水的水质有一定要求。因此，设计时需考虑现场能否提供达到要求的冷却水、冷却水的引进和排放等问题，一般有以下两种情况：

（1）利用电厂已有的符合冷却水水质要求的水，将之直接引入设备进行冷却，回水自然排出，用泵送至电厂的回水系统。

（2）采用永磁调速装置成套提供的水循环系统。它要求进入设备的一次水是符合冷却水水质要求的洁净水，平时只需用少量水作补充，还需要电厂提供二次水，作为换热器用冷却水源。

第三节　电气系统节能设计

电气系统节能设计可通过优化电气系统及设备选择，实现降低变压器、电动机、输电线路损耗，减少电除尘供电装置及接触器功率消耗。

一、降低变压器损耗

变压器是电厂的主要电气设备，一般包括主变压器、启动/备用变压器、高压厂用变压器和低压厂用变压器等。机组正常运行时，厂用电能从发电机出口经供电线路到各工艺系统的用电设备，一般需要经过1～2级变压器的变压过程。变压器在传输功率的过程中，其自身要产生有功功率和无功功率损耗。由于火电厂中变压器总台数较多、总容量较大、综合损耗较大，因此可通过降低变压器损耗实现节能降耗。

（一）变压器损耗、效率和经济负载率的计算方法

各种类型变压器的计算方法略有不同，本节仅列出火电厂常用的双绕组变压器的相关计算。三绕组变压器的相关计算可参见GB/T 13462《电力变压器经济运行》。

1. 变压器平均负载系数

变压器的平均负载系数（简称负载率）计算公式为

$$\beta = \frac{S}{S_N} = \frac{P_2}{S_N \cos\varphi} = \frac{I_2}{I_{2N}} = \frac{I_1}{I_{1N}}$$

式中　β——负载率；

S——一定时间内变压器平均输出的视在功率，kV·A；

S_N——变压器的额定容量，kV·A；

P_2——一定时间内变压器平均输出的有功功率，kW；

$\cos\varphi$——一定时间内变压器负载侧平均功率因数；

I_{1N}, I_{2N}——变压器一次侧加上额定电压后，一、二次侧额定线电流，A；

I_1, I_2——变压器一、二次侧实际线电流，A。

2. 变压器有功功率损耗

变压器有功功率损耗计算公式为

$$\Delta P = P_0 + K_T \beta^2 P_k$$

式中　ΔP——有功功率损耗，kW；

P_0——变压器空载功率损耗，kW；

K_T——负载波动损耗系数，即一定时间内负载波动条件下的变压器负载损耗与平均负载条件下的负载损耗之比，计算方法详见GB/T 13462—2008《电力变压器经济运行》附录C；

P_k——变压器额定负载功率损耗，kW。

3. 变压器效率

变压器效率计算公式为

$$\eta = \frac{P_2}{P_1} = \frac{P_2}{P_2 + \Delta P} = 1 - \frac{\Delta P}{P_2 + \Delta P}$$

$$= 1 - \frac{P_0 + K_T \beta^2 P_k}{P_0 + K_T \beta^2 P_k + \beta S_N \cos\varphi}$$

式中　η——变压器效率；

P_1——一定时间内变压器平均输入的有功功率，kW。

4. 变压器无功功率损耗

变压器在传输有功功率的过程中，自身存在无功功率损耗；变压器传输无功功率也会增加变压器和线路的有功功率损耗。因此，在分析计算变压器经济运行时，不仅要考虑变压器本身的有功功率损耗，还应考虑无功功率对系统的影响。变压器在某一负载下的无功功率损耗为

$$\Delta Q = Q_0 + K_T \beta^2 Q_k$$

式中　ΔQ——无功功率损耗，kvar；

　　　Q_0——变压器空载励磁功率，kvar；

　　　Q_k——变压器额定负载漏磁功率，kvar。

$$Q_0 = \sqrt{3} U_N I_0 = \frac{\sqrt{3} U_N I_0 S_N}{\sqrt{3} U_N I_N} = k_I S_N$$

$$Q_k = \sqrt{3} U_{KN} I_N = \frac{\sqrt{3} U_{KN} I_N S_N}{\sqrt{3} U_N I_N} = k_U S_N$$

式中　I_0——变压器空载电流，A；

　　　U_{KN}——变压器额定电流下的阻抗电压，V；

　　　k_I——变压器空载电流与额定电流之比，可由产品目录查得，一般中小型配电变压器 $k_I = 0.01 \sim 0.03$；

　　　k_U——变压器额定电流下的阻抗电压标幺值，可由产品目录查得，一般电力变压器 $k_U = 0.04 \sim 0.14$。

因此

$$\Delta Q = Q_0 + K_T \beta^2 Q_k = k_I S_N + K_T \beta^2 k_U S_N$$

5. 变压器综合经济负载率

在某一负载下，考虑到无功功率引起的附加有功损耗，有功功率综合损耗为

$$
\begin{aligned}
\Delta P_Z &= \Delta P + K_Q \Delta Q = P_{0Z} + K_T \beta^2 P_{kZ} \\
&= (P_0 + K_Q Q_0) + K_T \beta^2 (P_k + K_Q Q_k) \\
&= P_0 + K_T \beta^2 P_k + K_Q (Q_0 + K_T \beta^2 Q_k) \\
&= P_0 + K_T \beta^2 P_k + K_Q S_N (k_I + K_T \beta^2 k_U) \\
&= P_0 + K_T \beta^2 (P_k + K_Q k_U S_N) + K_Q k_I S_N
\end{aligned}
$$

式中　ΔP_Z——综合功率损耗，kW；

　　　K_Q——无功经济当量，即输送单位无功功率需要消耗的有功功率损耗，W/var；

　　　P_{0Z}——变压器综合功率的空载损耗，kW；

　　　P_{kZ}——变压器综合功率的额定负载功率损耗，kW。

无功经济当量 K_Q 值可按表 5-7 选取。

表 5-7　　　　　　　　无功经济当量 K_Q 值

变压器受电位置	K_Q 值
发电厂母线直配	0.04
配电变压器	0.10
当功率因数已补偿到 0.9 及以上时	0.04

注　本表摘自 GB/T 13462—2008《电力变压器经济运行》表 B.1。

因此，变压器的综合效率为

$$
\begin{aligned}
\eta_Z &= 1 - \frac{P_0 + K_T \beta^2 (P_k + K_Q Q_k) + K_Q Q_0}{P_0 + K_T \beta^2 (P_k + K_Q Q_k) + K_Q Q_0 + \beta S_N \cos\varphi} \\
&= 1 - \frac{P_0 + K_T \beta^2 (P_k + K_Q k_U S_N) + K_Q k_I S_N}{P_0 + K_T \beta^2 (P_k + K_Q k_U S_N) + K_Q k_I S_N + \beta S_N \cos\varphi}
\end{aligned}
$$

变压器综合经济负载率为

$$\beta_{JZ} = \sqrt{\frac{P_{0Z}}{K_T P_{kZ}}} = \sqrt{\frac{P_0 + K_Q Q_0}{K_T (P_k + K_Q Q_k)}} = \sqrt{\frac{P_0 + K_Q k_I S_N}{K_T (P_k + K_Q k_U S_N)}}$$

从而可得到变压器处于综合经济负载率，即最节电时的经济负荷为

$$S_J = \beta_{JZ} S_N$$

式中　β_{JZ}——变压器综合经济负载率；

　　　S_J——变压器经济负荷，kV·A。

常用 6、10/0.4kV 三相双绕组干式配电变压器参数见表 5-8。

表 5-8　　　　　　　　　　常用 6、10/0.4kV 三绕组干式配电变压器参数

额定容量 (kV·A)	电压组合及分接范围			联结组标号	空载损耗 (kW)	不同绝缘系统温度下的负载损耗 (kW)			空载电流 (%)	短路阻抗 (%)
	高压 (kV)	高压分接范围 (%)	低压 (kV)			130℃（B）(100℃)	155℃（F）(120℃)	180℃（H）(145℃)		
30	6 6.3 6.6 10 10.5 11	±2×2.5 ±5	0.4	Dyn11 Yyn0	0.190	0.670	0.710	0.760	2.0	4.0
50					0.270	0.940	1.00	1.07	2.0	
80					0.370	1.29	1.38	1.48	1.5	
100					0.400	1.48	1.57	1.69	1.5	
125					0.470	1.74	1.85	1.98	1.3	
160					0.540	2.00	2.13	2.28	1.3	

续表

额定容量 (kV·A)	电压组合及分接范围			联结组 标号	空载 损耗 (kW)	不同绝缘系统温度下的负载损耗 (kW)			空载 电流 (%)	短路 阻抗 (%)
	高压 (kV)	高压分接范围 (%)	低压 (kV)			130℃（B） (100℃)	155℃（F） (120℃)	180℃（H） (145℃)		
200					0.620	2.37	2.53	2.71	1.1	
250					0.720	2.59	2.76	2.96	1.1	
315					0.880	3.27	3.47	3.73	1.0	4.0
400					0.980	3.75	3.99	4.28	1.0	
500					1.16	4.59	4.88	5.23	1.0	
630					1.34	5.53	5.88	6.29	0.85	
630	6 6.3 6.6 10 10.5 11	±2×2.5 ±5	0.4	Dyn11 Yyn0	1.30	5.61	5.96	6.40	0.85	
800					1.52	6.55	6.96	7.46	0.85	
1000					1.77	7.65	8.13	8.76	0.85	
1250					2.09	9.10	9.69	10.3	0.85	6.0
1600					2.45	11.0	11.7	12.5	0.85	
2000					3.05	13.6	14.4	15.5	0.70	
2500					3.60	16.1	17.1	18.4	0.70	
1600					2.45	12.2	12.9	13.9	0.85	
2000					3.05	15.0	15.9	17.1	0.70	8.0
2500					3.60	17.7	18.8	20.2	0.70	

注 1. 本表摘自 GB/T 10228—2015《干式电力变压器技术参数和要求》。

2. 表中所列的负载损耗为不同绝缘系统在括号内参考温度（见 GB 1094.11《电力变压器　第 11 部分：干式变压器》的规定）下的值，表中未包括的其他绝缘系统温度下的负载损耗需根据各自的参考温度，以"155℃（F）"绝缘系统温度的数据作为参考进行相应的折算。

【案例 5-2】 某电厂内采用的 1600kV·A 双绕组无励磁调压干式配电变压器，短路阻抗 $k_U = 8\%$，空载电流 $k_I = 0.85\%$，空载损耗 2.45kW，负载损耗 12.2kW，负载功率因数按 0.8，无功经济当量按 0.01，负载波动损耗系数 $K_T = 1$，问该变压器的综合经济负载率 β_{JZ} 及对应的变压器综合效率分别是多少？当负载率 $\beta = 15\%$、50%、75%、100% 时，变压器综合效率分别是多少？变压器对应各负载率的有功功率综合损耗分别是多少？

解：变压器的综合经济负载率 β_{JZ} 为

$$\beta_{JZ} = \sqrt{\frac{P_0 + K_Q k_I S_N}{K_T(P_k + K_Q k_U S_N)}}$$

$$= \sqrt{\frac{2.45 + 0.01 \times 0.0085 \times 1600}{12.2 + 0.01 \times 0.08 \times 1600}} = 0.44$$

对应的变压器综合效率为

$$\eta_Z = 1 - [P_0 + K_T \beta_{JZ}^2 (P_k + K_Q k_U S_N) + K_Q k_I S_N] /$$
$$[P_0 + K_T \beta_{JZ}^2 (P_k + K_Q k_U S_N) + K_Q k_I S_N + \beta S_N \cos\varphi]$$
$$= 1 - [2.45 + 0.44^2 \times (12.2 + 0.01 \times 0.08 \times 1600) -$$
$$0.01 \times 0.0085 \times 1600] / [2.45 + 0.44^2 \times (12.2 +$$
$$0.01 \times 0.08 \times 1600) + 0.01 \times 0.0085 \times 1600 +$$
$$0.44 \times 1600 \times 0.8]$$
$$= 0.9909$$

对应 β_{JZ} 的变压器有功功率综合损耗 ΔP_Z 为

$$\Delta P_Z = P_0 + K_T \beta_{JZ}^2 (P_k + K_Q k_U S_N) + K_Q k_I S_N$$
$$= 2.45 + 0.44^2 \times (12.2 + 0.01 \times 0.08 \times 1600) +$$
$$0.01 \times 0.085 \times 1600$$
$$= 5.20$$

同理，计算当负载率 $\beta = 15\%$、50%、75%、100% 时，变压器综合效率和有功功率综合损耗，所有计算结果见表 5-9。

表 5-9　　　变压器综合效率和有功功率综合损耗

负载率 β（%）	15	44（β_{JZ}）	50	75	100
变压器综合效率 η_Z（%）	97.90	99.09	98.89	98.82	98.67
变压器有功功率综合损耗 ΔP_Z（kW）	4.11	5.20	6.67	11.39	17.29

（二）降低变压器损耗的措施

在设计阶段，可通过优化变压器选型、实现变压器经济运行、优化电气系统设计等措施来降低变压器损耗。

1. 优化变压器选择

（1）选用高效率、低损耗系列产品，并应满足下列要求：

1）采用节能型变压器。

2）经常空载运行的变压器宜选用空载损耗低的产品。

3）在满足短路电流水平的前提下，宜采用低阻抗的产品。

（2）变压器型式选择应满足下列要求：

1）与容量 600MW 级及以上机组单元连接的主变压器，若不受运输条件的限制，宜采用三相变压器；600MW 级以下机组单元连接的主变压器，应采用三相变压器。

2）除容量 600MW 级及以上机组的励磁变压器外，其他容量等级的变压器应采用三相变压器。

3）配电变压器选型的技术经济评价应按照 DL/T 985《配电变压器能效技术经济评价导则》进行。电力变压器选型的技术经济评价可参照 DL/T 985 进行。应优先选用节电效果好、经济效益好、投资回收期短的变压器。

（3）变压器冷却方式的选择。

1）在满足温升限值的情况下，冷却方式尽量采用自冷、风冷，冷却装置尽量采用片式散热器。

2）容量为 75000kV·A 及以下油浸式变压器可采用油浸自冷（ONAN）方式，容量为 180000kV·A 及以下油浸式变压器可采用油浸风冷（OFAF）方式。

3）干式变压器冷却方式宜采用空气自冷（AN）方式，即要求在最高环境温度下，采用空气自然冷却方式能保证变压器以额定容量输出。

有些工程要求干式变压器加装冷却风机，保证变压器在风冷方式时能够长期 50%过负荷运行，以满足各种急救过负荷或断续过负荷运行。但是，这样有可能导致负载损耗和阻抗电压增幅较大，制造厂一般不推荐以强迫空气冷却（AF）方式长时间连续过负荷运行。

2. 实现变压器经济运行

变压器经济运行是在确保安全可靠运行及满足供电量需求的基础上，通过对变压器进行合理配置，对变压器运行方式进行优化选择，对变压器负载实施经济调整，从而最大限度地降低变压器的电能损耗。

（1）变压器经济运行区的划分。双绕组变压器经济运行区的上限为额定负载，对应负载率为 1；与上限额定综合功率损耗率相等的另一点为经济运行区下限，对应负载率为 β_{JZ}^2。

双绕组变压器最佳经济运行区的上限为 75%负载，对应负载率为 0.75；与上限综合功率损耗率相等的另一点为最佳经济运行区下限，对应负载率为

$1.33\beta_{JZ}^2$。

双绕组变压器综合功率运行区间划分如图 5-7 所示。

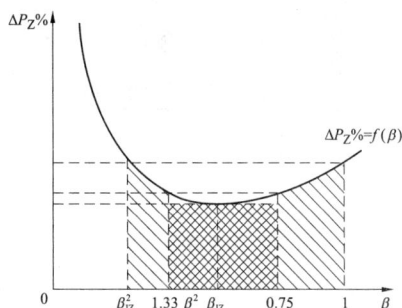

图 5-7　双绕组变压器综合功率运行区间划分

注：$\Delta P_Z\% = f(\beta)$ 为变压器综合功率损耗率与平均负载系数 β 的函数特性曲线，变压器综合功率运行区间的范围划分为：经济运行区为 $\beta_{JZ}^2 \leqslant \beta \leqslant 1$，最佳经济运行区为 $1.33\beta_{JZ}^2 \leqslant \beta \leqslant 0.75$，非经济运行区 $0 \leqslant \beta \leqslant \beta_{JZ}^2$。

三绕组变压器经济运行区划分详见 GB/T 13462《电力变压器经济运行》。

设计阶段应根据厂用电计算负荷、负荷供电要求等条件，综合考虑设备投资、运行可靠性及经济性，通过合理选择厂用电供电方式，合理配置变压器的台数和容量，可使变压器正常运行时的负载率在经济运行区或最佳经济运行区。

（2）实现高压厂用变压器经济运行的措施。

1）选择高压厂用变压器容量时，对于常规大中型燃煤机组，按照 DL/T 5153《火力发电厂厂用电设计技术规程》的相关规定，所选择的变压器正常运行负载通常仅为其额定容量的 1/2，因此变压器容量选择时不必再考虑裕度；当长期满载运行的负荷总量较多时，选择变压器容量时宜适当留有裕度。

2）设计高压厂用电系统接线时，在技术、经济合理时，采用两台机组的高压厂用工作母线互相联络、互相提供备用或事故停机电源的接线方案，虽然高压厂用变压器额定容量有所增加，但是有利于变压器正常运行时的负载率在最佳经济运行区内，降低变压器损耗。

（3）实现低压厂用变压器经济运行的措施。

1）对于正常运行负载率较高的变压器，如主厂房内的低压工作变压器、电除尘变压器等，可采用暗备用供电方式（见图 5-8）。

2）对于正常运行负载率较低，或者不同时段负载率变化较大的变压器，如照明变压器、检修变压器、办公楼变压器、生活区变压器等，可采用明备用供电方式（见图 5-9），即多台工作变压器共用一台明备用变压器。

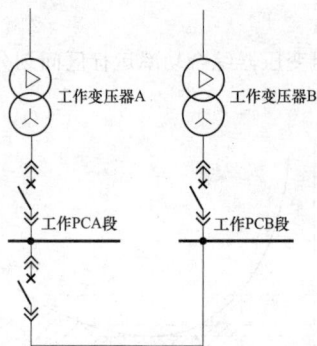

图 5-8 暗备用接线示意

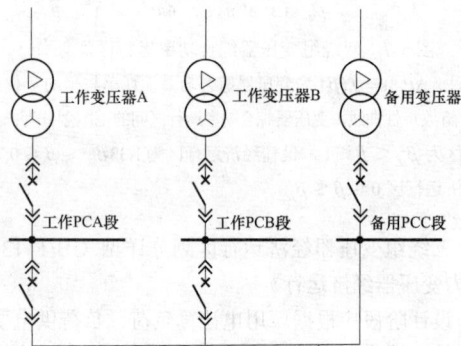

图 5-9 明备用接线示意

3. 优化电气系统设计

（1）简化电气主接线。在满足供电可靠性的情况下，电气主接线应尽量简洁，减少火电厂中高压配电装置的电压等级，避免潮流迂回增加变压器和输电线路上的电能损耗。

（2）机组间的高压厂用电系统互联。当发电机出口装设断路器时，可将不同机组的高压厂用工作母线互联，机组停机、发电机解列初期，主要辅机仍在运行、厂用电负荷较高时，可由主变压器通过高压厂用工作变压器带厂用电运行；在主要辅机停运、机组停备期间，可由运行机组带停备机组的厂用电。

采用这种接线方式，可避免停备机组的主变压器、高压厂用工作变压器的空载损耗，也可避免采用高压备用变压器所带来的空载损耗及外购电问题，但是厂用电系统的单元性有所降低。为保证运行机组的可靠性，两台机组母线之间的联络断路器应采用手动投入方式，在闭合断路器前，应先确认运行机组负荷与停备机组厂用电负荷之和小于高压厂用工作变压器的额定容量。

（3）启动/备用变压器冷备用。目前，绝大多数火电厂的启动/备用变压器在正常运行方式下处于热备用的状态，即启动/备用变压器的高压侧断路器处于闭合位置，其低压侧断路器处于断开位置，厂用电快切时仅切换低压侧断路器。相对于启动/备用变压器冷备

用在厂用电切换时需合上变压器高、低压侧断路器而言，热备用方式厂用电快切的可靠性更高。

然而，热备用方式的启动/备用变压器高压侧长期处于带电状态，变压器空载损耗将造成一定的电费成本，而启动/备用变压器采用冷备用方式，能避免变压器空载损耗，具有一定的经济效益。

当采用启动/备用变压器冷备用运行方式时，必须考虑启/备变高压侧断路器合闸时出现的变压器励磁涌流的冲击，可能引起继电保护误动作，从而造成厂用电切换失败。此时，在厂用电快切装置中应考虑装设涌流抑制器，且应定期对启动/备用变压器进行带电运行试验，以监测其状态，保证启动/备用变压器的可用率。

（4）平衡低压厂用配电变压器三相负荷。低压厂用配电变压器的三相负荷不平衡时，在变压器低压侧将产生零序电流，产生的零序磁通不能抵消，只能从变压器的油箱壁及铁构件中通过，涡流增大，使变压器损耗大大增加。变压器不平衡度越大，损耗也越大，导致变压器出力降低。在输送相同功率的情况下，三相负荷不对称造成的变压器损耗，比对称运行时要高得多，运行极不经济。

因此，一般要求低压厂用配电变压器负荷尽量平衡，低压出口电流的不平衡度不宜超过 10%。运行中也应定期测量三相负荷，不平衡时应及时进行调整。

（三）节能型变压器的选用

节能型变压器是选用高导磁的优质冷轧晶粒取向硅钢片、低电阻率导线，采用先进的结构设计、工艺制造的新系列低损耗变压器，具有损耗低、质量轻、效率高、抗冲击等优点。

1. 变压器的能效等级

我国 220kV 及以下电压等级变压器能效等级分为 3 级，其中 1 级损耗最低。

（1）变压器应符合的能耗标准。

1）低压厂用变压器应符合 GB 20052《三相配电变压器能效限定值及能效等级》的规定，火电厂常用干式配电变压器能效等级参数见表 5-10。

2）35～220kV 三相油浸式电力变压器应符合 GB 24790《电力变压器能效限定值及能效等级》的规定。

3）330kV 及 500kV 电压等级变压器能耗限定值应符合 GB/T 6451《油浸式电力变压器技术参数和要求》的规定。

4）750kV 变压器能耗限定值应符合 JB/T 10780《750kV 油浸式变压器技术参数和要求》的规定。

5）1000kV 变压器能耗限定值应符合 GB/Z 24843《1000kV 单相油浸式自耦电力变压器技术规范》的规定。

表 5-10　干式配电变压器能效等级参数

额定容量 (kV·A)	1级								2级					3级				短路阻抗 (%)
	电工钢带				非晶合金				空载损耗 (W)		负载损耗 (W)			空载损耗 (W)	负载损耗 (W)			
	空载损耗 (W)	负载损耗 (W)			空载损耗 (W)	负载损耗 (W)			电工钢带	非晶合金	B (100℃)	F (120℃)	H (145℃)		B (100℃)	F (120℃)	H (145℃)	
		B (100℃)	F (120℃)	H (145℃)		B (100℃)	F (120℃)	H (145℃)										
100	290	1330	1415	1520	130	1405	1490	1605	320	130	1480	1570	1690	400	1480	1570	1690	
125	340	1565	1665	1780	150	1655	1760	1880	375	150	1740	1850	1980	470	1740	1850	1980	
160	385	1800	1915	2050	170	1900	2025	2165	430	170	2000	2130	2280	540	2000	2130	2280	
200	445	2135	2275	2440	200	2250	2405	2575	495	200	2370	2530	2710	620	2370	2530	2710	
250	515	2330	2485	2665	230	2460	2620	2810	575	230	2590	2760	2960	720	2590	2760	2960	
315	635	2945	3125	3355	280	3105	3295	3545	705	280	3270	3470	3730	880	3270	3470	3730	4.0
400	705	3375	3590	3850	310	3560	3790	4065	785	310	3750	3990	4280	980	3750	3990	4280	
500	835	4130	4390	4705	360	4360	4635	4970	930	360	4590	4880	5230	1160	4590	4880	5230	
630	965	4975	5290	5660	420	5255	5585	5975	1070	420	5530	5880	6290	1340	5530	5880	6290	
630	935	5050	5365	5760	410	5330	5660	6080	1040	410	5610	5960	6400	1300	5610	5960	6400	
800	1095	5895	6265	6715	480	6220	6610	7085	1215	480	6550	6960	7460	1520	6550	6960	7460	
1000	1275	6885	7315	7885	550	7265	7725	8320	1415	550	7650	8130	8760	1770	7650	8130	8760	
1250	1505	8190	8720	9335	650	8645	9205	9850	1670	650	9100	9690	10370	2090	9100	9690	10370	
1600	1765	9945	10555	11320	760	10495	11145	11950	1960	760	11050	11730	12580	2450	11050	11730	12580	
2000	2195	12240	13005	14005	1000	12920	13725	14780	2440	1000	13600	14450	15560	3050	13600	14450	15560	
2500	2590	14535	15455	16605	1200	15340	16310	17525	2880	1200	16150	17170	18450	3600	16150	17170	18450	

注　本表摘自 GB 20052—2013《三相配电变压器能效限定值及能效等级》中表2。

（2）变压器能效术语。

1）变压器能效限定值：在规定测试条件下，变压器空载损耗和负载损耗的允许最高限值，要求应不高于3级的规定。

2）变压器节能评价值：在规定测试条件下，评价节能变压器空载损耗和负载损耗的最高值，要求应不高于2级的规定。

2. 不同能效等级配电变压器的选用

GB 20052—2013《三相配电变压器能效限定值及能效等级》发布以后，衡量配电变压器是否节能不再以S7、S9、S11等来划分，而是以能效1级、2级、3级来划分。

对于10kV三相干式配电变压器，干式S11系列的技术参数被列为干式配电变压器的最低能效限定值。未来能效3级及以上的产品方可在市场上生产销售，2级及以上的产品作为节能产品，1级产品作为高能效产品。

作为配套推广政策，2012年11月20日，国家财政部、工信部和发展改革委联合出台了《节能产品惠民工程高效节能配电变压器推广实施细则》，对节能型变压器进行4~30元/（kV·A）的财政补贴。推广产品为三相10kV电压等级、无励磁调压、能效等级2级及以上、额定容量30~1600kV·A的油浸式和额定容量30~2500kV·A的干式配电变压器。

目前，国内变压器制造厂均具备制造1级能效等级变压器的技术水平和能力。但是，由于1级能效变压器造价比2级能效变压器高20%~30%，比3级能效变压器高约50%，在国内应用极少。2013年9月13日，国务院发布了《关于印发大气污染防治行动计划的通知》（国发〔2013〕37号文），其中提到"新建高耗能项目单位产品（产值）能耗要达到国内先进水平，用能设备达到一级能效标准。"因此，对于新建火电厂而言，宜大力推广采用1级能效节能变压器；已建火电厂的旧有变压器可随机械设备更新，逐步更换或改造，以节省电能。

3. 非晶合金变压器的选用

在配电变压器的能效1级和2级产品中，非晶合金变压器是比较特殊的类型，其主要特点是空载损耗低和空载电流小。其空载损耗和空载电流相对于S9系列干式变压器标准值分别降低70%和90%以上，负载损耗也略有下降。由于目前非晶合金变压器的铁芯材料主要依赖进口，售价仍高于普通硅钢变压器30%~40%。

非晶合金变压器较适用于轻载、空载运行时间较长或平均负载率较低的场所，在空载损耗占变压器总损耗的比例较大时，节能降损效果显著。负载率较高的变压器的负载损耗约为空载损耗的4倍，占变压器

总损耗的比例较大，即便采用非晶合金变压器，节能效果也并不明显。

结合火电厂中低压配电变压器的通常设置及运行情况，对于非晶合金变压器的选用建议如下：

（1）正常运行负载率较高的变压器，如主厂房内的低压工作变压器、公用变压器、电除尘变压器、脱硫变压器等，没有必要采用非晶合金变压器，可以考虑采用电工钢带变压器。

（2）正常运行负载率较低的变压器，如照明变压器、检修变压器、输煤变压器、翻车机变压器、厂前区变压器等，可以考虑采用非晶合金变压器。

4. 节能变压器应用经济性分析

采用节能变压器，在降低损耗的同时伴随着投资的增加，存在回收年限问题。变压器不是损坏后才更新，而是老化到一定程度，还有一定剩值时就可以更新。特别是当变压器需要大修时更应考虑更新，这在技术经济上是合理的。

变压器厂家对各种不同形式、不同容量的变压器的使用寿命都有规定（一般为20~30年），使用单位按这一规定年限提取设备折旧费。随着变压器运行年限的增长，其剩值也越来越小。

变压器的回收年限计算公式如下：

（1）旧变压器使用年限已到期，即折旧费已完，没有剩值，其回收年限计算公式为

$$T_B = \frac{Z_n - G_j - Z_c}{G_d}$$

式中 T_B ——变压器回收年限，年；

Z_n ——新变压器购价，元；

G_j ——旧变压器残存价值，可取原购价的10%；

Z_c ——变压器更换后减少电容器的总投资，元；

G_d ——每年节约电费，元。

（2）在（1）的情况下，当变压器需大修时，其回收年限计算公式为

$$T_B = \frac{Z_n - G_{JD} - G_j - Z_c}{G_d}$$

式中 G_{JD} ——旧变压器大修费，元。

（3）旧变压器还不到使用期，即还有剩值，其回收年限计算公式为

$$T_B = \frac{Z_n + W_j - G_j - Z_c}{G_d}$$

$$W_j = Z_j - Z_j C_n T_Y \times 10^{-2}$$

式中 W_j ——旧变压器的剩值，元；

Z_j ——旧变压器的投资，元；

C_n ——折旧率，%；

T_Y ——运行年限，年。

（4）在（3）的情况下，当变压器需大修时，其回

收年限计算公式为

$$T_B = \frac{Z_n + W_j - G_{JD} - G_j - Z_c}{G_d}$$

关于更换变压器的回收年限，一般考虑当计算的回收年限小于 5 年时，变压器应立即更新为宜；当计算的回收年限大于 10 年时，不应当考虑更新；当计算的回收年限为 5～10 年时，应酌情考虑更新，并以大修时更新为宜。

二、降低电动机损耗

在保证机组运行安全稳定的前提下，合理选择主要辅机的电动机容量以降低电能损耗，是降低运营成本、提高火电厂经济效益的重要措施。

（一）电动机损耗、效率和经济负载率的计算方法

1. 电动机的负载率

电动机的负载率计算公式为

$$\beta = \frac{P_2}{P_N}$$

式中　β ——电动机负载率，%；

$\quad\quad P_2$ ——电动机的输出功率，kW；

$\quad\quad P_N$ ——电动机的额定功率，kW。

当电动机的实际输出功率 P_2 未知时，可以采用下列公式计算负载率，即

$$\beta = \sqrt{\frac{I_1^2 - I_0^2}{I_N^2 - I_0^2}}$$

式中　I_1 ——电动机负载线电流，A；

$\quad\quad I_N$ ——电动机额定线电流，A；

$\quad\quad I_0$ ——电动机的空载线电流，一般额定电压下的空载电流约为额定电流的 20%～30%。

2. 电动机的有功功率损耗

不同负载率下的电动机有功功率损耗为

$$\Delta P = \Delta P_0 + \beta^2(\Delta P_N - \Delta P_0)$$

$$\beta = P_2 / P_N$$

$$\Delta P_N = \left(\frac{1}{\eta_N} - 1\right)P_N$$

$$\Delta P = \Delta P_0 + \beta^2\left[\left(\frac{1}{\eta_N} - 1\right)P_N - \Delta P_0\right]$$

式中　ΔP ——电动机的有功功率损耗，kW；

$\quad\quad \Delta P_0$ ——电动机的空载有功功率损耗，kW；

$\quad\quad \beta$ ——负载系数；

$\quad\quad P_2$ ——电动机的输出功率，kW；

$\quad\quad P_N$ ——电动机的额定功率，kW；

$\quad\quad \Delta P_N$ ——电动机额定负载时的有功功率损耗，kW；

η_N ——电动机额定效率，P_N 与 η_N 的数值从电动机额定工况试验或从出厂资料获得。

3. 电动机的无功功率

在分析计算电动机经济运行时，不仅要考虑电动机的有功损耗，还应考虑其无功功率引起电网有功功率损耗的增加。

电动机的无功功率计算公式为

$$Q = Q_0 + \beta^2(Q_N - Q_0)$$

$$= Q_0 + \beta^2\left(\frac{P_N \tan\varphi_N}{\eta_N} - Q_0\right)$$

$$Q_0 = \sqrt{3U^2 I_0^2 - \Delta P_0^2} \approx \sqrt{3}UI_0$$

式中　Q ——电动机的无功功率，kvar；

$\quad\quad Q_0$ ——电动机的空载无功功率，kvar；

$\quad\quad Q_N$ ——电动机额定负载时的无功功率，kvar；

$\quad\quad \varphi_N$ ——额定运行时输入电动机的相电流滞后于相电压的相角；

$\quad\quad U$ ——电源电压，kV。

4. 电动机的综合功率损耗

电动机综合功率损耗计算公式为

$$\Delta P_c = \Delta P_0 + \beta^2(\Delta P_N - \Delta P_0) + K_Q[Q_0 + \beta^2(Q_N - Q_0)]$$

式中　ΔP_c ——电动机的综合功率损耗，kW；

$\quad\quad K_Q$ ——无功经济当量，即单位无功功率可能引起的有功功率损耗，kW/kvar。

当电动机直连发电机母线或直连已进行无功补偿的母线时，K_Q 取 0.02～0.04；二次变压 K_Q 取 0.05～0.07；三次变压 K_Q 取 0.08～0.1。当电网采取无功补偿时，应从补偿端计算电动机电源变压次数。

5. 电动机的综合经济负载率及综合经济效率

任意负载下的电动机综合效率 η_c 计算公式为

$$\eta_c = \frac{\beta P_N}{\beta P_N + \Delta P_c} \times 100\%$$

$$= \beta P_N \Big/ \left[\beta P_N + \Delta P_0 + \beta^2\left(\frac{1}{\eta_N} - 1\right)P_N - \beta^2 \Delta P_0 + K_Q Q_0 + K_Q \beta^2\left(\frac{P_N \tan\varphi_N}{\eta_N} - Q_0\right)\right]$$

电动机效率达到最大值时的负载率称为综合经济负载率，以 β_{JZ} 表示，即

$$\beta_{JZ} = \frac{\sqrt{\Delta P_0 + K_Q Q_0}}{\sqrt{\Delta P_N - \Delta P_0 + K_Q(Q_N - Q_0)}}$$

综合经济负载率时，电动机有功功率的综合损耗为

$$\Delta P_c = 2(\Delta P_0 + K_Q Q_0)$$

综合经济效率为

$$\eta_{JZ} = \frac{\beta_{JZ} P_N}{\beta_{JZ} P_N + 2P_0 + 2K_Q\sqrt{3}UI_0}$$

【案例 5-3】 某 1000MW 燃煤机组的引风机电动机额定功率为 9200kW，额定电压为 10kV，电动机的空载损耗为 120kW，额定电流为 622A，空载电流为 152.5A，额定效率为 97.0%，额定功率因数为 0.88，电动机实际运行电流为 388A，求该 8 极电动机实际负载率和输出功率、综合经济负载率和综合经济效率（无功经济当量取 0.05）。

解：由于 $\cos\varphi_N = 0.88$，所以 $\tan\varphi_N = 0.5397$。

实际负载率为

$$\beta = \sqrt{\frac{I_1^2 - I_0^2}{I_N^2 - I_0^2}} = \frac{\sqrt{388^2 - 152.5^2}}{\sqrt{622^2 - 152.5^2}} = 0.5916$$

实际输出功率为

$$P_2 = 0.5916 \times 9200 = 5442.7 \, (\text{kW})$$

综合经济负载率为

$$\beta_{JZ} = \frac{\sqrt{\Delta P_0 + K_Q\sqrt{3}UI_0}}{\sqrt{\left(\frac{1}{\eta_N} - 1\right)P_N - \Delta P_0 + K_Q\left(\frac{P_N\tan\varphi_N}{\eta_N} - \sqrt{3}UI_0\right)}}$$

$$= \sqrt{120 + 0.05 \times \sqrt{3} \times 10 \times 152.5} \Big/$$

$$\left[\left(\frac{1}{0.97} - 1\right) \times 9200 - 120 + 0.05 \times\right.$$

$$\left.\left(\frac{9200 \times 0.5397}{0.97} - \sqrt{3} \times 10 \times 152.5\right)\right]^{\frac{1}{2}}$$

$$= 0.935$$

综合经济效率为

$$\eta_{JZ} = \frac{\beta_{JZ}P_N}{\beta_{JZ}P_N + 2P_0 + 2K_Q\sqrt{3}UI_0}$$

$$= (0.935 \times 9200)/(0.935 \times 9200 + 2 \times 120 +$$

$$2 \times 0.05 \times \sqrt{3} \times 10 \times 152.5) \times 100\%$$

$$= 94.46\%$$

（二）降低电动机损耗的措施

1. 合理选择电动机额定功率

（1）应满足负载的功率要求。电动机额定功率的计算公式为

$$P_N = KK_tK_hP_Z$$

式中　P_N——电动机额定功率，kW；

　　　K——机械的储备系数，$K = 1.05 \sim 1.5$；

　　　K_t——温度修正系数；

　　　K_h——海拔修正系数；

　　　P_Z——机械需要的轴功率，kW。

（2）应考虑负载特性与运行方式。

1）应根据负载的类型和重要性确定适当的储备系数。

2）具有长期连续运行或稳定负载的电动机，应使电动机的负载率接近综合经济负载率。

3）年运行时间大于 3000h、负载率大于 60% 的电动机，应优先选用能效指标符合相关标准中节能评价值的节能电动机。

（3）电动机经济运行判定。

1）通过电动机综合效率判定。电动机综合效率大于或等于额定综合效率表明电动机对电能的利用是经济的；电动机综合效率小于额定综合效率但大于额定综合效率的 60%，则电动机对电能的利用是基本合理的；电动机综合效率小于额定综合效率的 60%，表明电动机对电能的利用是不经济的。

2）通过电动机电流判定。当计算电动机综合效率有困难时，也可用电动机输入功率（电流）与额定输入功率（电流）之比来判断电动机的工作状态：输入电流下降在 15% 以内属于经济使用范围；输入电流下降在 35% 以内属于允许使用范围；输入电流下降超过 35% 属于非经济使用范围。

2. 合理选择电动机类型

（1）负载对启动、制动及调速无特殊要求时，应选用笼型异步电动机。从节能角度考虑，应首先选用符合相关能效标准的电动机，不应选用国家明令淘汰的产品。

（2）负载对启动、制动及调速有特殊要求时，所选择的电动机应满足相应的堵转矩与最大转矩要求，所选电动机应能与调速方式合理匹配。

（3）在满足传动要求的前提下，选择电动机转速时应减少机械传动级数。

（4）需要调速的负载应根据调速范围、效率、对转矩的影响以及长期经济效益等因素，选择合理的调速方式和电动机。电动机调速方式详见本章第二节。

（三）高效节能电动机的选用

高效节能电动机是指输出功率与输入功率的比值高的电动机。高效节能电动机通过采用先进的设计、工艺和新型材料，达到降低电磁能、热能和机械能的损耗，提高电动机工作效率的目的。与传统电动机相比，高效节能电动机具有损耗低、效率高、功率因数高、温升小等优点。

1. 电动机的能效等级

在我国，电动机的能效等级分为三级，其中，1 级效率最高，对应于欧洲标准 IE4 型电动机；能效 2 级对应于欧洲标准 IE3 型电动机。

（1）电动机应符合的能效标准。我国正式发布的电动机能效标准已有 3 项，见表 5-11。通常把满足能效等级 2 级及以上要求的电动机称为高效节能电动机。2 级能效电动机的价格比 3 级能效电动机高约 15%。1 级能效标准的高压电动机，其价格比 3 级能效高压电动机高约 1/3。

表 5-11　我国已制定的电动机能效标准

序号	标准编号	标准名称	适用范围
1	GB 25958—2010	小功率电动机能效限定值及能效等级	690V 及以下电压的小功率三相异步电动机（10～2200W）
2	GB 18613—2012	中小型三相异步电动机能效限定值及能效等级	1000V 以下电压、极数为 2/4/6 极、单速中小型三相异步电动机（0.75～375kW）
3	GB 30254—2013	高压三相笼型异步电动机能效限定值及能效等级	6kV 和 10kV 电压等级大、中型三相异步电动机

（2）电动机能效术语。

1）电动机能效限定值：在标准规定测试条件下，允许电动机效率最低的标准值，要求应不低于 3 级的规定。

2）电动机节能评价值：在标准规定测试条件下，满足节能认证要求的电动机效率应达到的最低标准值，要求应不低于 2 级的规定。

2. 适合选用高效节能电动机的机械设备

受经济条件制约而不能全部采用高效节能电动机时，可对如下 4 类辅机设备的电动机采用高效节能电动机，有望获得较好的经济效益：

1）负载率在 0.6 以上、年运行小时数 3000h 以上的电动机。

2）厂用电压等级高，同时消耗厂用电大的大功率电动机。

3）各系统起关键作用的设备对应的配套电动机，这些设备采用新型高效节能电动机，将大大提高供电的可靠性。

4）运行时无频繁启动、制动的设备（最好轻载启动，如风机、水泵类负载）。

这些设备主要包括：汽轮机系统的凝结水泵、发电机定子冷却水泵、闭式循环冷却水泵、机械式真空泵、汽轮机主油泵、交流润滑油泵、轴封风机；锅炉系统的送风机、引风机、一次风机、磨煤机；供水系统的循环水泵；物料输送系统的带式输送机、除灰和仪用空气压缩机；脱硫岛范围内吸收塔循环泵、氧化风机等。

3. 高效节能电动机应用经济性分析

采用高效率电动机每年节约的电费 G_d 计算式如下

$$G_d = \frac{J_d P_Z T}{\eta_M}\left(\frac{1}{\eta_{M1}} - \frac{1}{\eta_{M2}}\right)$$

式中　G_d ——每年节约的电费，元；

J_d ——电价，元/（kW·h）；

P_Z ——机械的轴功率，kW；

T ——年运行时间，h；

η_M ——机械传动装置的效率；

η_{M1} ——低效电动机的效率；

η_{M2} ——高效电动机的效率。

【案例 5-4】某 2×600MW 级燃煤机组工程高压电动机配置，对高压电动机采用不同能效等级方案进行经济比较。

解：该工程采用不同能效等级高压电动机的经济比较详见表 5-12。从表 5-12 中可以看出，如果该工程的高压电动机全部采用 1 级能效的电动机，相比于采用 2 级能效电动机，其初始投资增加 353.92 万元，每年节省电费 80.36 万元，在不计国家节能补贴的情况下，约 4 年可以收回成本；相比于 3 级能效电动机，其初始投资增加 520.77 万元，每年节省电费 201.48 万元，2～3 年可以收回成本。若火电厂年平均利用小时数、上网电价更高，则收回成本的时间将更短。

可见，虽然 1 级能效的高压电动机初始投资较高，但是节能效果和经济效益明显，性价比高。随着我国电动机制造水平的提高，在保证机组安全稳定运行的前提下，选择电动机时宜尽可能采用满足 1 级能效标准的电动机。

三、降低输电线路损耗

火电厂中的输电线路所采用的导体种类很多，其中数量最多、设计优化所带来的节能效果最显著的就是中、低压电力电缆。以某 2×1000MW 燃煤机组电厂为例，当高压厂用电系统采用 6kV 电压等级，所有负荷满载运行时 6kV 电缆总损耗约为 600kW。因此，本节重点讨论设计阶段可采用的降低电缆损耗的措施。

（一）电缆损耗计算方法

电缆损耗分为两部分，一是电缆线芯中的电阻损耗，二是电缆绝缘介质中的介质损耗。

1. 电缆电阻损耗

电缆电阻损耗计算公式为

$$\Delta P = 3 I_c^2 R_0 L \times 10^{-3}$$

$$R_0 = \frac{\rho}{A}$$

式中　ΔP ——电缆有功功率损耗，kW；

I_c ——计算电流，A；

R_0 ——电缆单位长度的电阻，Ω/km；

L ——电缆长度，km；

ρ ——电缆导体的电阻率（20℃时铜导体为 1.724×10^{-8}，铝导体为 2.826×10^{-8}），Ω·m；

A ——导线的额定截面积，mm²。

表5-12 某工程不同能效等级高压电动机的经济性比较

编号	负荷名称	数量 安装(台)	数量 备用(台)	单台容量(kW)	负载率	1级能效 单价(万元)	1级能效 效率(%)	1级能效 初始投资(万元)	1级能效 年用电费(万元)	2级能效 单价(万元)	2级能效 效率(%)	2级能效 初始投资(万元)	2级能效 年用电费(万元)	3级能效 单价(万元)	3级能效 效率(%)	3级能效 初始投资(万元)	3级能效 年用电费(万元)
1	凝结水泵	4	2	1750	0.7	40.5	97.4	162	554.43	33.5	96.4	134	560.19	30.3	95.5	121.2	565.47
2	循环水泵	4	0	3500	0.8	69.7	97.3	278.8	2537.16	58.1	96.8	232.4	2550.27	52.3	96.1	209.2	2568.84
3	电动给水泵	1	0	3200	0	67.4	97.3	67.4	0.00	56.2	96.8	56.2	0.00	50.5	96.1	50.5	0.00
4	引风机	4	0	6300	0.6	81.2	97.6	324.8	3414.64	66.5	97.1	266	3432.22	60.9	96.4	243.6	3457.15
5	送风机	4	0	1150	0.5	33.8	96.7	135.2	524.26	28.2	96.1	112.8	527.53	25.3	94.8	101.2	534.76
6	一次风机	4	0	1950	0.6	47.1	96.9	188.4	1064.55	39.3	96.5	157.2	1068.96	35.3	95.6	141.2	1079.02
7	磨煤机	12	2	500	0.7	16.5	96.0	198	803.60	13.7	95.4	164.4	808.65	12.3	93.8	147.6	822.45
8	循环浆泵A	2	0	900	0.75	22.8	97.1	45.6	306.45	19.1	96.0	38.2	309.96	17.1	94.6	34.2	314.55
9	循环浆泵B	2	0	1000	0.75	26.1	97.2	52.2	340.15	21.6	96.0	43.2	344.40	19.5	94.7	39	349.13
10	循环浆泵C	2	0	1120	0.75	27.7	97.2	55.4	380.97	23.1	96.1	46.2	385.33	22.3	94.7	44.6	391.02
11	循环浆泵D	2	0	1250	0.75	30.3	97.3	60.6	424.75	25.2	96.2	50.4	429.60	22.7	95.0	45.4	435.03
12	循环浆泵E	2	0	1250	0.75	30.3	97.3	60.6	424.75	25.2	96.2	50.4	429.60	22.7	95.0	45.4	435.03
13	氧化风机	4	2	800	0.75	21.4	96.4	85.6	274.38	17.8	95.9	71.2	275.81	16.0	94.4	64	280.19
14	石膏脱水真空泵	2	0	200	0.75	10.3	94.5	20.6	69.97	8.64	93.4	17.28	70.80	7.78	92.6	15.56	71.41
15	斗轮堆取料机	2	1	450	0.67	15.4	95.8	30.8	69.37	12.8	95.2	25.6	69.81	11.5	94.0	23	70.70
16	1A胶带机	1	0	450	0.67	15.4	95.8	15.4	69.37	12.8	95.2	12.8	69.81	11.5	94.0	11.5	70.70

续表

编号	负荷名称	数量 安装(台)	数量 备用(台)	单台容量(kW)	负载率	1级能效 单价(万元)	1级能效 效率(%)	1级能效 初始投资(万元)	1级能效 年用电费(万元)	2级能效 单价(万元)	2级能效 效率(%)	2级能效 初始投资(万元)	2级能效 年用电费(万元)	3级能效 单价(万元)	3级能效 效率(%)	3级能效 初始投资(万元)	3级能效 年用电费(万元)
17	2AB胶带机	2	1	355	0.67	13.7	95.5	27.4	54.90	11.4	94.9	22.8	55.24	10.2	93.7	20.4	55.95
18	3AB胶带机	2	1	630	0.67	13.1	95.3	52.4	97.63	10.9	94.2	43.6	98.77	9.86	93.5	39.44	99.51
19	4AB胶带机	2	1	450	0.67	15.4	95.8	30.8	69.37	12.8	95.2	25.6	69.81	11.5	94.0	23	70.70
20	6AB胶带机	2	1	250	0.67	11.8	94.8	23.6	38.94	9.90	93.7	19.8	39.40	8.91	93.0	17.82	39.70
21	环式碎煤机	2	1	450	0.67	15.4	95.8	30.8	69.37	12.8	95.2	25.6	69.81	11.5	94.0	23	70.70
22	空气压缩机	6	2	350	0.75	13.7	95.5	82.2	242.34	11.4	94.9	68.4	243.87	10.2	93.7	61.2	247.00
23	水路来煤负荷	1	0	350	0.67	13.7	95.5	13.7	54.12	11.4	94.9	11.4	54.47	10.2	93.7	10.2	55.16
24	分选系统	1	0	250	0.75	11.8	94.8	11.8	43.59	9.90	93.7	9.9	44.11	8.91	93.0	8.91	44.44
25	雨水排水泵	2	0	450	0.42	15.4	96.2	30.8	86.61	12.8	95.1	25.6	87.61	11.5	94.1	23	88.54
	合计							2084.9	12015.66			1730.98	12096.02			1564.13	12217.14

注 1. 年平均运行时间按4800h计算，电价按0.4592元/（kW·h）计算。
2. 年用电费

$$m = \beta\left(\frac{P_N}{\eta} \times 4800 \times 0.4592 \times 10^{-4}\right)$$

式中 η —— 电动机的效率；
P_N —— 电动机的额定输出功率；
β —— 负载率。

3. 以上电动机的负载率为经验数据，仅供方案比较用。
4. 以上电动机的单价为国内知名电动机生产厂商提供的价格，不同生产厂家之间的价格可能会有差异。

2. 电缆介质损耗（三相）

$$\Delta P_{\mathrm{j}} = U^2 \omega C \tan \delta L \times 10^{-3}$$

$$C = \frac{\varepsilon}{18 \ln \frac{r_{\mathrm{e}}}{r_{\mathrm{i}}}}$$

式中　ΔP_{j}——电缆介质损耗，kW；

　　　U——电缆运行线电压，kV；

　　　ω——系统角频率，$\omega = 2\pi f \approx 314$，rad/s；

　　　$\tan\delta$——电缆相对地介质损失角的正切值，交联聚乙烯电缆取 0.008；

　　　C——单位长度电缆每相的工作电容，可由产品样本查得，或按公式计算，μF/km；

　　　ε——绝缘介质的介电常数，可由产品目录查得，或按表 5-13 选取，或取实测值；

　　　r_{e}——绝缘层外半径，mm；

　　　r_{i}——线芯半径，mm。

表 5-13　电缆常用绝缘材料的 ε 和 $\tan\delta$ 值

电缆型式	ε	$\tan\delta$
油浸纸绝缘		
黏性浸渍不滴流绝缘电缆	4	0.01
压力充油电缆	3.5	0.0045
丁基橡皮绝缘电缆	4	0.05
聚氯乙烯绝缘电缆	8	0.1
聚乙烯电缆	2.3	0.004
交联聚乙烯电缆	3.5	0.008

注　1. $\tan\delta$ 值为最高允许温度和最高工作电压下的允许值。

　　2. 本表摘自 DL/T 686—1999《电力网电能损耗计算导则》中表 1。

对于电压为 110kV 及以下的电力网，介质损耗可以忽略不计。

（二）降低电缆损耗的措施

从电缆损耗的计算公式可知，在一定的系统电压等级、回路工作电流下，电缆损耗与导体材质、截面积及长度有关，设计中应针对这些方面采取措施，以降低电缆损耗。

1. 合理选择电缆的导体材质

电缆损耗与导体电阻率成正比。同等工况下，铝导体的电阻率约为铜导体的 1.68 倍，相应铝导体电缆的损耗也约为铜导体电缆的 1.68 倍，考虑到温升效应，损耗会更大。因此，采用铜导体电缆有利于节能降耗。

2. 合理选择电缆的截面积

电缆损耗与导体截面积成反比。按电缆截面

选择原则，可以确定满足载流量要求的最小截面电缆；但从长远来看，选用最小截面电缆并不经济。有时把理论最小截面电缆加大一到二级，线损下降所节省的费用，可以在较短时间内把增加的投资收回。

电缆截面增加后，线损下降为

$$\Delta(\Delta P) = \Delta P \left(1 - \frac{R_2}{R_1}\right) = \Delta P \left(1 - \frac{A_1}{A_2}\right)$$

式中　$\Delta(\Delta P)$——电缆有功功率损耗下降值，kW；

　　　R_1、R_2——电缆理论最小截面的电阻、放大电缆截面后的电阻，Ω/km；

　　　A_1、A_2——电缆理论最小截面积、放大后的电缆截面积，mm²。

则截面加大后，减少的电缆线损电费为

$$M = \Delta(\Delta P)TB$$

增加的电缆投资为

$$N = EL$$

式中　M——电缆截面加大后减少的线损电费，元；

　　　T——电缆运行小时数，h；

　　　B——电价，元/（kW·h）；

　　　N——电缆截面加大后增加的线路投资，元；

　　　E——不同截面电缆的差价，元/km。

当 $M=N$，即节省电费与增加投资相等时，电缆运行小时数的计算式为

$$T = \frac{E}{3I_{\mathrm{e}}^2 B \Delta R \times 10^{-3}}$$

$$\Delta R = R_1 - R_2$$

式中　ΔR——电缆截面加大后的电阻差值，Ω/km。

由于电缆的使用年限一般在 10 年以上，加大截面节能降损所创造的经济效益是十分显著的，同时也大大降低了电缆发热引起火灾的概率。

3. 优化配置各级厂用配电装置

在厂用电设计中，通过合理地分配各段高、低压厂用母线上的负荷，在主厂房及厂区合理设置各级高、低压厂用配电装置，各级厂用配电装置尽量靠近负荷中心，可缩短供电路径长度，减少迂回送电，降低电缆损耗，大大节省电缆及构筑物的投资。

4. 优化电缆敷设设计

在电缆桥架设计和电缆敷设设计中，适当放大电缆间的间隔距离，降低电缆通道的充满度，可降低电缆的温升，从而降低因温升导致的线损，并有利于延长电缆的使用寿命。一般桥架中，中压和低压电缆充满度分别不宜超过 50% 和 70%，中压电缆尽可能间隔敷设，大截面低压电缆不宜叠层敷设。这些措施均可有效降低电缆损耗，有利于电厂节能降耗，相应地要增加电缆构筑物等的初始投资。

优化电缆敷设路径，缩短电缆敷设长度，也能有效降低电缆损耗。

四、新型电除尘供电装置的选用

在火电厂厂用电系统中，电除尘器的耗电量是比较大的。以1000MW机组一般采用的三室五电场电除尘器为例，每个电场的高压供电装置额定功率约为200kW，整个电除尘器的15套供电装置共计消耗功率3000kW，耗电量大。为了在提高除尘效率的同时降低能量消耗，目前主要是从电除尘供电装置和电除尘控制系统两方面进行节能优化设计。

（一）电除尘供电装置选型

1. 供电装置的分类

（1）按工作频率分类，可分为工频电源、中频电源、高频电源。工频电源的工作频率为50Hz或60Hz；高频电源的工作频率一般在10kHz以上；中频电源的工作频率介于工频和高频两者之间，一般为400Hz～2kHz。

（2）按高压电源输入形式分类，可分为单相电源输入和三相电源输入。三相工频电源、高频电源、中频电源的输入电源为三相；传统工频高压硅整流电源的输入电源为单相。

2. 传统单相工频电源存在的问题

传统单相工频电源技术成熟，其主要不足如下：

（1）工作效率低，电能转换效率低至75%以下，能耗高。

（2）电源输入为单相380V交流，采用晶闸管工频相位调节，功率因数低至0.7以下，电网通常情况下无法完全平衡，电网损耗大，谐波干扰大。

（3）输出纹波大，平均电压比脉动峰值电压低35%左右，致使电晕电压低，波形是单一的工频波，在高浓度粉尘、高比电阻等工况下，很难达到环保排放要求。

（4）工作频率低，变压器和滤波器体积大、质量大，耗费大量铜和铁，性价比低。

（5）体积庞大的电源控制调节柜和隔离升压变压器分开两处布置，耗费空间，增加基建及电缆费用。

随着电子技术的发展和进步，数字化、智能化成为电除尘电源发展的主导方向。配合先进的智能化控制系统，现代单相工频电源在一定程度上也能实现节能、提效。

3. 新型高压电源的选用

与传统单相工频电源相比，近年来广泛应用的高频电源、中频电源、三相工频电源具有更优越的性能，在降低能耗方面也具有非常显著的效果。传统单相工频电源与各种新型电源性能比较见表5-14。

表5-14　　　　　　　　　　传统单相工频电源与各种新型电源性能比较

供电装置型式	单相工频电源	高频电源	中频电源	三相工频电源
主电路形式	简单	复杂	复杂	简单
电源相数	单相，不平衡	三相，平衡	三相，平衡	三相，平衡
对电网影响	电网损耗较大，存在谐波干扰	电网损耗小，谐波干扰较小	电网损耗小，谐波干扰较小	电网损耗小，存在谐波干扰
工作频率	50Hz或60Hz	10kHz以上	400Hz～2kHz	50Hz或60Hz
输出平均电压 U_2	基准	高25%～30%	高约20%	高约20%
输出电压纹波系数	30%	<1%	<5%	≤5%
间歇脉冲供电时的脉冲宽度	最小10ms	几百微秒到几毫秒	最小2.5ms	最小10ms
火花熄灭时间	10ms	<30μs	2ms	10ms
电能转换效率	≤70%	可达90%	可达85.5%	可达87%
电能转换效率	≤75%	85.5%及以上	可达85.5%	可达74%以上
功率因数	≤0.7	可达0.95	可达0.9	可达0.95
结构	控制柜与变压整流分体式结构	配电及控制系统、变压器集成一体化		与单相工频电源相同
安装、维护	控制柜需布置在控制室内，维护简便	直接在电除尘顶部安装，节省电缆费用1/3，可缩小控制室的面积	与单相工频电源相同	与单相工频电源相同

供电装置型式	单相工频电源	高频电源	中频电源	三相工频电源
适用场合	适用于绝大多数电除尘工况条件	应用于高粉尘浓度的电场,可提高电场的工作电压和荷电电流。优先考虑在第一电场配置	应用于高粉尘浓度的电场,可提高电场的工作电压和荷电电流	电除尘器比较稳定的工况条件
应用注意事项	克服高浓度粉尘电晕封闭和高比电阻反电晕等方面存在不足	当粉尘比电阻较高时,后级电场选用高频电源,应用间歇脉冲供电以克服反电晕	当粉尘比电阻较高时,应用间歇脉冲供电以克服反电晕	在电场闪络时的火花强度大,火花封锁时间长,需要采用新的火花控制技术和抗干扰技术

在新型高压电源的选用时,应注意以下几点:

(1)高压电源工作在间歇脉冲供电方式时,在较窄的高压脉冲作用下,可以有效提高脉冲峰值电压,增加高比电阻粉尘的荷电量,克服反电晕,增加粉尘驱进速度,提高电除尘器的除尘效率并大幅度节能。

(2)火花关断时间反映火花控制特性的好坏。火花关断时间越短,火花能量越小,电场恢复越快,有利于提高电场的平均电压,从而提高除尘效率。

(3)以节能为主要目的应用中,可以为整台电除尘器配置高频电源,但需要对粉尘和工况条件进行全面分析,并同时应用断电(减功率)振打等技术配合。必要时需请专业技术人员进行烟尘工况的现场诊断和评估。

(二)电除尘控制系统优化

1. 传统控制方式存在的问题

(1)反电晕现象。反电晕是沉积在收尘极表面上的高比电阻粉尘层产生的局部放电现象。它会导致收尘效率降低,严重时可使电除尘器收尘处于中断状态;使电场内产生火花的临界电压降低、电场间频繁闪络,进一步降低收尘效果;产生大量无效电流,造成电除尘器能耗大幅增加,浪费电能。反电晕发生后,如果供电电源继续增加输入功率,就会引发更加严重的反电晕现象。

传统控制方式不能灵敏可靠地检测反电晕的发生及其程度,并加以调整和控制,达到最佳的收尘效果。

(2)不能灵活控制振打。传统控制方式的高、低压控制系统分开配置,很少或不采用减功率振打/断电振打运行,附着在电除尘器阳极板上的高比电阻粉尘的电荷长时间不能被吸收,且附着力很强,普通振打不起作用,导致电除尘器收尘极板积灰严重。阴极线积灰严重直接影响电晕极放电,阳极板积灰严重将导致更严重的反电晕。

(3)不能很好地进行火花控制。为了提高除尘效率,电除尘器运行时要尽可能提高阳极板和阴极线之间的电压,以获得更高的电场强度。但是电压提高到一定程度时,电晕电离会贯穿整个电场,产生强烈放电,即电火花。如果不加以控制,会发展成电弧,使整个电场彻底击穿。这不仅会降低除尘效率,浪费电能,还可能损坏极板、极线,造成安全隐患。

传统控制方式在火花控制方面存在如下问题:

1)火花判断不准确;

2)二次电流及电压恢复斜率较小,波动较大,不能很好地抑制火花、减少电弧。

2. 新型电除尘控制系统相关节能技术

目前研究开发出的多种降低电除尘器运行能耗、提高除尘效率的节能控制技术,已在常规工频高压电源、高频高压电源等供电装置中得到广泛的应用,并一直在不断地改进与完善中。相关节能技术包括但不限于:

(1)间歇脉冲供电技术。理论分析和实践证明,采用间歇脉冲供电技术能够克服高比电阻粉尘引起的反电晕,通过对脉冲间歇时间的优化调整,不但可以提高除尘效率,而且可以降低电除尘电能消耗。

(2)闭环自动控制。当电除尘器进口烟尘负荷变化时,如果一直运行在某一固定模式下,为保证电除尘排放达标,将会浪费大量电能。通过闭环自动控制,可通过降低电源输出功率来实现保效节能。

(3)减功率振打/断电振打控制技术。减功率振打/断电振打控制技术的主要功能是当某个电场振打器振打工作时,与之对应的高压电源实行断电或减功率运行,待振打结束后,高压电源恢复原运行状态。这样能够降低收尘极板极线的持灰力,使振打更有效地清除积灰,保持了运行中电除尘器极板极线的干净,提高收尘效率。减功率振打/断电振打的控制策略应适应除尘器本体结构的多样性和入口烟尘工况特性的变化。

减功率振打/断电振打控制的要点是,高压断电的时间要短,以免产生较大断电扬尘;振打器的频度和力度在断电振打时要可调整,充分地把电场的积尘清除;振打时间短、振打频度和力度可在线调整的振打器更适宜减功率振打/断电振打工作方式。

(4)电除尘整体节能优化控制。在许多工况条件下,电除尘智能监控系统的节能软件以锅炉负荷、浊度、烟气温度等多种信号为反馈,由监控系统对电除尘器各电场的运行工况进行在线动态分析，自动实现组合供电，使电除尘处于一个经济的运行模式和运行工况，从而达到在保证除尘效率的前提下最大限度地节约电除尘的耗电量，实现提效最优化和节能最大化。

3. 现代先进智能型控制系统的特点

（1）比传统的模拟控制具有更强的智能控制性能和更高的可靠性，确保电除尘器高效运行。它采用自动分析电除尘器的电场工况特性、反电晕控制和减功率振打等技术，拥有更加完善的火花跟踪和处理功能。

（2）可实现节能运行。智能型控制系统一般具有火花跟踪控制方式、最高平均电压控制方式、间歇脉冲控制方式、恒定火花率控制方式、反电晕检测控制方式、临界火花控制方式等工作方式。可根据不同的工况状态，灵活地选择适当的工作方式，在提高除尘效率的同时，降低电除尘器的运行能耗。例如，对传统单相工频电源配置智能控制系统，在进行现场优化设定以后，运行能耗将不大于额定设计容量的1/3。

（3）可采用多种先进的数字通信方式，如以太网通信（TCP/IP 通信方式）、现场总线通信方式、串行通信方式等，与上位机系统通信；接受上位机传达的操作指令和向上传送运行参数和状态设定；能在上位机上设定电流、设定控制方式，能远程启动、远程停机。在上位机失效情况下，智能控制器可以作为一个独立单元进行操作，控制柜可完全独立运行，并接受操作人员的手动控制。

（4）可以实现高、低压控制一体化设计，在高压控制柜实现部分低压控制；控制器除了控制整流变压器外，还有另外的 I/O 接口，用来控制振打电动机、加热器或排灰电动机。

五、节能接触器的选用

传统交流接触器是通过给吸引线圈通电，由电流的磁场将上下 E 形铁芯吸合实现保持。以 2×600MW 机组为例，全厂中压接触器约 80 台，每只接触器保持线圈的电能消耗每年约 387.2kW·h，全厂中压接触器电能消耗每年约 34MW·h；全厂经常运行的交流低压接触器约 400 台，每只接触器保持线圈的电能消耗每年约 277.5kW·h，全厂低压接触器电能消耗每年约 111MW·h。可见，接触器的能耗也是不可忽视的。

永磁接触器依靠永磁力进行合闸保持，仅在吸合瞬间通电少量耗能，设备价格基本不变，节能效果却比较可观。工程设计中，在技术可靠、经济合理时，可积极采用节能接触器。

不同规格低压永磁接触器与常规电磁接触器能耗比较见表 5-15。

表 5-15　不同规格低压永磁接触器与常规电磁接触器能耗比较

规格 （A）	永磁接触器		电磁接触器	
	吸合功率 （V·A）	保持功率 （V·A）	吸合功率 （V·A）	保持功率 （V·A）
25	20	1.5	77	9.8
40	29	1.5	145	12.5
65	29	1.5	218	21
115	113	1.5	250	4.8
185	125	1.5	300	5.8
265	170	1.5	490	5.6
400	180	1.5	700	7.6

注　表中数据引自产品样本，工程设计中应根据实际所采用产品的技术参数进行设计。

第四节　照明系统节能设计

照明系统节能设计除了在灯具布置设计中尽量利用天然采光外，主要考虑光源的选择、灯具的选择、镇流器的选择及智能照明控制系统等因素。

一、光源的选择

目前常用的照明光源有普通白炽灯、卤钨灯、普通直管荧光灯、三基色荧光灯、紧凑型荧光灯、荧光高压汞灯、高压钠灯、金属卤化物灯和高频无极灯。节能光源主要有三基色荧光灯、节能灯（自镇流荧光灯）、无极荧光灯、金属卤化物灯、高压钠灯、半导体（LED）灯等。

选用的照明光源应符合国家相关能效标准的规定，优先选用节能型产品，具体选择如下：

（1）高度较低房间宜采用细管径直管形荧光灯、紧凑型荧光灯或发光二极管。

（2）高度较高的工业厂房应按照生产使用要求，采用金属卤化物灯、高压钠灯或无极荧光灯。

（3）道路照明和户外照明应选用高压钠灯、金属卤化物灯、荧光灯，也可选用发光二极管或无极荧光灯。

（4）一般照明场所不宜采用卤素灯、荧光高压汞灯，不应采用自镇流荧光高压汞灯。

（5）除对电磁干扰有严格要求，且其他光源无法满足的特殊场所外，室内外照明不应采用普通照明白炽灯。

（6）在技术经济合理时宜选用半导体（LED）灯。

LED 是一种半导体发光二极管，利用固体半导体芯片作为发光材料，当两端加上正向电压时，半导体中的载流子发生复合发出过剩的能量，从而引起光子发射可见光。由于 LED 灯是直接的电子运动产生的光源，不是靠热辐射，所以 LED 灯的节能效果显著。目前在理论上还没有比其更节能的发光体。

LED 灯具备零闪烁、零辐射、无污染、无紫外线/红外线、无高频电磁辐射的特点，其废物可回收利用，不含像其他荧光管节能灯里面的有毒物质（汞元素）。LED 灯为冷光源，可以安全触摸，属于典型的绿色光源。

LED 灯工作时电流极低，因此使用寿命超长，可达数万小时以上，免去频繁购买灯泡和维修的烦恼，节省了购买灯泡的费用。LED 灯的理论寿命可达 10 年以上。

LED 灯具有很长的理论寿命，节约电能，易于控制光污染，运行可靠性高，发光色彩纯正，光色丰富多彩，可控性好，体积小巧，质量轻，结构紧凑，供电简单，因此被誉为继白炽灯、荧光灯和高强气体放电灯之后的第四代光源。

主要电光源技术性能指标见表 5-16。

表 5-16　主要电光源技术性能指标

光源种类	光效（lm/W）	显色指数 R_a	色温（K）	平均寿命（h）
普通白炽灯	7.3～25	95～99	2400～2900	1000～2000
普通荧光灯	60～70	60～72	全系列	6000～8000
三基色荧光灯	93～104	80～98	全系列	12000～15000
紧凑型荧光灯	44～87	80～85	全系列	5000～8000
高压汞灯	32～55	35～40	3300～4300	5000～10000
金属卤化物灯	52～130	65～90	3000/4500/5600	5000～10000
高压钠灯	64～140	23/60/85	1900/2000/2500	12000～24000

注　本表摘自《建筑照明设计标准设计培训讲座》的表 3.2.3-1，北京：中国建筑工业出版社，2004。

二、灯具的选择

在满足眩光限制和配光要求条件下，应选择效率或效能高的灯具，并符合下列规定。

（1）直管形荧光灯灯具的效率不应低于表 5-17 的规定。

表 5-17　　直管形荧光灯灯具的效率

灯具出光口形式	开敞式	保护罩（玻璃或塑料）		格栅
		透明	磨砂、棱镜	
灯具效率	75%	70%	55%	65%

注　本表摘自 DL/T 5390—2014《发电厂和变电站照明设计技术规定》的表 5.1.2-1。

（2）紧凑型荧光灯筒灯、小功率金属卤化物灯筒灯灯具的效率不应低于表 5-18 的规定。

表 5-18　　紧凑型荧光灯筒灯、小功率金属卤化物灯筒灯灯具的效率

灯具出光口形式	开敞式	保护罩	格栅
紧凑型荧光灯筒灯灯具效率	55%	50%	45%
小功率金属卤化物灯筒灯灯具效率	60%	55%	50%

注　本表摘自 DL/T 5390—2014《发电厂和变电站照明设计技术规定》的表 5.1.2-2 和表 5.1.2-3。

（3）高强度气体放电灯灯具的效率不应低于表 5-19 的规定。

表 5-19　　高强度气体放电灯灯具的效率

灯具出光口形式	开敞式	格栅或透光罩
灯具效率	75%	60%

注　本表摘自 DL/T 5390—2014《发电厂和变电站照明设计技术规定》的表 5.1.2-4。

（4）发光二极管筒灯、灯盘的效能不应低于表 5-20 的规定。

表 5-20　　发光二极管筒灯、灯盘的效能

色温（K）	2700		3000		4000	
灯具出光口形式	格栅	保护罩	格栅	保护罩	格栅	保护罩
灯具效能（lm/W）	55	60	60	65	65	70

注　本表摘自 DL/T 5390—2014《发电厂和变电站照明设计技术规定》的表 5.1.2-5 和表 5.1.2-6。

三、镇流器的选择

选用的镇流器应符合国家相关能效标准的规定，具体选择如下：

（1）自镇流荧光灯应配用电子镇流器。采用电子镇流器，使灯管在高频条件下工作，可提高灯管

光效和降低镇流器的自身功耗，有利于节能，并且发光稳定，消除了频闪和噪声，有利于提高灯管的寿命。目前我国的自镇流荧光灯大部分采用电子镇流器。

（2）直管形荧光灯应配用电子镇流器或节能型电感镇流器。T8 直管形荧光灯应配电子镇流器或节能型电感镇流器，不应配用功耗大的传统电感镇流器，以提高功效；T5 直管形荧光灯（＞14W）应采用电子镇流器，因为电感镇流器不能可靠启动 T5 灯管。

（3）高压钠灯、金属卤化物灯宜配用节能型电感镇流器；在电压偏差较大的场所，宜配用恒功率镇流器；功率较小者可配用电子镇流器。当采用高压钠灯和金属卤化物灯时，宜配用节能型电感镇流器，它比普通电感镇流器节能。这类光源的电子镇流器尚不够稳定，暂不宜普遍推广应用；对于功率较小的高压钠灯和金属卤化物灯，可配用电子镇流器，目前市场上有这种产品。在电压偏差大的场所，采用高压钠灯和金属卤化物灯时，为了节能和保持光输出稳定，延长光源寿命，宜配用恒功率镇流器。

（4）采用的镇流器应符合该产品的国家能效标准。

四、智能照明控制系统

智能照明控制系统不仅能实现灯光系统的调控，还可以依据实际需要预设照明场景，并针对时段、场所属性、室内外照度等因素对灯光进行自动或远程可视化遥控操作，从而有效地节省电能开销、改善工作环境，并可提高智能建筑系统的综合管理水平。根据一般的办公大楼运营经验来看，智能照明控制系统的节能效果能达到40%以上；在一般的商场、酒店、地铁站等场合，节能效果能达到 25%～30%；而在一般的工矿企业，节能效果也能达到 10%～15%。

智能照明控制系统是一个由中央控制器、主通信干线、分支、信息接口、智能照明控制终端及智能化终端电器等部分构成，是一个对各区域实施相同的控制和信号采样的网络系统。智能照明的控制终端由调光模块、控制面板、照度动态检测器及动静探测器等单元构成。主控制器和照明终端和智能化电器终端之间通过信息接口等元件来连接，实现控制信息的传输。

结合发电厂的具体情况，发电厂总线式智能照明节能控制系统由一次回路智能型照明控制箱、二次自动化控制通信管理机和后台以及通信网络等组成部分构架而成。其智能照明控制系统将主要覆盖景观照明、路灯、办公楼、发电厂厂房等。由于发电厂照明设施地理位置分散、数量众多以及统一布线困难，因此宜采用分层分布式的网络体系结构，并根据地理位置分

布需要使用有线通信连接和部分无线通信连接构成完整的网络。

在有条件、经技术经济比较合理时，宜采用智能照明控制系统。

五、照明光源、镇流器的能效评价值

我国已制定的照明产品能效标准有 8 项，见表 5-21。为推进照明节能，设计中应选用符合这些标准的"节能评价值"的产品。

表 5-21 我国已制定的照明产品能效标准

序号	标准编号	标 准 名 称
1	GB 17896—2012	管型荧光灯镇流器能效限定值及节能评价值
2	GB 19043—2013	普通照明用双端荧光灯能效限定值及能效等级
3	GB 19044—2013	普通照明用自镇流荧光灯能效限定值及能效等级
4	GB 19415—2013	单端荧光灯能效限定值及节能评价值
5	GB 19573—2004	高压钠灯能效限定值及能效等级
6	GB 19574—2004	高压钠灯用镇流器能效限定值及节能评价值
7	GB 20053—2015	金属卤化物灯用镇流器能效限定值及能效等级
8	GB 20054—2015	金属卤化物灯能效限定值及能效等级

一般照明选用的光源功率，在满足照度均匀度条件下，宜选择该类光源中单灯功率较大的光源。对于直管荧光灯，根据现今产品资料，长度为 1200mm 左右的灯管光效最高，特别是比长度 600mm 左右（即 T8 型 18W，T5 型 14W）的灯管效率高很多，再加上其镇流器损耗差异，前者的节能效果十分明显。所以除特殊装饰要求者外，应选用前者（即 28～45W 灯管），而不应选用后者（14～18W 灯管）。

照明配电线路的功率因数不应低于 0.9，宜采用灯内补偿的方式。

由于气体放电灯配电感镇流器时，功率因数一般仅为 0.4～0.5，为了降低照明线路损耗，采用在灯内加电容器来提高功率因数。

荧光灯功率因数不应低于 0.9，高强气体放电灯功率因数不应低于 0.85。

六、稳压装置及补偿电容器

照明母线的电源进线上宜装设分级补偿的有

载自动调压器，或采用带有载调压开关的照明变压器。装设分级补偿的有载自动调压器或照明变压器采用有载调压开关，可以提高照明电源质量、改善运行条件、延长灯具寿命、节能，使照明母线的电压自动调整在 380/220V 的 100%～105% 范围内。

过高的电压将会使照度过度提高，会导致光源使用寿命降低和能耗过度增加，不利于节能；过低的电压将会使照度降低，影响照明质量。

装设大容量电压自动分级补偿装置，当测得电压有偏移时，调压器通过接触器群改变一次绕组的连接方式，从而提供不同的补偿电压，加入到供电回路，使电压保持在额定范围内。

气体放电灯功率因数较低，可以采用单灯补偿方式，在镇流器的输入端接入一个适当容量的电容器，可将单灯功率因数提高到 0.9，降低线路上的能量损失。气体放电灯补偿电容器选用见表 5-22。

表 5-22　气体放电灯补偿电容器选用

光源种类及规格		补偿电容量（μF）	工作电流（A）		补偿后功率因数
			无补偿电容	有补偿电容	
高压钠灯	70W	12	0.98	0.42	
	100W	15	1.24	0.59	
	150W	22	1.8	0.88	
	250W	35	3.1	1.4	
	400W	55	4.6	2	
金属卤化物灯	150W	13		0.76	≥0.9
	175W	13		0.9	
	250W	18		1.26	
	400W	26		2	
荧光灯	18W	2.8		0.091	
	30W	3.75		0.152	
	36W	4.75		0.181	

注　本表摘自北京照明学会照明设计专业委员会编的《照明设计手册（第二版）》，北京：中国电力出版社，2006。

七、照明节能的评价指标

照明节能的评价指标采用一般照明的照明功率密度（LPD）。

火电厂生产相关场所照明功率密度值应符合表 5-23 的规定。当场所的照度值高于或低于规定照度值时，其照明功率密度值应按比例提高或折减。

表 5-23　火电厂生产相关场所照明功率密度值

房间或场所	照明功率密度（W/m²）		对应照度值（lx）	对应室形指数
	现行值	目标值		
汽机房运转层	7.0	6.0	200	1.00
汽机房底层、除氧器、管道层	4.0	3.5	100	0.80
锅炉房底层、引风机、送风机、排粉机、磨煤机、一次风机、二次风机的操作区	5.0	4.5	100	0.80
主控室、网控室、计算机房	16.0	14.0	500	1.50
电子设备间	9.5	8.0	300	1.50
输煤、除灰、除尘、化水、供水控制室	9.5	8.0	300	1.50
高、低压厂用配电装置室	7.0	6.0	200	1.00
蓄电池室、充电室、通风机室、调酸室	4.0	3.0	100	0.80
电缆半层、电缆夹层	3.0	3.0	50	0.80
不间断电源（UPS）、柴油发电机房	4.0	3.5	100	0.80
通信机房	9.5	8.0	300	1.50
化学水处理间、阴阳离子交换室、油处理室、油再生设备间、电解室、储酸室、加酸间（处）、加药间、水泵间	4.0	3.5	100	0.80
药剂配置间、计量间、化验室、天平室、值班化验台	9.5	8.0	300	1.50
地下卸煤沟、输煤栈桥	3.0	3.0	50	1.00
翻车机室、输煤转运站、碎煤机室	5.0	4.5	100	0.80
灰浆泵房、灰渣泵房、除尘器间、脱硫装置	5.0	4.5	100	0.80
水泵房、机力塔风机室	5.0	4.5	100	0.80
焊接车间、金工车间、锻工车间、铸工车间、木工车间、机电检修间、热处理车间	8.0	7.0	200	1.50
大件贮存库	2.5	2.0	50	—
中小件贮存库	5.4	3.5	100	—
精细件贮存库	7.0	6.0	200	—
液氨储存间、液氨储存间	5.0	4.5	100	0.80

注　本表摘自 DL/T 5390—2014《发电厂和变电站照明设计技术规定》的表 10.0.8。

火电厂辅助建筑照明功率密度值不应大于表 5-24 的规定。当房间或场所的照度值高于或低于规定的照度值时，其照明功率密度限值应按比例提高或折减。

表 5-24　火电厂辅助建筑照明功率密度值

房间或场所	照明功率密度（W/m²）		对应照度值（lx）	对应室形指数
	现行值	目标值		
办公室、资料室、会议室、报告厅	9.0	8.0	300	1.50
工艺室、绘图室、设计室	15.0	13.5	500	1.50
打字室、阅览室、陈列室、医务室	9.0	8.0	300	1.50
食堂、车间休息室、单身宿舍	7.0	6.0	200	1.50
浴室、更衣室、厕所、盥洗室	5.0	4.5	100	1.50
楼梯间	3.5	3.0	30	—
门厅	5.0	4.5	100	1.50
有屏幕显示的办公室	15.0	13.5	500	1.50

注　本表摘自 DL/T 5390—2014《发电厂和变电站照明设计技术规定》的表 10.0.9。

当房间或场所的室形指数与表 5-23、表 5-24 给出的对应值不一致时，其照明功率密度限值应按表 5-25 进行折算修正。

表 5-25　火电厂辅助建筑照明功率密度值

室形指数设计值	标准中对应的室形指数			
	0.8	1	1.5	2
$RI<0.8$	1.21	1.40	1.71	1.86
$0.8≤RI<1$	1.00	1.16	1.41	1.53
$1≤RI<1.5$	0.87	1.00	1.22	1.33
$1.5≤RI<2$	0.71	0.82	1.00	1.09
$RI>2$	0.65	0.75	0.92	1.00

注　本表摘自 DL/T 5390—2014《发电厂和变电站照明设计技术规定》的表 10.0.10。

八、道路照明和户外照明节能措施

道路照明和户外照明应选用高压钠灯、金属卤化物灯、荧光灯，也可选发光二极管或无极荧光灯；宜采用分区、分组集中手动控制方式，或采用光控、时控等自动控制方式。当采用自动控制时，应同时设置手动控制开关；当采用光控时，宜按下列条件整定开关灯时间：

（1）当天然光照度水平达到该场地照度标准值时关灯。

（2）当天然光照度下降到该场地照度标准值的80%～50%时开灯。

高压钠灯光效更高，寿命更长，价格较低，但其显色性差，可用于辨色要求不高的场地；而金卤灯具有光效高、寿命长等优点，应用普遍；使用荧光灯时应注意环境温度的影响；发光二极管（LED）、无极荧光灯是新一代节能光源，寿命长、启动快、光效高，但初次投资大，有条件的道路照明可以考虑。

（1）采用分区分组集中控制以及自动控制等方式的主要目的是为了节约能源，方便使用操作。

（2）开灯时人眼是明适应，适应时间较短，而关灯时则是暗适应，所以开灯的照度水平可以低于关灯时的照度水平，一般是关灯照度水平为开灯时的2～3 倍。

在确定照明设计方案的同时，应建立清洁光源、灯具的制度，定期进行擦拭；按照光源的光通维持率和点亮时间，定期更换光源。更换光源时，应采用与原设计或实际安装相同的光源，不得任意更换光源的主要性能参数。

有天然采光的场所，宜根据天然光状况手动或自动调节灯具的开关或光通输出。烟囱航空障碍灯、路灯可采用洁净能源，如太阳能、风能等。

第六章

火电厂仪表与控制专业节能设计

仪表与控制系统是火电厂的重要组成部分，系统基本设计目标是满足机组安全、经济、环保运行和启停的要求。仪表与控制专业的节能设计就是在综合考虑技术可行性、经济性、节能效益及投产后运维成本等的基础上，以满足机组经济运行为重要目标开展系统设计与选型。

仪表与控制系统设备本身不属于高耗能设备，因此仪表与控制专业节能设计的关注重点不是仪表与控制系统设备的自身能耗，而是以准确监测工艺设备和系统的运行状态及性能为基本要求，设置相应的检测仪表设备，合理选择与配置设备或系统的性能在线监测、运行优化、节能控制及精细化管控等功能，最终通过提高机组运行与管理水平而实现机组的经济运行。

第一节 检测仪表设置与选择

针对检测与仪表的节能设计，主要考虑两个方面：一方面是配合工艺系统及设备的节能设计需求，设计相应的仪表检测系统，满足节能工艺系统和设备的运行监控要求；另一方面是根据机组性能在线计算、优化控制、精细化管控等功能的需求，对其所涉及参数的测量仪表选型、布置与安装等提出具体要求。测量参数的准确性是实现过程节能监控、构建节能相关高级应用功能的基础。检测仪表节能设计时，应遵循以下原则：

（1）根据项目总体优化设计目标的要求，新建机组的规划设计中应将节能设备与系统的监控及高级应用功能所涉及的测点或测量系统列为重要设计内容。

（2）根据测量对象与条件的不同需求，参照火电厂相关性能试验规程中参数测量部分的技术要求，选择相应高精度、高准确度的仪表。当用于常规运行监控的测量仪表的性能满足节能相关功能的要求时，两者可以共用，或只共用一次测量元件。

（3）节能检测任务对测量的精度及准确度提出更高要求，相关就地设备及管路的布置与安装应严格执行 DL/T 5182《火力发电厂热工自动化就地设备安装、

管路及电缆设计技术规定》的要求。

一、温度测点布置

不同温度测量方式各有优点，应根据测量需求的不同，选择不同类型的热电偶或热电阻，并进行精细化布置以满足节能相关计算功能对高准确度测量的要求。

（1）温度测点应设计布置在压力测点的下游，尽量靠近用于确定焓值的相应压力测点。典型 600MW 汽轮机性能计算温度测点清单见表 6-1。

（2）对相关计算功能结果有重大影响的温度量，应设置两个温度计套管，采用相互独立的双重测点来测量温度。

（3）对于大尺寸管（烟）道宜采用多点测量。如锅炉烟气温度测量时，空气预热器 A、B 两侧进、出口烟道内，按等截面网格法的原则，设置 E 型铠装热电偶测量烟气温度。空气预热器进口 A、B 两个烟道的测点数均为 10（孔）×3（点），空气预热器出口 A、B 两个烟道的测点数均为 8（孔）×3（点）。空气预热器进口空气温度测点布置在空气预热器 A、B 两侧进口一次风道和二次风道内，一次风道每侧 3（孔）×1（点），二次风道每侧 5（孔）×1（点）。

表 6-1 典型 600MW 汽轮机性能计算温度测点清单

温度测点	测点名称	布置位置
T1	自动主汽门前温度左1	自动主汽门前左侧支管，压力测点下游
T2	自动主汽门前温度左2	自动主汽门前左侧支管，压力测点下游。两个温度测点相距一倍管径
T3	自动主汽门前温度右1	自动主汽门前右侧支管，压力测点下游
T4	自动主汽门前温度右2	自动主汽门前右侧支管，压力测点下游。两个温度测点相距一倍管径
T5	高压缸排汽温度左1	高压缸排汽左侧竖直道上，压力测点下游

续表

温度测点	测点名称	布置位置
T6	高压缸排汽温度左2	高压缸排汽左侧竖直管道上，压力测点下游。两个温度测点相距一倍管径
T7	高压缸排汽温度右1	高压缸排汽右侧竖直管道上，压力测点下游
T8	高压缸排汽温度右2	高压缸排汽右侧竖直管道上，压力测点下游。两个温度测点相距一倍管径
T9	再热汽门前温度左1	再热汽门前左侧蒸汽管道，压力测点下游
T10	再热汽门前温度左2	再热汽门前左侧蒸汽管道，压力测点下游。两个温度测点相距一倍管径
T11	再热汽门前温度右1	再热汽门前右侧蒸汽管道，压力测点下游
T12	再热汽门前温度右2	再热汽门前右侧蒸汽管道，压力测点下游。两个温度测点相距一倍管径
T13	中压缸排汽温度左1	中压缸排汽垂直管段，压力测点下游
T14	中压缸排汽温度左2	中压缸排汽垂直管段，压力测点下游
T15	低压缸进汽温度右1	低压缸进汽垂直管段，压力测点下游
T16	低压缸进汽温度右2	低压缸进汽垂直管段，压力测点下游
T17	六段抽汽温度	抽汽电动阀前、靠近缸体侧，压力测点下游
T18	6号低压加热器进汽温度	加热器进汽管，靠近加热器处，压力测点下游
T19	五段抽汽温度	抽汽电动阀前、靠近缸体侧，压力测点下游
T20	5号低压加热器进汽温度	加热器进汽管，靠近加热器处，压力测点下游
T21	四段抽汽温度	抽汽电动阀前、靠近缸体侧，抽汽压力测点下游
T22	除氧器进汽温度	除氧器进汽管，靠近入口侧，进汽压力测点下游
T23	给水泵汽轮机进汽温度	给水泵汽轮机进汽总管流量孔板下游
T24	三段抽汽温度	抽汽电动阀前、靠近缸体侧、抽汽压力测点下游
T25	3号高压加热器进汽温度	加热器进汽管，靠近加热器处、进汽压力测点下游
T26	2号高压加热器进汽温度	加热器进汽管，靠近加热器处、进汽压力测点下游
T27	一段抽汽温度	抽汽电动阀前、靠近缸体侧、抽汽压力测点下游

续表

温度测点	测点名称	布置位置
T28	1号高压加热器进汽温度	加热器进汽管，靠近加热器处，进汽压力测点下游
T29	热井出水温度	热井出口总管
T30	8A号低压加热器进水温度	加热器进水管
T31	8B号低压加热器进水温度	加热器进水管
T32	8A号低压加热器疏水温度	疏水出口，靠近加热器，疏水调整阀前
T33	8B号低压加热器疏水温度	疏水出口，靠近加热器，疏水调整阀前
T34	7A号低压加热器出水温度	加热器出水管
T35	7B号低压加热器出水温度	加热器出水管
T36	7A号低压加热器疏水温度	疏水出口，靠近加热器，疏水调整阀前
T37	7B号低压加热器疏水温度	疏水出口，靠近加热器，疏水调整阀前
T38	6号低压加热器疏水温度	疏水出口，靠近加热器，疏水调整阀前
T39	6号低压加热器出水温度	加热器出水管
T40	5号低压加热器疏水温度	疏水出口，靠近加热器，疏水调整阀前
T41	5号低压加热器出水温度	加热器出水管，靠近加热器
T42	主凝结水温度	除氧器进水管
T43	除氧器下水温度1	除氧器下水A管至A汽动给水泵前置泵
T44	除氧器下水温度2	除氧器下水B管至B汽动给水泵前置泵
T45	除氧器下水温度3	除氧器下水C管至电动给水泵前置泵
T46	3号高压加热器进水温度1	加热器进水管，靠近加热器
T47	3号高压加热器进水温度2	加热器进水管
T48	3号高压加热器疏水温度	疏水出口，靠近加热器，疏水调整阀前
T49	3号高压加热器出水温度	加热器出水管

续表

温度测点	测点名称	布 置 位 置
T50	2 号高压加热器进水温度	加热器进水管
T51	2 号高压加热器疏水温度	疏水出口,靠近加热器,疏水调整阀前
T52	2 号高压加热器出水温度	加热器出水管
T53	1 号高压加热器进水温度	加热器进水管
T54	1 号高压加热器疏水温度	疏水出口,靠近加热器,疏水调整阀前
T55	1 号高压加热器出水温度	加热器出水管
T56	最终给水温度 1	省煤器入口管,压力测点下游
T57	最终给水温度 2	省煤器入口管,压力测点下游
T58	平衡管漏汽温度	共有 4 根管道,需要装 4 个温度套管
T59	再热减温水总管温度	总管压力测点下游
T60	轴封冷却器进汽温度	
T61	轴封冷却器进水温度	
T62	轴封冷却器疏水温度	
T63	1 号给水泵出水温度 1	距离 1 号给水泵出口法兰 5m 范围内
T64	1 号给水泵出水温度 2	距离 1 号给水泵出口法兰 5m 范围内。相邻两个温度测点之间相距一倍管径
T65	2 号给水泵出水温度 1	距离 1 号给水泵出口法兰 5m 范围内
T66	2 号给水泵出水温度 2	距离 1 号给水泵出口法兰 5m 范围内。相邻两个温度测点之间相距一倍管径

二、压力测点布置

设备及系统的性能相关监测和计算等功能使用的压力参数为静压。为满足节能相关功能的要求,应选用高精度变送器测量。压力测点设置的要点如下:

(1)取压孔应尽可能布置在远离任何扰动的直管段上。差压或压降的测量应由差压测量装置测定,而不是由两个独立的仪表测定。

(2)当用于机组常规运行监控的压力测点位置满足性能监测与计算要求时,应避免新开孔,二者共用或采用经独立隔离的分支管路来实现。典型 600MW 汽轮机性能计算压力测点清单见表 6-2。

(3)凝汽式汽轮机排汽压力是机组在线性能计算功能的重要测点,应对各低压缸采用多组相互独立的压力测量得出平均静压力。一般以凝汽器入口作为测量平面,每个排汽口布置 2~8 个测点。

表 6-2 典型 600MW 汽轮机性能计算
压力测点清单

压力测点	测点名称	布 置 位 置
P1	自动主汽门前压力左	自动主汽门前左侧支管主蒸汽管道
P2	自动主汽门前压力右	自动主汽门前右侧支管主蒸汽管道
P3	高压缸排汽压力左	高压缸排汽左侧竖直管道
P4	高压缸排汽压力右	高压缸排汽右侧竖直管道
P5	再热汽门前压力左	再热汽门前左侧蒸汽管道
P6	再热汽门前压力右	再热汽门前右侧蒸汽管道
P7	中压缸排汽压力左	中压缸排汽垂直管段
P8	中压缸排汽压力右	中压缸排汽垂直管段
P9	低压缸进汽压力左	低压缸进汽垂直管段
P10	低压缸进汽压力右	低压缸进汽垂直管段
P11	低压缸排汽压力 A1	排汽喉部
P12	低压缸排汽压力 A2	排汽喉部
P13	低压缸排汽压力 B1	排汽喉部
P14	低压缸排汽压力 B2	排汽喉部
P15	低压缸排汽压力 C1	排汽喉部
P16	低压缸排汽压力 C2	排汽喉部
P17	低压缸排汽压力 D1	排汽喉部
P18	低压缸排汽压力 D2	排汽喉部
P19	八段抽汽压力 A	抽汽管道
P20	八段抽汽压力 B	抽汽管道
P21	七段抽汽压力 A	抽汽管道
P22	七段抽汽压力 B	抽汽管道
P23	六段抽汽压力 A	抽汽总管道,抽汽电动阀、止回阀前
P24	6 号低压加热器进汽压力	加热器进汽管道,靠近加热器处
P25	五段抽汽压力	抽汽总管道,抽汽电动阀、止回阀前
P26	5 号低压加热器进汽压力	加热器进汽管道,靠近加热器处

续表

压力测点	测点名称	布置位置
P27	四段抽汽压力	抽汽电动阀前，靠近缸体处
P28	除氧器进汽压力	除氧器进汽管，靠近除氧器处
P29	给水泵汽轮机进汽压力	给水泵汽轮机进汽总管
P30	三段抽汽压力	抽汽电动阀前，靠近缸体处
P31	3 号高压加热器进汽压力	加热器进汽管道，靠近加热器处
P32	2 号高压加热器进汽压力	加热器进汽管道，靠近加热器处
P33	一段抽汽压力	抽汽电动阀前，靠近缸体处
P34	1 号高压加热器进汽压力	加热器进汽管道，靠近加热器处
P35	凝结水泵出口压力	出口母管
P36	主凝结水压力	流量测量正压侧
P37	给水泵出口压力	加热器进口管道
P38	最终给水压力	省煤器进口管
P39	平衡管漏汽压力至四段抽汽	流量测点正压侧加三通
P40	再热减温水总管压力	再热减温水总管
P41	轴封冷却器进汽压力	
P42	给水泵密封水进水压力	
P43	大气压力	

三、流量测点布置

机组性能在线监测及计算等功能需要进行流量和能量平衡计算，对流量测量的准确度提出了更高的要求。对于采用差压元件测量流量的方法，满足直管段、低 β 值以及温度压力实时修正等是保证准确测量的必要条件。针对节流装置长期运行会发生结垢等问题，超声波流量测量装置具有明显的优势，应根据测量条件和需求优先选用。

（1）精确测量主流量（主凝结水流量或主给水流量）是汽轮机性能试验时所采用计算方法的基本需求。在测量系统的节能规划设计时，应根据项目总体优化设计目标以及机组在线性能监测的要求来确定主流量的测量方案。主流量精确测量方案可采用满足美国机械工程师协会（ASME）标准要求的高精度、低 β 值喉部取压流量喷嘴来测量主凝结水流量或主给水流

量。如图 6-1 所示，安装于低压加热器出口到除氧器入口之间的凝结水管道上的 ASME 喷嘴用于测量凝结水流量，该流量喷嘴安装方式为法兰连接，包括自带前后直管段、稳流栅。

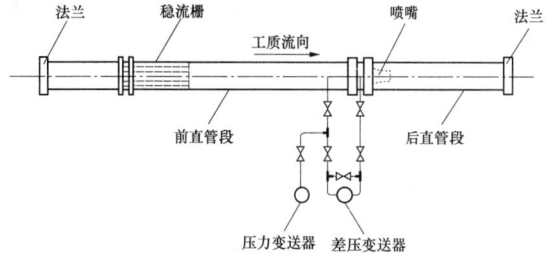

图 6-1　喷嘴结构及测量仪表安装示意

（2）除了主流量测量外，应对相关重要的辅助流量进行准确测量，典型 600MW 汽轮机性能计算用流量测点清单见表 6-3。重要的辅助流量测量应符合 GB/T 2624《用安装在圆形截面管道中的差压装置测量满管流体流量》的规定，测量装置宜选用节流压损小的产品。对于蒸汽量的测量，应保证在喷嘴或孔板的最小截面处蒸汽过热度大于 15K。

表 6-3　典型 600MW 汽轮机性能计算
用流量测点清单

流量测点	测点名称	备注
F1	主凝结水流量	安装流量喷嘴
F2	给水泵汽轮机进汽流量	与运行共用孔板
F3	再热减温水流量左	与运行共用孔板
F4	再热减温水流量右	与运行共用孔板
F5	给水泵密封水进水流量	加装孔板

（3）机组性能计算是以一定的计算边界条件为基础的。对于与机组运行状态紧密相关的边界条件应予以确定。因此，对于进出系统的流量，如减温水、锅炉排污、补充水、工业用自动抽汽等应准确测量。对于系统冷却水、密封水、连续疏水、溢流、各类用汽及排空等，根据需要设置相应的测量装置或提高测量的准确性。

四、其他参数的测量与分析

火电机组运行过程复杂，涉及众多系统状态参数以及物质和工质成分参数的测量与分析。对以往难以准确测量或只能离线测量与分析的参数，随着技术的发展，经工程应用验证，应尽可能配置先进的在线测量系统，以进一步提高机组监控运行水平，构建相关优化控制系统等来提高机组运行效率。如基于火焰光谱分析的

煤质在线辨识系统，基于激光、声波、红外线等技术的炉膛内温度场测量系统、烟气成分分析系统等。

第二节　信息系统节能设计

火电厂信息系统包括管理信息系统和生产信息系统。针对管理信息系统进行节能功能设置时，应以满足机组节能相关数据的分析与应用、经济指标数据的有效交换等为核心原则；针对生产信息系统进行节能功能设置时，应以技术先进、功能实用等为原则，为电厂系统优化、精细化运行管理等提供技术支持与服务。

火电厂信息系统的建设应坚持整体规划、分步实施的原则。在火电厂信息系统整体规划中，应合理并重点配置与节能增效相对关系密切的子系统或功能，如配煤与掺烧管理、在线性能计算、运行优化指导等。

一、配煤与掺烧管理功能设计

（一）设置目标

通过设置配煤与掺烧管理功能，来指导燃料采购，制定考核办法，确保燃料从采购到入炉整个过程的优化，使机组入炉煤质稳定、燃烧优化、锅炉热效率提高、环保排放达标，最终达到节约用煤、减少污染物排放的目的。

（二）实现功能

（1）燃料信息采集与管理。配煤与掺烧管理功能应能实现存煤数据、上煤数据以及配煤与掺烧方案评价需求数据等的信息采集。

各种存煤量在煤炭入厂时会经过皮带秤、轨道衡、汽车衡等设备进行计量和实时管理。存煤数据不仅包括在入厂时进行入厂化验的水分、灰分、挥发分、硫分、发热量、灰熔融特性等化验结果参数，还包括各煤种的存放位置及取煤情况、存放时间等。

上煤数据包括通过皮带秤对入炉煤的计量，对各煤种的取煤量、取煤位置以及相对应的原煤仓信息等。

燃烧后评价是实现配煤与掺烧管理优化的重要手段。主要涉及锅炉燃烧运行的各参数，包括稳燃情况、飞灰含碳量、大渣含碳量、排烟温度、氮氧化物排放情况，以及各配煤方案下对应的机组标准煤耗率、单位发电燃料成本等。

（2）混煤特性的分析与预测。预测混煤的煤质特性参数是配煤与掺烧管理的重要功能。对于水分、硫分、灰分等煤里的固有成分，经过配煤这一物理过程后不会发生变化，一般可按照加权平均的方法来计算。对于混煤的发热量和挥发分，与平均加权值有一定的差异，需要根据分析试验数据在一定范围内调整。混煤的分析内容还包括着火特性、燃尽特性、结渣特性等。当组分煤的挥发分和含碳量差异较大时，应选用

合适的分析与判别指标。

（3）配煤方案优化。配煤方案的确定是在结合锅炉燃烧煤质设计范围、机组运行工况需求以及煤场管理需求等因素基础上，以最小成本或最大利润为目标，在相关决策变量和约束条件下的规划求解过程。混煤煤质（主要包括低位热值、全水分、固定碳、硫分、挥发分及灰熔点等）区间的确定应重点考虑机组的运行负荷区，根据机组启动工况、高负荷工况、低负荷工况以及提高排放指标要求工况等的不同，选择不同的范围，最终使混煤满足锅炉高效燃烧的要求。通过燃烧试验获得入炉煤热值与机组煤耗率的关系，进而确定锅炉的最佳入炉煤热值，将其作为约束条件，为燃料采购计划、配煤方案制定等提供依据。

（三）系统设计要点

（1）配煤与掺烧优化建立在准确的存煤、输煤信息基础上。原始采集数据的准确性直接决定了配煤方案的可用性和有效执行。因此，对原煤、混煤相关数据的准确记录、分析化验等是系统成功实施的重要保证。

（2）混煤过程不是一种简单的物理过程，即混煤与单煤的特性参数并不是都遵循线性加权的关系。为了保证配煤方案的可靠性，应充分结合对不同混煤特性的测试数据，对于不同的参数应采用不同的计算方法，对于不满足线性相关的参数应采用适当的非线性算法来求解。

（3）掺烧方案的制定与电厂混煤设施配置、机组制粉工艺系统配置、锅炉燃烧特性等相关，包括煤场配煤并完全掺烧、分磨制粉与分层掺烧、分磨制粉与仓内掺混等方式。不同的掺烧方案对锅炉的燃烧技术要求、制粉系统与燃烧系统的运行调节设计要求等不同。

二、机组性能在线计算功能设计

（一）设置目标

机组性能在线计算功能以与系统或设备状态密切相关的实时参数为基础，动态计算获得系统或设备的相关性能指标。各项性能指标可用于系统或设备性能的实时监视，为机组的优化运行指导提供信息反馈，自动形成试验报告或通过长期历史记录数据分析诊断设备或系统的性能变化趋势等。性能指标计算数据是机组的运行状态分析、经济性分析及状态检修与故障诊断等功能的基础数据。

（二）实现功能

机组性能在线计算功能应实现以下性能指标的计算：

（1）全厂基本性能指标，主要有全厂平均供电煤耗率、全厂平均发电煤耗率、全厂平均负荷率、全厂平均厂用电率、全厂平均机组效率、全厂燃煤成本等。

（2）机组级基本性能指标，主要有机组负荷率、

机组效率、机组发电煤耗率、机组供电煤耗率、厂用电率、补给水率等。

（3）锅炉系统设备基本性能指标，主要有锅炉效率、排烟热损失、机械不完全燃烧损失、灰渣物理显热损失、空气预热器漏风率、一次风机耗电率、送风机耗电率、磨煤机耗电率、泵与风机的性能等。

（4）汽轮机系统设备基本性能指标，主要有汽轮机热耗率、汽轮机汽耗率、汽轮机装置热效率、汽轮机高压缸效率、汽轮机中压缸效率、汽轮机低压缸效率、再热蒸汽压力损失、凝结水过冷度、各级加热器端差、凝汽器真空度、凝汽器清洁系数、给水泵耗电率、循环水泵耗电率等。

（三）系统设计要点

（1）机组性能在线计算功能是基于现场实时测量仪表数据进行的，这些数据来自专用测点或与运行监控共用的测点。不同于机组性能试验时通常采用经严格校验的专用测量仪表，在线系统功能设计时选择合理的测量数据处理方案、选择合适的计算方法等可有效降低计算结果的不确定度。

（2）当在线检测条件成熟时，应积极将入炉燃料发热量及工业分析和元素分析、飞灰及炉渣可燃物含量、烟气成分分析等相关目前离线测量的参数设置为在线测量，并送入分散控制系统。

（3）可结合本章第一节的测量方案来选择合适的计算方法。对于安装有高精度主流量测量仪表的机组，可采用ASME标准或国家标准的计算方法，或矩阵法全面性热力计算方法。对于未安装高精度主流量测量仪表的机组，应对本章第一节中汽轮机性能试验测点清单范围执行详细的测点配置方案，并宜采用矩阵计算方法进行全面性热力计算。

三、运行优化指导功能设计

（一）设置目标

根据机组生产过程实时/历史数据、性能计算指标数据及边界条件参数（机组负荷、煤质、环境参数等）等分析机组当前运行状态，并通过一定的技术方法指导运行人员进行机组优化运行调整，使机组系统参数进一步优化，达到机组降低损失、提高运行效率的目的。机组运行优化指导主要可分为两大类：一类是基于热力系统耗差分析的机组运行优化指导；另一类是基于数据及专家系统的机组运行优化指导。

（二）实现功能

1. 基于热力系统耗差分析的机组运行优化指导

耗差分析又称能损分析，其基本思路是将机组煤耗的总偏差（与机组煤耗值基准比较）利用机理模型计算方法逐级分解，得出各参数偏差引起的能量损失（煤耗偏差）。耗差分析法的核心技术包括运行基准值

的确定和耗差计算模型方法的选择。

通常把机组的设计煤耗值或经修正的试验煤耗值看作是机组的煤耗值基准值。运行参数的基准值通常有以下几种选择方法：

（1）设计值，是指机组在设计工况点的参数值，如汽轮机热平衡图中给出的典型工况点参数值。

（2）试验值，是对机组系统或设备进行性能优化试验得出的相关参数运行取值。

（3）变工况计算值，是在当前边界条件下，经系统变工况理论计算得出的相关参数应该达到的取值。

（4）数据统计值，是由大量运行数据经统计分析等方法得出的相关参数取值。

由此可见，同一参数的基准值因其选择来源的不同而有不同的数值。按不同的基准值计算得出的对应该参数的耗差值也不同，多个参数耗差大小排序也不尽相同。因而，在基于耗差分析的机组运行指导功能设计开发中，应明确耗差计算时所参考的基准值选择，使耗差数值的相对大小有更明确的指导意义。

耗差计算模型主要有等效焓降法计算模型和变工况计算模型。机组热力系统某一运行参数的变化会引起系统内其他相关参数的变化，但不同参数变化影响的波及范围可能不同。有的变量变化可能只引起系统局部相关少数几个参数的变化，这类变量可称为小扰动变量。而有的变量变化会波及系统大范围，甚至使整个系统进入新的平衡点，这类变量可称为大扰动变量。传统的等效焓降法作为一种局部定量分析的计算方法，其热工概念清晰，计算简捷准确，更适合于小扰动变量耗差的快捷计算。而对于大扰动变量更适合采用大范围的变工况计算模型方法。

2. 基于数据及专家系统的机组运行优化指导

火电厂实时数据库系统保存了海量的机组运行数据，为基于数据驱动方法提供数据资源。从海量数据中，利用人工智能、机器学习等方法获取领域知识，可为机组优化运行操作提供决策支持。比如，在系统当前边界条件下，结合系统运行物理机理从大量历史数据中找出与当前运行条件相近的历史最优运行工况作为运行操作的参考，或利用数据建立概率模型并诊断分析系统性能劣化的原始原因等。将专家知识和数据分析的深入结合是设计开发此类专家系统功能的技术核心。

（三）系统设计要点

（1）现场应用情况综合评价是此类功能设计选型时最主要的参考因素之一。机组运行指导系统作为一种辅助运行操作支持工具，与个人运行经验、运行方式紧密结合能更大地发挥节能优化效果。作为一种

开环指导系统，其经济效益不便于通过单次性试验的方法来考核，只能通过间接方法获得（如通过系统长时间投入运行，并与相近运行条件下该功能不投入情况的一段时间内燃料耗量的比较等）。因此，经过工程示范，并获得运行人员认可的产品是电厂信息系统建设规划设计的重要考虑因素。

（2）机组在线煤耗指标计算的准确性是基于耗差的运行指导系统有效工作的基础。由于机组热力系统间存在复杂的耦合关系，以及参数测量的不确定性等，机组在线煤耗计算指标的不确定范围将直接影响耗差分析的指导效果。

（3）基于专家系统的运行指导方法通常建有智能模型或概率模型，对于参数测量的准确性相对耗差分析方法要求可低一些。但机组在线煤耗计算指标作为衡量运行指导系统工作效果的最直接指标，提高其准确性也同样有利于提高运行指导效果。电厂海量运行数据的深入开发利用及大数据技术方法的不断发展，将使基于数据的智能模型在机组性能劣化的根本原因诊断等方面拥有广阔的应用前景。

第三节　节能优化控制

火电厂的节能优化控制，一般是指火电厂实时过程控制参数的优化控制。它主要用于在机组运行和负荷变化的过程中，减少主要过程参数的动态偏差和减少被调量的时间延迟，从而提高单元机组的运行经济性，达到节能增效的目的。

这里所指的节能优化控制，通常不包含在单元机组控制系统的常规控制策略中，一般是指单元机组投入商业运行一段时间之后，项目业主根据项目的特点和具体需求，单独购买并实施的由独立控制系统完成的具有节能降耗、提高效率的优化控制软件。单元机组常规控制策略中的有关节能控制详见《电力工程设计手册　火力发电厂仪表与控制设计》。

通常火电厂的优化控制都是通过相应的控制软件来实现的。火电厂的优化软件，主要是指火电厂实时过程控制参数的优化控制软件和保持设备、系统经济高效运行的优化管理软件。优化控制软件突出的特点在于实时、在线和闭环控制功能，主要用于在机组负荷变化的过程中，减少主要过程参数的动态偏差和减少被调量的时间延迟，从而提高机组运行的经济性以及降低机组的运行能耗，主要作用于单元机组的实时控制系统；优化管理软件的特点在于注重综合运用机组建设和运行中的大数据，从而形成对设备或系统的开环分析能力以及相应的管理和决策支持功能，主要用于电厂管理系统。本节重点介绍与单元机组节能相关的优化控制软件。

前些年，优化控制软件的实际应用情况并不普遍，但是近几年随着国内经济形势的整体变化，以及各发电企业对于节能增效要求的提高，对节能优化控制软件应用的需求必然会越来越多。下面介绍几种常用的优化控制软件。

一、单元机组负荷优化控制

（一）存在问题

单元机组的被控对象是以锅炉和汽轮机为一个整体，但互相之间存在相互关联的多变量被控对象，而且锅炉和汽轮机的动态特性有很大的差异。汽轮机只要增加蒸汽量即可快速提升带负荷能力，因此汽轮机的负荷响应速度非常快；而锅炉则必须要通过增加水、燃料和送风，燃烧之后才能使得蒸汽量增加，负荷需求的瞬间变化只能由锅炉的储热支撑一下，因此锅炉是一个具有蓄热能力的大惯性环节。因此，单元机组内部两个环节的能量供需关系互相制约，外部负荷响应特性与内部参数运行稳定性之间也存在着矛盾。

常规控制系统通常是对过程进行适当的假设，以简化对象特性为基础进行设计，并且通常按照设计煤种进行初始设计、调试和移交，因此往往是机组开始投运的时候控制、调节的效果还不错，但是运行几年甚至一两年之后，或者是实际煤种发生变化之后，频繁出现控制参数偏差变大、稳定性变差、系统响应速度变慢等问题，总之，控制系统的调节控制效果不太好，从而导致机组的效率下降、煤耗增加。

图6-2所示为目前国内火电机组的常规协调控制策略，主要采用负荷指令前馈+比例/积分/微分（PID）反馈的调节方案，对于煤种比较稳定、运行方式确定的机组，运行效果比较好；但是对于煤种多变、煤质参数经常与设计参数存在较大偏差的机组，控制效果会明显变差。主要体现在系统消除扰动的能力较差，电网负荷需求变化时，单元机组负荷升降速率低；煤种变化对控制效果影响大；机组运行经济性差等。

（二）优化目的

目前多数机炉协调优化控制系统是利用了先进的现代控制理论和智能控制理论，采用了诸如自适应控制、预测控制、模糊控制、学习控制、专家系统乃至神经网络控制等多种优化方法，近几年更是应用了很多人工智能、自学习系统的技术优化传统的机炉协调负荷控制策略。

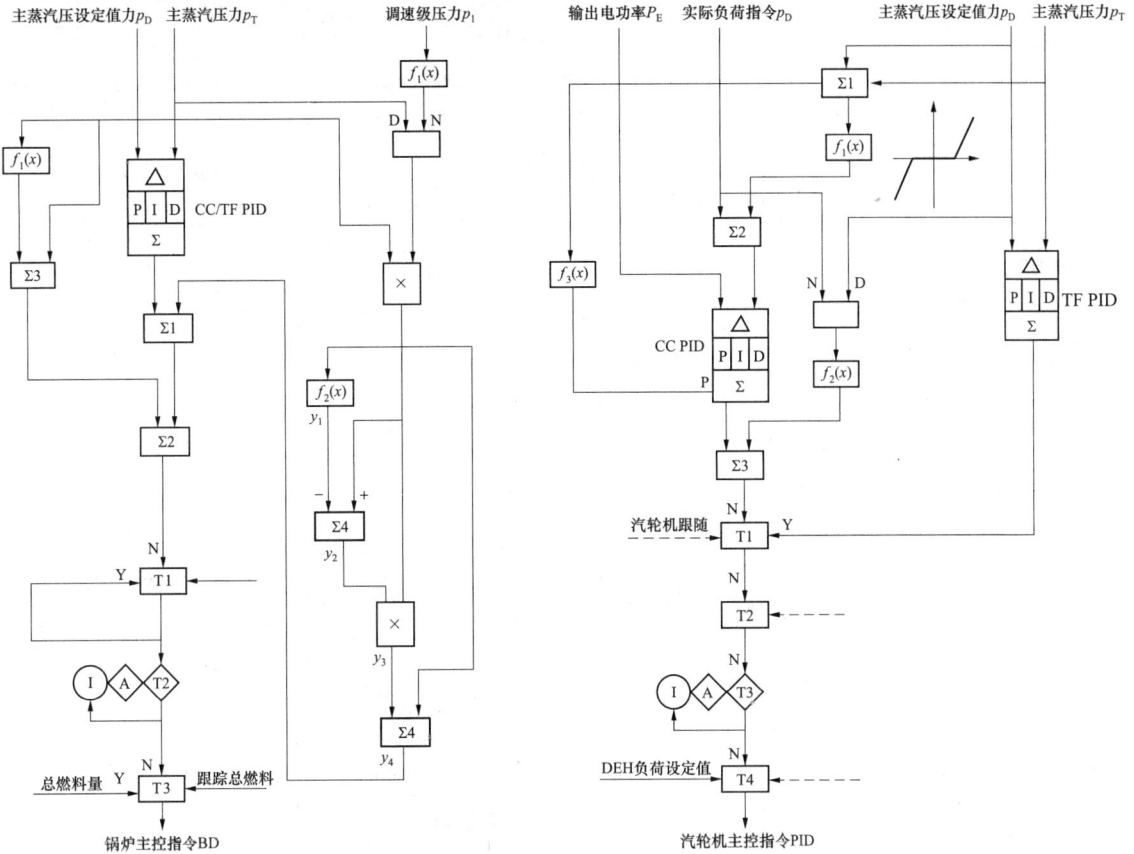

图 6-2　火电机组的常规协调控制策略

（三）优化功能

图 6-3 所示为某项目中采用智能预测控制技术和自学习技术的新型单元机组协调控制方案。与常规协调控制策略不同的是其在反馈控制部分应用了解决大滞后对象控制问题的预测控制技术，取代了原有的 PID 控制。采用这种技术能够提前预测被调量（如主蒸汽压力、汽温等参数）的未来变化趋势，从而根据被调量的未来变化量进行控制，有效提前调节过程，因此提高了机组自动发电控制（auto generation control，AGC）系统的稳定性和抗扰动能力。

同时，对于常规控制策略的控制回路，其控制参数在机组调试完成移交生产后，通常不会再改变，而具有优化控制功能的系统采用了神经网络学习算法来实时校正机组运行中与控制系统密切相关的各种特性参数（包括燃料热值、汽耗率、机组滑压曲线、中间点温度设定曲线、制粉系统惯性时间等），并根据这些特性参数实时计算 AGC 控制系统的前馈和反馈回路中的各项控制参数，使得整个系统始

终处于在线学习的状态，控制性能不断向最优目标逼近。

另外还有一些优化控制系统软件，在增加了 AGC 优化的功能后，可以不同程度地优化单元机组对于电网负荷指令的响应时间和变负荷过程中单元机组主要参数的稳定性。

（四）工程案例

某 600MW 超临界燃煤机组由于制粉系统的动态特性变差（响应延迟由正常的 2min 增加到 4～5min），协调控制系统的控制性能明显下降，机组运行稳定性和 AGC 速率均受到严重影响。为保证机组稳定，运行人员只能将变负荷率设定为 6～9MW/min，机组正常运行中压力、汽温等参数波动大，AGC 测试速率仅为每分钟 1.0%左右。在投用机组协调优化控制系统后，现场实测 AGC 速率达到每分钟 2.1%，机组运行状况也得到大幅改善。图 6-4 所示是某机组 AGC 测试的过程曲线，调度实测 AGC 速率达每分钟 2.1%，且变负荷过程中机组运行平稳，主蒸汽压力动态偏差小于 0.3MPa。

P_0 负荷定值

p_0 主蒸汽压力设定值

给水流量智能前馈控制器

D_{wf} 给水流量前馈

p_t 主蒸汽压力

P_f 一次调频负荷

p_t 主蒸汽压力

P_0 负荷定值 — $f(x)_{ps}$ — $\dfrac{1}{1+Ts}$ — p_s 压力定值

主蒸汽压力 GPC 控制器

D_{wd} 给水流量

D_w 总给水流量

电网频率
AGC指令
负荷指令
机组实发功率
各层给煤量
给水流量
各级喷水流量
蒸汽流量
蒸汽压力
主、再热蒸汽温度

基于在线自学习神经网络技术的机组工况模型建立及控制参数的调整

基于智能预测的 AGC 运行模式的特别优化模块

热值、汽耗率等特征参数评估能量需求平衡预测及调整

T_m 汽轮机阀门开度

主蒸汽压力的预测模型

F_u 总给煤量

p_t 主蒸汽压力

D_{wf} 给水流量前馈

D_w 总给水流量

$f(x)_{fw}$

t_{sp} 分离器温度

P_f 一次调频负荷

P_0 负荷定值

t'_{sp} 分离器温度定值

给煤量智能前馈控制器

F_{uf} 给煤量前馈

F_u 总给煤量

p_{sp} 分离器压力 — $f(x)_{tsp}$ — 分离器温度计算值 t_{sp0} 分离器温度设定值

分离器温度修正值

t_{sp}

分离器温度 GPC 控制器

F_{WR} 燃水比

t_m 汽轮机阀门开度

分离器温度预测模型

D_w 总给水量

F_u 总给煤量

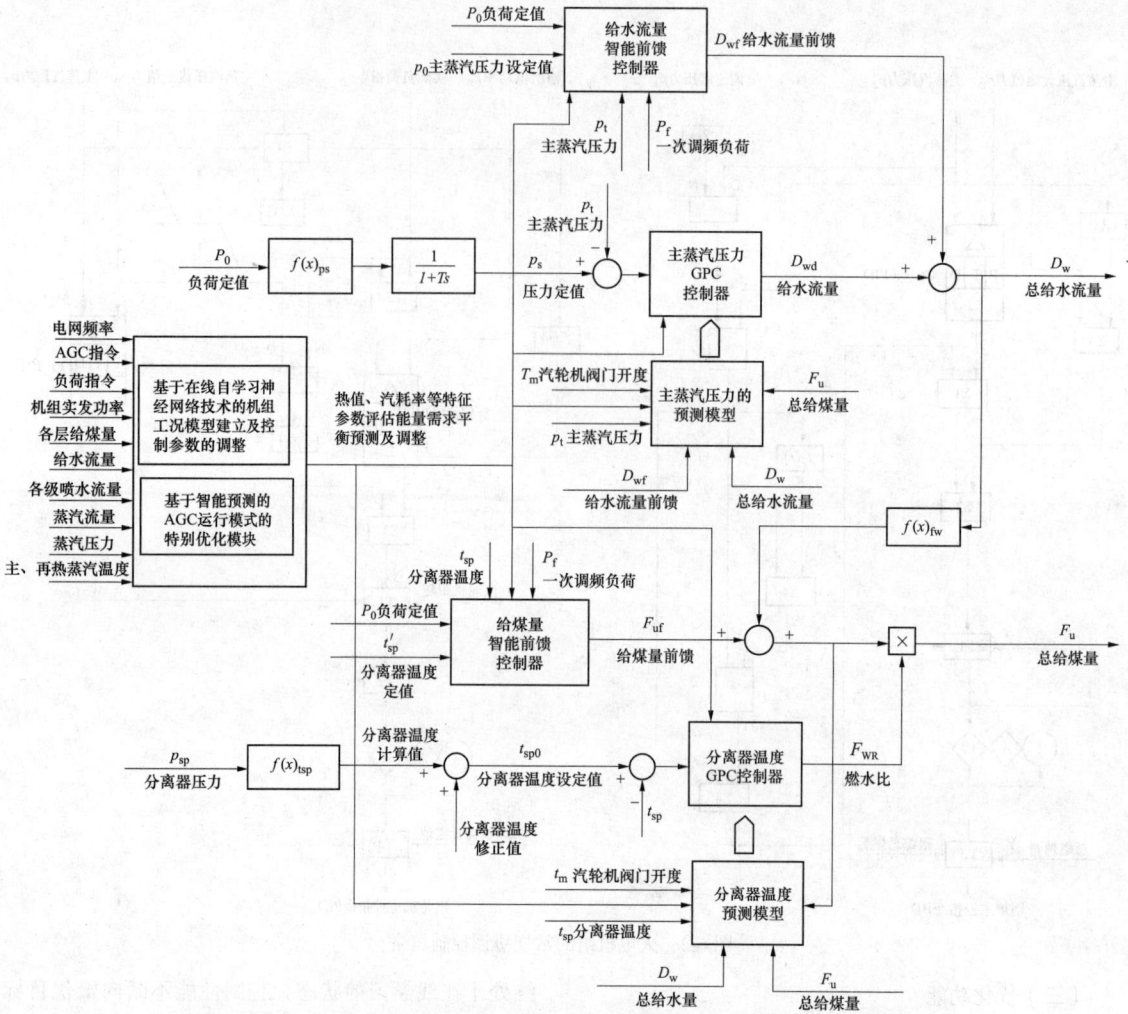

图 6-3 采用智能预测控制技术和自学习技术的新型单元机组协调控制方案

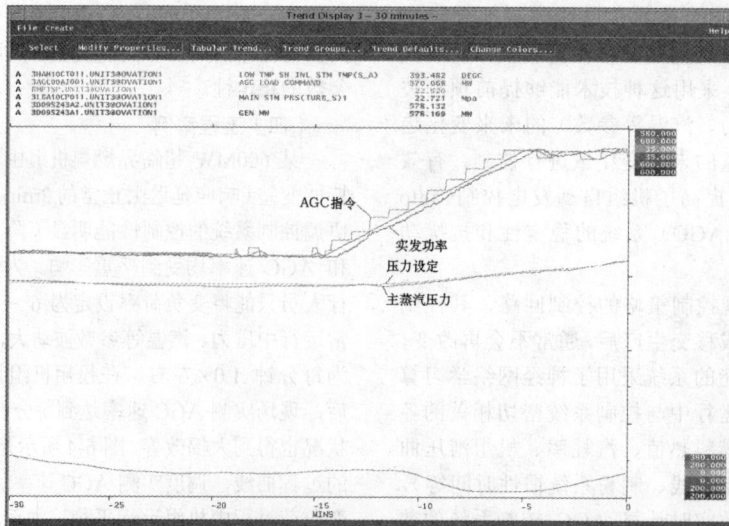

图 6-4 某机组 AGC 测试的过程曲线

二、锅炉蒸汽温度优化控制

（一）存在问题

在单元机组运行中，通常希望机组的主蒸汽参数和再热蒸汽参数尽可能地高，并维持恒定，从而提高汽轮机的效率。一个良好的锅炉蒸汽温度控制系统往往能够抵抗各种干扰情况，可控性强，在单元机组负荷变化时最大限度地提前跟随动作，维持主蒸汽参数和再热蒸汽参数的变化幅度最小，并且快速达到稳态。

传统的温度调节方式采用串级调节，其中主调节器回路控制汽温，辅调节器回路控制减温水喷水量。往往在机组刚投运时，蒸汽温度控制回路都是线性调节，蒸汽温度的控制基本能够满足要求，但是随着时间的推移，现场设备老化，设备运行环境也逐渐恶化，煤种也可能会发生变化，使控制对象的参数值逐渐偏离了初始设定值，同时调节作用的滞后时间越来越长。

（二）优化目的

锅炉蒸汽温度优化控制的任务就是要在设备和环境变化、煤种变化的情况下，仍然能够保证在机组变负荷的过程中，以及在任意负荷工况下，随时保持主蒸汽温度和再热蒸汽温度一直稳定在设定值附近，不超过允许的偏差。

（三）优化功能

锅炉蒸汽温度优化控制是通过对再热蒸汽温度被控对象的大滞后特性进行动态补偿，有效减小补偿后再热蒸汽温度广义被控对象的滞后和惯性，而后以广义预测控制器作为反馈调节器、以模糊智能控制作为控制系统的前馈，通过对多种大滞后控制策略的有效组合，实现以烟气挡板调节为主、事故喷水调节为辅的再热蒸汽温度自动控制，有效减少喷水流量，取得相应的经济效益。再热蒸汽温度模型预测控制框图如图 6-5 所示。

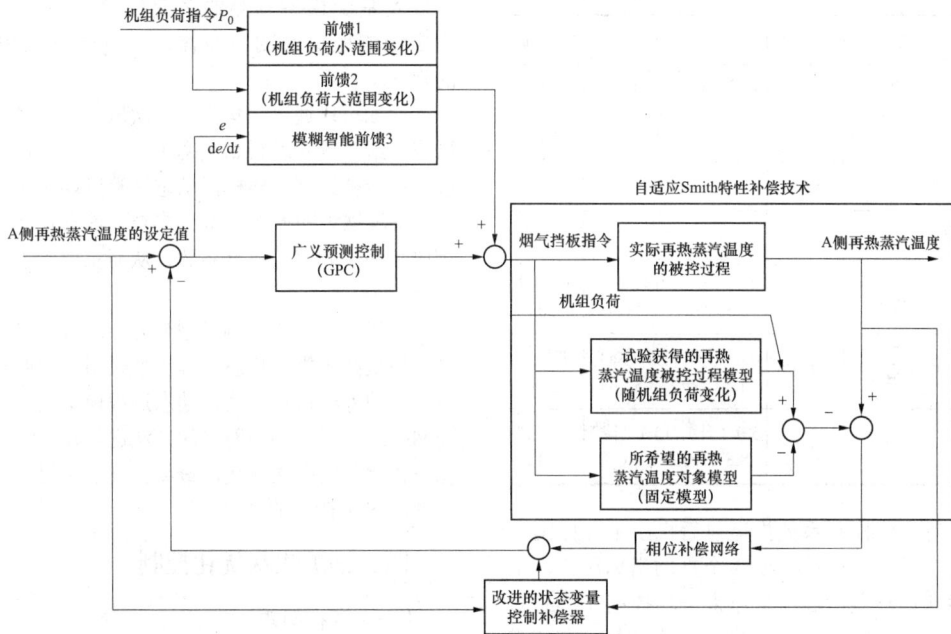

图 6-5　再热蒸汽温度模型预测控制框图

蒸汽温度控制优化是针对火电厂大滞后系统的高级过程控制。锅炉主蒸汽、再热蒸汽温度是单元机组最重要的参数，正常运行时要求的偏差范围也比较小，但是实际上在各种扰动下汽温调节对象动态特性都有迟延和惯性。通常的解决办法是采用串级调节系统以快速消除减温水的自发扰动，或者增加负荷前馈信号以提高负荷响应的速度，但这种方法还不能完全消除对象的大迟延。主蒸汽温度优化控制软件一般是采用建立先进的数学模型，以及自学习回路等现代高级算法，解决这种大滞后对象的实时控制问题。在不发生超温风险的前提下提高负荷变化速率，使发电机组更好地快速响应负荷需求变化，减少喷水量，降低煤耗，提高机组效率。

喷水减温控制系统的任务就是在所有的负荷点和变负荷时保持主蒸汽和再热蒸汽参数的稳定，该控制系统最重要的功能是对各种扰动具有很好的抑制能力。这是因为炉膛的燃烧工况波动（如燃料变动）和快速的热传递变化是随时都可能发生的，控制对象是一个基于负荷参数的高阶惯性环节，另外喷水阀和减温器的非线性特性也必须加以考虑。而且在再热蒸汽温度控制中，为了提高机组运行的经济性，必须使进入再热减温器内的减温水尽量少。

（四）工程案例

某 330MW 燃煤供热机组，由于运行时间较长、煤种变化等原因，在优化控制系统投运前，主要控制参数与设定值偏差比较大，机组运行不稳定，主蒸汽温度最大波动幅度可达 30℃，再热蒸汽温度最大波动幅度达到 50℃。

当单元机组上应用了具有预测控制的优化软件系统后，在机组负荷变化过程中，主蒸汽温度最大动态偏差为 3～4℃，减温水量明显减少；正常情况下再热蒸汽温度的最大动态偏差小于 12℃，减温水量小于 8t。

表 6-4 所列为单元机组以 6MW/min 的速率变负荷时，机组主要控制参数变化范围。

表 6-4 单元机组主要控制参数变化范围
（单元机组负荷变化率 6MW/min）

项 目	设定值	实际值	考核值
变负荷率（%）	2.0	1.9（升）/1.8（降）	>1.5
变负荷初始纯延时（s）	N/A	<20	<20
负荷动态偏差（%）	N/A	<1.5	<1.5
负荷稳态偏差（%）	N/A	<0.5	<0.5
主蒸汽压力（MPa）	滑压	0.54（升）/0.49（降）−0.33（升）/−0.41（降）	不超过±0.6
主蒸汽温度（℃）	543	0.0（升）/3.6（降）−4.5（升）/−3.3（降）	不超过±8
再热蒸汽温度（℃）	545	5.9（升）/13.1（降）−8.8（升）/−1.4（降）	不超过±12

通过对优化控制系统投运前后机组主要控制参数的比较，以及投运后连续 3 个月的指标统计，主蒸汽温度和再热蒸汽温度从原来平均控制在 535℃以下，提高到平均 538～541℃，初步估算可节约煤耗率 0.8g/（kW·h）。

三、燃烧优化控制

（一）存在问题

锅炉效率是影响机组效率的主要因素，而燃烧决定了锅炉效率的高低，保持良好的燃烧状态是保证较高的锅炉效率的前提。常规的锅炉燃烧控制策略主要是根据机组负荷指令控制锅炉的燃料量和风量，但是由于燃料量和风量测量的准确性和迟延性问题，并且没有直接测量锅炉燃烧状况的手段，因此虽然机组刚投入运行时锅炉燃烧状况比较良好，但是随着时间的

推移以及煤种的变化等，锅炉燃烧效率下降几乎是必然的。

（二）优化目的

燃烧优化的目的是通过持续优化燃料和送风的合理配比，平衡燃烧效率和 NO_x 排放，实现最为经济的燃烧，同时提高锅炉燃烧效率。

（三）优化功能

燃烧优化控制一般是通过一些测量手段，直接或间接地检测锅炉炉膛的燃烧状况，比如在线测量炉膛中烟气温度（或温度分布），以及烟气中的水分、氧量、飞灰含碳量等，考虑温度、各种成分在炉膛中的最佳分布，采用各种优化控制技术实时调整锅炉的燃烧过程，使得锅炉的燃烧效率达到最佳，并且不受煤种变化的影响，同时还能兼顾降低 NO_x 排放的要求。

燃烧优化的控制策略有很多种，比如模糊控制、神经网络技术、带有自学习功能的人工智能技术以及基于模型预测的多变量优化控制，能够更稳定地响应更快的负荷需求，有效克服控制对象的迟延。

比如可以通过采集机组一次风、二次风的风压、风速，给水量和燃料燃烧率等数据，对锅炉燃烧状态进行在线神经网络建模，动态调整风煤比例和混合时间，实现锅炉的低 NO_x 高效燃烧，能够在线调节 NO_x 排放和锅炉效率的权重系数，从而实现对锅炉燃烧的优化控制。

一般锅炉燃烧预测模型分为稳态过程模型和动态过程模型两大类。稳态过程模型采用自回归和惯性环节辨识的方法进行建模，动态过程模型则采用模糊神经网络或者回归神经网络的方法进行建模。经过"优化—预测"的多次迭代，最终得到兼顾提高燃烧效率和降低 NO_x 排放的效果。

四、锅炉吹灰优化控制

（一）存在问题

锅炉在长期运行中，由于燃料的不充分燃烧，有可能在水冷壁上积累很多的烟灰，如果不能及时有效地清理，这些烟灰将覆盖在水冷壁和过热器、再热器的表面，阻碍热量的传输，影响锅炉各部件热交换的效果。虽然通常燃煤锅炉都配置了吹灰装置，但是典型的吹灰系统都是按照固定的时间间隔和一定的程序进行吹灰，这样有可能造成的后果就是：有时吹灰时间不足，在管壁上积存一定的烟灰，长期就会影响到锅炉的换热效果；有时消耗了过量的蒸汽却未起到作用，降低了锅炉效率。

（二）优化目的

锅炉吹灰优化的目的，就是通过建立模型以及优

化的算法，确定锅炉的哪些区域通过吹灰清洁改善传热效率，避免过度吹扫；对锅炉换热器清洁和热传输的要求与单元机组热效率和排放的要求进行平衡；保证锅炉在变负荷过程中的吹灰效果。

（三）优化功能

吹灰控制优化是通过分析各换热段的传热系数，计算受热面积灰后带来的传热效率的下降，对吹灰时所耗费蒸汽的成本进行计算，同时考虑锅炉受热面的最小吹灰周期以及最高允许温度等条件，根据传热损失和吹灰损耗为最小的目标，动态调整吹灰周期。保持机组受热面的相对清洁而又具有较长的吹灰周期，从而保证锅炉在节能降耗前提下的最优运行。

吹灰控制优化可以对锅炉各受热面进行建模，计算炉膛中各部分的理想吸热量和实际吸热量，从而判断出反映各受热面积灰或结焦的清洁程度，进而调整吹灰策略。

五、节能优化控制功能选用说明

（1）本节列举的工程案例为实际工程验证之后的效果，同样的方法不一定适用所有的机组。

（2）具体工程项目在节能优化控制系统选用之初，应结合拟应用项目的具体情况进行详细的技术经济分析，在保证投资回报的前提下实施。

（3）在选择节能优化控制系统（软件）的过程中，应该遵循同等价格、优化指标优先，同等指标、价格低优先的原则。

第七章

火电厂建筑专业及暖通空调专业节能设计

目前，我国建筑能耗总量在逐年上升，约占我国能源总消费量的30%。火电厂厂区内建筑类型各异、数量众多，主厂房等建筑体量高大，建筑能耗与工艺能耗相比较小，但绝对值比一般民用建筑要大，建筑节能对火电厂的安全生产运行也非常重要。通过推广实施火力发电厂建筑节能，可节约资源、减少运行费用，带来显著的社会和经济效益。

建筑节能与选址、规划、设计、施工、运行管理等过程密切相关，是一项系统工程。随着火电厂建筑节能工作的有序深入开展，倡导绿色发电厂建筑发展势在必行。

火电厂建筑节能设计包括建筑与建筑热工、供暖通风与空气调节、给水排水、电气和可再生能源应用等方面的节能设计。本章主要介绍建筑与建筑热工，以及供暖通风与空气调节方面的节能设计，分别属于建筑专业和暖通空调专业。电气系统节能设计的相关内容见第五章第四节；给水排水系统节能设计和可再生能源应用应符合现行有关国家标准的有关规定。

第一节 建筑热工设计分区及节能设计要求

我国幅员辽阔，地形复杂，气候差异悬殊。不同的气候条件对房屋建筑和暖通空调提出了不同的要求，火电厂建筑专业节能及暖通空调专业节能与建筑所处的气候分区关系密切。

按照建筑所处的气候条件，进行分区区划的相关国家标准规范主要有 GB 50176《民用建筑热工设计规范》和 GB 50178《建筑气候区划标准》。前者是建筑热工设计分区，后者为建筑气候区划，二者划分主要指标是一致的，因此两者的区划是互相兼容、基本一致的。本节是依据 GB 50176《民用建筑热工设计规范》进行划分的。

一、建筑热工设计分区

GB 50176《民用建筑热工设计规范》从建筑热工设计的角度出发，以累年最冷月（1月）和最热月（7月）平均温度作为分区主要指标，累年日平均温度不超过5℃和不低于25℃的天数作为辅助指标，将全国划分成5个区，即严寒、寒冷、夏热冬冷、夏热冬暖和温和地区，并提出相应的设计要求。建筑热工设计分区及设计要求见表7-1。

表 7-1　建筑热工设计分区及设计要求

分区名称	分区指标		设计要求
	主要指标	辅助指标	
严寒地区	最冷月平均温度≤-10℃	日平均温度≤5℃的天数≥145d	必须充分满足冬季保温要求，一般可不考虑夏季防热
寒冷地区	最冷月平均温度0～-10℃	日平均温度≤5℃的天数90～145d	应满足冬季保温要求，部分地区兼顾夏季防热
夏热冬冷地区	最冷月平均温度0～10℃ 最热月平均温度25～30℃	日平均温度≤5℃的天数0～90d 日平均温度≥25℃的天数40～110d	必须满足夏季防热要求，适当兼顾冬季保温
夏热冬暖地区	最冷月平均温度>10℃ 最热月平均温度25～29℃	日平均温度≥25℃的天数100～200d	必须充分满足夏季防热要求，一般可不考虑冬季保温
温和地区	最冷月平均温度0～13℃ 最热月平均温度18～25℃	日平均温度≤5℃的天数0～90d	部分地区应考虑冬季保温，一般可不考虑夏季防热

注　本表的内容引自 GB 50176—1993《民用建筑热工设计规范》。

二、代表城市建筑热工设计分区

代表城市建筑热工设计分区应按表 7-2 确定。

表 7-2　　代表城市建筑热工设计分区

气候分区及气候子区		代表性城市
严寒地区	严寒 A 区	博克图、伊春、呼玛、海拉尔、满洲里、阿尔山、玛多、黑河、嫩江、海伦、齐齐哈尔、富锦、哈尔滨、牡丹江、大庆、佳木斯、二连浩特、多伦、大柴旦、阿勒泰、那曲
	严寒 B 区	
	严寒 C 区	长春、通化、延吉、通辽、四平、抚顺、阜新、沈阳、本溪、鞍山、呼和浩特、包头、鄂尔多斯、赤峰、额济纳旗、大同、乌鲁木齐、克拉玛依、酒泉、西宁、日喀则、甘孜、康定
寒冷地区	寒冷 A 区	丹东、大连、张家口、承德、唐山、青岛、洛阳、太原、阳泉、晋城、天水、榆林、延安、宝鸡、银川、平凉、兰州、喀什、伊宁、阿坝、拉萨、林芝、北京、天津、石家庄、保定、邢台、济南、德州、兖州、郑州、安阳、徐州运城、咸阳、吐鲁番、库尔勒、哈密
	寒冷 B 区	
夏热冬冷地区	夏热冬冷 A 区	南京、蚌埠、盐城、南通、合肥、安庆、九江、武汉、黄石、岳阳、汉中、安康、上海、杭州、宁波、赣州、宜昌、长沙、南昌、株洲、永州、赣州、韶关、桂林、重庆、达县、万州、涪陵、南充、宜宾、成都、遵义、凯里、绵阳、南平
	夏热冬冷 B 区	
夏热冬暖地区	夏热冬暖 A 区	福州、莆田、龙岩、梅州、兴宁、英德、河池、柳州、贺州、泉州、厦门、广州、深圳、湛江、汕头、南宁、北海、梧州、海口、三亚
	夏热冬暖 B 区	
温和地区	温和 A 区	昆明、贵阳、丽江、会泽、腾冲、保山、大理、楚雄、曲靖、沪西、屏边、广南、兴义、独山
	温和 B 区	瑞丽、耿马、临沧、澜沧、思茅、江城、蒙自

注　本表的内容引自 GB 50189—2015《公共建筑节能设计标准》。

三、不同热工设计分区的火电厂节能设计要求

不同热工设计分区具有不同气候特点，对火电厂的节能设计要求也不同。

（一）严寒地区

严寒地区主要在东北的辽宁、吉林、黑龙江三省，内蒙古大部地区，新疆北部，西藏和青海大部，以及华北部分地区（河北张家口、山西大同以北）。严寒地区的特征是冬季漫长，日平均温度低，寒冷多大风；夏季短促凉爽，气温年差较大，日照较丰富。

1. 建筑节能设计要求

设计必须充分满足冬季保温要求，一般可不考虑夏季防热。最冷月平均温度低于或等于–18℃的严寒地区，应加强围护结构的保温措施，降低传热系数，可不考虑夏季防热。对汽机房、锅炉房等强热源高大空间厂房还应加强墙体、门窗等围护结构气密性，减少冷风渗透；运煤栈桥等建筑应减少开窗面积，架空楼板加强保温措施。

2. 暖通空调节能设计要求

全厂建筑物考虑集中供暖，包括汽机房、除氧间、煤仓间和锅炉房在内的主厂房建筑，以及各类生产辅助建筑和附属建筑。对于高大厂房（如主厂房、翻车机室、卸煤沟）建筑，为了避免因大量冷风渗透而导致室内温度过低，应设置大门热风幕等热风补偿措施。

（二）寒冷地区

寒冷地区主要是在华北（北京、河北、山西、山东）和西北地区（陕西、宁夏、甘肃、新疆南部）以及安徽、江苏、河南的部分地区。寒冷地区的特点是冬季寒冷干燥，夏季炎热湿润，气温年差较大，日平均气温差较大。

1. 建筑节能设计要求

设计应满足冬季保温要求，部分地区兼顾夏季防热。对汽机房、锅炉房等高大热空间厂房应增强围护结构保温隔热性能和气密性，降低传热系数，减少冷风渗透；集中控制楼等应采用体形系数小的建筑形式，降低屋面等围护结构传热系数，加强自然通风。

2. 暖通空调节能设计要求

全厂建筑物一般要考虑集中供暖。寒冷地区的主厂房封闭方式与严寒地区不同，汽机房（除氧间）一般采用全封闭建筑，煤仓间和锅炉房大多采用紧身封闭。某些接近严寒气候条件的寒冷地区的高大厂房（如主厂房、翻车机室、卸煤沟）建筑，为了避免因大量冷风渗透而导致室内温度过低，一般要设置大门热风幕等热风补偿措施。夏季还要考虑降温通风设施。对于人员办公场所，如各类控制室、值班室、操作员室、办公室等场所，要设计适宜的空气调节系统。

（三）夏热冬冷地区

夏热冬冷地区主要集中在黄河以南，长江中下游地区的河南、安徽南部，重庆、四川大部，江苏、浙江、湖北、湖南等地区。夏热冬冷地区的特点是夏季闷热，冬季湿冷，空气湿度常保持在 80% 左右。

1. 建筑节能设计要求

设计必须满足夏季防热要求，适当兼顾冬季保温。

主厂房建筑、运煤建筑等一般无供暖设施，不考虑特殊节能措施。考虑到集中控制楼等室内设备散热量大，可以适当加强集中控制楼等建筑围护结构的保温隔热性能，降低通风空调负荷。

2. 暖通空调节能设计要求

可根据生产工艺要求，对可能发生冻结而影响生产的厂房和辅助、附属生产建筑设计供暖。对历年平均气温不高于 5℃ 的日数不少于 60d 且少于 90d 的地区而言，气象条件差别依然较大，应根据工艺要求并结合当地的建设标准确定是否采用集中供暖系统。

该地区主要解决的问题是夏季降温。汽机房一般采用全封闭建筑结构，锅炉房一般采用露天布置。汽机房应设置通风降温措施。集控室、值长室、电子设备间、各类就地控制室等，都应设置空调设施，以确保工作人员健康舒适的工作环境。其他建筑物可设计供暖系统以保证冬季供暖需求。

（四）夏热冬暖地区

夏热冬暖地区主要集中在华南和西南的福建、广东、广西等沿海地区，属于亚热带湿润季风气候，夏季漫长湿热，冬季短暂温和，几乎长夏无冬。气温的年较差和日较差都很小。太阳辐射强烈，雨量充沛，空气湿度大。

1. 建筑节能设计要求

应充分满足夏季防热的要求，一般可不考虑冬季保温。主厂房建筑窗户布置等设计应考虑有利于通风散热；适当加强集中控制楼建筑围护结构的隔热性能，降低通风空调负荷。

2. 暖通空调节能设计要求

主要解决的问题依然是夏季降温。该地区的火电厂建筑，汽机房一般采用全封闭建筑结构，锅炉房及其他工业建筑多采用露天布置。汽机房设置通风降温措施。集中控制室、值长室、电子设备间、各类就地控制室等，应设置空调设施，以确保工作人员健康舒适的工作环境。

该地区的火电厂一般不考虑冬季供暖。对于集控室、电子设备间等场所，可根据火电厂所在地的具体气候条件，确定是否设计全年性空调系统来满足室内温湿度要求。

（五）温和地区

温和地区主要是云南大部和广西、贵州、西藏的一小部分地区。温和地区的显著特点是冬湿夏凉，干湿季节分明；既无冬季严寒，又无夏季酷热，是"四季如春"的地方。常年多雷暴雨，多雾，气温年较差小，日较差大。部分地区冬季最低气温偏低。

1. 建筑节能设计要求

应根据所在城市气候条件，邻近夏热冬冷地区或夏热冬暖地区的区域可按照相应节能设计规定执行。

其他区域可不考虑建筑节能设计。

2. 暖通空调节能设计要求

主厂房及全厂的辅助建筑一般不设置夏季降温和冬季供暖设施。邻近夏热冬冷地区或夏热冬暖地区的区域，考虑到火电厂内某些建筑（场所）的特殊性，可设置一些局部的降温设施（如分体式空调机、降温通风机）和供暖设施（电暖气）。

第二节　建筑与建筑热工节能设计

火电厂建筑是由多种建筑共同组成的综合性建筑群体，类型各异，体量相差悬殊。建筑节能设计首先应进行建筑分类，根据不同使用性质、功能特征、室内环境要求及暖通空调能耗等因素，对火电厂建筑进行划分，进而针对不同建筑热工设计分区，按照不同建筑类别确定相应的节能设计要求。

设计应结合火电厂工艺特点，综合考虑建筑布置、封闭范围、围护结构材料选择及其节点构造等与建筑能耗的关系，按照建筑围护结构推荐限值，采取合理的材料及构造措施，提高围护系统气密性，改善建筑热工性能。

一、火电厂建筑节能设计现状

火电厂厂区建筑类型各异且数量多，建筑能耗很大。主厂房等建筑体量高大，属于强热源高大空间，在严寒、寒冷地区室内热环境复杂特殊，冷风渗透现象严重；运煤栈桥高差 40～60m，热压作用明显、冬季渗风量大，室内局部温度受影响；集中控制楼建筑是全厂唯一选用空气调节系统的建筑，室内舒适性要求高，设备散热量大，在夏热冬冷和夏热冬暖地区对空调负荷、能耗影响大。

金属板围护系统是目前火电厂建筑围护系统常用材料，但由于其构造特点，在气密性、导热性等方面存在很多问题，围护系统构造设计不够合理，施工技术也不完善规范，出现冷桥、冷风渗透等现象。在实际工程中，尚缺乏对建筑节能系统深入的研究，建筑围护系统的热工性能问题日益突出，甚至影响到火电厂的正常安全运行。因此，合理的技术选择，对火电厂建筑节能非常关键。

二、建筑节能设计原则、一般要求及分类

1. 建筑节能设计原则

（1）根据建筑不同使用性质、功能特征、室内环境要求以及暖通空调能耗等因素，对火电厂各建筑进行划分，针对不同建筑热工设计分区，按照不同建筑类别确定相应的节能设计要求。

（2）遵循"被动优先，主动优化"的设计原则，运用较低的投资获得较大的节能效果。结合火电厂工艺特点，通过合理布置建筑，封闭部分建筑空间，优选围护的结构材料及节点构造，提高围护系统保温隔热性气密性，改善建筑热工性能。

2. 建筑节能设计一般要求

火电厂建筑节能设计应统筹规划建筑总体布局，在满足生产工艺要求前提下，控制建筑体形系数，改善围护结构的气密性和保温隔热性能。

（1）建筑总体布局。火电厂建筑总平面的布置和设计宜充分利用冬季日照并避开冬季主导风向，利用夏季自然通风。厂前建筑主要朝向宜选择所在气候区的最佳朝向。

在总平面设计中，合理规划厂区建筑群体组合，有条件时尽可能采取联合建筑的方式。建筑组合的方式可依据不同工程的特点，灵活多样。如其他生产辅助建筑可按照使用功能要求、工艺系统相近的原则，尽量采取联合建筑的布置方式；厂前建筑宜采用联合布置方式，主要包括生产行政办公、生产试验、食堂、浴室、夜班宿舍、招待所、检修公寓等。

还应充分利用和改善建筑所处的具体环境，平衡环境温度、湿度，提高建筑室内外环境的舒适度。可在建筑周围种植树木、植被，有效阻挡风沙、净化空气，同时起到遮阳、降噪的效果；也可通过垂直绿化、屋面绿化、透水地面等，改善环境温湿度，提高建筑的室内舒适度。

（2）减少建筑体形系数及窗墙面积比。火电厂主厂房等生产及辅助建筑一般比较规整，相比民用建筑而言，建筑体形系数较小。在建筑节能设计中，对严寒、寒冷地区建筑应控制建筑体形系数，在满足工艺流程的前提下，生产建筑采取合理紧凑布置、降低层高等优化手段，降低供暖和空气调节系统能耗。

建筑体形设计还应根据当地地域气候特征及地理环境特点，处理好分散与集中、开敞与封闭、简洁与丰富的关系，落实可持续发展的建筑设计理念。如在南方地区厂前建筑可考虑庭院走廊灵活组合，满足通风要求。

火电厂建筑节能设计要结合工艺要求，在满足采光通风的前提下，尽可能减少窗户的开启，减少窗墙面积比。

（3）建筑围护结构及细部构造。

1）建筑围护结构材料选择应满足保温隔热性能好、环保、施工方便、质量易保证的围护结构体系。屋面、外墙、楼地面保温隔热材料厚度根据保温（隔热）要求计算确定。常用建筑围护结构材料主要热工技术指标见附录A。

2）建筑的内、外保温系统的保温材料选择及防火构造措施必须符合 GB 50016《建筑设计防火规范》的有关规定。

3）采用保温隔热、气密性能优良的节能型门窗和幕墙系统。严寒、寒冷地区，设置供暖、空气调节系统建筑的外门应采取减少冷风渗透的措施。有条件时可考虑设门斗。

4）对于严寒、寒冷地区建筑一般不考虑设置遮阳措施，以便充分利用冬季太阳能辐射热及天然采光。夏热冬冷和夏热冬暖地区，对太阳光能大量直射到的外墙面的外窗有条件应采取遮阳措施。寒冷地区制冷负荷大的建筑，外窗适当考虑遮阳。

5）建筑围护结构细部构造应根据建筑气候分区特点，采用成熟、可靠的细部构造形式。严寒、寒冷地区建筑满足气密性及保温要求；夏热冬冷地区兼顾保温与通风要求；夏热冬暖地区重点满足通风要求。

3. 建筑节能设计分类

对火电厂全厂建筑进行分类，建筑节能共分为四类，即A类、B类、C类、D类建筑。火电厂建筑节能设计分类见表7-3。

表7-3　　火电厂建筑节能设计分类

建筑节能设计类别	建　筑　名　称
A	主厂房建筑（燃煤发电厂包括汽机房、除氧间、煤仓间、锅炉房等；燃气轮机发电厂包括燃机房、汽机房、余热锅炉房等）
B	集中控制楼、网络继电器楼、通信楼/微波楼、化学水试验楼、除尘控制楼、运煤综合楼、脱硫控制楼等生产建筑
C	运煤栈桥、运煤转运站、碎煤机室、化学水处理车间、海水淡化车间、供（制）氢站、泵房、空气压缩机房、启动锅炉房、油处理室、脱硫工艺楼、检修间、一般材料库、车库、推煤机库等其他建筑
D	办公楼、食堂、浴室、警卫（传达）室等公共建筑；值班宿舍等居住建筑

注　1. 对于本表中未提及的建筑或车间，可参照表中建筑所属类型进行归类。

2. 对于两个或以上设计类别不同的建筑物合并为一个建筑物时，应以建筑主要性质所属类型进行归类。

三、各类建筑节能设计要点及围护结构热工设计

火电厂建筑节能设计应正确处理好能耗与使用功能、经济性和室内环境舒适性的关系，按照不同建筑热工设计分区，针对不同分类的建筑具体特点，确定相应的节能设计要求。

（一）各类建筑节能设计要点

1. A 类建筑

主厂房建筑室内空间高大，设备与管道的散热量和散湿量较大，室内垂直、水平方向形成较大的压力差和温度差。在严寒、寒冷地区，主厂房既有供暖又有通风要求，锅炉房内热压作用尤其明显，供暖能耗大。针对主厂房的设备运行特点、室内环境、供暖通风能耗等因素，对严寒、寒冷地区，应提高主厂房围护结构保温隔热性能和气密性，降低传热系数，减少冷风渗透。

（1）结合工艺特点，主厂房建筑综合考虑建筑布置、封闭范围、采光开窗位置、面积等和主厂房气流组织、供暖通风能耗的关系。根据使用功能结合供暖、通风要求对室内空间进行合理分隔（包括水平与竖向），组织好汽机房、除氧间、煤仓间、锅炉房等的通风；严寒、寒冷地区主厂房底层高大空间要做好层间分隔，防止供暖热气流上升造成底部温度过低的现象。

（2）主厂房采光方式结合火电厂的工艺布置状况，尽量采用天然采光，在天然采光不能解决的区域，辅助以人工照明。汽机房运转层宜采用低位侧窗与屋顶采光窗相结合的方式，有条件时可考虑选用采光通风一体化的屋顶通风器。

（3）严寒、寒冷地区主厂房应做好围护系统，尤其是运转层以下围护系统的节能设计，综合处理好围护结构保温、密封，减少空气在负压的作用下从门、窗、缝隙等不严密处携带大量的冷负荷进入室内，减少室内热压。

（4）严寒、寒冷地区主厂房建筑在做好冬季保温的同时，应通过进、排风窗位置和面积的选择，进行合理的气流组织，降低能耗，满足夏季通风的需要。

（5）夏热冬冷和夏热冬暖地区主厂房的封闭范围包括汽机房及除氧间。考虑到汽机房等热负荷大，夏季散热通风是主要问题，屋面可采取适当的保温（隔热）措施，合理设计（组织）通风，优先采用天然通风方式。

2. B 类建筑

B 类建筑有供暖、通风与空气调节要求，功能构成比较复杂。此类建筑人员使用比较集中，室内环境要求高。其中集中控制楼为多层综合性工业建筑，作为全厂生产调度和运行控制中心，是火电厂中唯一设置全年全时空气调节系统的建筑，与民用建筑不同的是设备散热量大，对空调和供暖设备的负荷、配置有较大的影响。因此，建筑围护结构热工设计应适当采取保温隔热节能措施。

（1）结合工艺要求特点、依据不同建筑气候区进行设计。严寒、寒冷地区建筑体形系数一般不大于 0.4，其他地区对建筑体形系数不做具体要求，但设计中尽量采用对节能有利的体形系数小的建筑形式。建筑物的造型宜简洁、规则，尽量避免复杂的轮廓线。

（2）根据使用功能，结合供暖、通风及空气调节要求对室内空间进行合理分隔（包括水平与竖向），供暖、空气调节房间应尽量上下、水平对齐集中布置，管井布置应利于供暖、通风管道短捷，减少能耗传递损失。

（3）办公和有人值班的人员使用的房间以及有通风换气要求的房间应尽可能靠外墙布置，充分利用天然采光、冬季日照和夏季自然通风。

（4）在夏热冬冷和夏热冬暖地区，当一栋建筑仅有个别或少量房间设置空调系统时，宜根据具体使用要求对空调房间采取节能（构造）措施。

3. C 类建筑

在严寒、寒冷地区，C 类建筑有供暖要求，应采取保温隔热措施。其中运煤栈桥、运煤转运站、碎煤机室等建筑架空面积大、供暖能耗大，加强围护结构保温隔热性能后，节能效果尤为显著。

（1）运煤栈桥、运煤转运站、碎煤机室等建筑应结合工艺要求，合理确定封闭范围、围护材料及构造、气密性等；其他建筑中有人员值守的房间，应结合地理环境、气候条件布置在较好的朝向。

（2）严寒、寒冷地区，运煤栈桥、运煤转运站、碎煤机室等建筑在满足采光、通风的前提下，尽量减少开窗。

4. D 类建筑

D 类建筑包括民用建筑中的公共建筑和居住建筑，其中：办公楼、食堂、浴室、招待所、警卫传达室等建筑使用性质为公共建筑，应执行 GB 50189《公共建筑节能设计标准》或相关地方标准的规定；值班宿舍等附属建筑的使用性质为居住建筑，应执行 JGJ 26《严寒和寒冷地区居住建筑节能设计标准》、JGJ 134《夏热冬冷地区居住建筑节能设计标准》、JGJ 75《夏热冬暖地区居住建筑节能设计标准》或相关地方标准的规定。

（二）各类建筑围护结构热工设计

下面所述各主要建筑围护结构传热系数推荐值，是针对全国不同建筑热工设计分区，在调研分析 20 多个火电厂主厂房、集中控制楼、运煤栈桥等建筑的基础上，对选取的典型电厂主要建筑能耗进行冬季、夏季实测，建立相应建筑热环境模拟的数值模型；结合经济比较，对不同建筑围护结构的供暖空调负荷和能耗的影响进行定量分析，并参考国内有关建筑节能设计标准规范，提出了不同建筑热工设计分区的汽机房、锅炉房、集中控制楼和运煤建筑等主要建筑围护结构传热系数推荐值。建筑围护结构热工计算公式见附录B。

1. A类主厂房建筑围护结构热工设计

（1）围护结构传热系数宜满足表7-4的要求。

表7-4　　A类主厂房建筑围护结构
传热系数推荐值

围护结构部位	传热系数［W/（m²·K）］			
	严寒地区	寒冷地区	夏热冬冷地区	夏热冬暖地区
屋面	≤0.60	≤0.75	≤0.95	—
外墙（包括非透光幕墙）	≤0.60	≤0.75	—	—
底面接触室外空气的架空或外挑楼板	≤0.60	≤0.75	—	—
空调房间隔墙	≤1.2	≤1.2	≤1.2	≤1.2
外窗	≤3.2	≤3.2		
屋顶透光部分	≤3.2	≤3.2		

注　1. "—"表示对传热系数值不做要求。
　　2. 夏热冬冷和夏热冬暖地区屋面应考虑防结露。
　　3. 严寒、寒冷地区外墙采用砌体结构时，传热系数值可适当放宽，分别不宜大于1.0、1.3W/（m²·K）。
　　4. 严寒、寒冷地区锅炉房顶盖传热系数值可适当放宽，但不宜大于1.1W/（m²·K）。
　　5. 极端严寒地区主厂房建筑传热系数值宜乘以0.85。

（2）主厂房室内的电气设备房间，当仅设有降温通风系统时，隔墙可不采取保温措施；当设有空调系统时，隔墙应采取保温措施，其围护结构传热系数宜满足表7-4的要求。

（3）主厂房墙体材料可采用砌体、预制混凝土外墙板或金属板等外围护结构，尽量不选用玻璃幕墙。对于严寒、寒冷地区的主厂房，运转层以下尽可能采用外保温砌体围护结构。

（4）考虑到金属板的具体特性，主厂房采用复合金属板时，严寒地区有条件优先选用施工密闭性良好的工厂复合金属板（夹芯板），寒冷地区可采用现场复合金属板（压型钢板复合保温系统）。

（5）对于夏热冬冷和夏热冬暖地区，主厂房主要考虑通风散热问题，可选用单层金属墙板围护系统。

（6）主厂房外墙可开启面积应按暖通专业的通风要求设置，严寒、寒冷地区宜控制通风百叶窗的使用，其通风口应采取冬季保温措施。汽机房各层开窗宜均匀布置，以利于气流组织。

（7）汽机房屋面采光板或采光窗应采取防结露措施。采光板可采用与金属屋面板配套的波形板。

（8）严寒地区人员经常使用的主要出入口应设门斗，寒冷地区有条件时设门斗。门斗之间门的设置尽量避免冷风的直接侵入。

（9）严寒、寒冷地区主厂房通行机动车辆的大门宜选用密闭性好的保温型平开门、推拉门、提升门。夏热冬冷和夏热冬暖地区空调房间门考虑保温隔热性能。

（10）严寒、寒冷地区建筑外门窗的气密性一般应符合GB/T 7106《建筑外门窗气密、水密、抗风压性能分级及检测方法》规定的4级要求，有条件时宜符合6级要求。

2. B类建筑围护结构热工设计

（1）B类建筑围护结构热工性能宜满足表7-5的要求，外窗遮阳系数推荐值见表7-6。

表7-5　　B类建筑围护结构
传热系数推荐值

围护结构部位	传热系数［W/（m²·K）］			
	严寒地区	寒冷地区	夏热冬冷地区	夏热冬暖地区
屋面	≤0.35	≤0.45	≤0.7	≤0.7
外墙（包括非透光幕墙）	≤0.65	≤0.85	≤1.2	≤1.5
底面接触室外空气的架空或外挑楼板	≤0.65	≤0.85	≤1.2	≤1.5
空调房间隔墙	≤1.2	≤1.2	≤1.2	≤1.2
外窗	≤3.2	≤3.2	≤3.2	≤3.2

表7-6　　建筑外窗遮阳系数推荐值

外窗（包括透光幕墙）		遮阳系数 S_C（东、南、西向/北向）		
		寒冷地区	夏热冬冷地区	夏热冬暖地区
单一朝向外窗（包括透光幕墙）	窗墙面积比≤0.2	—	—	—
	0.2<窗墙面积比≤0.3	—	≤0.60/—	≤0.50/≤0.60
	0.3<窗墙面积比	—	≤0.60/—	≤0.50/≤0.60

注　1. 有外遮阳时，遮阳系数＝玻璃的遮阳系数×外遮阳的遮阳系数。
　　2. 无外遮阳时，遮阳系数＝玻璃的遮阳系数。
　　3. "—"表示对遮阳系数值不做要求。

（2）在满足日照、采光、通风等要求的前提下，控制（减小）外门窗的面积，避免采用大面积玻璃幕墙。

（3）严寒地区人员经常使用的主要出入口应设门斗，寒冷地区有条件时设门斗。其他地区建筑的外门也应采取适当的保温隔热节能措施。

（4）外门窗的气密性应满足 GB/T 7106《建筑外门窗气密、水密、抗风压性能分级及检测方法》规定的 6 级要求。如采用玻璃幕墙时，气密性不应低于 3 级。

3. C 类建筑围护结构设计

（1）C 类建筑围护结构传热系数宜满足表 7-7 的要求。

表 7-7　　C 类建筑围护结构
传热系数推荐值

围护结构部位	传热系数［W/（m²·K）]			
	严寒地区	寒冷地区	夏热冬冷地区	夏热冬暖地区
屋面	≤0.6	≤0.75	≤0.95	—
外墙（包括非透光幕墙）	≤1.3	≤1.5	—	—
底面接触室外空气的架空或外挑楼板	≤0.6	≤0.75	—	—
空调房间隔墙	≤1.2	≤1.2	≤1.2	≤1.2
外窗	≤3.2	≤3.2	—	—

注　1. "—"表示对传热系数值不做要求。
　　2. 外墙采用复合金属板封闭时，传热系数值宜乘以 0.6 的系数。

（2）对于运煤栈桥外墙，在严寒地区有条件时，尽量采用工厂复合保温金属板封闭，寒冷地区可采用现场复合保温金属板封闭，其他地区根据气候特点可采用单层压型钢板封闭。屋面尽量与墙体围护材料一致，采用金属板屋面。除运煤栈桥外的 C 类建筑，严寒、寒冷地区外墙宜采用砌体结构，屋面宜采用钢筋混凝土防水保温屋面。

（3）C 类建筑当采用砌体外墙时，有条件尽可能采用单一材料自保温墙体。

（4）严寒、寒冷地区运煤栈桥须加强底板的保温设计。

（5）严寒、寒冷地区外窗的气密性不宜低于 GB/T 7106《建筑外门窗气密、水密、抗风压性能分级及检测方法》规定的 4 级要求，有条件时宜符合 6 级要求。

（6）严寒地区建筑宜采用平开窗，寒冷地区可采用平开窗或推拉窗；运煤栈桥应减少开窗面积，可采用上悬窗或固定窗。

（7）严寒、寒冷地区通行机动车辆的大门宜选用密闭性好的保温型平开门、推拉门、提升门。夏热冬冷和夏热冬暖地区空调房间门应考虑保温隔热性能。

第三节　暖通空调节能设计

供暖、通风与空气调节（简称暖通空调）系统属于辅助生产的公用系统，其主要作用为：①消除或改善生产工艺、劳动过程和工作环境中，可能产生或存在的对职业人群健康和安全以及劳动、生存能力造成不良影响的职业性危害因素；②根据工艺设备的要求改善室内温湿度环境及空气质量，使工艺设备安全稳定运行；③火灾事故后，迅速排除燃烧产生的有害烟气，以便及时抢修受损设备，恢复电力生产运行。

火电厂暖通空调节能设计应遵守以下原则：①应根据建筑物所在的不同气候地区确定需设置合适的暖通空调系统；②根据建筑物的房间使用功能确定应保持的室内温度、湿度；③使用低能耗的运行设备和运行方式；④选择合适的节能设计方案；⑤选择正确的节能计算方法。

一、主要系统耗能特点

火电厂暖通空调主要系统的耗能特点见表 7-8。

表 7-8　火电厂暖通空调主要系统的耗能特点

暖通空调专业细分	主要耗能系统名称	耗能	耗能设备	运行特点
供暖	主厂房供暖系统	热水、电	大门热风幕、暖风机	布置分散、运行时间长
	输煤建筑供暖系统	热水（蒸汽）、电	大门热风幕	布置分散
通风	主厂房机械通风系统	电	屋顶风机、其他风机	风机数量多且布置分散、运行时间长
	电气设备间通风系统	电、冷水	空气处理机、风机	布置分散、运行时间长
	除尘系统	电	除尘风机	布置分散、运行时间长
	其他建筑通风系统	电	空气处理机、风机	布置分散、运行间断
空调	集中控制室空调系统	冷水、电	空气处理机、风机	数量多、运行时间长
	分散的空调系统	冷水、电	空气处理机、分体空调器风机	布置分散、间断运行
冷热源	供暖加热站	热水、电	水泵	供暖加热站循环水泵的运行能耗较大
	空调制冷站	冷水、电	制冷机、冷却塔、水泵	数量多、运行时间长

二、节能设计参数和设备选择

室外空气计算参数、室内空气参数、空气调节房间的室内设计计算参数是暖通空调系统节能设计的三个重要基准参数；节能设备选择标准是节能设计的主要依据。

1. 室外空气计算参数

供暖通风与空气调节室外空气计算参数应符合 GB 50736—2012《民用建筑供暖通风与空气调节设计规范》附录 A 的规定。

2. 室内空气参数

火电厂内各类建筑属于特殊工业建筑，对于火电厂各建筑物室内温、湿度的控制标准，不同国家和地区要求各不相同。室内空气参数的标准确定，不仅关系着工艺设备的可靠运行和使用寿命，以及人员的舒适性需求，还涉及节能环保等国家政策问题，因此，我国对火电厂建筑室内空气参数的控制标准也一直随着社会经济的发展在不断调整。火电厂建筑供暖、通风、空调的室内空气参数应符合附录 C 的规定。

3. 空气调节房间的室内设计计算参数

应根据工艺要求确定，当工艺无明确要求时应按表 7-9 的规定取值。

表 7-9　　　　　　　　　　　　空气调节房间的室内空气计算参数

房间名称	夏　季				冬　季		
	温度（℃）	相对湿度（%）	工作区风速（m/s）	送风温差（℃）	温度（℃）	相对湿度（%）	工作区风速（m/s）
电子设备室	26±1.0	50±10	≤0.5	≤9	20±1.0	50±10	≤0.2
继电器室、SIS 室、MIS 室	24~28	40~65	≤0.3	5~10	18~22	40~65	≤0.2
集中控制室、单元控制室、工程师室、打印室	24~28	40~65	≤0.3	5~10	18~22	40~65	≤0.2
低温仪表盘架间	26	—	—	—	18	—	—
交接班室、会议室、仪表室等	26	—	—	—	18	—	—

注　1. 夏季送风温差为使用人工冷源前提下的参数。

2. 当集中控制室、单元控制室、工程师室和打印室等房间无特殊要求时，夏季室内设计温度和相对湿度宜分别按照 26℃和 50%计算，冬季室内设计温度和相对湿度宜分别按 20℃和 50%计算。

4. 设备选择

（1）供暖、通风、空调设备的能源效率等级指标应符合有关国家标准和行业标准的规定。

（2）单元式空气调节机的能源效率等级指标应符合 GB 19576《单元式空气调节机能效限定值及能源效率等级》对节能型产品的要求。

（3）风机及水泵应根据管路的阻力特性，尽可能使运行工况点处在风机与水泵的最高效率点附近。

（4）应设置暖通自动监控系统，对供暖系统、通风系统、空气调节系统和冷热源系统等实现集中管理和最佳控制，使各系统的运行达到最佳节能效果。

三、供暖系统节能设计

（1）严寒地区和寒冷地区的厂前区建筑设有集中空调系统时，冬季宜设热水集中供暖系统。

（2）严寒地区和寒冷地区开启频繁的外门和主厂房主要检修通行的外门处，宜设置大门热风幕。

（3）主厂房和输煤建筑采用热水为供暖热媒，以减少蒸汽供暖系统凝结水的排放损失。对输煤栈桥，寒冷地区可以沿栈桥单侧布置散热器，严寒地区可以沿栈桥双侧布置散热器，在严寒（A）区可考虑采用水容量较大的钢排管散热器。

（4）利用厂房余热对供暖或空气调节系统的新风进行预热。供暖地区集中空气调节系统的新风负荷占了空气调节热负荷的较大比例，在条件允许时，可以通过在汽机房或者锅炉房设计空气换气器，利用主厂房余热加热室外新风，减少空调加热系统的加热量。

（5）优先采用锅炉房顶部热风下送方案，以利用室内余热。

（6）供暖热水管道设水力平衡装置，保证各环路或各建筑物的热水流量分配均衡，避免出现冷热不均的现象。

（7）电厂公共建筑（生产办公楼、夜班休息楼、招待所等厂前区建筑）供暖系统宜按南、北向分环设计，实现分朝向控制，达到节能目的。

（8）主厂房供暖热负荷计算内容（简称冷态计算）。

1）围护结构耗热量应包括围护结构基本耗热量和朝向、风力、外门等附加耗热量。

2）计算围护结构基本耗热量时，室内供暖计算温度应按 5℃计算（冷态）。

3）高度附加耗热量可按围护结构耗热量的 15%计算。

4）冷风渗透及外门侵入附加耗热量可按围护结构耗热量及高度附加耗热量之和的 50%计算。

5）计算主厂房供暖热负荷时，可不计设备及管道散热量。

（9）主厂房冬季围护结构耗热量。围护结构的基本耗热量 Q_1 的计算如下

$$Q_1=KA（t_n-t_w） \tag{7-1}$$

式中　Q_1——通过供暖房间某一面围护物的温差传热量（即围护结构基本耗热量），W；

　　　K——该面围护物的传热系数，W/（m²·K）；

　　　A——该面围护物的散热面积，m²；

　　　t_n——室内空气计算温度，℃；

　　　t_w——供暖室外计算温度，℃。

四、通风系统节能设计

（1）消除建筑物内余热、余湿的通风，优先采用自然通风。

（2）对于以消除余热为主的机械排风系统，应设置温度控制装置，控制排风机启停，其进风口应与排风机联动。

（3）当工艺无特殊要求时，车间内经常有人的工作地点夏季空气温度不应超过表 7-10 的规定。

表 7-10　　工作地点夏季空气温度规定

夏季通风室外计算温度（℃）	≤22	23	24	25	26	27	28	29～32	≥33
允许温升（℃）	10	9	8	7	6	5	4	3	2
工作地点温度（℃）	≤32			32				32～35	35

注　1. 工作地点指工人为观察和管理生产过程而经常或定时停留的地点。当生产操作在车间内的许多不同地点进行时，则整个车间均算为工作地点。

　　2. 不保证汽轮机、高压加热器、低压加热器和除氧器等产生强辐射热的设备周围的空气温度满足本表规定。

　　3. 本表引自 DL/T 5035—2016《发电厂供暖通风与空气调节设计规范》。

（4）当采用自然通风，车间工作地点的夏季空气温度不能满足表 7-10 的规定时，应设置机械通风系统。当机械通风仍然达不到规定时，应采取局部降温措施。当受条件限制，在采取降温通风措施后仍不能达到表 7-10 的规定时，允许温升加大 1～2℃。

（5）主厂房应设置全面通风系统，通风方式应符合下列规定：

1）湿冷机组和间接空冷机组的汽机房宜采用自然通风。当自然通风不能满足卫生要求时，可采用自

然与机械相结合的通风方式。

2）直接空冷机组汽机房宜采用自然进风、机械排风。

3）全封闭汽机房应采用机械送风，自然或机械排风。位于风沙多发地区的汽机房可采用机械送风，自然排风或机械排风方式，进风应过滤。

4）半地下布置的汽机房，地下部分应设置机械送风。

5）当锅炉送风机夏季不由室内吸风时，紧身封闭锅炉房应采用自然通风；当锅炉送风机夏季由室内吸风时，应采用自然进风、机械排风。

（6）当主厂房采用自然通风时，进、排风口面积应按热压作用计算确定，中和面应位于运转层 3m 以上。

（7）在炎热干燥地区，宜采用水蒸发冷却方式的通风、空调系统。利用蒸发冷却技术为配电间进行降温通风设计，在气候比较干燥的西部和北部地区，空气的冷却过程应优先采用直接蒸发冷却（DEC）、间接蒸发冷却（IEC）或 DEC 与 IEC 相结合的二级或三级冷却方式。

（8）主厂房等热车间宜采用自然通风为主，局部通风死角采用机械通风为辅的通风方案；对于干式变压器、高压变频器、励磁机柜等发热量较大的设备，宜设置独立的通风系统，将发热量直接排除到室外；设置降温通风系统时应具有在非夏季利用室外新风冷却的功能。

（9）设置降温通风系统的房间一般为电气高/低压开关室、励磁柜室、变频器室，室内设备发热量较大且室内温度要求小于等于 35℃，在非夏季应尽量利用室外空气为自然冷源排除余热的运行策略，实现系统节能。

（10）电气房间通风系统宜设置可在过渡季节利用室外新风直接供冷的切换设施。

（11）通风系统冬季热补偿系统应独立设置、间歇运行。

（12）主厂房设备及管道散热量宜按工艺专业提供的数据确定。当工艺专业无法提供数据时，散热量可按表 7-11 的数据估算。

表 7-11　　火电厂设备管道散热量

机组容量（MW）	汽机房散热量（MW）	汽机房散湿量（kg/h）	除氧间散热量（MW）	锅炉房散热量（MW）
25	0.3	200	0.1	1.5
50	0.4	350	0.15	2.2
100	0.7	500	0.25	3.2
200	1.2	1000	0.42	4.2

续表

机组容量 （MW）	汽机房 散热量 （MW）	汽机房 散湿量 （kg/h）	除氧间 散热量 （MW）	锅炉房 散热量 （MW）
300	1.7	1100	0.6	5.5
350	1.9	1130	0.67	5.9
500	2.6	1200	0.9	7.3
600	3.0	1240	1.05	8.0
800	3.8	1360	1.33	9.4
1000	4.7	1400	1.65	10.5

（13）发电厂常用电气设备的散热量（参考数据）可按照表 7-12～表 7-15 取值。

表 7-12　6kV 和 10kV 级无励磁调压配电干式变压器的空载损耗和负载损耗

额定容量 （kV·A）	空载损耗 （W）	不同绝缘耐热等级下的负载损耗（W）		
		B（100℃）	F（120℃）	H（145℃）
30	220	710	750	800
50	310	990	1060	1130
80	420	1370	1460	1560
100	450	1570	1670	1780
125	530	1840	1960	2100
160	610	2120	2250	2410
200	700	2510	2680	2870
250	810	2750	2920	3120
315	990	3450	3670	3930
400	1100	3970	4220	4520
500	1310	4860	5170	5530
630	1510	5850	6220	6660
800	1710	6930	7360	7880
1000	1990	8100	8610	9210
1250	2350	9630	10260	10980
1600	2760	11700	12400	13270
2000	3400	14400	15300	16370
2500	4000	17100	18180	19460

注　1. 常用干式变压器主要为 6kV 和 10kV 级无励磁调压配电变压器，高压为 6kV 级或 10kV 级，低压为 400V。

2. 常用干式变压器的绝缘等级为 F 级，性能参考温度为 120℃，绕组温升限值为 100℃，最高允许温度为 155℃。

3. 热备用干式变压器只计算空载损耗，不计算负载损耗。

表 7-13　SitePro 系列 UPS 设备散热量

参　数	规　格								
额定输出 功率 （kV·A）	10	15	20	30	40	60	80	100	120
输入功率 （kW）	8.9	13.4	17.6	26.4	34.6	51.9	69.2	86	103
额定负载 时整机效 率（%）	90	90	91	92	92.5	92.5	92.5	93	93
散热量 （kW）	0.88	1.33	1.58	2.09	2.59	3.89	5.19	6.02	7.23

注　一般 UPS 设备散热量可按 $Q=P_N(1-\beta)$ 计算，P_N 为额定输入功率（kW），β 为额定负载时的整机效率。

表 7-14　ACS510 低压变频器功率损耗

变频器型号	电动机 额定功率 （kW）	功率损耗 （W）	冷却风量 （m³/h）
ACS510-01-03A3-4	1.1	40	44
ACS510-01-04A1-4	1.5	52	44
ACS510-01-05A6-4	2.2	73	44
ACS510-01-07A2-4	3	97	44
ACS510-01-09A4-4	4	127	44
ACS510-01-012A-4	5.5	172	44
ACS510-01-017A-4	7.5	232	88
ACS510-01-025A-4	11	337	88
ACS510-01-031A-4	15	457	134
ACS510-01-038A-4	18.5	562	134
ACS510-01-045A-4	22	667	280
ACS510-01-060A-4	30	907	280
ACS510-01-072A-4	37	1120	280
ACS510-01-096A-4	45	1440	168
ACS510-01-0124A-4	55	1940	405
ACS510-01-0157A-4	75	2310	405
ACS510-01-0180A-4	90	2810	405
ACS510-01-0195A-4	110	3050	405

注　ABB 公司 ACS510 系列低压变频器采用强迫风冷的冷却方式。

表 7-15　中压变频器功率损耗

变频器系列	电压等级 （kV）	功率范围 （kW）	功率损耗 （%）
ACS1000	2.3、3.3、4.0	315～1600（风冷）	≤2
ACS5000	6.0、6.6、6.9	2000～7000（风冷）	≤1.5

注　1. ABB 公司 ACS1000 和 ACS5000 系列中压变频器不含内置变压器。

2. 变频器含内置变压器时，变压器功率损耗应单独计算。

（14）电气设备散热量的计算。

1）计算电气设备散热量前，应落实同一房间内每一类别的电气设备中正常工作时分别处于运行、冷备用和热备用的台数。

2）计算电气设备散热量时，同一房间内的电气设备应按不同类别、不同容量和运行状态分别计算和取值。

3）运行状态的电气设备散热量应按计算结果或按参考数据的 100%取值；冷备用状态的电气设备可不考虑其散热量；热备用状态的干式变压器可只计算空载损耗，不计算负载损耗；其他热备用状态的电气设备应按运行状态散热量的 0.2 倍取值。

4）当强迫风冷的电气设备排风直接接到房间以外时，应按设备进、排风温差和排风量计算排出的热量，在计算房间内总散热量时扣除。

5）直接水冷的电气设备散到所在房间的散热量应由设备制造商提供。

五、空气调节系统节能设计

（1）空气调节系统送风量应根据焓-湿图（h-d 图）空气处理过程的送风温差计算确定；空调系统制冷量应根据被处理空气量的焓差计算确定。

（2）空气调节系统按定风量设计时，应设置新风和回风焓值控制装置，以实现全新风运行或可调新风比运行，并应设置与之对应的排风系统。

（3）工艺性空气调节系统应与舒适性空调系统分开设置。

（4）全空气空气调节系统应合理采取最小新风量，并有调节全新风运行与可调新风比的措施；气流组织应合理。

（5）电子设备室空气调节系统有条件时宜设置排风热回收装置用来预冷、预热新风。

六、冷热源系统节能设计

（1）空气调节和降温通风系统的冷源应根据所在地区的条件确定，并优先采用天然冷源。

（2）主厂房、集中控制楼及空调冷负荷较大的生产辅助建筑宜集中设置制冷系统。

（3）厂区建筑和厂前区建筑的空调冷源系统宜分别设置。

（4）当汽轮机较低级抽汽汽源有可靠保证时，宜采用溴化锂吸收式制冷机组供冷；当选用电动压缩式制冷机组时，应选用节能型产品；当电厂循环冷却水满足要求时，宜采用水源热泵机组供冷、供热。

（5）采用空气源热泵冷热水机组供热时，冬季名义工况运行性能系数不应低于 1.8。

（6）冷水机组选型兼顾性能系数（COP）和综合部分负荷性能值（IPLV）。

（7）集中制冷站系统优先采用一次泵变流量系统。通过系统压差和冷冻水温差控制，实现变频运行，降低水泵的运行能耗。

（8）有可靠余热可以利用的供暖通风与空气调节系统宜采用余热作为热源。

（9）应根据工艺要求并结合当地的建设标准，确定是否采用集中供暖系统。

（10）火电厂生产厂房和辅助生产厂房集中供暖的热媒宜采用热水，热水回水温度不高于70℃，供回水温差宜为 40～25℃。厂区公共建筑的散热器供暖系统的热媒宜为 75℃/50℃，且供水温度不宜高于85℃，供回水温差不宜低于20℃。

（11）严寒地区的主厂房或运煤建筑如采用蒸汽热媒时，应从围护结构保温、节能、安全、卫生等方面进行技术经济论证。蒸汽温度不应超过 160℃，凝结水应回收利用。

（12）厂区建筑设置集中供暖系统的发电厂，当采用单台汽轮机抽汽作为供暖系统热源时，应设备用汽源。

七、节能设计案例

下面介绍 2×300MW 及以上机组空冷配电间采用蒸发冷却降温通风的节能设计案例，与其他各方案在技术、经济（含能耗）指标上进行比较，推荐采用节能的直接蒸发式冷却进风装置。

1. 空冷配电间简介

（1）空冷配电间电气布置。2×300MW 火电厂空冷机组的空冷配电间电气设备由变频器和干式变压器组成：变频器一般 30 台，每台变频器的容量为 120～150kW；干式变压器一般配置 3～4 台，每台容量为 2000kV·A。房间面积一般为 200～300m²。

（2）空冷配电间设备散热量。空冷配电间变频器的散热量一般不超过变频器功率的 3%，干式变压器一般配置 3～4 台，也有的空冷配电间无干式变压器，2×300MW 干式变压器的容量一般为2000kV·A/台，散热量一般为设备容量的 0.875%。布置有干式变压器的空冷配电间，设备散热量为 145～190kW；不设干式变压器的空冷配电间，设备散热量为 90～110kW。

（3）空冷配电间降温通风设计。满足下列条件之一时宜采取降温措施：当地夏季通风室外计算温度大于或等于 33℃；当地夏季通风室外计算温度 30℃≤t<33℃，最热月月平均相对湿度大于或等

于 70%。

（4）空冷配电间降温通风设计方案。以往设计中，2×300MW 电厂空冷机组工程的空冷配电间通风降温采用风冷式空调机组机械送风，设置回风系统，同时设置风机排风，实现通风、一次回风空调降温、直流式等多种运行方式。这些系统在运行中虽然都可以解决空冷配电间室内温度高的问题，但制冷设备能耗居高不下，要降低空调机组的电负荷，达到节能降耗的目的，设备的优化选型至关重要。

空冷配电间降温通风一般采用两种方案：一是常规电制冷空调机组；二是蒸发冷却降温机组。

（5）空冷配电间与常规空调房间的区别。

1）房间降温的用途不同：空冷配电间服务对象为干式变压器等设备，目的是保证设备长期正常运行；常规空调房间服务对象多为工作人员，要保证人员的舒适。

2）室内设计温度不同：空冷配电间一般为 35℃；常规空调房间一般为 26~28℃。

2. 工程方案

（1）常规电制冷空调机组。方案 1 采用常规电制冷空调机组。对近年来几个已经完成的电厂空冷配电间降温通风设计进行整理统计，大多采用了屋顶空调机组降温送风，空调机组的电负荷最高达 96kW，风冷机组设备电负荷平均值为 76kW。空冷配电间空调系统耗电量调查分析见表 7-16。

表 7-16　空冷配电间空调系统耗电量调查分析　（kW）

电厂名称	空调设备	排风风机	事故排风机	合计
永济热电厂	70	4.5	1.11	75.61
太原二电厂六期	48	1.48	0.5	49.48
云岗热电厂	96	0	0.75	96.75
榆次热电厂	76	4.5	1	81.5
临汾热电厂	90	0.74		90.74
平均值	76	2.10	0.82	78.8

（2）蒸发冷却降温机组。蒸发冷却降温机组分为直接蒸发冷却机组、间接蒸发冷却机组及直接与间接组合的蒸发冷却机组。方案 2 采用直接蒸发冷却机组，由新回风混合段、过滤段、蒸发加湿段、送风机段、消音段组成，其工作原理不是采用常规的制冷机制冷，而是在空调机组内设置树脂或者金属制作的蒸发冷却器，并根据材质的不同采用生活水或软化水，直流或循环喷在蒸发冷却器上，使其材质变湿，当完全流经时水分蒸发，吸收空气中的热量，从而达到冷却降温效果，使空气处理过程在焓–湿图上表示为等焓降湿过程。这种空气处理过程适用于高温度低湿度地区。其冷媒为水，无污染，无制冷剂，耗电量极低。其设备结构图如图 7-1 所示（图中的单位为 mm）。

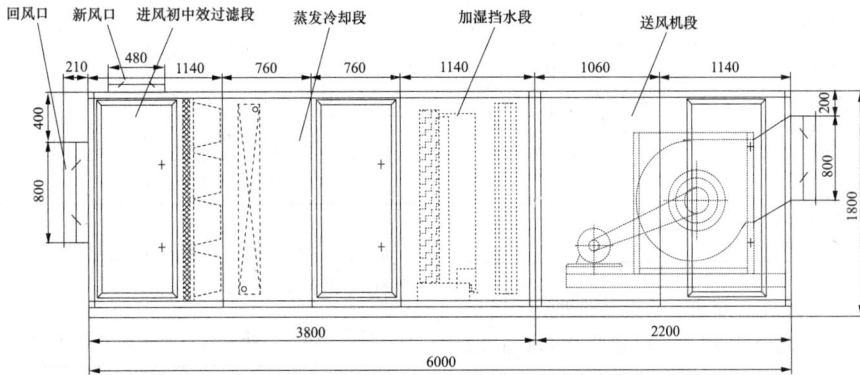

图 7-1　直接蒸发降温冷却设备结构图

3. 设备能耗比较

新建 2×300MW 直接空冷火电厂，空冷配电间主要散热设备有 4 个干式变压器和 30 个变频器，具体规格及散热量见表 7-17。

表 7-17　空冷变频器间散热统计表

散热设备	干式变压器	变频器
容量或功率	2000kV·A	110kW
数量（个）	4	30

续表

散热设备	干式变压器	变频器
单台散热量（kW）	20	3.3
单项散热量（kW）	80	99
散热量合计（kW）	179	

空冷配电间室内设计温度为 35℃，由于空冷配电间属于高温房间且室内设备均不散湿，近似认为室内

湿负荷为零。当地夏季室外气象参数如下：

夏季大气压力：888.9hPa。

最热月 14 时平均相对湿度：49%。

夏季通风室外计算温度：26.0℃。

夏季空调干球计算温度：30.0℃。

夏季空调湿球计算温度：20.8℃。

下面对两个选型方案进行比较：

（1）方案 1 设备计算选型。根据上述气象资料和室内设计参数，其空气处理过程的焓-湿图如图 7-2 所示，计算出方案 1 的设备选型参数见表 7-18。

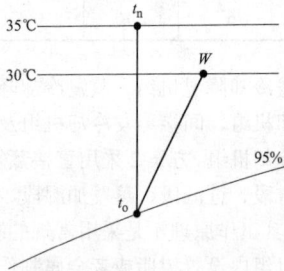

图 7-2　电制冷空调空气处理过程的焓-湿图

W—室外状态点；t_o—送风状态点；t_n—室内状态点

表 7-18　　　　方案 1 设备选型计算

室内余热量（kW）		179
室外空气状态点焓值（kJ/kg）		66.4
送风状态点焓值（kJ/kg）		46.7
室内空气状态点焓值（kJ/kg）		66.6
计算送风量	（kg/h）	32381.91
	（m³/h）	31966
计算制冷量（kW）		177.20
系统需要的送风量（m³/h）		38359.62
系统需要的制冷量（kW）		212.64

依据表 7-18 可以进行方案 1 的设备选型，采用电制冷空调系统的空调设备选用 2 台风量为 20000m³/h、制冷量为 110kW、电功率为 38kW 的屋顶风冷空调机组，3 台排风量为 13300m³/h、电功率 1.5kW 的屋顶风机，4 台风量为 5580m³/h 的风机。气流组织采用上送风屋顶风机接风管直接排风的通风形式，系统总耗电量为 81.5kW。

（2）方案 2 设备计算选型。根据气象资料和室内设计参数，其空气处理过程如图 7-3 所示，计算出方案 2 的设备选型参数，见表 7-19。

依据表 7-19 可以进行方案 2 的设备选型，采用直接蒸发冷却系统的设备，选用 2 台风量为 25000m³/h、冷却降温效率为 93%、电功率为 12kW 的屋顶直接蒸

发冷却机组，3 台排风量为 13300m³/h、电功率 1.5kW 的屋顶风机，4 台风量为 5580m³/h 的风机。气流组织采用上送风屋顶风机不接风管直接排风的通风形式，系统总耗电量为 29.5kW。

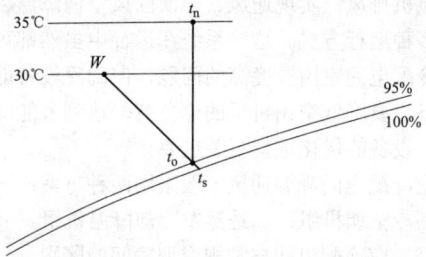

图 7-3　直接蒸发冷却降温机组空气处理过程的焓-温图

W—室外状态点；t_o—送风状态点；

t_s—室外空气湿球温度状态点；t_n—室内状态点

表 7-19　　　　方案 2 设备选型计算

室内余热量（kW）		179
室外空气状态点焓值（kJ/kg）		66.4
室外空气干球温度（℃）		30
室外空气湿球温度（℃）		20.8
送风状态点空气干球温度（℃）		21.4
冷却效率（%）		93
室内空气状态点焓值（kJ/kg）		80.5
计算送风量	（kg/h）	45702.13
	（m³/h）	45116
计算显热制冷量（kW）		110.27
系统需要的送风量（m³/h）		49627.19
系统需要的制冷量（kW）		121.30

（3）两个设计方案的能耗对比。上述两种方案的能耗对比见表 7-20。

表 7-20　　　　两个设计方案的能耗对比

空冷配电间降温设备方案	方案 1 常规电制冷空调机组	方案 2 直接蒸发冷却降温机组
降温设备选型	风量为 20000m³/h、制冷量为 110kW、电功率为 38kW 的屋顶风冷空调机组	风量为 25000m³/h、冷却降温效率为 93%、电功率为 12kW 的屋顶直接蒸发冷却空调机组
降温设备台数（台）	2	2
降温设备每小时耗电量（kW）	76	24

续表

空冷配电间降温设备方案	方案 1常规电制冷空调机组	方案 2直接蒸发冷却降温机组
以方案 1 为基准耗电量百分数（%）	100	31.58
降温系统每小时耗电量（kW）	81.5	29.5
以方案 1 为基准耗电量百分数（%）	100	36.2

通过表 7-20 可以看出，对于空冷配电间降温设备电负荷，采用方案 2 使空冷配电间空调电负荷由方案 1 的 76kW 降低到了 24kW，相比减小了 52kW，下降了 68.42%左右；对于空冷配电间降温系统的电负荷，采用方案 2 使空冷配电间空调电负荷由方案 1 的 81.5kW 降低到了 29.5kW，相比减小了 52kW，下降了 63.8%左右。

4. 经济比较

从方案初投资和运行费用入手进行经济分析，两个方案初投资以及运行费用对比见表 7-21。

表 7-21　两个方案初投资以及运行费用对比

空冷配电间降温设备方案	方案 1常规电制冷空调机组	方案 2直接蒸发冷却降温机组
初投资（万元）	20.0	15.0
年运行耗电量（kW·h）	418000	132000
年运行费用（万元）	17.6	5.6

注　运行电费按厂用电价按 0.42 元/（kW·h）考虑，空调设备全年运行小时数按 5500h 计算。

从表 7-21 中可以看出，方案 2 的初投资和年运行费用均较低，降温设备全年运行小时数按 5500h 计算，采用方案 2 后降温设备年耗电量由 418000kW·h 降低为 132000kW·h，厂用电价按 0.42 元/（kW·h），初步估算，每年可为电厂节约运行费用约 12 万元，具有一定的节能效果。

对设备初投资进行比较，相同参数风冷机组每台约 10 万元，直接蒸发冷却机组每台约 7.5 万元；每个配电间设置两台降温机组，2 台风冷机组总设备费约为 20 万元，2 台直接蒸发冷却机组总设备费约为 15 万元，初投资费用节省约为 5 万元，具有一定的经济效益。

按每个电厂两个空冷配电间考虑，采用方案 2 后，每个电厂的降温机组初投资费用节省约 10 万元，年运行费用节省约 24 万元。

5. 结论

通过技术经济比较分析，可以得出如下结论：

（1）采用蒸发冷却降温机组可以较好地满足空冷配电间的室内温度要求。但设计选用时，应结合具体工程气象参数和房间功能及用途，选择适合的蒸发冷却降温机组。

（2）该工程采用蒸发冷却降温机组比常规风冷降温机组初投资节约 10 万元，年运行费用节省约 24 万元。

（3）在满足室内温度要求的情况下，应尽可能提高排风温度，从而最大限度地节约能源。空冷配电间属于高热无人值守车间，房间内的温、湿度只要满足工艺设备的运行要求即可。

（4）推荐空冷配电间采用直接蒸发式冷却降温装置，可减少电力消耗，降低设备初投资，达到节能、降耗、方便运行管理的目的。

第八章

火电厂其他专业节能设计

第一节 运煤专业节能设计

火电厂运煤系统主要包括卸煤系统、贮煤系统、输送系统、筛碎系统、计量系统、采样系统及其他辅助系统等，所包含的主要设备有翻车机、卸船机、堆取料机、煤筛、碎煤机、给煤机、带式输送机、推煤机及装载机等。

做好燃煤管理工作，优化燃煤的贮存及混煤系统，使燃煤供应与锅炉燃烧匹配好，提高锅炉燃烧效率，是实现运煤系统节能的有效途径。而做好运煤系统的流程优化及设备选型是做好运煤系统节能设计的主要措施。

一、运煤系统耗能特点

运煤系统主要耗能点见表 8-1。

表 8-1　运煤系统主要耗能点

主要耗能点	主要设备	参考单机功率（kW，设备单机出力）	常见节能措施
火车卸煤系统	单车翻车机系统	710	变频调节
	双车翻车机系统	1110	变频调节
卸船系统	抓斗卸船机	1000（800t/h）2100（2000t/h）	变频调节
汽车卸煤系统	叶轮给煤机	45（700t/h）	变频调节
输送系统	带式输送机	常见 37~800	优化布置，配备液力偶合器及变频调节
贮煤系统	斗轮堆取料机	450（1500t/h）	变频调节、液压马达
	圆形堆取料机	510（1500t/h）	变频调节
	推煤机	162（TY220，发动机功率）	优化煤场布置，减少推煤机作业量

续表

主要耗能点	主要设备	参考单机功率（kW，设备单机出力）	常见节能措施
贮煤系统	装载机	162（ZL50，发动机功率）	优化煤场布置，减少推煤机作业量
筛碎系统	环锤式破碎机	355（1000t/h）560（1500t/h）	优化筛碎组合流程及设备选型
	滚轴筛或振动筛	66（1500t/h）	

二、运煤系统节能设计

（一）运煤系统节能设计主要原则

运煤系统节能设计的主要原则是，根据工程建设规模、厂址规划以及总平面布置情况，在满足安全性和工艺系统要求的情况下，优化系统及布置，使系统简单、布置紧凑、运输路径短。

（二）运煤系统工艺流程优化

（1）在满足工艺流程和总平面布置的条件下，通过减少运煤系统的转运环节、降低转运点落差、缩短输送路径及减少运行时间等，降低运煤系统的能耗。

（2）当火电厂采用筒仓混煤方式时，可采用通过式布置方式，缩短燃煤的输送路径，达到节能的目的。

（3）当火电厂采用通过式堆取料机煤场时，可在堆取料机上设置分流装置；煤场采用分流装置后，不用重复从煤场取煤，即可向主厂房供煤。减少运煤系统中的转运环节和煤场机械的使用率，有利于火电厂节能。

（4）当煤流切换比较复杂时，可采用多工位胶带机头部伸缩装置。运煤系统中煤流的切换一般有多工位胶带机头部伸缩装置和三通落煤管两种实现方式，前者能有效降低转运站的层高和带式输送机的提升高度，降低系统能耗。

（三）变频调速技术应用

变频技术是目前最具效力的节能和调速技术之一，火电厂运煤系统中已经普遍采用变频器。

（1）翻车机系统的变频技术主要应用在各配套设备的驱动系统上，如翻车机主驱动装置、调车机驱动装置、迁车台驱动装置。翻车机系统的节能降耗主要体现在翻车机系统效率的提高和电动机变频技术自身的节能特性上。一般来讲，翻车机系统采用变频技术后，翻车机系统各配套设备在有负载时（翻车机翻卸、重车调车机牵引重列、迁车台从重车线向空车线运送敞车时），驱动装置会采用 50Hz 的工频运行，而在空载回翻或是空载返回时，会采用 80～100Hz 的高频高速运行，降低了翻车机系统总体的循环作业时间，提高了工作效率，起到节能降耗的作用。

（2）在汽车来煤类型的火电厂中，叶轮给煤机和振动给煤机作为必需的卸煤给煤设备被大量采用。在叶轮给煤机和振动给煤机中，变频调节的采用很好地解决了给煤出力与卸煤或上煤系统出力相匹配的问题。与传统调节方式相比，变频调节技术调节方便、启停平稳、功率因数大、效率高、调节范围广、灵敏度高，同时由于变频调速采用改变旋转磁场同步速度的调速方法，是低能耗的高效调速方式。

（3）对于存在不同出力工况的带式输送机运煤系统，可以按较大出力工况配置驱动装置，同时配置变频调速装置进行出力调节，可避免"大马拉小车"，起到节能的作用。

（四）控制流道的转运点技术应用

在转运站落煤管及带式输送机的设计中，可采用控制流道的转运点技术。控制流道的转运点技术，又称流线型（或曲线）防堵抑尘落煤管技术，通常指通过 3D 模型模拟计算而设计的能控制物料流向，减少物料中的空气从而减少扬尘的转运站落煤管及受料系统。

控制流道的转运点技术的应用可减少除尘设备的出力，从而降低能耗；同时还可以有效防止落煤管堵塞，减少设备故障、停运次数，避免设备频繁启停，从而降低系统能耗。

三、输送设备节能设计

火电厂运煤系统的输送设备主要有通用固定带式输送机、管状带式输送机、气垫带式输送机等。

（一）通用固定带式输送机

在火电厂燃料运输系统中，通用固定带式输送机是最主要的燃煤连续输送设备。带式输送机系统在实际运行中有如下问题：带式输送机托辊多且皮带长，

启动时需要较大的输入功率，且存在随时可能带负载频繁启动或停机的工况；需要在重载情况下频繁启停操作，设计中一般通过提高电动机功率在启动时保护电动机；由于滚筒或托辊磨损、减速机瞬间卡涩、皮带跑偏等导致阻力增大从而导致能耗增加。在设计中，宜根据工程情况经技术经济比较后选择采用以下节能技术。

1. 液力偶合器软启动技术

液力偶合器软启动技术可充分利用电动机的最大扭矩，进行重载荷启动。在电动机启动的瞬间，偶合器因转速为零而无扭矩，电动机相当于空载启动。电动机启动后，随着泵轮转速逐渐增加，液体动能也逐渐增加，当足以克服阻力矩时，工作机便缓慢启动。设计中可适当降低安全系数，降低装机的功率，从而达到节能的目的。

2. 永磁涡流柔性传动调速技术

永磁涡流柔性传动调速技术通过控制永磁体与导体之间气隙来调节扭矩传输效率，从而实现调速。其最大的优点是扭矩实现隔空传递，缓冲启动，减少系统振动和噪声，不仅降低了机械接触类磨损等损耗，而且提高了传动效率，减少了能耗。

3. 采用高性能托辊

设计中选用进口或国产高性能优质托辊，使旋转阻力系数低于 0.02，轴向跳动量控制在 0.5～0.7mm 时，对皮带运行的阻力最小，从而减少能耗。

4. 采用高性能的纠偏装置

设计中选用高性能的纠偏装置，减少皮带跑偏情况，可减少运行阻力，增大运量，从而减少能耗。

（二）管状带式输送机

管状带式输送机是指由多个托辊形成的正多边形托辊组，将输送带裹成边缘互相搭接成圆管状来输送散装物料的连续输送设备。管状带式输送机的主要特点为可实现空间弯曲和利用输送带本体全密闭输送，可突破场地布置规划的限制和解决环境污染问题。管状带式输送机由于可实现曲线转弯，转弯处无须转运环节，在工艺布置上可沿地形灵活布置。与通用固定带式输送机相比较，可减少转运环节，减少转运能耗损失，同时减少土建工程量和占地。

由于胶带形成管状，与输送量相同的通用固定带式输送机相比，能耗大幅下降，并且采用露天布置，无须设置供暖、通风、消防及水力清扫等设施，仅需设置简单照明设施。

管状带式输送机爬坡角度可为通用固定带式输送机的 1.5 倍，远大于通用固定带式输送机爬坡角度 18°，在同等输送高程下，可缩短输送长度。

因此，对于地形复杂、较长距离的输送系统，采用管状带式输送机输送在技术和经济上均有较大优势，具体项目应通过技术经济比较后确定技术方案。

（三）气垫带式输送机

气垫带式输送机采用薄气膜连续的非接触支撑输送带，具有美观、能耗低、全封闭、无污染、噪声低、运行平稳、倾角更大、检修工作量小等优点。

气垫带式输送机变机械滚动摩擦为气动摩擦，相对于通用固定带式输送机及管状带式输送机而言降低摩擦系数 50%～70%，运行阻力显著降低。在考虑风机增加功率的情况下，气垫带式输送机的总能耗也会有所降低。在同等带宽情况下，气垫带式输送机输送能力更大，在输送距离较大及水平输送情况下能耗优势较明显。

由于技术原因，较大出力的气垫带式输送机生产厂家主要在日本、欧美及俄罗斯等国家和地区，国内尚无成熟的生产厂家，因进口设备昂贵，气垫带式输送机目前在国内应用很少。

四、贮煤设施节能设计

1. 贮煤场类型的选择

贮煤场类型主要分为露天煤场及封闭式煤场，从节能角度出发，封闭式煤场可减少煤的流失、防止雨水的侵蚀，应优先选择。

2. 数字化煤场

数字化煤场系统是一套涵盖燃煤供应、燃煤计量、燃煤质量、煤场管理、燃煤耗用等燃煤全生命周期的集自动化、数字化、信息化为一体的数字化煤场管理系统，以达到煤场"实时监控温度、及时碾压翻烧、自动盘煤、长效降低热差"的目标。数字化煤场系统为火电厂燃煤管理提供科学的决策依据，实现燃煤经济配烧，降低燃煤成本和能源消耗。数字化煤场已在国内发电集团得到广泛应用，在节约能源、提高效益、提升管理水平等方面取得了较好的成效。

数字化煤场系统通过定位、无线射频、数据叠加等技术从斗轮堆取料机、电子皮带秤、原煤仓等设备直接或间接采集数据，以三维数字化煤场方式展示煤场进、出煤状态，同时嵌入实时煤场视频监控画面。煤场管理人员、运煤运行人员、发电运行人员能够及时掌握煤场的动态存储情况，为配煤掺烧提供准确、及时的现场燃煤信息，锅炉运行人员能够提前掌握当前锅炉原煤仓中的煤量、煤质，以便于及时根据机组负荷和锅炉燃烧情况提前调整燃烧方式，从而使煤安全、经济地燃烧，降低发电煤耗。数字化煤场利用来煤的煤质特性、存储时间和存储位置等信息，严格遵循"先存先取"的原则进行燃煤的管理，避免燃煤储存时间过长而造成热损失和自燃，也能有效杜绝煤场"死角煤"的出现，同时系统能够及时进行测温并实现自燃报警。以上数字化煤场采取的措施最终达到有效防治煤场自燃和节能降耗的目的。

五、筛碎设施节能设计

1. 煤粉炉筛碎系统节能设计

火电厂的锅炉制粉系统要求煤粒直径不大于30mm。对于较大的煤块，应预先进行破碎，然后再送入制粉系统。常用的破碎机有锤击式、反击式和环锤式等。

碎煤机电动机功率较大，且需要有良好的动平衡，频繁启动不仅会造成能源的浪费，还会影响碎煤机的平衡。因此，在实际的运行过程中，碎煤机只与自身的保护装置产生联锁动作，即只有当其润滑油系统出现故障、温度过高或振动不正常引起跳闸及出现其他自身保护时才会发生联锁跳闸，其他设备与碎煤机产生联锁应尽量少。

煤筛分设备安装于碎煤机之前。原煤进入碎煤机之前先利用煤筛进行筛选，粒度符合要求的小颗粒煤被筛出，不经过碎煤机而直接进入下一级输送系统，不符合要求的大颗粒煤进入碎煤机。这样，既可以减轻碎煤机的负荷，节约能源，又可以避免湿度较大的粉末堵塞碎煤机。

筛碎设施的节能设计应满足以下原则：

（1）运煤系统设置碎煤机时，碎煤机前宜设置煤筛；碎煤机出力宜根据煤筛效率确定。

（2）来煤粒度可长期满足磨煤机入口粒度要求时，可不设筛碎设施。

（3）部分时期来煤粒度可满足磨煤机入口粒度要求时，宜设置筛碎旁路。

2. 循环流化床锅炉燃料制备设施节能设计

循环流化床锅炉不同于煤粉锅炉的地方在于它不需要制粉系统，入炉煤粒度一般为 0～13mm。

煤筛形式应根据煤的物理特性确定。煤筛筛孔应根据来煤特性进行调节使其适应锅炉的燃烧。当来煤比较大时，为了避免大块的出现可以调小筛孔；当来煤水分高时，为防止堵塞筛孔，应调大筛孔；当来煤挥发分 $V_{daf}>25\%$ 时，可以调大筛孔使入炉粒径增大。

国内目前已投运的循环流化床锅炉基本采用煤筛+破碎机的筛碎系统，根据不同的来煤品质和工艺要求，主要采用三种筛碎组合形式，其特点见表 8-2。

表 8-2　　各种筛碎组合形式的特点

筛碎组合形式	原理	特点	适用范围
原煤经过粗碎机、煤筛、细碎机到原煤仓	原煤经过粗碎后，合格的颗粒直接通过煤筛送至原煤仓，大于要求粒度的煤则被送入细碎机里面进行二次破碎	粗破碎后剩下的大颗粒煤进入细碎机进行二次破碎，进入细碎机的煤量变少，降低了破碎机出力及电动机功率，降低了能耗	适用于原煤中初始粒度较大，但基本在100mm以下，80%的颗粒都大于25mm，且煤矸石的含量较多的情况
原煤经过粗碎机、细碎机到原煤仓，中间不设煤筛	煤经过粗碎机破碎后，送入细碎机进行二次破碎	前后级破碎机出力相同，能耗较高，细碎机的破碎效率较低，容易造成过破碎	适用于场地受限制，或需要节省一次性投资的场合
原煤经过煤筛、细碎机到原煤仓，即不设粗碎机	原煤首先经过煤筛进行筛分，合格的煤粒直接被送入原煤仓，不合格的煤粒则进入细碎机进行破碎	电能消耗较小，土建费用较省，但对原煤的颗粒适应范围比较小	适用于原煤煤质较好、粒度较小的情况。基本要求粒度在50mm以下，且必须有30%~40%的原始颗粒小于7mm

六、卸煤设施耗能特点

燃煤电厂厂外运输方式一般有铁路、公路、水路或带式输送机来煤等，各方式的耗能特点见表8-3。

表 8-3　　燃煤电厂厂外运输方式耗能特点

外运输方式	优点	缺点	适用范围
铁路火车运输	运力大、速度快、成本低、能耗低、时效性强	进厂的铁路专用线一般由火电厂自行建设，初期投资费较高	大、中型火电厂
公路汽车运输	直接、灵活，中短途运输距离上较有优势	长途运输成本较高，能耗较高	坑口电厂或者煤炭储配基地、煤炭专用码头向火电厂运煤
水路船舶运输	在能耗、运输成本上最具优势	对外部条件要求高	滨海、滨河电厂
带式输送机来煤	粉尘小、速度快、成本低、能耗低		坑口电厂、靠近煤炭储配基地

1. 铁路来煤

火车运煤是当前火电厂主要采用的一种燃煤运输手段。采用火车将燃煤从煤源点或储煤基地装运至火

电厂卸煤设施处卸下，并由运煤机械送至贮煤场或者锅炉原煤仓。运煤车辆有普通敞车、侧开门卸煤车、自卸底开车等。常见火车卸煤设备的耗能特点见表8-4。

表 8-4　　常见火车卸煤设备的耗能特点

卸煤设备	原理	耗能特点	适用范围
螺旋卸煤机	利用螺旋体的转动将煤从单侧或者双侧拨到卸煤沟，再通过带式输送机运到贮煤场或主厂房原煤仓	能耗水平较高，卸煤效率和速度较低，对卸冻煤也有一定的适用性	仅适用中、小型电厂
翻车机系统	将装煤的普通敞车翻转一定角度，使煤靠自重卸下	卸煤效率高，每小时卸车量大	应用最广的火车卸车设备
底开车	车底部两侧设有可开闭的气动闸门，利用煤的自重，将煤从车厢底部卸出	无须额外的翻卸动力即可完成卸煤，卸煤速度快、操作简单、运营效率高	一般当铁路来煤运输距离在100km以内，条件允许时可采用底开车卸煤装置

2. 公路来煤

汽车运煤是坑口火电厂燃煤的主要运输方式之一，主要采用载重汽车作为运输工具。汽车根据车型不同分为自卸和非自卸两种：自卸车又分为后倾卸和侧倾卸两种；非自卸车分为卡车、全挂车及半挂车三种。

对于非自卸车，一般采用汽车卸车机进行卸煤，特殊情况下也可采用简易卸车机械如推耙机卸煤。

相对于非自卸车，自卸汽车可通过自行倾卸卸煤，更为高效节能。

3. 水路来煤

水路来煤方式主要在滨海、滨河电厂使用，采用船舶作为运煤工具，利用海运或河运航道将煤运输到电厂专用煤码头后，由卸船机等卸煤设施进行卸煤作业。码头卸船机主要有桥式抓斗卸船机及连续式卸船机等几种。由于桥式抓斗卸船机具有出力较大、适应性好等优点，国内大型码头一般采用桥式抓斗卸船机。另外，接卸万吨级以上非自卸船的码头还配备有清仓机械。在进行码头机械设计时，要根据来船泊吨位和卸煤量合理选用卸船机出力及台数，避免余量过大浪费能源。

水路运输相对于其他运输方式，具有运能大、成本低、污染少、占地少等显著优势，是典型的低成本、低碳运输方式。水路运输与铁路、公路运输方式的单

位能耗比与运输距离有关，当运输距离达到一定长度时，水路运输的能耗比最低，铁路次之，公路最高，而且运输距离越长，这种差距越明显。

燃煤厂外运输往往还会采用多种运输方式相结合，如铁路+水路联运或公路+水路联运等方式。燃煤厂外运输方式的选择，应经过技术经济比较后确定。一般选择原则如下：首先，坑口电厂如距离较近，具备实施带式输送机输送进厂条件的，采用带式输送机输送方案；其次，具备实施底开车条件的，考虑底开车输送方案；最后考虑公路汽车运输方案。滨河电厂如果厂址具备水路运煤条件的，优先考虑水路运输方式；其次，考虑铁路运输方式；公路运输方式能耗高，对环境污染大，当运输距离超过100km时一般不宜采用。

七、节能设计案例

案例项目情况：内地某沿江火电厂采用水路来煤方式，新建码头年卸煤约480万t。同时需新建码头至火电厂的带式输送系统，输送系统出力为1920t/h，按年运行小时数5000h考虑。

节能设计要求：进行运输方案的能耗比较并给出结论。

1. 运输方案

由于码头转运站与火电厂转运站之间已建有诸多设施，且地形复杂，经过多种方案比较，优选出两种运输路径：

（1）采用一条管状带式输送机通过1个转运点完成燃煤运输，水平长度872.5m，提升高度约14.5m，选用的管状带式输送机管径500mm，带速5m/s，由900kW电动机驱动并配备变频器。

（2）由4条通用固定带式输送机通过4个转运点完成燃煤输送，选用的带式输送机带宽为1400mm，带速3.15m/s，驱动电动机功率分别为200、250、280kW和400kW，并配备限矩型液力偶合器。

2. 两种方案的节能分析

采用管状带式输送机的年耗电量约为450万kW·h，采用固定带式输送机的年耗电量约为565万kW·h。采用管状带式输送机年节电量约为115万kW·h。

3. 结论

综上所述，对于地形复杂、较长距离的输送系统，采用管状带式输送机节能效果显著，在降低能耗方面有较大优势。

第二节　除灰专业节能设计

火电厂除灰渣系统主要包括除渣系统、除灰系统、除石子煤系统及其他辅助系统等。其中能耗较大的

系统有气力输灰系统的供气设备、水力除灰渣输送系统。

一、除灰渣系统耗能特点

火电厂除灰渣系统的主要耗能点见表8-5。

表8-5　火电厂除灰渣系统的主要耗能点

主要耗能系统名称	耗能设备	运行特点及主要节能措施
湿式除渣系统	捞渣机	可采用维持水位自平衡系统，设备少、系统简单
干式除渣系统	干渣机	采取自动控制进风，减少锅炉底漏风对锅炉效率的影响
正压气力输灰系统	空气压缩机	输送距离及灰气比影响压缩空气压力及耗气量，应采用合适的输送压力和较高的灰气比
水力除灰渣输送系统	灰渣浆泵	输送距离远，阻力大，能耗高，应采用高浓度的输送系统

二、节能设计原则

（1）应根据锅炉和除尘器的形式，灰渣量，灰渣的物理、化学特性，灰场的贮灰方式，灰渣的综合利用条件，电厂与贮灰场的距离、高差，以及总平面布置、交通运输、地质、地形、可用水源和气象条件等选择除灰渣系统。

（2）应遵循灰渣分排、干湿分排、粗细分排的原则。

（3）缺水地区及煤质结焦性不强时，可采用风冷式机械除渣系统；当煤质结焦性强不适宜采用风冷式机械除渣系统时，可采用单级水浸式刮板捞渣机直接输送至渣仓系统。水浸式刮板捞渣机应具有维持水位运行的功能。

（4）灰输送系统宜优先考虑采用正压密相气力输送系统。

（5）当采用干式贮灰渣场时，灰渣的厂外输送系统宜采用自卸汽车运输方式。

（6）当采用水力除灰渣输送系统时，宜采用高浓度或较高浓度的水力输送系统；不宜采用低浓度水力除灰渣系统。

（7）中速磨煤机石子煤输送系统宜采用密封式简易机械输送系统。

（8）灰渣浆泵宜选择离心式杂质泵。当灰渣浆泵直接串联时，串联泵宜装设液力偶合器、电动机变频器或其他调速装置，调速装置宜装设在末级泵上。

（9）为节约用水，灰库、渣仓地面清扫推荐采用真空清扫方式。

三、除渣输送系统

常规除渣输送系统设计方案主要有水浸式刮板捞渣机直接输送至渣仓系统、风冷式排渣机+机械输送系统、风冷式排渣机+气力输送系统、水浸式刮板捞渣机+渣浆泵水力输送系统、水力排渣装置+水力喷射器输送系统等。除渣输送系统耗能特点见表8-6。

表8-6　　　除渣输送系统耗能特点

除渣输送系统	能耗	主要耗能设备
水浸式刮板捞渣机直接输送至渣仓系统，采用维持水位自平衡系统	低	捞渣机、碎渣机、溢流水泵
风冷式排渣机+机械输送系统	低	干排渣机、碎渣机、斗提机
风冷式排渣机+气力输送系统	高	干排渣机、两级碎渣机、空气压缩机或负压风机

续表

除渣输送系统	能耗	主要耗能设备
水浸式刮板捞渣机+渣浆泵水力输送系统	较高	捞渣机、碎渣机、渣浆泵
水力排渣装置+水力喷射器输送系统	高	高压水泵、低压水泵、碎渣机

1. 水浸式刮板捞渣机直接输送至渣仓系统

锅炉排出的炉渣经炉膛排渣口下的过渡渣井，落入下部的水浸式刮板捞渣机中，冷却后由水浸式刮板捞渣机连续地捞出后进入渣仓贮存，炉渣通过在斜升段及渣仓内的析水元件进行脱水，渣仓内的湿渣含水率约为30%。贮存的湿渣可经后续设备送至综合利用用户或者灰场。

典型的水浸式刮板捞渣机直接输送至渣仓系统如图8-1所示。

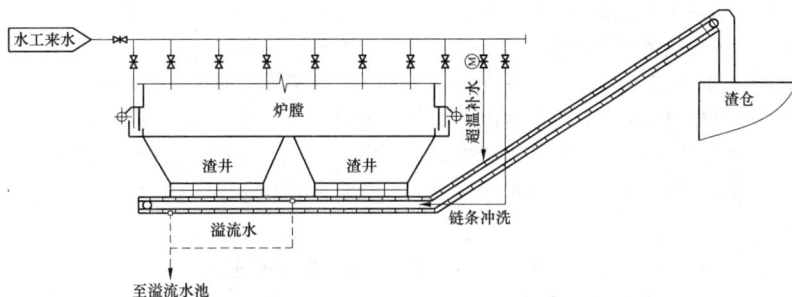

图8-1　典型的水浸式刮板捞渣机直接输送至渣仓系统

水浸式刮板捞渣机直接输送至渣仓系统的主要设备有渣井、关断门、水浸式刮板捞渣机等。

水浸式刮板捞渣机直接输送至渣仓系统宜设有渣水闭式循环系统。渣水闭式循环系统主要有以下4种方案：

（1）捞渣机维持水位自平衡系统。

（2）高效浓缩机澄清的渣水自然冷却闭式循环系统。

（3）高效浓缩机澄清+机力冷却塔强制冷却循环系统。

（4）自动反冲洗过滤器+管（板）式换热器式渣水处理冷却循环系统。

在上述4种渣水循环系统中，捞渣机维持水位自平衡系统最简单，环节少、设备少、投资成本最少，另外其节水、节能，运行费用相对较少。在工程条件允许的情况下，应按照节省工程造价、降低运行维护费用的原则优先采用简单可靠的系统。

2. 风冷式排渣机+机械输送系统

高温炉渣经炉底排渣口落到排渣机输送带上，排渣机在高温环境工作，靠炉膛负压将冷风吸入到锅炉底部的干除渣机内。在干除渣机内，这部分冷风吸收热炉渣的物理显热和炉渣可燃物燃烧释放出来的热量，升温至200～400℃进入炉膛，高温炉渣被冷却到200℃以下，完成冷空气和高温炉渣的热交换。低温炉渣被直接送至渣仓或进入碎渣机破碎后由斗提机送至渣仓内贮存。贮存的干渣可经后续设备送至综合利用用户或者灰场。

典型的风冷式排渣机+机械输送系统如图8-2所示。

风冷式排渣机+机械输送系统主要设备有渣井、关断门、风冷式排渣机、碎渣机、斗提机等。

风冷式排渣机+机械输送系统为干排渣系统，炉渣排入输送带后可继续燃烧，并释放一定的热量，热量由风带入炉膛，减少锅炉热量损失；系统无须用水，节约大量水资源；风冷式排渣机排渣为干渣，干渣中的氧化钙没有被破坏，提高了干渣的综合利用价值；除渣系统结构简单，能耗少，占地空间小。

为保证锅炉效率，风冷式排渣机的设计冷却风量通常控制在占锅炉总燃烧量的1%左右，风温不宜低于锅炉二次风温度。理论上对锅炉效率和排烟温度影响不大。近几年，随着干式排渣系统在国内的广泛应用，

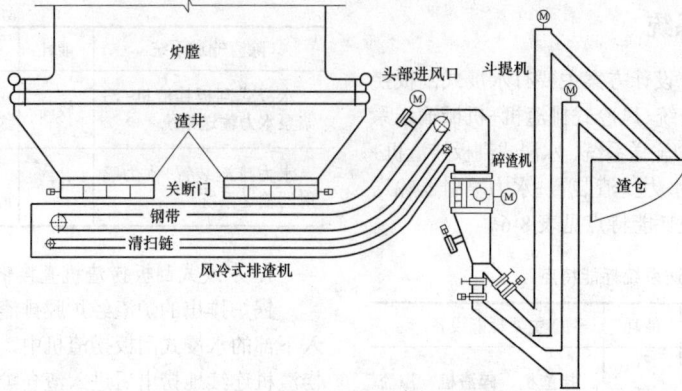

图 8-2 典型的风冷式排渣机+机械输送系统

在大部分机组上运行稳定并取得了预期效果,但是部分机组也存在着一定的问题,如由于冷却风量控制原因造成锅炉排烟温度升高。因此建议在设备招标时要求设备供货商优化现有的干渣机进风系统形式,能根据锅炉负荷、排渣量、出渣温度、进风温度等因素自动控制进风量,减少因炉底进风对锅炉效率的影响。

3. 水浸式刮板捞渣机+渣浆泵水力输送系统

锅炉排出的炉渣经炉膛排渣口下的过渡渣井,落入下部的水浸式刮板捞渣机中,然后经碎渣机破碎后经渣沟进入渣浆池,刮板捞渣机溢流水通过渣沟与渣一起进入渣浆池,再由渣浆泵送入脱水仓或灰场。

水浸式刮板捞渣机+渣浆泵水力输送系统主要设备有渣井、关断门、水浸式刮板捞渣机、渣浆泵等。

典型的水浸式刮板捞渣机+渣浆泵水力输送系统如图 8-3 所示。

当灰场为水灰场或者因锅炉区域布置等原因不能采用风冷式排渣机+机械输送系统和水浸式刮板捞渣机直接输送至渣仓系统时,可采用水浸式刮板捞渣机+渣浆泵水力输送系统。

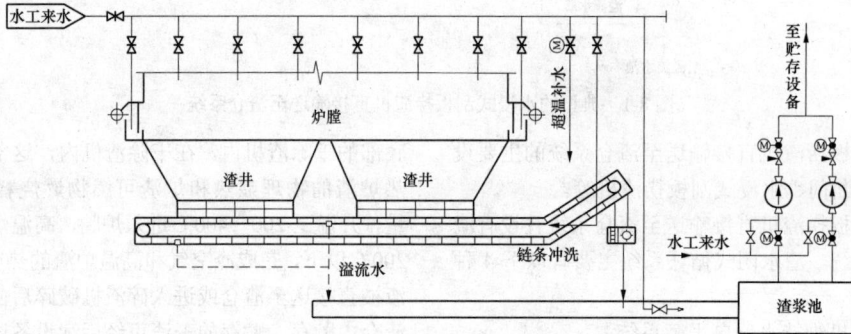

图 8-3 典型的水浸式刮板捞渣机+渣浆泵水力输送系统

四、除灰输送系统

1. 除灰输送系统的选择

除灰系统宜采用输送距离不大于 1200m 的正压气力输送系统。当物料特性和输送条件合适时,宜采用正压浓相气力输送系统。根据输送距离不同,气力输灰系统也可采用空气斜槽、负压等其他输送形式。当输送距离小于 60m 时,可采用空气斜槽输送方式;当输送管线长度不超过 150m 时,可采用负压气力输送系统。

除灰系统采用正压浓相气力输送系统是因为:输送系统采用低压高浓度,消耗较少的压缩空气即可以输送较多的物料;系统内转动部件少,其中进料阀、出料阀为转动部件,无其他辅助设备;运行方式灵活,可连续运行,也可定期运行;系统输送流速低,管道磨损小。

正压输送管道的压力损失应为水平、垂直、倾斜管道以及各种管道附件压力损失的总和。为简化计算,可将各个部分折合成当量长度的水平管道。对于悬浮流输送,计算式如下

$$\Delta p = \left(\sqrt{p_e^2 + 19.6 p_e \lambda_a \frac{\rho_e \omega_e^2 L_{eq}}{2gD}} - p_e \right)(1 + K\mu)$$

$$(8-1)$$

$$L_{eq} = L \pm H + \sum nL_r \quad (8-2)$$

$$\mu = \frac{500}{\sqrt{L_{eq}}} \quad (8-3)$$

式中 Δp——正压输送管道压力损失，Pa；

p_e——计算管段终端的绝对压力，对于灰库前的最后一段管道，p_e 即为入库接口处的压力，Pa；

λ_a——计算管段的空气摩擦阻力系数；

L_{eq}——计算管段的当量长度，m；

g——重力加速度，取 9.81，m/s²；

D——计算管段的管道内径，m；

ρ_e——计算管段终端的空气密度，kg/m³；

ω_e——计算管段终端流速，m/s；

μ——输送料气比，kg/kg；

K——两相流系数，宜按试验取得，无试验数据时按表 8-7 选取；

L——水平输送管道总长度，m；

H——垂直输送管道总长度，上升管段取正号，下降管段取负号，m；

n——各类管道附件数量，个；

L_r——各类管道附件的当量长度，按表 8-8 选取，m。

表 8-7　两相流系数

管径（mm）	100	125	150	175	200	＞200
两相流系数 K	0.30	0.35～0.45	0.45～0.55	0.65～0.75	0.85～0.95	≥1.00

表 8-8　管道附件的当量长度

管件	90°弯头	60°弯头	45°弯头	30°弯头	15°弯头	阀门
当量长度（m）	10	8	6	4	2.5	10～20

从上述公式可见，灰输送管道当量长度越长，管道压力损失相应增大、料气比降低，相应输送用空气压缩机压力增加，耗气量增大，电耗增加。因此储灰库的位置宜靠近除尘器区域，气力输灰管道布置应减少弯头的数量，弯头的曲率半径应为管道内径的 3～6 倍。

2. 气力除灰系统输送用空气压缩机的选择

全厂除灰用气源系统应统一规划和设计，宜采用集中布置的空气压缩机室；多台机组的除灰用空气压缩机室，宜考虑空气压缩机室集中控制、运行和管理。

气力输灰系统运行控制中，应根据具体工程实际灰量，合理调整运行方式，控制运行管道数量，如减少同时运行管道的数量、减少或合并吹扫过程等，以降低系统运行耗气量和空气系统的压力波动。

气力除灰系统目前普遍选用压力等级为 0.75～0.85MPa 的压缩空气作为输送用气源，而输灰管道的输送阻力通常小于 0.3MPa。从压力的角度看，气源系统压力选取值高出气力输送系统的运行峰值压力 0.1～0.15MPa 即可满足输送要求，如果采用低压空气压缩机具有较为明显的节能效果。采用低压空气压缩机时应注意灰输送距离不宜较远，保持输送气源压力稳定。

五、除石子煤系统

1. 常规除石子煤系统

常规除石子煤系统设计方案主要有简易机械系统、机械输送系统、水力输送系统、气力输送系统等。

（1）简易机械系统一包括排渣阀、固定石子煤斗、活动石子煤斗、叉车等。

（2）简易机械系统二包括排渣阀、导料管、等压密封仓组件（带排气除尘器装置）、石子煤移动斗、特种叉车（叉车的起重臂可以旋转）等。

（3）机械输送系统包括阀门、石子煤斗、振动输送机（一级或两级）、斗式提升机等设备、储存设施等。

（4）水力输送系统包括排渣阀、水密封式石子煤斗、水力喷射器、管道、储存设施等。

（5）气力输送系统包括排渣阀、石子煤缓冲箱、螺旋提升机（可选）、仓泵、管道、储存设施等。

上述系统在国内均有应用，应针对煤质情况、磨煤机排出石子煤量等进行选择。

2. 除石子煤系统方案技术性能比较

除石子煤系统技术性能比较见表 8-9。

表 8-9　除石子煤系统技术性能比较

序号	项目	简易机械系统一	简易机械系统二	机械输送系统	水力输送系统	气力输送系统
1	输送转运设备	叉车	叉车	振动输送机、斗式提升机	水力喷射器、输送管道等	螺旋提升机、仓泵、输送管道等
2	沉淀系统	无	无	无	脱水仓或石子煤捞渣机、缓冲水池等	无
3	输送供水系统	无	无	无	高压水泵、密封冷却水泵等	无

续表

序号	项目	简易机械系统一	简易机械系统二	机械输送系统	水力输送系统	气力输送系统
4	对石子煤量及颗粒大小的适应性	适应性强	适应性强	适应性强	适应性弱，尤其是石子煤颗粒太大时不宜采用该方式	适应性弱
5	能耗	低	低	较低	高	高
6	自动化程度	低	高	高	高	高
7	运行可靠性	可靠	可靠	可靠	较可靠	较可靠
8	主输送部件的寿命	无易损件	无易损件	易损件的寿命保证值为24000h	水力喷射器及管道磨损较严重	进料阀密封件使用寿命为8000h，管道磨损较严重
9	系统布置	简单	简单	较复杂，设备布置难度较大	较简单，但对系统的输送距离和高度有一定限制	较复杂，设备布置难度较大
10	维护检修工作量	小	小	需要维护检修链条、刮板、胶带等，检修量较大	需要维护检修水力喷射器及阀门、管道等，检修量较大	需要维护检修螺旋提升机、仓泵、管道及阀门等，检修量较大

通过上述技术性能比较可以看出简易机械系统二对石子煤量及颗粒大小的适应性强，系统布置简单，自动化程度高，检修维护量小且节能环保。

六、节能设计案例

某火电厂设计除灰系统采用气力输送的方式，两台机组气力除灰的最大输送耗气量为150m³/min，考虑配置5台排气量为60m³/min、排气压力为0.75MPa（3运2备）及5台排气量为60m³/min、排气压力为0.6MPa（3运2备）空气压缩机两种方案。空气压缩机运行能耗对比见表8-10。

表8-10　空气压缩机运行能耗对比

项　目	低压空气压缩机	高压空气压缩机
排气压力（MPa）	0.6	0.75
排气量（m³/min）	60	60
单台电耗（kW）	280	315
运行台数（台）	3	3
年耗电量（kW·h）	$4.62×10^6$	$5.20×10^6$
成本电价[元/（MW·h）]	230	230
运行电费（万元）	106	120

由以上对比可以看出，气力除灰系统采用低压空气压缩机，单台空气压缩机功率可以减少35kW，按年运行小时数5500h计算，每年可节约电能$0.58×10^6$kW·h。

第三节　化学专业节能设计

从经济运行和保护环境角度出发，火电厂节约用水和减少外排废水十分必要。化学系统设施的作用：一是除去水中的杂质，使其满足火电厂各系统用水要求；二是处理各系统排水，使其满足回用或排放要求；三是监督、调整热力系统的化学工况。

一、化学系统耗能特点

火电厂化学专业包括预处理系统、预脱盐系统、除盐系统、凝结水处理系统、循环水处理系统、工业废水处理系统、水汽取样系统、化学加药系统、制氢系统、脱硝还原剂贮存及制备系统等，其中节能潜力较大的为预脱盐系统。火电厂化学主要系统的耗能特点见表8-11。

表8-11　火电厂化学主要系统的耗能特点

主要耗能系统名称	耗能	耗能设备	运行特点
预处理系统	蒸汽、电	生水加热器、泵	连续运行
预脱盐系统	蒸汽、电	海水淡化蒸馏设备、泵、风机	连续运行，海水淡化设备运行能耗较大
除盐系统	蒸汽、电	再生加热器、泵、风机	间断运行、连续运行
凝结水处理系统	电	加热器、泵、风机	间断运行

续表

主要耗能系统名称	耗能	耗能设备	运行特点
循环水处理系统	电	泵	连续运行
工业废水处理系统	电	泵、风机	布置分散、间断运行
水汽取样系统	电	控制设备、仪表	连续运行
化学加药系统	电	泵	连续运行
制氢系统	电	泵、电解设备	连续运行

二、化学专业节能设计

火电厂化学专业节能设计应根据水质设置合适的系统，根据系统功能使用低能耗的运行设备。

（一）化学专业节能设计原则

化学专业节能设计原则如下：

（1）火电厂应有可靠的水源，设计前应取得全部可利用水源的水质全分析资料。当有几个水源可供选择时，应经技术经济比较确定水源。

（2）预处理系统应根据原水水质、后续处理工艺对水质的要求和处理水量，通过技术经济比较确定。

（3）原水含盐量高于400mg/L或机组对给水品质有特殊要求时，宜采用反渗透预脱盐工艺；海水淡化可以采用反渗透法或蒸馏法等技术，经技术经济比较确定。

（4）锅炉补给水除盐系统的正常出力应满足火电厂全部机组正常运行所需补充的水量，各项正常水汽损失应符合 DL 5068《发电厂化学设计规范》的有关规定。

（5）除盐系统的设计应根据进水水质、除盐水水质要求、水量及对外供水工况等因素，经技术经济比较确定。

（6）对于离子交换除盐系统，应在保证出水质量前提下，采用可降低酸、碱耗量和减少废酸、废碱排放量的设备和工艺。电除盐工艺造价高、运行能耗高，因此当酸碱供应困难或受环保要求限制时，预脱盐产水的后续工艺可选用电除盐工艺。

（7）凝结水精处理系统宜采用中压系统。

（8）冷却水处理系统宜根据全厂水量、水质平衡、取排水能耗、水处理能耗等因素，确定循环冷却水系统的排污量和浓缩倍数。季节性加杀菌剂时间较短的火电厂可采用临时加药方式。

（9）在满足工艺流程和总平面布置的条件下，水处理系统宜采用联合布置，可以通过减少转运环节、缩短输送路径及减少运行时间等，来降低化学系统的能耗。

（二）化学专业节能设计

火电厂化学专业节能设计有节水技术、变频调速、合理利用余热、反渗透海水淡化（SWRO）增加能量回收装置等。

1. 节水技术

按照各用水系统对水质的需要，分级用水，即将原水给需要优级水的系统使用，然后将其排水经过处理（或不经过处理）在本系统内循环使用或送给水质要求较低的系统重复使用。合理处理、重复使用水源，不仅能减少火电厂的用水量和排水量，而且能节约能源。

（1）提高循环水浓缩倍数。在蒸发水量、风吹损失保持不变的情况下，随着浓缩倍数的提高，补充水量逐渐减少。以某 2×1000MW 电厂为例，相关水量和浓缩倍数 K 的关系见表 8-12。

表 8-12　相关水量和浓缩倍数 K 的关系

浓缩倍数 K	2	2.5	3	3.5	4	4.5	5
循环水量 (m³/h)	96260	96260	96260	96260	96260	96260	96260
蒸发水量 (m³/h)	1300	1300	1300	1300	1300	1300	1300
风吹损失 (m³/h)	48	48	48	48	48	48	48
排污水量 (m³/h)	1252	819	602	472	385	323	277
补充水量 (m³/h)	2600	2167	1950	1820	1733	1671	1625

从表 8-12 中可以看出，随着浓缩倍数的提高，补充水量显著降低，火电厂取水和补充水处理系统节能明显。但当浓缩倍数大于 5 时，降低就不明显了，且浓缩倍数过高时冷却水质量严重恶化会带来各种问题。

火电厂的循环冷却水浓缩倍数建议为：加防垢防腐药剂及加酸处理循环冷却水时，浓缩倍数可控制在 3.0 以上；采用石灰加酸及旁滤加药处理循环冷却水时，浓缩倍数可控制在 4.5 左右；采用弱酸树脂等方式处理循环冷却水时，浓缩倍数也可控制在 4.5 左右。

（2）火电厂废水回用既可以减少火电厂的外排废水量，减轻对环境的污染，又可以替代大量的新鲜水。工业废水处理的重点由达标排放转为处理后综合利用。工业废水不宜采用集中处理的方式，宜采用就地分类处理、分类回收的方式，减少废水收集、输送及处理的能耗。

（3）提高原水的利用率和将系统排水循环使用，能降低前级的处理水量，减少电厂的用水量和排水量。

1）过滤器、超滤反洗排水回收至澄清器进水；一级反渗透装置排放的浓水直接进入浓水池收集后复用；二级反渗透装置的浓水回用至一级反渗透装置的进水；电除盐装置的浓水回收至二级反渗透装置的进水贮水箱。

2）加热器的低含盐量疏水回至离子交换除盐系统进口水箱。

3）对于离子交换除盐系统，在保证出水质量前提下，采用可降低酸、碱耗量和减少废酸、废碱排放量的设备和工艺；采取措施回收后期的正洗排水和投运初期的不合格排水。

4）凝结水精处理系统前置过滤器反洗排水、混床输送树脂排水直接进入排水池收集后复用。

5）取样系统样水排水（硅表、磷表排水除外）回收至闭式冷却水系统。

2. 变频调速

化学水处理系统经常采用变流量运行，目前基本通过调节阀门的开度或回流的方式调节流量和压力。变频器通过控制频率来调节转速，降低旋转设备的功率，节省电能。化学专业的变频调速主要应用在超滤给水泵、反渗透系统高压泵、除盐水泵、除盐系统自用水泵、凝结水精处理系统冲洗水泵、自动加药计量泵等设备。

3. 合理利用余热

（1）膜处理系统的原水加热。在火电厂水处理中主要采用的膜技术有超滤和反渗透。水温对超（微）滤膜、反渗透膜的膜通量有较大的影响，当温度升高时，水的黏度下降、扩散能力增加、膜通量上升。在其他条件不变的情况下，膜的产水量随温度升高而增加，一般温度每变化1℃，产水量变化3%左右。但随着水温的上升，盐分透过膜的扩散速率提高而导致反渗透膜的脱盐率降低，且当温度过高时，材料被氧化的可能性增大和（或）膜的热力变质，可能受到不可逆转的丧失脱盐性能的损伤，因此反渗透装置的设计进水温度宜在15～35℃，最低不应低于10℃，最高不应高于45℃。

在冬天水温明显降低的气候条件下，为了保持产水量，可以提高原水温度或提高高压泵的压力。提高高压泵的压力受膜的工作压力限制且要消耗大量电能，因此，原水水温低于工艺要求时，建议采用提高膜处理进水水温。当火电厂冷却水系统为直流供水时，其水源根据水温采用原水或排水。当火电厂冷却水系统为循环供水时，因循环水含盐量太高，采用反渗透工艺时能耗高且出水水质差，因此推荐水源采用原水，原水水温低于工艺要求时采用换热器加热。加热考虑利用热力系统的余热，加热器的型式根据加热蒸汽的

参数确定，不设蒸汽减温、减压装置，以降低能耗。

（2）蒸馏法海水淡化装置加热。蒸馏法海水淡化装置根据盐水最高温度确定最低加热蒸汽参数，根据最低蒸汽参数选择利用热力系统的余热，不设蒸汽减温、减压装置，以降低能耗。蒸馏法海水淡化装置的最低加热蒸汽参数见表8-13。

表8-13　蒸馏法海水淡化装置的最低加热蒸汽参数

蒸馏法海水淡化装置的类型	最低蒸汽压力
多级闪蒸装置	0.15～0.30MPa
低温多效蒸馏装置	0.025～0.032MPa
带热压缩的低温多效蒸馏装置	压缩蒸汽压力：0.20～0.50MPa

（3）碱再生加热。阴离子交换树脂再生碱加热的热源可为蒸汽或电能等，优先采用热力系统的余热作热源。

4. 反渗透海水淡化（SWRO）增加能量回收装置

反渗透海水淡化（SWRO）是目前海水淡化的主流技术之一，其过程需消耗大量电能提升进水压力以克服水的渗透压，反渗透膜排出的浓水余压高达5.0MPa。按照40%的回收率计算，排放的浓盐水中还蕴含约60%的进料水压力能量。将这一部分能量回收变成进水能量，可大幅降低反渗透海水淡化的能耗。SWRO能量回收装置主要有透平式和正位移式两大类。

（1）能量回收装置介绍。

1）透平式能量回收装置用于与高压泵串联安装，其原理是利用浓盐水流过叶轮时冲击叶片而推动叶轮转动，从而驱动透平轴旋转将能量输送至进料原海水，过程需要经过"水压能—机械能—水压能"两步转换，浓水能量转换成原海水能量的转换效率为65%～80%。高压泵与透平机增压泵两级串联完成原海水的压力提升，通过透平增压降低高压泵所需扬程，减少电机动力消耗。透平式能量回收装置典型系统如图8-4（a）所示。

2）正位移式能量回收装置用于与高压泵并联安装，其工作原理是"功交换"，通过界面或隔离物，直接把高压浓盐水的压力传递给进料海水。过程得到简化，只需要经过"水压能—水压能"的一步能量转换，浓水能量转换成原海水能量的转换效率约为95%。正位移式能量回收装置通过减小高压泵所需流量达到节能的目的，在很宽的流量范围内均能达到较高的效率。正位移式能量回收装置典型系统如图8-4（b）所示。

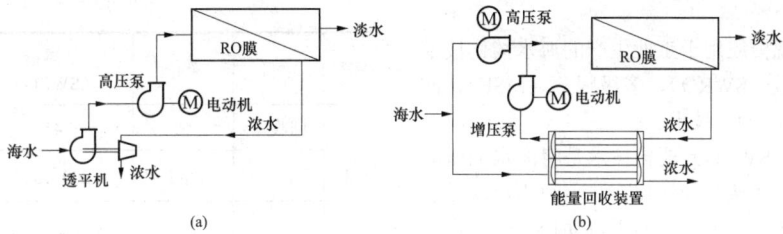

图 8-4　能量回收装置典型系统

（a）透平式能量回收装置典型系统；（b）正位移式能量回收装置典型系统

两种能量回收装置的主要性能比较见表 8-14。

表 8-14　两种能量回收装置的主要性能比较

类型	透平式能量回收装置	正位移式能量回收装置
能量转换过程	压能—机械能—压能	压能—压能
回收效率	65%～80%	92%～95%
设备投资	较低	高且需配增压泵
主要部件材质	双向不锈钢	陶瓷和玻璃钢
耐腐蚀性	中等	高
占地面积	小	大
运行控制	简单	复杂
安全性	差	好

（2）能量回收装置节能比较。以海水含盐量约 35000mg/L、海水水温 8～25℃、反渗透回收率 45% 为例，150m³/h 海水淡化装置分别按无能量回收装置、透平式能量回收装置和正位移式能量回收装置三种方式设计的反渗透海水淡化系统配置对比见表 8-15。

表 8-15　反渗透海水淡化系统配置对比

对比项目		无能量回收装置	透平式能量回收装置	正位移式能量回收装置
反渗透装置出力（m³/h）		150	150	150
能量回收装置	混水率（%）	0	0	2.5
	能量回收效率（%）	0	>70	>95
高压泵	流量（m³/h）	330	330	150
	扬程（MPa）	4.8	3.5	4.9
	电动机功率（kW）	600	450	300
	变频器	有	有	有

续表

对比项目		无能量回收装置	透平式能量回收装置	正位移式能量回收装置
增压泵	流量（m³/h）			180
	扬程（MPa）			0.4
	电动机功率（kW）			37
	变频器			有

经计算，透平式能量回收装置系统比无能量回收装置系统单吨水的能耗少约 1.0kW·h/m³；正位移式能量回收装置系统比透平式能量回收装置系统单吨水的能耗少约 0.6kW·h/m³。能量回收装置的使用大大降低了反渗透海水淡化系统的能耗，故反渗透海水淡化系统必须设置能量回收装置。

（3）结论。增加能量回收装置能降低高压泵功率，降低造水能耗。选择能量回收装置时应考虑能量成本、装置规模、投资和运行费用以及能量回收效率等因素。

正位移式能量回收装置因无能量的二次转换，能量回收率高，反渗透系统能耗明显低于采用透平式能量回收装置的系统。但正位移式能量回收装置要避免因混水而导致反渗透进水含盐量显著升高，影响反渗透高压泵的设计压力，从而影响系统的节能性。正位移式能量回收装置混水率不应大于 6%。

透平式能量回收装置初期投资成本低、占地小、操作维护简单，在大规模海水淡化系统、电价低、需较快回收投资的海水淡化项目中仍有很大的竞争优势。但经常改变工况运行的系统不宜采用透平能量回收装置。

三、节能设计案例

某火电厂海水含盐量约 34000mg/L，海水年平均温度 15℃，火电厂全部淡水包括工业冷却水、锅炉补给水、生活用水等均通过海水淡化制取，设计制水能力 1440m³/h。

1. 方案选择

目前，能大规模应用于工业生产的海水淡化技术主要有海水反渗透（SWRO）、多级闪蒸（MSF）、低温多效蒸馏（LT-MED）技术。

海水反渗透（SWRO）淡化技术是将海水加压，使淡水透过选择性渗透膜的淡化方法。海水反渗透装置具有投资省、建设周期短、易于自动控制的特点。存在的问题是能耗高和膜需要定期更换。

多级闪蒸（MSF）是将加热至一定温度的盐水依次在一系列压力逐渐降低的容器中闪蒸汽化，然后将蒸汽冷凝制取淡水的过程。多级闪蒸装置具有设备单机容量大、使用寿命长、出水品质好、造水比高、热效率高等优点。但该装置海水的最高操作温度为110～120℃，必须采用价格昂贵的铜镍合金、特制不锈钢及钛材，因此设备造价高。

低温多效蒸馏（LT-MED）是将若干个单效蒸发器串联，仅第一效的蒸发器热源来自锅炉，其余各效蒸发器的热源都由其上一效的二次蒸汽提供，热利用率高。低温多效蒸馏海水淡化装置的运行温度不超过70℃，其设备本体和传热管的材质要求较低。

考虑到多级闪蒸装置投资高、运行成本高、操作弹性小等缺点，海水淡化方案不考虑多级闪蒸方案。海水淡化系统设计方案在反渗透（SWRO）和低温多效蒸馏（LT-MED）之间选择，两个方案的技术经济比较见表8-16。

表8-16　两个方案的技术经济比较

序号	项目	单位	反渗透（SWRO）	低温多效蒸馏（LT-MED）
1	进水水质	mg/L	浊度20	浊度20～300

续表

序号	项目	单位	反渗透（SWRO）	低温多效蒸馏（LT-MED）
2	回收率	%	45	25
3	产品水质	mg/L	200～500	1～10
4	后续系统		作为工业水用，需加药调整水质；作为锅炉补给水时需要再上反渗透+一级除盐+混床进行除盐	可直接作为工业水用；作为锅炉补给水时只需要再上一级除盐+混床进行脱盐
5	设备投资	万元/(t/h)	约15	约30
6	电耗	kW·h/m³	3.0～5.0（带能量回收）	1～2
7	热耗率	kW·h/m³	无	52.8～111.2
8	制水成本	元/t	5.72	6.52

注　运行电费按厂用电价0.4元/（kW·h）、蒸汽20元/t考虑，反渗透膜更换率按每年20%考虑，设备折旧费按照每年5%计。

从表8-16中可以看出，虽然低温多效蒸馏（LT-MED）具有出水品质好、对进水要求相对较低、电耗低等优点，但同时有投资高、设备占地大、海水利用率低等缺点；而反渗透（SWRO）具有投资低、设备占地小、海水利用率高、没有热消耗和热污染等优点，但电耗高。

2. 系统设计

通过技术经济比较，本工程采用反渗透（SWRO）海水淡化系统，系统流程如图8-5所示。

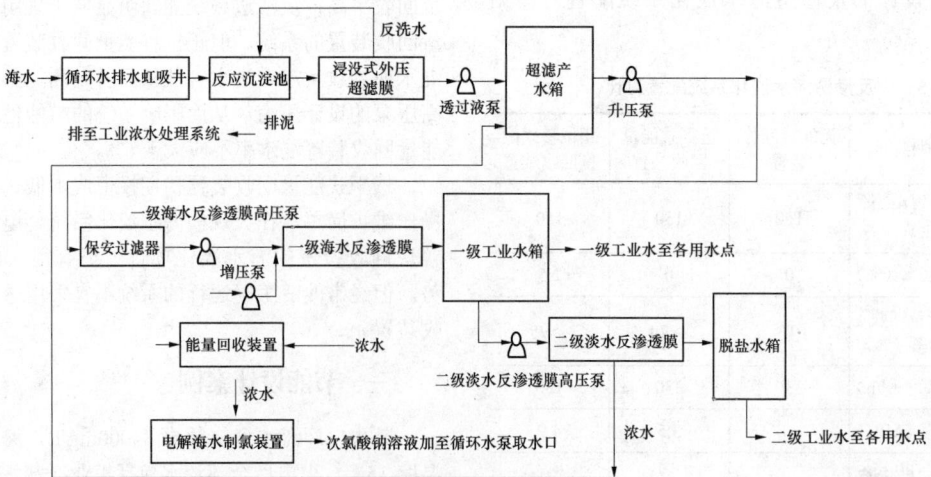

图8-5　海水淡化系统流程

3. 设备选择

海水淡化系统主要设备规范见表8-17。

表8-17　海水淡化系统主要设备规范

序号	设备名称	设备规范	数量	备注
1	海水供水泵	$Q=1300m^3/h$, $p=0.3MPa$	4台	
2	反应沉淀池	$Q=1300m^3/h$	4套	
3	超滤单元	$Q=533m^3/h$	6套	回收率大于90%
4	一级反渗透升压泵	$Q=533m^3/h$, $p=0.3MPa$	6台	带变频
5	保安过滤器	$Q=550m^3/h$	6台	
6	一级反渗透高压泵	$Q=240m^3/h$, $p=6.1MPa$	6台	带变频
7	能量回收装置	$Q=6\times50m^3/h$, $p=6.1MPa$	6组	
8	一级反渗透增压泵	$Q=295m^3/h$, $p=6.3MPa$	6台	带变频
9	一级反渗透膜单元	$Q=240m^3/h$	6套	回收率45%
10	二级反渗透高压泵	$Q=160m^3/h$, $p=1.7MPa$	3台	带变频
11	二级反渗透膜单元	$Q=130m^3/h$	3套	回收率85%

4. 节能设计措施

（1）利用余热使排放水温升高的有利条件，采用了两路进水：一路取自循环水泵出口（凝汽器入口侧）；一路取自虹吸井（凝汽器出口侧）。

（2）超滤反洗排水回收至反应沉淀池进水。

（3）高压泵、加药装置计量泵采用变频控制，配合不同温度、不同含盐量的海水。

（4）采用正位移式能量回收装置。

（5）二级反渗透装置的浓水回用至一级反渗透装置的进水。

以上措施确保了该电厂较低的海水淡化能耗，经运行测试，海水淡化能耗为2.7kW·h/m³左右。

第四节　脱硫专业节能设计

湿式石灰石-石膏脱硫是火电厂烟气脱硫应用最广泛的工艺，也是环境保护部发布的HJ-BAT-001《燃煤电厂污染防治最佳可行技术指南》中首推的应用于大型机组的脱硫技术。湿式石灰石-石膏脱硫耗能较高，其中能耗较大的系统有烟气系统、吸收剂制备、吸收系统、脱水系统。优化脱硫系统设计及运行方式，

在满足排放标准的前提下降低脱硫厂用电，是实现节能降耗的有效途径。

一、湿式石灰石-石膏脱硫系统耗能特点

火电厂脱硫系统的主要耗能点见表8-18。

表8-18　火电厂脱硫系统的主要耗能点

主要耗能系统名称	耗能设备	运行特点及主要节能措施
吸收剂制备及供应系统	湿式球磨机、干式磨机	能耗高，宜根据石灰石耗量采用定期运行
吸收系统	循环浆液泵、氧化风机	能耗高，根据负荷调整运行台数
脱水系统	水环式真空泵	能耗高，宜根据负荷情况采用定期运行
烟气系统阻力	增压风机、引风机（引增合一）	能耗高，低负荷时风机效率较低
吸收塔（含除雾器）烟道组件	塔内组件、除雾器、烟道部件	系统阻力影响风机能耗，考虑采取引增合一、取消烟气-烟气再热器（GGH）、烟道优化等措施降低阻力

二、节能设计原则

（1）脱硫塔布置应尽可能缩短烟道长度，减小烟道阻力。

（2）吸收剂制备车间及石膏间宜在脱硫塔附近集中布置，或结合工艺系统及场地条件因地制宜布置。

（3）当设置脱硫净烟气升温装置时，宜采用原烟气作为热源，升温后设计工况下烟囱入口处净烟气温度不宜低于72℃，应根据防腐等其他条件确定烟气温度。

（4）当不设置脱硫净烟气升温装置时，宜设置低温省煤器降低脱硫塔入口原烟气温度，其降温幅度应结合脱硫装置运行水平确定。

（5）湿式石灰石-石膏脱硫吸收塔的浆液循环泵宜按单元设置，每台浆液循环泵应对应一层喷嘴，浆液循环泵应采用离心式循环泵。浆液循环泵应紧邻脱硫塔布置。

（6）脱硫增压风机与锅炉引风机宜合并设置。

三、吸收剂制备及供应系统节能设计

吸收剂制备系统作为公用系统统一规划设置，系统选择应根据吸收剂来源、运输条件、运行成本、投资等综合因素进行技术经济比较后确定。当资源落实且石灰石粉的粒度能满足规定要求时，宜采用直接购买石灰石粉方案；当石灰石粉来源条件不具备时，宜

采用湿式球磨机制备系统。

吸收剂浆液供应系统的设计应满足吸收塔设计工况下石灰石消耗的要求，且在脱硫运行工况变化范围内运行可调节。石灰石浆液泵应选用卧式离心泵，每座吸收塔宜设置 2 台浆液供应泵，1 台运行 1 台备用。

1. 湿式球磨机系统

湿式球磨机是脱硫系统中电耗较高的设备，湿式球磨机系统节能优化措施应考虑以下几个方面：

（1）湿式球磨机进料粒度大于 20mm 时，将会降低球磨机出力，因此应控制进入湿式球磨机的石灰石粒度，如果大于 20mm 应设置预破碎设备。

（2）选用合适的石灰石来源，降低球磨机电耗；球磨机的能耗与石灰石的硬度、粒度相关，球磨机的电耗估算公式为

$$P = 1.1QK\left(\frac{11W_i}{\sqrt{P_{80}}} - \frac{11W_i}{\sqrt{F_{80}}}\right) \times \frac{P_{80}+10.3}{1.145P_{80}} \quad (8\text{-}4)$$

式中 P——球磨机的轴功率，kW；

Q——球磨机的出力，t/h；

K——球磨机的类型系数，湿式球磨机取 1.0～1.1，干式球磨机取 1.3～1.4；

W_i——可磨指数，kW·h/t；

P_{80}——球磨机出口产品80%通过率的筛孔尺寸，μm；

F_{80}——球磨机入口来料80%通过率的筛孔尺寸，μm。

由式（8-4）可知球磨机的电耗与可磨指数成正比，可磨指数越大，石灰石的硬度越高，电耗越大。石灰石中的 SiO_2 具有磨蚀性，并且 SiO_2 的硬度比 $CaCO_3$ 高，选取 SiO_2 含量较低的石灰石，可降低球磨机电耗。

（3）优化湿式球磨机系统运行方式，确保湿式球磨机在额定出力下运行，使单位出力下的电耗最低。当机组低负荷或者脱硫系统入口 SO_2 浓度低于设计值时，可以根据石灰石浆液箱的高、低液位控制定期运行湿式球磨机系统，以达到节能的目的。

（4）吸收剂配制系统的制浆用水采用滤液水或者回收水，减少工艺水耗量。

2. 吸收剂供应系统

吸收剂供应系统常规方案为设置 2 台离心泵，1 台运行、1 台备用，设置石灰石浆液回流管道至石灰石浆液箱，采用电动耐磨调节阀控制进入吸收塔的石灰石浆液量。这种浆液供应系统的特点是泵的容量较大，电耗高，负荷变化时容易调整石灰石供浆量，管道选择相对简单，电动调节阀磨损大。

优化吸收剂供应系统，可以采用 2 台变频调速离心泵，1 台运行、1 台备用，不设置浆液回流管道，根据吸收塔的石灰石浆液耗量采用变频控制泵的流量。

这种浆液供应系统的特点是系统简单，采用变频调节控制流量，取消回流管道和调节阀门，泵的容量小、电耗低，设备、阀门、管道损降低。该系统的缺点是管道选取相对复杂，石灰石供浆量调整范围相对小一些。应注意供浆调节范围满足石灰石浆液流速要求，浆液流速不应低于 1.2m/s 并且不应大于 2.5m/s。

四、吸收系统节能设计

吸收系统包括吸收塔本体、循环浆液喷淋系统、除雾器及冲洗水系统、氧化系统等几大部分。

1. 吸收塔本体

（1）喷淋空塔入口烟道宜采用斜向下进入方式，有利于降低压损，削弱塔内回流旋涡，延长气液接触时间。

（2）入口烟道上方及两侧设置挡水板，防止浆液进入烟道内，上方挡水板形成的水帘有利于气流均布。

（3）在脱硫总体布置及吸收塔结构强度允许的情况下，可以考虑采用变径塔，增大吸收塔浆池直径，可降低浆池液面高度及吸收塔整体高度，氧化风机扬程也随之降低，可减少氧化风机电耗。

（4）吸收塔壁设置阻流环，将沿塔壁下流的浆液引入喷淋区域，同时防止烟气沿塔壁短路，可以有效提高液气比，降低循环浆液泵的电耗。

（5）较高的空塔速度提高了气相的湍流程度，脱硫效率会相应提高，相应降低循环浆液流量，但烟气阻力增加，增大了烟气携带的石膏量，因此应根据设计要求合理选择空塔速度。吸收塔的空塔速度不宜超过 3.8m/s。

（6）液气比是保证烟气中的 SO_2 有效吸收的关键参数，应合理选择液气比；当脱硫设计效率较高时，可以考虑设置持液层以提高脱硫效率。

脱硫塔内设置持液层可以使吸收塔断面烟气流动均匀，避免入口烟气偏流和短路现象，增加烟气在吸收塔内与吸收浆液的接触面积和浆液停留时间，有利于 SO_2 的吸收，可降低液气比，减少循环浆液量；但持液层也增加了烟气的阻力，吸收塔选型设计应进行综合技术经济比较后确定。

2. 循环浆液喷淋系统

（1）吸收塔喷淋层及喷嘴的布置应保证喷淋的效果，喷淋液滴与烟气接触均匀，无烟气逃逸。

（2）喷淋层设置时应充分考虑利用吸收塔高度空间及液滴携带不利影响。顶层喷淋应采用单向喷嘴，下部喷淋层宜选用双向喷嘴。

（3）浆液循环泵宜选用离心式，浆液循环泵扬程应根据吸收塔浆池最低运行液位至喷淋层喷嘴出口（含喷嘴背压）的全程压降详细计算，不考虑压头裕量；

如果泵的扬程过高，增加了泵的电耗，喷出的浆液的小粒径增多，易形成石膏雨。

3. 除雾器及冲洗水系统

（1）为避免冲洗水喷嘴堵塞及除雾器板面结垢，除雾器冲洗水质应满足除雾器要求。

（2）为减少冲洗水量及保证冲洗水压力，冲洗水系统采用分区、定期自动冲洗；为防止冲洗水被烟气携带出吸收塔，最上部除雾器的顶部不宜经常冲洗，可设置手动冲洗水系统，根据现场情况进行冲洗。

4. 氧化系统

吸收塔应设有强制氧化系统，氧化系统由氧化风机、氧化风管道、氧化喷枪或氧化空气管网构成。

氧化风机是系统中电耗较高的设备，其型式和容量选择应符合下列规定：

（1）氧化风机的选型点流量应满足脱硫系统耗氧量的要求；氧化风机的选型点压升应按照吸收塔运行最高液位确定，如果采用离心风机还应满足最低液位运行的要求，氧化风机不再考虑流量裕量和压头裕量。

（2）在流量合适时宜优先选用离心风机。

（3）每座吸收塔可设置两台或多台氧化风机，其中一台备用。

五、烟气系统节能设计

1. 烟气换热器优化

取消烟气-烟气再热器（GGH）后可以减少烟道阻力损失 1000Pa 左右，烟道布置更加顺畅。

2. 引风机和增压风机合并

脱硫增压风机宜与锅炉引风机合并设置，其优点是：简化设备数量，缩短烟道，使烟道布置更加顺畅，减少占地面积，降低初投资，有效降低风机能耗。

3. 烟道优化设计

（1）吸收塔入口烟道设置必要的导流板，提高气流分布的均匀性，减少烟风阻力。

（2）烟道弯头尽量采用缓转弯头，降低弯头的阻力损失。

（3）采用圆形烟道设计可以减少烟风阻力。

六、脱水系统节能设计

（1）石膏排出泵应采用离心泵，可采用定速泵或变速泵。

（2）真空脱水设备宜选用真空皮带脱水机，也可选用其他脱水设备，但应通过技术经济比较后确定。脱水设备可依据负荷情况调整，采用定期运行可降低能耗。

七、节能设计案例

（1）氧化风机选型。某火电厂设计单台脱硫装置

需氧化空气量 16000m³/h，压升 98kPa，考虑采用 2 台全容量离心风机与 2 台全容量罗茨风机进行方案比较。氧化风机选型技术经济比较见表 8-19。

表 8-19　氧化风机选型技术经济比较

项　目	离心风机	罗茨风机
数量	1	1
工作方式	旋转型	容积式
风机风量（m³/h）	16000	16000
压升（kPa）	98	98
风机效率（%）	82	65
轴功率（kW）	531	670
年耗电量（×10⁴kW）	292	369
年电费（万元）	88	111
年电费比较（万元）	−23	基准

注　年利用小时数按 5500h 计，电价按 0.30 元/（kW·h）计。

由表 8-19 可知，离心风机电耗明显低于罗茨风机，运行费用低，节能效果明显。

（2）氧化风机台数选择。在机组负荷变化较大工况下，考虑采用 2 台全容量离心风机（1 台运行、1 台备用）与 3 台半容量离心风机（2 台运行、1 台备用）进行方案比较，结果见表 8-20。

表 8-20　氧化风机台数选择技术经济比较

项　目	离　心　风　机	
	1 台运行、1 台备用	2 台运行、1 台备用
数量	16000	2×8000
风机风量（m³/h）	16000	2×8000
压升（kPa）	98	98
占地面积	较小	较大
满负荷风机效率（%）	82	82
满负荷轴功率（kW）	531	2×265
低负荷风机效率（%）	60	82
低负荷轴功率（kW）	363	265
年电费比较（万元）	基准	−8.07

注　1. 年利用小时数按 5500h 计，电价按 0.30 元/（kW·h）计。
　　2. 考虑机组低负荷及脱硫入口 SO₂ 量比设计最差煤质低较多时年运行小时数按 2750h 计。

由表 8-20 可知，针对设计氧化风量较大且负荷变化较大工况时，采用 3 台半容量离心风机的电耗明显低于采用 2 台全容量离心风机，年节电量 26.9×10⁴kW，且运行灵活。

第五节 保温节能设计

火电厂热力设备与管道的保温设计直接关系到工程投资、火电厂运行的经济性、运行操作人员和检修人员的安全以及电厂节能降耗的效果。保温设计在工程设计中起重要作用，其计算数据是管道荷重、应力计算的原始输入数据，不同的保温结构将直接影响到工程设计的荷重数据及厂房结构设计。保温节能设计与保温材料、保温结构形式以及保温热力计算有密切关系。

一、保温材料

保温材料是一种轻质无机纤维材料，由于其特殊性能和结构，被用于火电厂热力设备与管道的保温、保冷及隔热，对于减少热量及冷量损失、节约燃料、改善劳动条件以及火电厂节能降耗均起到重要作用。由于保温材料品种很多，其性能指标有较大差别。保温材料的选择应满足以下要求：

（1）导热系数是评价保温材料性能优劣和计算保温厚度的关键数据，随保温材料的密度和温度变化。优先选择导热系数低的保温材料，应采用在施工压缩后使用状态的导热系数，还应取得导热系数的方程式、图或表。

（2）密度也是保温材料的重要性能指标，通常密度小的材料气孔较多，导热系数低，宜选择密度小、质量轻的保温材料。当选用软质、半硬质保温材料时，由于受到外部荷载作用，在施工和使用过程中将引起其容重变化，还应取得使用状态下的使用密度对应的导热系数方程式、图或表。

保温材料在使用状态下的导热系数和密度应符合 DL/T 5072《火力发电厂保温油漆设计规程》的要求。

（3）保温材料的允许使用温度应高于正常运行工况时介质最高温度，以保证保温材料在长期高温条件下不变形、不变质。

（4）除软质、半硬质、散状保温材料外，选用成型制品保温材料时，其抗压强度不应小于 0.294MPa，可以抵御外部压力和抗击振动。

（5）应为不燃类材料，水分含量低，吸水性小，对金属无腐蚀性。

在进行保温材料品种选择时，应根据技术性能指标选用合适的保温材料。例如，高温高压蒸汽管道应着重考虑保温材料在高温下性能的稳定性；保冷管道应同时考虑保温材料的吸湿性或透气性系数；在密闭工况下的高温设备应避免采用酚醛树脂粘接的保温材料。

常用保温材料有硅酸钙制品、岩棉、矿渣棉、玻璃棉、硅酸铝棉纤维类制品、膨胀珍珠岩制品、复合硅酸盐制品。膨胀珍珠岩制品和复合硅酸盐制品应采用憎水型，其憎水率应不小于 98%。常用保温材料性能应符合 DL/T 5072《火力发电厂保温油漆设计规程》的规定。

二、保温结构形式

保温结构一般由保温层和保护层组成。设计保温结构应考虑工艺配合的完善性，即文明施工（扬尘率、刺激性、损耗率等小），劳动效率高，外观整齐，施工方便。例如，矩形烟风道的加固筋应适当配合保温成型制品尺寸，加固筋的高度不能大于保温主层的厚度；设置减振支撑以防止保温结构脱落；管道上的温度计插座和热交换器上法兰接管宜高出设计保温层厚度；高温蒸汽管道不适宜采用填充法保温结构；不保温管道避免与保温管道敷设在一起；保温管道应与建筑物保持足够距离；对矿物纤维材料的扬尘率和刺激性应作限制。

由于高温高压设备与管道的热损失较大，直接影响电厂的经济性和节能效果，所以此类保温结构设计还应考虑以下要求：

（1）当采用矿物纤维及其制品时，设计计算的保温层厚度可适当考虑富余 10%～20%。

（2）弯头、异型件和阀门部位的保温厚度不允许低于设计值。

（3）阀门法兰及支吊架的热表面应包覆保温材料。

（4）保温结构内的金属插入件使热损失增大30%，所以在保温托架及支撑环与管道金属壁之间应严格安装隔热保温垫。

（5）由于高温管道的热膨胀和制造允许公差，订货时，根据介质温度和管道外径不同，应注意将硬质保温材料制品内径适当放大 2～9mm。

（6）保温结构可采用降低热损失的新方法或新工艺。例如，选用带反射膜的保温材料；采取缓慢升温的热处理工艺，使保温制品黏结剂全部挥发，纤维恢复原有色泽，保证制品保温性能无明显变化。

三、保温热力计算

保温热力计算通常包括下列项目：

（1）保温厚度计算。

（2）保温结构工程量计算。

（3）工程或系统中允许的温度降与热损失计算。

（4）保温材料的选择计算。

（5）特殊情况下的有关温升计算。

其中：（1）项和（2）项为所有工程均需进行的保温热力计算；（3）项是长距离供热管道需进行的重要计算项目；（4）项为结合具体工程特点，从工程投资经济性考虑，可以采用因地制宜、就地取材方式取得保温材料并进行相关保温热力计算。

保温设计时，应根据保温材料的导热系数、密度、允许使用温度等技术性能指标，以及保温材料在高温下的稳定性及抵御外部压力和抗击振动的能力等方面选用合适的保温材料，提出可降低热损失的保温结构要求，优化保温热力计算参数的取值，以使保温工程量达到经济值。

1. 选定保温材料品种

确定保温材料品种时，通常应由保温材料生产厂家提供保温材料及其制品的导热系数方程式 $\lambda=\lambda_0+bt_p$、图或表，再用方程式验算其总值，其中 λ_0 为关键系数，b 为温度的函数。在高温使用条件下，b 宜越小越好；在低温使用条件下，λ_0 宜越小越好，导热系数 λ 总值越低越好。要求保温材料密度越小越好，并注意使用密度的取值。

2. 设备和管道保温结构外表面温度 t_w 的取值

设备和管道的保温结构外表面温度是保温节能设计的重要参数，确定保温结构外表面温度，即确定了保温结构单位面积上的热损失。通常考虑生产安全要求加上适当的介质温度的线性关系，对于室内布置管道，可按式（8-5）计算设备和管道的保温结构外表面温度，即

$$t_w=33.4+0.028（t_f-50）\qquad(8-5)$$

式中　t_f——介质温度，℃。

根据火电厂工程实际情况，工艺设备和管道一部分布置在主厂房内，一部分布置在室外，如果同一工艺管道按室内与室外分别计算选取保温结构外表面温度，则增加了保温材料热力计算的工作量。所以，在确定设备和管道保温结构外表面温度 t_w 时，我国现行设计规程通常不区分室内及室外的设备和管道，并规定：当环境温度不高于27℃时，设备和管道的保温结构外表面温度不应超过50℃；当环境温度高于27℃时，设备和管道的保温结构外表面温度可比环境温度高25℃，但是保温结构外表面温度不能超过60℃，其中环境温度是指距离保温结构外表面1m处测得的空气温度。在进行保温材料热力计算时，先确定设备和管道保温结构外表面温度，再计算保温层厚度，然后向上圆整到保温制品最近一档规格的厚度，取用保温层厚度应大于计算厚度。当设备和管道的温度降有特殊要求时，可以适当降低设备和管道保温结构外表面温度，结果将使保温层厚度增加。对于小直径管道，由于保温后的外径增大，外表面积加大，可能引起总热损失增加，如果对小直径管道的温度降有严格要求，则不能采用降低管道保温结构外表面温度和增加保温层厚度的方式，应改用导热系数更低的优质保温材料。

3. 保温结构外表面单位散热损失 q 的取值

保温材料热力计算中，保温结构外表面单位散热损失 q 是保温材料导热系数 λ 和保温层厚度 δ 的函数。为计算保温层厚度 δ，应先已知保温材料导热系数 λ，并设定外表面散热损失 q。而 q 值与设备和管道保温结构外表面温度 t_w 也为函数关系，t_w 又取决于允许的保温结构外表面散热损失。如果保温层厚度取值过厚，则保温结构外表面温度偏低，且保温结构外表面散热损失偏小，保温工程量较大，费用偏高，保温层厚度取值不够经济；如果保温层厚度取值过薄，则保温结构外表面温度偏高，且保温结构外表面散热损失偏大，保温工程量较低，但工艺系统能耗高。所以，工艺系统设备和管道的保温工程量年分摊费用与保温结构年散热损失总费用存在优化平衡。

4. 保温层厚度 δ 的计算方法

（1）经济厚度计算方法。在保温材料热力计算中，先设定一个参考数值的散热损失，求得保温层厚度后，再复核外表面温度 t_w 并求取实际计算的散热损失数值。为减少保温结构散热损失，设备和管道的保温结构外表面实际散热损失不得超过 DL/T 5072《火力发电厂保温油漆设计规程》中列出的允许最大散热损失，保温结构外表面温度不超过规定值，此种保温材料热力计算称为经济厚度计算方法。无特殊工艺要求时，设备和管道的保温层厚度应按经济厚度法计算。

应注意计算求得的散热损失不仅指单位面积和单位长度的管道，还应包括系统中的所有阀门和支架等附件的散热影响。对于阀门和支吊架可采用阀门当量长度和支吊架修正系数的方式估算。系统总散热损失可按式（8-6）计算，即

$$Q=qL_f=q（K_nL+\Sigma l）\qquad(8-6)$$

式中　Q——系统总散热损失，W；

q——单位散热损失，W/m^2；

L_f——管道的计算长度，m；

L——管道的实际长度，m；

Σl——阀门附件的总当量长度，单个阀门的当量长度 l 按表8-21取值并计算，m；

K_n——支吊架局部未保温的修正系数，见表8-22。

表8-21　　　阀门的当量长度　　（m/个）

DN (mm)	室　内		室　外	
	t_f=100℃	t_f=400℃	t_f=100℃	t_f=400℃
100	2.3	4.8	4.5	6.2
500	3	7.5	5.5	8.5

注　DN为中间尺寸时，可用内插法求取。

表 8-22　　支吊架修正系数表 K_n

型　式	室　内	室　外
吊架	1.1	1.15
支架	1.15	1.2

在实际工程中，保温材料热力计算通常需要在初步设计阶段进行。如果未取得工艺系统的阀门及支吊架等附件的数量，可将室内管道取值为实际长度的 1.2 倍；室外管道一般情况下可取为 1.2～1.25 倍。

（2）允许散热损失计算方法。在实际工程中，对于工艺系统的设备和管道的保温结构外表面散热损失有特殊要求时，例如长距离供热管道，在保温材料热力计算中输入允许的散热损失数值，求得保温层厚度，再复核外表面温度 t_w 的保温材料热力计算称为允许散热损失计算方法。

（3）表面温度计算方法。在实际工程中，对于工艺系统的设备和管道的保温结构外表面温度有特殊要求时，例如由两种不同保温材料构成的复合保温，应限定复合保温内外层界面处的温度，在保温材料热力计算中，其内层厚度应先输入限定的内外层界面处温度，求得散热损失和保温层厚度。此种保温材料热力计算方法称为表面温度计算方法。

第六节　全厂压缩空气系统节能设计

根据压缩空气的不同用途，火电厂设置了仪表与控制用压缩空气系统和检修用压缩空气系统。仪表与控制用压缩空气系统主要为工艺系统的设备和阀门的气动执行机构和仪表操作运行提供驱动用气；检修用压缩空气主要为机组检修设备提供吹扫用气，为厂内气力除灰装置提供输送用气，并兼顾机组运行时燃油雾化、锅炉本体吹扫、空气预热器吹扫和其他附属设备的用气要求。全厂压缩空气系统节能设计与压缩空气系统设置以及压缩空气系统主要设备选型有密切关系。

一、压缩空气系统设置

压缩空气系统的节能设计应满足以下要求：

（1）仪表与控制用气、检修用气和厂内气力除灰装置输送用压缩空气系统宜统一规划设计、集中布置。

（2）机组运行时，仪表与控制用气量相比机组检修时压缩空气用量较大。为提高压缩空气系统的可靠性，节约工程的初投资，可将仪表与控制用气、检修用气和厂内气力除灰装置输送用压缩空气系统的空气压缩机合并设置；也可将仪表与控制用空气压缩机和

检修与除灰用空气压缩机按高、低压力分开设置，按照公用备用的原则，管道系统相连，设备集中布置。由于仪表与控制用气和检修用气的气源品质要求不同，两系统的干燥净化装置、储气罐和供气管道应分开设置，经干燥过滤后的压缩空气应满足用气设备的要求。

（3）为保证仪表与控制用气的稳定性，并提高设备的利用率，300MW 及以上机组仪表与控制用气、检修用气和厂内气力除灰装置输送用压缩空气系统可考虑两台机组合用一套；200MW 及以下机组宜全厂合用一套压缩空气系统。

二、压缩空气系统主要设备选型

1. 空气压缩机

空气压缩机可分为容积式和速度式两大类；容积式通常包括往复式和回转式；速度式通常包括轴流式、离心式和混流式。不同型式的空气压缩机，其使用范围和经济指标不同。以往，少油（喷油）螺杆式空气压缩机由于其优良性能在电厂应用较多，其出口压缩空气含油量可低于 2.5mg/m³ 的，排气量最大可达 77m³/min；少油（喷油）活塞式空气压缩机出口含油量高达 16.6～25mg/m³；离心式空气压缩机的排气量较大、价格较高，通常适用于用气量较大的场所。近年来由于离心式空气压缩机取得了诸多技术进步且价格大幅度下降，在大型空气压缩机站配置上，离心式空气压缩机正逐步取代螺杆式空气压缩机。据估算，三级压缩离心机比单级压缩喷油螺杆+除油过滤器节能 10%左右。仪表与控制用气空气压缩机和检修用气空气压缩机可采用同一型式互为备用，低压螺杆和二级压缩离心式空气压缩机均能满足较低工作压力的要求，二级压缩低压离心式空气压缩机节能效益显著。可根据当前空气压缩机设备新技术使用情况，选用低能耗高性价比的产品。

为保证机组正常运行时仪表与控制用气的安全性和可靠性，压缩空气系统空气压缩机应有备用容量。按仪表与控制用气、检修用气和厂内气力除灰装置输送用空气压缩机合并设置、容量相同的原则。两台 300MW 机组通常设置 4 台 20m³/min 空气压缩机；两台 600MW 机组通常设置 4 台 40m³/min 空气压缩机；两台 1000MW 机组通常设置 4 台 60m³/min 空气压缩机。

随着火电厂机组容量增大和机组台数增多，全厂压缩空气消耗量巨大，除应按气体品质区分外，还可以按不同供气压力配置空气压缩机。例如，仪表与控制用空气压缩机选用 0.8MPa，检修用气和厂内气力除灰装置输送用空气压缩机选用 0.5～0.6MPa，高压空气压缩机可作为低压空气压缩机的备用。按能耗与压

缩比成正比估算，设置低压空气压缩机相比高压空气压缩机节能 25% 左右。

空气压缩机进出口连接管道采用母管制，其中两台作为备用空气压缩机，可以满足一台运行备用和一台检修备用的要求；对于不同压力配置的空气压缩机系统，空气压缩机出口应按高低压母管设置，采用调节阀将高低压母管连接，高压母管可作为低压母管的补充和备用。

空气压缩机采用变频调节。根据用户用气的实际情况，选择其中 1～2 台运行用空气压缩机采用变频调节，可以进一步达到节能降耗的目的。

2. 空气干燥净化装置

压缩空气在输送过程中，由于气体膨胀而降温结露，应设置空气干燥装置进行除湿，降低水分；设置空气净化装置，例如除尘除油过滤器和气液分离器等，减少或去除压缩空气中的灰尘、粉尘、油粒等杂质。

（1）压缩空气的干燥处理。过去，压缩空气系统干燥处理常采用吸附法和冷冻法，空气干燥装置的型式也较多。冷冻式干燥机、无热再生吸附式干燥机及微热再生吸附式干燥机在火电厂应用较广泛，也有采用冷冻式+吸附式组合式干燥机的。根据电厂调研结果，冷冻式干燥机工作两年后故障频繁，5 年后大部分停运；吸附式干燥机大部分性能下降，再生空气量消耗巨大，自身耗气引起电厂运行成本增加。近年来，为了尽可能少耗气甚至不耗气，利用离心式或无油螺杆式空气压缩机系统中的压缩热，空气干燥装置不断升级换代，压缩热再生吸附式干燥机和鼓风热再生吸附式干燥机孕育而生，压缩热零气耗型产品是首选。实际工程中建议选用效率高、能耗低的，采用新技术或新工艺的干燥净化装置。

（2）空气干燥装置型式及特点汇总见表 8-23。

表 8-23　空气干燥装置型式及特点汇总

类型	是否消耗成品气	气源类型	热源类型	空气压缩机型式
无热再生吸附式干燥机	是	成品气	自身吸附热	不限
组合式干燥机	是	成品气	自身吸附热	不限
微热再生吸附式干燥机	是	成品气	电加热器	不限
有气耗鼓风热再生吸附式干燥机	是	外界大气+成品气	电加热器	螺杆式
零气耗鼓风热再生吸附式干燥机	否	外界大气	电加热器	螺杆式
有气耗压缩热再生吸附式干燥机	是	成品气	空气压缩机排气余热	离心式无油螺杆式
零气耗压缩热再生吸附式干燥机	否	—	空气压缩机排气余热	离心式无油螺杆式

（3）压缩空气的净化处理。压缩空气中除水蒸气外，还存在游离状态的灰尘、微粒及气溶胶状态的烟、雾等杂质。不同杂质有不同的清除方法，通常采用过滤法，以满足高精度要求。目前，大机组气动执行机构对于气体品质的要求越来越高，净化装置的过滤精度要求也随之提高，残余含油量要求越来越严格。在工程设计中，可将对气体品质的要求在设备招标书中提出，并兼顾考虑节能降耗的要求。

第九章

燃气-蒸汽联合循环电厂节能设计

燃气-蒸汽联合循环由燃气动力循环——布雷顿循环（Brayton Cycle）和蒸汽动力循环——朗肯循环（Rankine Cycle）组合而成。在这个循环中，能源从高品位到中低品位被逐级利用，形成能源的"温度对口、梯级利用"，从而得到更高的能源利用率。燃气-蒸汽联合循环机组本身就是一种节能的装置，其热力系统比较简单，因此本章所述节能设计主要侧重于燃气轮机、余热锅炉、汽轮机的选型及优化。

第一节 概 述

一、燃气轮机和燃气-蒸汽联合循环概述

燃气轮机（gas turbine）是一种以连续流动的气体为工质、把热能转换为机械功的旋转式动力机械。

现代燃气轮机主要由压气机（compressor）、燃烧室（combustor）和透平（turbine）三大部件组成，通常将其称为燃气轮机本体，而由这三大部件组成的燃气轮机循环就是开式简单循环，如图9-1所示。开式简单循环又称布雷顿循环，工质依次经过吸气压缩、燃烧加热、膨胀做功和排气放热等4个工作过程，完成一个热功转换的热力循环，这种循环方案结构最简单，最能体现燃气轮机所特有的优点，因此世界上大多数燃气轮机都采用这种方案。

合循环有多种类型，燃气-蒸汽联合循环是最常见的一种类型，习惯上把这种特定工质的联合循环简称为"联合循环"，而淡化了完整意义上的联合循环的含义。燃气-蒸汽联合循环是将燃气轮机的高温排气引入余热锅炉，产生高温、高压蒸汽驱动汽轮机，带动发电机发电。因此，联合循环的热效率比燃气轮机循环或汽轮机循环都有明显提高。目前，燃气轮机单循环的热效率最高超过40%，联合循环机组的热效率最高超过60%。如果在联合循环的基础上采用热电联产、冷热电三联供等方式，能源利用率还可以进一步提高。

从热力循环系统中能量转换利用的组织形式来分，常规的燃气-蒸汽联合循环有5种基本类型，即无补燃的余热锅炉型联合循环、补燃的余热锅炉型联合循环、排气全燃型（排气助燃型）联合循环、增压锅炉型联合循环以及给水加热型联合循环。其中，无补燃的余热锅炉型联合循环如图9-2所示，输入循环的热量在燃气侧加入，是一种以燃气轮机为主的联合循环，汽轮机只是燃气轮机的余热利用设备；它是目前各种联合循环中效率最高、应用最广、发展最快的联合循环型式。本书中的"联合循环""燃气-蒸汽联合循环"多数情况下即指无补燃的余热锅炉型联合循环。

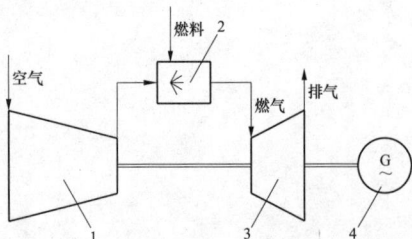

图9-1 开式简单循环

1—压气机；2—燃烧室；3—透平；4—发电机

联合循环是由不同工质组成的不同循环组合。联

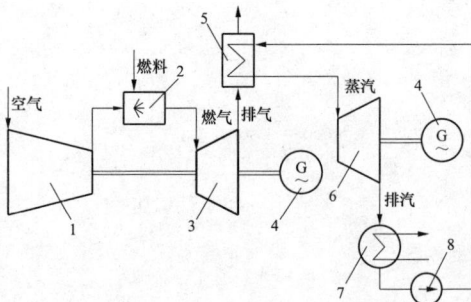

图9-2 无补燃的余热锅炉型联合循环

1—压气机；2—燃烧室；3—透平；4—发电机；
5—余热锅炉；6—汽轮机；7—凝汽器；8—泵

二、联合循环机组设计天然气耗率的计算方法

计算常规火电机组设计标准煤耗率时，需要考虑锅炉效率和管道效率。而联合循环机组中的余热锅炉、汽轮机是回收燃气轮机排气余热的设备，余热锅炉效率和管道效率是联合循环机组内部的效率，已经体现在联合循环机组的热耗率中，因此计算联合循环机组设计天然气耗率时，无须另外考虑余热锅炉效率和管道效率。

1. 联合循环发电机组

（1）设计发电天然气耗率。其计算式为

$$b_{fd} = \frac{q_d}{Q_{dw}} \qquad (9-1)$$

式中 b_{fd}——联合循环发电机组的设计发电天然气耗率，$m^3/(kW \cdot h)$；

q_d——联合循环发电机组的设计热耗率，取用联合循环机组技术协议中明确的额定发电工况（热耗率验收工况）所对应的热耗率保证值，$kJ/(kW \cdot h)$；

Q_{dw}——天然气的低位发热量，kJ/m^3。

国内工程设计时，单位中的立方米（m^3）应以压力101.325kPa、温度293.15K（20℃）作为标准状态。

（2）设计供电天然气耗率。其计算式为

$$b_{gd} = \frac{b_{fd}}{1 - \frac{e_d}{100}} \qquad (9-2)$$

式中 b_{gd}——联合循环发电机组的设计供电天然气耗率，$m^3/(kW \cdot h)$；

e_d——联合循环发电机组的厂用电率，%。

2. 联合循环供热机组

（1）纯发电时的设计发电天然气耗率，按式（9-1）计算。

（2）纯发电时的设计供电天然气耗率，按式（9-2）计算。

（3）供热时的设计发电天然气耗率。其计算式为

$$b_{fr} = \frac{q_r}{Q_{dw}} \qquad (9-3)$$

式中 b_{fr}——联合循环供热机组供热时的设计发电天然气耗率，$m^3/(kW \cdot h)$；

q_r——联合循环供热机组供热时的设计热耗率，取用联合循环机组技术协议中明确的额定供热工况所对应的热耗率保证值，$kJ/(kW \cdot h)$。

（4）供热时的设计供电天然气耗率。其计算式为

$$b_{gr} = \frac{b_{fr}}{1 - \frac{e_r}{100}} \qquad (9-4)$$

式中 b_{gr}——联合循环供热机组供热时的设计供电天然气耗率，$m^3/(kW \cdot h)$；

e_r——联合循环供热机组供热时的厂用电率，%。

（5）供热时的设计供热天然气耗率。其计算式为

$$b_r = \frac{10^6}{\eta_{rw} Q_{dw}} \qquad (9-5)$$

式中 b_r——联合循环供热机组供热时的设计供热天然气耗率，m^3/GJ；

η_{rw}——电厂热网效率，%。

第二节 燃气轮机及其附属辅助系统节能设计

一、燃气轮机选型

燃气轮机是联合循环机组的关键设备，它对联合循环机组性能和电厂经济性的影响最大。目前燃气轮机的发展趋势是采用简单循环，并向大型化、高压比、高初温的方向发展，从而提高机组效率，降低单位千瓦造价。

1. 燃气轮机级别

通常按照透平初温高低，将重型燃气轮机划分为E级、F级、G级、H级、J级。透平初温通常是指透平转子进口温度，即在第一级静叶出口尾缘处的工质质量加权平均总温（滞止温度），是经热力学修正的透平进口温度。

（1）E级燃气轮机。通常是指透平转子进口温度在1100℃左右的燃气轮机。

（2）F级燃气轮机。通常是指透平转子进口温度在1300℃左右的燃气轮机。

（3）G级、H级燃气轮机。通常是指透平转子进口温度在1400℃左右的燃气轮机。

（4）J级燃气轮机。通常是指透平转子进口温度在1500℃左右的燃气轮机。

通常，透平初温越高，燃气轮机的效率也就越高。

联合循环发电机组应选择效率相对较高的F级及以上的燃气轮机。

联合循环供热机组优先选择F级及以上的燃气轮机，也可选择E级燃气轮机，具体机型可根据外部条件，通过技术经济比较确定。

2. 典型的重型燃气轮机性能

就重型燃气轮机而言，技术派系的代表性制造厂商有美国通用电气公司（General Electric，简称通用电气）、美国西屋电气公司（Westinghouse Electric，简称

西屋电气）、德国西门子公司（Siemens，简称西门子）和瑞士阿西亚布朗勃法瑞公司（Asea Brown Boveri，简称ABB）。

经过一系列并购之后，目前世界上能设计和生产重型燃气轮机的主导制造厂商只有四家，即通用电气、西门子、日本三菱重工公司（Mitsubishi Heavy Industries，简称三菱重工）、法国阿尔斯通公司（Alstom，简称阿尔斯通），其中三菱重工、阿尔斯通分别延续和继承了西屋电气、ABB的燃气轮机技术。

阿尔斯通的燃气轮机业务已于2015年被通用电气收购，但由于其燃气轮机产品具有一定代表性，本书予以保留。

（1）E级燃气轮机。频率50Hz的E级燃气轮机产品主要有通用电气的9E.03型、9E.04型燃气轮机，西门子的SGT5-2000E型燃气轮机，三菱重工的M701DA型燃气轮机，阿尔斯通的GT13E2型燃气轮机。表9-1、表9-2分别列出了由这些产品组成的单循环、联合循环的主要性能参数。

表9-1　　　　　　　　　　　　频率50Hz的E级燃气轮机单循环主要性能参数

制造厂商	通用电气		西门子	三菱重工	阿尔斯通
型号	9E.03	9E.04	SGT5-2000E	M701DA	GT13E2
ISO基荷功率（kW）	132000	143000	172000	144090	202700
热耗率 {kJ/（kW·h） [Btu/（kW·h）]}	10403 (9860)	9759 (9250)	10191 (9659)	10350 (9810)	9474 (8980)
热效率（%）	34.6	36.9	35.3	34.8	38.0
压气机压比	13.0	13.2	12.1	14.0	18.2
质量流量 [kg/s（lb/s）]	419.1 (924.0)	415.5 (916.0)	531.2 (1171.0)	453.1 (999.0)	624.1 (1376.0)
排气温度 [℃（℉）]	544 (1012)	540 (1004)	537 (998)	542 (1008)	501 (934)
压气机级数	17	17	16	17	16
透平级数	3	3	4	4	5

表9-2　　　　　　　　　　　　频率50Hz的E级燃气轮机联合循环主要性能参数

制造商	通用电气		西门子	三菱重工	阿尔斯通
型号	9E.03	9E.04	SCC5-2000E 1×1	MPCP1（M701）	KA13E2-1
毛出力（kW）	201800	211000	257000	213200	
净出力（kW）	199000	208000	253000	212500	281000
净热耗率 {kJ/（kW·h） [Btu/（kW·h）]}	6890 (6530)	6710 (6360)	6857 (6499)	7000 (6635)	6729 (6378)
净热效率（%）	52.3	53.7	52.5	51.4	53.5
凝汽器压力 [kPa（in Hg）]	4.06 (1.2)	4.06 (1.2)	—	5.08 (1.5)	4.40 (1.3)

（2）F级燃气轮机。频率50Hz的F级燃气轮机产品主要有通用电气的9F.03型、9F.04型、9F.05型燃气轮机，西门子的SGT5-4000F型燃气轮机，三菱重工的M701F4型、M701F5型燃气轮机，阿尔斯通的GT26型燃气轮机。表9-3、表9-4分别列出了由这些产品组成的单循环、联合循环的主要性能参数。

表 9-3　　　　　　　　　　　　频率 50Hz 的 F 级燃气轮机单循环主要性能参数

制造厂商	通用电气			西门子	三菱重工		阿尔斯通
型号	9F.03	9F.04	9F.05	SGT5-4000F	M701F4	M701F5	GT26
ISO 基荷功率（kW）	265000	280000	299000	307000	324300	359000	345000
热耗率 {kJ/（kW·h）[Btu/（kW·h）]}	9517 (9020)	9327 (8840)	9295 (8810)	9002 (8532)	9027 (8556)	9000 (8530)	8780 (8322)
热效率（%）	37.8	38.6	38.7	40.0	39.9	40.0	41.0
压气机压比	16.8	16.8	18.3	18.8	18.0	21.0	35.0
质量流量 [kg/s（lb/s）]	665.0 (1466.0)	667.2 (1471.0)	666.8 (1470.0)	723.5 (1595.0)	728.9 (1607.0)	729.8 (1609.0)	714.9 (1576.0)
排气温度 [℃（℉）]	596 (1104)	607 (1125)	642 (1187)	579 (1074)	592 (1097)	611 (1131)	616 (1141)
压气机级数	18	18	18	15	17	17	22
透平级数	3	3	3	4	4	4	高压1，低压4

表 9-4　　　　　　　　　　　　频率 50Hz 的 F 级燃气轮机联合循环主要性能参数

制造厂商	通用电气			西门子	三菱重工		阿尔斯通
型号	9F.03	9F.04	9F.05	SCC5-4000F 1S	MPCP1 (M701F4)	MPCP1 (M701F5)	KA26-1
毛出力（kW）	409100	431300	466600		479400	526600	—
净出力（kW）	404000	426000	460000	445000	477900	525000	467000
净热耗率 {kJ/（kW·h）[Btu/（kW·h）]}	6183 (5860)	6088 (5770)	5982 (5670)	6133 (5812)	6000 (5687)	5902 (5594)	6050 (5735)
净热效率（%）	58.2	59.1	60.2	58.7	60.0	61.0	59.5
凝汽器压力 [kPa（in Hg）]	4.06 (1.2)	4.06 (1.2)	4.06 (1.2)	—	5.08 (1.5)	5.08 (1.5)	4.40 (1.3)

（3）G 级、H 级燃气轮机。频率 50Hz 的 G 级、H 级燃气轮机产品主要有通用电气的 9HA.01 型、9HA.02 型燃气轮机，西门子的 SGT5-8000H 型燃气轮机，三菱重工的 M701G2 型燃气轮机，阿尔斯通的 GT36 型燃气轮机。表 9-5、表 9-6 分别列出了由这些产品组成的单循环、联合循环的主要性能参数。

表 9-5　　　　　　　　　　　　频率 50Hz 的 G 级、H 级燃气轮机单循环主要性能参数

制造厂商	通用电气		西门子	三菱重工	阿尔斯通
型号	9HA.01	9HA.02	SCC5-8000H	M701G2	GT36
ISO 基荷功率（kW）	397000	510000	400000	334000	471000
热耗率 {kJ/（kW·h）[Btu/（kW·h）]}	8673 (8220)	8620 (8170)	9000 (8530)	9105 (8630)	—
热效率（%）	41.5	41.8	40.0	39.5	41.0

制造厂商	通用电气		西门子	三菱重工	阿尔斯通
压气机压比	21.8	23.5	19.2	21.0	—
质量流量 ［kg/s（lb/s）］	826.4 （1822.0）	995.6 （2195.0）	868.6 （1915.0）	754.8 （1664.0）	—
排气温度 ［℃（℉）］	621 （1150）	652 （1206）	627 （1161）	587 （1089）	—
压气机级数	14	14	13	14	15
透平级数	4	4	4	4	4

表 9-6　　　　　频率 50Hz 的 G 级、H 级燃气轮机联合循环主要性能参数

制造厂商	通用电气		西门子	三菱重工	阿尔斯通
型号	9HA.01	9HA.02	SCC5-8000H 1S	MPCP1（M701G）	KA36-1
毛出力（kW）	599700	764400	—	499500	—
净出力（kW）	592000	755000	600000	498000	690000
净热耗率 {kJ/（kW·h） ［Btu/（kW·h）］}	5845 （5540）	5824 （5520）	<6000 （<5687）	6071 （5755）	
净热效率（%）	61.6	61.8	>60.0	59.3	61.5
凝汽器压力 ［kPa（in Hg）］	4.06 （1.2）	4.06 （1.2）		5.08 （1.5）	

（4）J 级燃气轮机。频率 50Hz 的 J 级燃气轮机产品主要有三菱重工的 M701J 型、M701JAC 型燃气轮机，通用电气、西门子、阿尔斯通暂时还未推出 J 级燃气轮机。表 9-7、表 9-8 分别列出了由这些产品组成的单循环、联合循环的主要性能参数。

表 9-7　　　频率 50Hz 的 J 级燃气轮机
单循环主要性能参数

制造厂商	三菱重工	
型号	M701J	M701JAC
ISO 基荷功率（kW）	470000	445000
热耗率 {kJ/（kW·h） ［Btu/（kW·h）］}	8783 （8325）	<8783 （<8325）
热效率（%）	41.0	>41.0
压气机压比	23.0	23.0
质量流量 ［kg/s（lb/s）］	893.1 （1969.0）	893.1 （1969.0）
排气温度 ［℃（℉）］	638 （1180）	614 （1138）
压气机级数	15	15
透平级数	4	4

表 9-8　　频率 50Hz 的 J 级燃气轮机
联合循环主要性能参数

制造厂商	三菱重工	
型号	MPCP1（M701J）	MPCP1（M701JAC）
毛出力（kW）	682100	652000
净出力（kW）	680000	650000
净热耗率 {kJ/（kW·h） ［Btu/（kW·h）］}	5835 （5531）	<5902 （<5594）
净热效率（%）	61.7	>61.0
凝汽器压力 ［kPa（in Hg）］	5.08 （1.5）	5.08 （1.5）

对表 9-1～表 9-8 说明如下：

（1）表中数据源自《燃气轮机世界 2014～2015 手册第 31 卷》（Gas Turbine World 2014-15 Handbook Volume 31），阿尔斯通 GT36 型燃气轮机、KA36-1 型联合循环机组除外。

（2）性能参数基于 ISO 标准工况，即环境温度 15℃（59℉）、大气压力 101.5kPa（1.015bar，14.7psi）、相对湿度 60%。

（3）除通用电气燃气轮机外，其他公司燃气轮机性能参数未考虑进气损失、排气损失和轴驱辅助设备损失。

（4）燃气轮机为全新、清洁状态。

（5）燃料为天然气，热效率基于天然气的低位发热量（low heat value，LHV）。

（6）质量流量指空气和燃料质量流量之和。

（7）每套联合循环机组包括 1 台燃气轮机、1 台余热锅炉和 1 台汽轮机。

二、燃气轮机优化

联合循环的效率与"高温"循环（又称顶循环，即燃气轮机部分的燃气循环）和"低温"循环（又称底循环，即余热锅炉、汽轮机部分的蒸汽循环）的效率有关。

影响燃气轮机效率的主要因素是透平进口的燃气温度、压气机进口的空气温度和压力损失、燃气轮机排气的压力损失及压气机的压比。提高透平进口的燃气温度，控制燃气轮机的进气、排气压力损失，选择一个合适的压比，是提高燃气轮机效率的主要措施。

虽然燃气循环的效率对总效率影响最大，但并不成正比关系。在透平初温一定时，虽然高压比的燃气轮机效率高于低压比的燃气轮机，但因为高压比的燃气轮机排气温度较低，使得汽轮机部分的蒸汽循环效率降低了，所以对于联合循环的燃气轮机而言，选择较低压比而效率不是最高的燃气轮机，可使蒸汽循环的效率提高，从而提高联合循环总效率。

另外，压气机应装设进口可调导叶（inlet guide vanes，IGV），它有两个作用：一是在燃气轮机启动、停机过程中机组处于低频率（周波）运行的情况下，防止压气机发生喘振；二是当燃气轮机用于联合循环时，通过调节进口可调导叶，维持较高的透平排气温度，以获得较高的联合循环总体效率。

由于燃气轮机制造厂商一般已对燃气轮机进行优化，生产出标准型的系列产品，因此联合循环电厂的节能设计应着重于蒸汽循环部分，即在燃气轮机确定以后，尽可能提高联合循环机组蒸汽循环部分的效率。

需要强调的是，应将联合循环机组作为一个整体进行全系统的优化设计，确定燃气轮机、余热锅炉、汽轮机及辅助系统的参数匹配。

三、燃气轮机附属辅助系统节能设计

为保证燃气轮机的正常工作，除本体外，还必须根据不同的技术要求和使用条件配置相关的附属辅助系统和设备，主要包括润滑油系统、液压油系统、冷却和密封空气系统、启动和盘车系统、进气和排气系统、通流清洗系统、燃料系统、雾化空气系统、通风和加热系统、灭火消防系统、消声和隔声装置、辅机传动装置以及燃料供应系统、旁路烟囱等。下面主要介绍与节能设计相关的附属辅助系统。

1. 进气系统

进气系统的主要功能是在各种温度、湿度和污染的环境中，对进入燃气轮机的空气进行过滤，将空气引到压气机进口，改善进入燃气轮机的空气的质量（清洁度），防止或减缓燃气轮机通流部分产生侵蚀、积垢、腐蚀等问题，保持机组高效、可靠运行。

为了避免侵蚀，应将 $10\mu m$ 以上的颗粒滤除，$5\sim10\mu m$ 的颗粒也宜滤除。特别是在海洋环境条件下，过滤后的空气含盐量应在 $0.01mg/kg$ 以内，以减轻压气机积盐和腐蚀问题。

空气过滤装置一般由多级过滤器组成，并配置自清洗装置，采用脉冲压缩空气对过滤元件进行清洗。如不及时对燃气轮机进气系统吹扫清洗，将使进气压力损失增加，从而引起压气机消耗功率增加，导致机组出力降低；同时，进口压力降低会使空气比体积增加，空气流量减少，也导致机组出力降低。空气质量较差的地区，燃气轮机进气系统应装设自清洗装置。

燃气轮机和联合循环机组的性能受环境温度的影响，当环境温度升高时出力下降、效率降低，但联合循环的出力和效率受环境温度的影响比单循环要小一些。在不改动燃气轮机本体的前提下，解决办法是采用进气冷却技术，在夏季高温条件下增加联合循环机组的出力，但进气冷却不一定能提高联合循环机组的效率，需要根据具体情况研究分析。

2. 通流清洗系统

燃气轮机通流部件积垢后，机组的性能将变差。积垢主要发生在压气机和透平这两个部件上。压气机积垢是由于空气质量差，而透平积垢则与使用的燃料品种和对燃料的处理有关。压气机积垢或透平积垢，都会使机组的出力和效率降低。因此，燃气轮机需要配置通流清洗系统，以恢复机组的出力和效率。

通流清洗系统有干洗和水洗两种。

（1）干洗，即用颗粒状的清洗剂料对压气机和透平进行清洗。干洗可以在机组运行的情况下进行，最好是在不带负荷或是在降低负荷的情况下进行。干洗只能清除掉积在通流部件上的干性积垢。定期进行干洗，可以部分恢复机组的出力和效率。

（2）水洗，即把一定配比的清洗剂水溶液在合适的压力、温度和流量下喷入机组对压气机和透平进行清洗。水洗主要用来清除掉有腐蚀性但可以溶解的积垢。水洗又分为在线水洗和离线水洗两种：在线水洗在机组全速或一定负荷下进行；离线水洗在盘车转速下进行。压气机可以采用在线或离线水洗。在线水洗效果不如离线水洗，因此在线水洗只能作为离线水洗的补充，而不能代替离线水洗。

燃用天然气的燃气轮机，一般只配置水洗系统。

3. 燃料供应系统

燃料供应系统的主要功能是向燃气轮机的燃料系统提供适量的、满足燃料规范的液体燃料或气体燃料。根据燃料种类，可以分别设置液体燃料供应系统和气体燃料供应系统。

液体燃料供应系统中的供油泵可采用变频电动机驱动。

气体燃料供应系统可设置天然气性能加热器，利用余热锅炉低压省煤器出口的低压给水（对于E级燃气轮机）或中压省煤器出口的中压给水（对于F级及以上燃气轮机）作为热源。

靠近天然气长输干管的联合循环电厂，当进入厂区的天然气压力高于燃气轮机前置模块天然气入口压力1.8MPa及以上时，如果压差比较稳定，并且技术经济合理，可以考虑采用膨胀机技术回收压力能发电和制冷，减小噪声污染，实现对压力能的梯级综合利用。

对设置减压系统的天然气调压站，如果需要设置加热系统，在设备安全可靠、技术经济合理的前提下，可以采用凝汽器循环水回水或余热锅炉尾部换热器产生的热水加热天然气，节省采用水浴式加热炉时自身消耗的天然气。

采用液化天然气（LNG）作为燃料的联合循环电厂，根据电厂的具体条件，可以利用LNG冷能冷却燃气轮机进气和/或冷凝汽轮机排汽。但LNG冷能用于汽轮机排汽冷凝的效益低于用于燃气轮机进气冷却的效益，因此，一般只将用于燃气轮机进气冷却后多余的LNG冷能和冬天不用的LNG冷能用于汽轮机排汽冷凝，同时需要进行采用LNG冷能冷凝汽轮机排汽的技术经济论证。

4. 旁路烟囱

旁路烟囱是设在燃气轮机出口和余热锅炉进口之间的烟气旁路装置，由烟囱、烟气挡板、烟气挡板驱动机构、烟气挡板密封系统等部分组成。通过操作烟气挡板，可使燃气轮机排气进入余热锅炉，流过各级受热面，从主烟囱排入大气；也可使燃气轮机排气不进入余热锅炉而直接排入大气。

旁路烟囱的主要作用如下：

（1）增强联合循环机组运行的灵活性。将燃气轮机和余热锅炉、汽轮机隔离，燃气轮机运行时，可以实现余热锅炉、汽轮机的停炉、停机维护。

（2）改善联合循环机组启动的协调性。燃气轮机启动迅速，而余热锅炉、汽轮机启动时间较长，通过调节旁路烟囱烟气挡板开度，可以减小燃气轮机排气对余热锅炉造成的热冲击，使燃气轮机和余热锅炉、汽轮机较好地匹配起来。

（3）提高联合循环机组运行的安全性。在余热锅炉、汽轮机发生故障时，可以分流高温烟气，避免余

热锅炉超温超压，实现快速减负荷。

旁路烟囱有以下弊端：

（1）配置旁路烟囱后，联合循环机组的投资增加。由于燃气轮机排气温度较高，烟囱内筒和烟气挡板必须采用耐热钢，价格高。

（2）配置旁路烟囱后，联合循环机组的运行成本增加。烟气挡板的密封性要求高，通常配置密封风机，而密封风机运行需要消耗一定的厂用电。

（3）配置旁路烟囱后，联合循环机组的总效率有所下降。旁路烟囱使燃气轮机排气阻力增大，导致燃气轮机功率和效率下降；同时，仍有少量烟气（0.2%～0.5%）通过旁路烟囱泄漏外逸，减小余热锅炉和汽轮机出力，进而降低联合循环的总效率。另外，单循环运行时，燃气轮机高温排气会被浪费，能源利用率较低。

因此，出于节能考虑，加之整套联合循环机组停运对电网影响非常小，国内的联合循环机组不建议装设旁路烟囱。

第三节 余热锅炉及其附属辅助系统节能设计

一、余热锅炉选型

余热锅炉（heat recovery steam generator，HRSG）位于燃气轮机和汽轮机结合点的位置，接受燃气轮机的排气，并回收排气的余热，从而产生蒸汽推动汽轮机做功，是燃气-蒸汽联合循环中一个重要的换热设备。

1. 补燃的选择

按烟气侧热源分类，余热锅炉可以分为无补燃的余热锅炉、有补燃的余热锅炉两种。

（1）无补燃的余热锅炉。无补燃的余热锅炉单纯回收燃气轮机排气的余热，产生蒸汽，蒸汽的压力、温度和产量受到燃气轮机排气温度和流量的限制。

（2）有补燃的余热锅炉。有补燃的余热锅炉除了回收燃气轮机排气的余热外，还补充一定数量的燃料进行燃烧，提高烟气温度，从而提高蒸汽的产量和压力、温度参数。有补燃的余热锅炉还有"部分补燃"和"完全补燃"之分。部分补燃的余热锅炉的烟气温度提高幅度以不增设辐射换热面为原则。

在纯发电的情况下，采用无补燃的余热锅炉的联合循环效率最高。因此，大型发电联合循环应采用无补燃的余热锅炉。

部分补燃的余热锅炉在联合循环供热机组中应用较多。通过补燃，可以在燃气轮机发电负荷减小时，仍能满足供热负荷需要，改善联合循环变工况时的供热稳定性。

当用燃气轮机改造和扩建原有蒸汽电站时，可以

考虑采用完全补燃的余热锅炉。

2. 汽水循环方式的选择

按蒸发受热面汽水循环方式的不同，余热锅炉可以分为自然循环余热锅炉、强制循环余热锅炉、直流余热锅炉三种。

（1）自然循环余热锅炉。自然循环余热锅炉（见图 9-3）的炉水从位于炉顶的汽包经下降管流到蒸发器的下联箱，然后进入垂直布置在烟道中的蒸发器管束。水在蒸发器管束中吸热，其中一部分水后变成饱和蒸汽，形成密度较小的水和蒸汽的混合物，下降管中的饱和水密度较大，在密度差的推动下，蒸发器管束中的水汽混合物上升进入汽包。

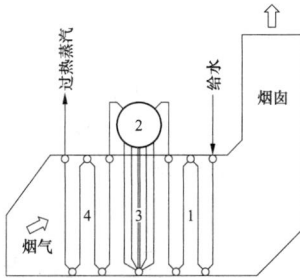

图 9-3 自然循环余热锅炉
1—省煤器；2—汽包；3—蒸发器；4—过热器

（2）强制循环余热锅炉。强制循环余热锅炉（见图 9-4）的炉水从汽包引出，经循环泵升压后进入蒸发器管束，水在蒸发器管束中吸热后，其中一部分水变成饱和蒸汽，形成的水和蒸汽的混合物进入汽包。

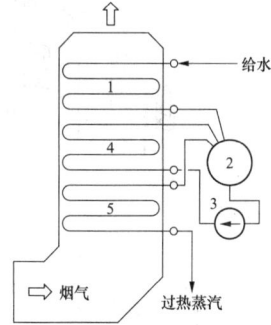

图 9-4 强制循环余热锅炉
1—省煤器；2—汽包；3—循环泵；
4—蒸发器；5—过热器

（3）直流余热锅炉。直流余热锅炉（见图 9-5）靠给水泵的压头使给水一次性通过各受热面变成过热蒸汽。由于没有汽包，在蒸发和过热受热面之间无固定分界点。

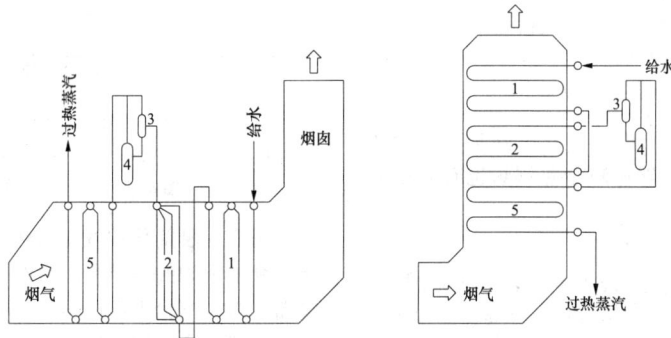

图 9-5 直流余热锅炉
1—省煤器；2—蒸发器；3—汽水分离器；4—储水罐；5—过热器

联合循环供热机组、带基本负荷的联合循环发电机组宜选择自然循环余热锅炉，可以节省强制循环泵的电耗。

调峰（特别是每天启停）的联合循环发电机组宜选择强制循环余热锅炉，可以缩短机组的启动时间。

对于 G 级、H 级和 J 级燃气轮机，当高压蒸汽压力提高到亚临界压力及以上时，可以选择复合循环余热锅炉，即高压部分采用直流余热锅炉，中压、低压部分采用自然循环或强制循环余热锅炉，以提高联合循环的总效率。

3. 布置方式的选择

按受热面布置方式不同，余热锅炉可以分为卧式（水平布置）余热锅炉、立式（垂直布置）余热锅炉两种。

（1）卧式（水平布置）余热锅炉。卧式余热锅炉的鳍片管束为垂直排列，各受热面模块沿水平方向依次布置，燃气轮机排气水平流过各受热面的鳍片管束，最后从烟囱排出，烟囱布置在地面上，如图 9-6 所示。

（2）立式（垂直布置）余热锅炉。立式余热锅炉的鳍片管束为水平排列，各受热面模块沿垂直方向依次布置，燃气轮机排气自下而上流过各受热面的鳍片管束，最后从烟囱排出，烟囱布置在炉顶的钢架上，如图 9-7 所示。

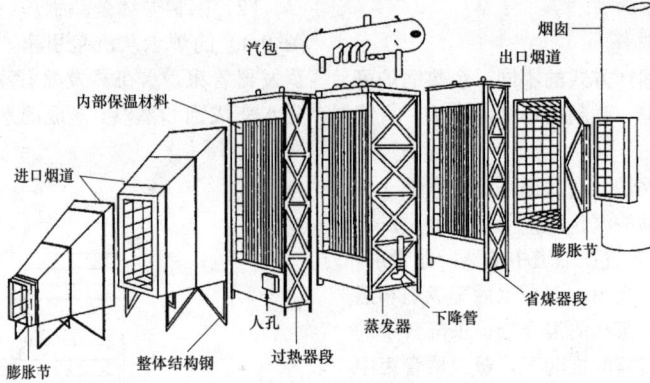

图 9-6 卧式自然循环余热锅炉

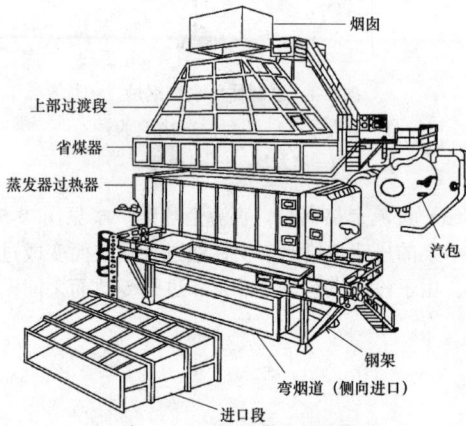

图 9-7 立式强制循环余热锅炉

自然循环余热锅炉一般为卧式，强制循环余热锅炉一般为立式，但自然循环余热锅炉也有采用立式的。

4. 蒸汽循环方案的选择

按蒸汽循环方案不同，余热锅炉可以分为单压余热锅炉、双压余热锅炉、双压再热余热锅炉、三压余热锅炉和三压再热余热锅炉 5 种。

（1）单压余热锅炉。单压余热锅炉（见图 9-8）产生一个压力级的蒸汽，送进汽轮机，由汽轮机抽汽向除氧器供汽。

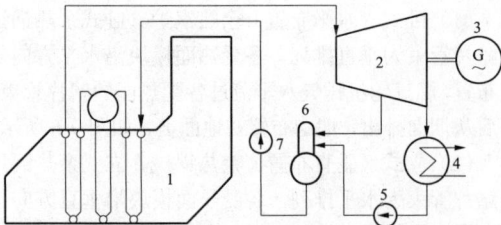

图 9-8 单压余热锅炉汽水系统示意

1—余热锅炉；2—汽轮机；3—发电机；4—凝汽器；

5—凝结水泵；6—除氧器；7—给水泵

（2）双压余热锅炉。双压余热锅炉（见图 9-9）产生两个压力级的蒸汽，送进汽轮机，一般由余热锅炉的低压汽包而不由汽轮机抽汽向除氧器供汽。双压余热锅炉由两套压力不同的给水泵（低压给水泵通常由凝结水泵代替）分别向两个压力不同的省煤器和汽包供水。

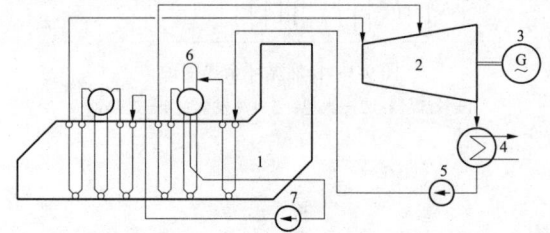

图 9-9 双压余热锅炉汽水系统示意

1—余热锅炉；2—汽轮机；3—发电机；4—凝汽器；

5—凝结水泵；6—除氧器；7—给水泵

另有一种简化的双压余热锅炉（见图 9-10），在单压余热锅炉的基础上，增设一个低压蒸发回路向除氧器供汽，汽轮机不抽汽，但不设置低压省煤器和低压过热器。这种简化的双压余热锅炉投资虽然比单压余热锅炉稍有增加，但效率得到进一步提高。

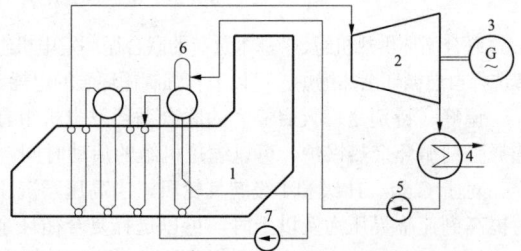

图 9-10 简化的双压余热锅炉汽水系统示意

1—余热锅炉；2—汽轮机；3—发电机；4—凝汽器；

5—凝结水泵；6—除氧器；7—给水泵

（3）双压再热余热锅炉。双压再热余热锅炉（见图 9-11）在双压余热锅炉的基础上增加了一次中间再热，即将高压蒸汽送进汽轮机高压缸膨胀做功以后，再送回余热锅炉再热器进行加热，使其达到一定温度，再送进汽轮机中压缸膨胀做功。双压再热余热锅炉只有中压再热器，没有中压省煤器、蒸发器、过热器和汽包，中温区的热能不能得到充分回收和利用。

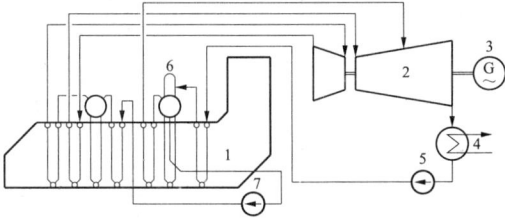

图 9-11　双压再热余热锅炉汽水系统示意
1—余热锅炉；2—汽轮机；3—发电机；4—凝汽器；
5—凝结水泵；6—除氧器；7—给水泵

（4）三压余热锅炉。三压余热锅炉（见图 9-12）是为了进一步增加从烟气中回收余热，在双压余热锅炉的基础上增加一个中压回路，中压蒸汽经两级过热器达到一定温度后，送进汽轮机的中压缸。这样在没有复杂再热系统的条件下，得到一部分再热效果，不但有较高的循环效率，而且系统比较简单。三压余热锅炉由三套压力不同的给水泵（低压给水泵通常由凝结水泵代替），分别向三个压力不同的省煤器和汽包供水，也可以取消中压给水泵，由高压给水泵中间抽头向中压省煤器和汽包供水。

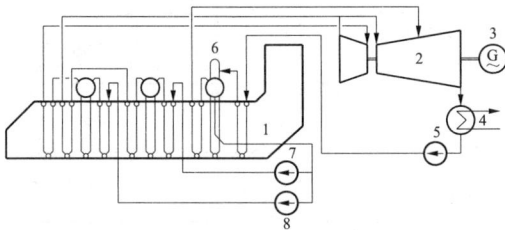

图 9-12　三压余热锅炉汽水系统示意
1—余热锅炉；2—汽轮机；3—发电机；4—凝汽器；
5—凝结水泵；6—除氧器；7—中压给水泵；
8—高压给水泵

（5）三压再热余热锅炉。三压再热余热锅炉（见图 9-13）与三压余热锅炉的结构基本相同，只是三压再热余热锅炉的中压蒸汽在一级中压过热器之后，与汽轮机高压缸排出的冷再热蒸汽混合后，再进入末级中压过热器亦即再热器加热，达到一定温度后，再送进汽轮机中压缸。

早期的联合循环大多采用单压余热锅炉。随着蒸汽循环由单压变为双压和三压，由无再热向有再热发展，联合循环的效率都会有一定程度的提高。一般情

况下，采用再热后，联合循环效率可比无再热提高 0.6～0.7 个百分点。三压再热联合循环的效率比单压联合循环的效率约提高 3 个百分点。

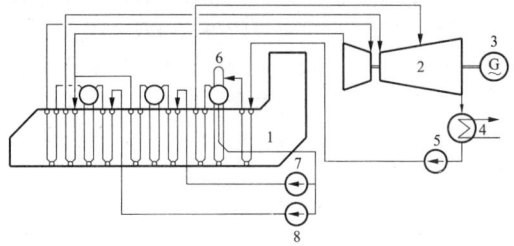

图 9-13　三压再热余热锅炉汽水系统示意
1—余热锅炉；2—汽轮机；3—发电机；4—凝汽器；
5—凝结水泵；6—除氧器；7—中压给水泵；
8—高压给水泵

单压余热锅炉系统和结构最简单，虽然回收余热较少、效率较低，但投资少、热惯性也小。当燃料价格特别低廉，例如以原油作为燃料，或者燃气轮机功率很小、排气温度较低时，单压余热锅炉可能是一种合适的选择，但应通过优化和比较确定，还应考虑将来条件变化的可能性，例如燃料从原油改成轻柴油、天然气。

与单压余热锅炉相比较，双压余热锅炉在系统上和结构上的差别不大，投资和热惯性的差别也较小，但双压系统的功率比单压要多约 4%，效率要高 2～3 个百分点，因此在大型燃气轮机组成的联合循环机组中，不应考虑单压余热锅炉。

双压再热余热锅炉与三压余热锅炉的结构基本相似，功率、效率和投资的差别也很小，但双压再热余热锅炉的系统复杂，所以在大型燃气轮机组成的联合循环机组中，应优先选择三压余热锅炉。

三压再热余热锅炉系统和结构最复杂，也是回收余热最大、效率最高、投资最大的余热锅炉，一般在由 F 级及以上的大型燃气轮机组成的联合循环机组中，推荐采用三压再热余热锅炉。

总之，除了功率小、排气温度低的燃气轮机以外，由大型燃气轮机组成的联合循环机组，其余热锅炉基本上都在双压、三压和三压再热这三种余热锅炉中选择；F 级及以上的大型燃气轮机组成的联合循环机组基本上都采用三压再热余热锅炉；E 级燃气轮机组成的联合循环机组多数采用双压余热锅炉。

二、余热锅炉优化

1. 蒸汽参数和蒸汽系统

蒸汽参数包括压力和温度。

（1）蒸汽压力。蒸汽压力与燃气轮机排气的潜在

热量有关，与蒸汽循环的压力级数有关，还与联合循环蒸汽系统总的蒸汽流量和汽轮机的选型有关。

蒸汽压力通常取决于汽轮机的功率大小。当汽轮机的功率较小时，蒸汽压力高则进汽的容积流量较小，汽轮机通流部分的叶片高度较短，内效率较低，因此蒸汽压力应低一些；反之，当汽轮机的功率较大时，蒸汽压力应高一些，并且宜采用再热，以降低汽轮机低压部分的蒸汽湿度，提高汽轮机效率，延长末级叶片寿命。

蒸汽压力还受燃气轮机排气温度的制约。燃气轮机排气温度低，蒸汽温度就低，此时蒸汽压力应选取较低值，否则汽轮机低压部分的蒸汽湿度会过大；反之，燃气轮机排气温度高，蒸汽压力就相应提高。

对于单压余热锅炉，存在一个最佳蒸汽压力，使得产生的蒸汽做功能力最大。对于双压余热锅炉，也需找到低压部分压力与高压部分压力的最佳比例，使产生的蒸汽总的做功能力最大，一般认为低压部分压力与高压部分压力之比取8%～10%比较合适。同样，对于三压余热锅炉或带再热的余热锅炉，也存在一个最佳值。

（2）蒸汽温度。根据JB/T 8953.1—1999《燃气-蒸汽联合循环设备采购 基本信息》规定，过热器出口温差即余热锅炉中过热器入口烟气温度与过热器出口蒸汽温度之间的差值为25℃。不过大量计算表明，高压蒸汽温度与燃气轮机排气温度差为30～60℃较为合适。而中压蒸汽和低压蒸汽的温度比它们各自过热器进口的烟气温度低11℃左右比较合适。

联合循环中的蒸汽参数与燃气轮机的排气温度和蒸汽循环的方案密切相关，不同制造厂商选取的蒸汽参数会略有差异，表9-9～表9-12分别给出了通用电气、西门子和阿尔斯通建议的蒸汽参数。

项 目	蒸汽循环型式				
	单压循环	双压循环			双压再热循环
主蒸汽压力（MPa）	4.13	5.64	6.61	8.26	9.98
主蒸汽温度（℃）	538	538	538	538	538
再热蒸汽压力（MPa）					2.06～2.75
再热蒸汽温度（℃）					538
低压蒸汽压力（MPa）		0.55	0.55	0.55	0.55
低压蒸汽温度（℃）		比低压过热器进口烟气温度低11			305

表9-10　通用电气建议的三压和三压再热循环的蒸汽参数

项 目	蒸汽循环型式			
	三压循环			三压再热循环
汽轮机功率（MW）	≤40	40～60	≥60	全部
主蒸汽压力（MPa）	5.85	6.88	8.60	9.98～12.60
主蒸汽温度（℃）	538	538	538	538～566
再热蒸汽压力（MPa）				2.06～2.75
再热蒸汽温度（℃）				538～566
中压蒸汽压力（MPa）	0.69	0.83	1.07	2.06～2.75
中压蒸汽温度（℃）	270	280	300	300～400
	比中压过热器进口烟气温度低11			
低压蒸汽压力（MPa）	0.17	0.17	0.17	0.28
低压蒸汽温度（℃）	160	170	180	260
	比低压过热器进口烟气温度低11			

表9-9　通用电气建议的单压、双压和双压再热循环的蒸汽参数

项 目	蒸汽循环型式			
	单压循环	双压循环		双压再热循环
汽轮机功率（MW）	全部	≤40	40～60	≥60	>60

表9-11　西门子建议的蒸汽参数

蒸汽循环型式	汽轮机功率（MW）	主 蒸 汽		再 热 蒸 汽		低 压 蒸 汽	
		压力（MPa）	温度（℃）	压力（MPa）	温度（℃）	压力（MPa）	温度（℃）
单压循环	30～200	4.0～7.0	480～540				

蒸汽循环型式	汽轮机功率（MW）	主 蒸 汽		再 热 蒸 汽		低 压 蒸 汽	
		压力（MPa）	温度（℃）	压力（MPa）	温度（℃）	压力（MPa）	温度（℃）
双压循环	30～300	5.5～8.5	520～565			0.5～0.8	200～260
三压再热循环	50～300	11.0～14.0	520～565	2.0～3.5	520～565	0.4～0.6	200～230

表 9-12　阿尔斯通建议的高压蒸汽参数

项　　目	参　　数	
汽轮机功率（MW）	50～140	140～390
主蒸汽压力（MPa）	≤15.0	≤18.5
主蒸汽温度（℃）	540	565

对于采用 H 级燃气轮机的联合循环机组，西门子、阿尔斯通建议余热锅炉高压部分采用直流，推荐的蒸汽参数见表 9-13。

表 9-13　西门子、阿尔斯通建议的 H 级联合循环机组蒸汽参数

项　　目	参　　数	
燃气轮机型号	西门子SGT5-8000H	阿尔斯通GT36（50Hz）
主蒸汽压力（MPa）	17	18.5
主蒸汽温度（℃）	600	600
再热蒸汽压力（MPa）	3.5	
再热蒸汽温度（℃）	600	600
低压蒸汽压力（MPa）	0.5	
低压蒸汽温度（℃）	300	

对于"2+1（二拖一）""3+1（三拖一）"多轴联合循环机组，蒸汽参数应在单轴联合循环机组或"1+1（一拖一）"多轴联合循环机组的基础上适当提高，发挥汽轮机容量增大的优势，进一步提高蒸汽循环效率。

总之，根据厂址条件、负荷模式、燃料价格、机组配置和设备投资，采用寿命周期费用法，对联合循环机组的蒸汽系统进行优化，是提高联合循环机组效率的重要方法。按照国外公司的经验，蒸汽系统经过优化的联合循环机组发电效率一般提高 2～3 个百分点。

【案例 9-1】　E 级 "N+1（多拖一）"联合循环机组蒸汽参数优化案例。

某汽轮机制造厂商为通用电气 9E 型燃气轮机配套的联合循环汽轮机，在 "1+1（一拖一）" 机组的基础上，对 "2+1（二拖一）""3+1（三拖一）" 机组的蒸汽参数进行了优化，汽轮机典型参数见表 9-14。

表 9-14　某厂商 9E 型联合循环机组汽轮机典型参数

项　　目	参　　数		
配套燃气轮机型号	通用电气9E 型（1+1）	通用电气9E 型（2+1）	通用电气9E 型（3+1）
型式	双压、无再热、单缸、单轴、单排汽	双压、无再热、双缸、单轴、双排汽	双压、无再热、双缸、单轴、双排汽
功率等级（MW）	60	124	188
主蒸汽压力（MPa）	5.60	7.00	8.30
主蒸汽温度（℃）	530	530	530
主蒸汽流量（t/h）	180	360	530
补汽压力（MPa）	0.56	0.65	1.20
补汽温度（℃）	255	255	255
补汽流量（t/h）	32	65	96
额定背压（kPa）	8.0	8.0	8.0
总级数	18	16+2×5=26	16+2×5=26
转速（r/min）	3000	3000	3000
末级叶片长度（mm）	668	710/730/855（视背压而定）	900

下面以 "2+1（二拖一）" 联合循环机组为例，利用 Thermoflow 公司的联合循环热平衡图计算软件 GT Pro，计算三组蒸汽参数条件下的联合循环热平衡图，以探寻蒸汽参数对联合循环总效率的影响。计算条件如下：

（1）设计工况：环境温度 16.9℃，大气压力 101.34kPa，相对湿度 77.6%。

（2）燃料：西气东输二线天然气，密度 0.708kg/m³，低位发热量 33990kJ/m³。

（3）燃气轮机：通用电气 9E 型燃气轮机。

（4）余热锅炉：双压、无再热、无补燃、卧式、自然循环余热锅炉。

（5）汽轮机：双压、无再热、双缸、单轴、双排汽、凝汽式汽轮机。

（6）冷却系统：带机力通风冷却塔的二次循环。

（7）余热锅炉烟气压损：3.0kPa。

（8）节点温差：高压、低压均为10℃。

（9）接近点温差：高压、低压均为5℃。

（10）蒸汽压降：高压蒸汽3%，低压蒸汽5%。

（11）蒸汽温降：高压蒸汽2℃，低压蒸汽3℃。

（12）汽轮机背压：5.8kPa。

计算的联合循环热平衡图主要数据见表9-15。

表9-15 不同蒸汽参数条件下联合循环
热平衡图主要数据

项 目	参 数		
	第一组	第二组	第三组
燃气轮机功率（MW）	123.173	123.173	123.173
天然气消耗量（t/h）	27.31	27.31	27.31
燃气轮机热耗率 [kJ/（kW·h）]	10746	10746	10746
燃气轮机排气温度（℃）	547.9	547.9	547.9
燃气轮机排气流量（t/h）	1489.2	1489.2	1489.2
余热锅炉排烟温度（℃）	97.2	99.23	111.3
汽轮机功率（MW）	133.741	134.697	134.406
汽轮机高压蒸汽压力（MPa）	5.6	7.0	8.3
汽轮机高压蒸汽温度（℃）	519	519	519
汽轮机高压蒸汽流量（t/h）	381.7	376.2	371.6
汽轮机低压蒸汽压力（MPa）	0.56	0.65	1.2
汽轮机低压蒸汽温度（℃）	250	250	250
汽轮机低压蒸汽流量（t/h）	73.07	80.09	74.69
联合循环功率（MW）	380.086	381.043	380.751
联合循环热耗率 [kJ/（kW·h）]	6965	6947	6952
联合循环总效率（%）	51.69	51.82	51.78

由表9-15数据可见，汽轮机功率随着蒸汽压力提高先增大而后减小，对于采用通用电气9E型燃气轮机的"2+1（二拖一）"联合循环机组，第二组蒸汽参数条件下联合循环总效率最高，说明三组蒸汽参数中第

二组是最优的。

2. 节点温差与接近点温差

节点温差 Δt_p 也叫窄点温差，是指余热锅炉中蒸发器出口烟气温度与饱和水温度之间的差值。

接近点温差 Δt_a 是指余热锅炉中省煤器出口给水温度与相应压力下饱和水温度之间的差值。

根据JB/T 8953.1—1999《燃气-蒸汽联合循环设备采购 基本信息》规定，单压余热锅炉的节点温差为15℃，双压和三压余热锅炉的节点温差为10℃；省煤器的接近点温差为5℃。

节点温差选取将综合影响余热锅炉的余热回收率、工质循环效率、投资费用和运行效益，也影响制造厂商的制造成本。

接近点温差是防止低负荷下的省煤器出现沸腾、反映省煤器安全裕度的一个指标。

一般认为节点温差和接近点温差合适的取值范围分别为10~20℃、5~20℃。在实际工程中，机岛热平衡图双压和三压余热锅炉的节点温差、接近点温差通常要求按10、5℃取值，而余热锅炉设计时实际取用的节点温差为6~10℃，接近点温差为2~6℃，F级及以上燃气轮机配套的余热锅炉节点温差、接近点温差取用较低值。

3. 烟气侧压力损失

余热锅炉换热面积增加，余热锅炉烟气侧压力损失将有所提高，即燃气轮机排气背压将有所提高，这将导致燃气轮机的功率和效率有所下降。计算表明，1kPa压降会使燃气轮机的功率和效率下降0.8%，因此在余热锅炉设计优化时要综合考虑这一因素。

JB/T 8953.1—1999《燃气-蒸汽联合循环设备采购基本信息》对于单压、双压和三压余热锅炉的烟气侧压力损失推荐值为2.5、3.0、3.3kPa。

如果余热锅炉加装烟气脱硝装置，烟气脱硝装置的阻力建议取0.3~0.4kPa。

余热锅炉的烟气进口流向宜与燃气轮机的排气流向一致，燃气轮机和余热锅炉之间的烟道不宜设置弯头，以减小烟气压力损失。

总之，余热锅炉及烟道的阻力（静压）应能满足燃气轮机排气压损的要求，经整套联合循环机组优化确定。GB/T 51106—2015《火力发电厂节能设计规范》推荐的余热锅炉及烟道的阻力（静压）见表9-16。

表9-16 余热锅炉及烟道的阻力（静压）

余热锅炉类型	不设脱硝模块时	设置脱硝模块时
单压余热锅炉	不宜大于2.7kPa	不宜大于3.1kPa
双压余热锅炉	不宜大于3.3kPa	不宜大于3.7kPa
三压余热锅炉	不宜大于3.6kPa	不宜大于4.0kPa

4. 排烟温度

在燃气轮机排气温度和环境温度一定的情况下，降低余热锅炉的排烟温度，是提高余热锅炉效率的唯一途径。余热锅炉排烟温度受到燃气轮机燃料中含硫量的制约，排烟温度应高于烟气的酸露点和水露点。一般情况下，天然气中几乎不含硫，其露点温度为43～53℃，燃用天然气的电厂排烟温度可以较低。以重油或原油为燃料的电厂，因燃料中含硫较多，排烟温度相对较高。

排烟温度一般应高于烟气的酸露点或水露点10℃，最终经技术经济比较确定。

5. 尾部换热器

以天然气为燃料的 E 级联合循环余热锅炉排烟温度为 90～100℃，F 级及以上联合循环余热锅炉排烟温度为 80～90℃。若增加尾部换热器制取热水，或者直接从低压省煤器出口抽取热水，可进一步降低排烟温度，从而提高余热锅炉效率。

以天然气为燃料的联合循环余热锅炉设置尾部换热器，可以产出 80～90℃ 的热水，换热器进水温度按 60～70℃，可以使余热锅炉排烟温度降至 70～80℃。

余热锅炉尾部换热器产出的热水可以直接向用户供热水负荷，如生活热水负荷、供暖热水负荷；可以通过串联加热器将热水进一步加热后送到热力站；可以供电厂内部使用，在北方电厂可以用于建（构）筑物供暖；可以用热水加热天然气。

余热锅炉增加尾部换热器会增大燃气轮机的排气阻力，直接影响燃气轮机的出力和效率。因此，设计时必须结合燃气轮机制造厂商提供的有关特性，仔细计算并将余热锅炉烟气侧压力损失严格控制在所要求的范围之内，对投资和收益进行技术经济分析后确定是否设置尾部换热器。

【案例 9-2】　烟气余热利用方案（一）。

某项目规划建设 8 套 F 级（390MW）联合循环机组，首期建设 2 套。为了利用余热锅炉尾部烟气余热、降低排烟温度、提供热水用于厂内或厂外热水用户供热和天然气调压站露点加热器加热，采用了增设凝结水加热器（即低压省煤器）循环旁路的烟气余热利用方案。

该方案从凝结水加热器出口引出温度为 137℃ 的热水，并与从凝结水加热器进口引出的冷水混合调温后，加热外部热网水和天然气，最后温度为 60℃ 的冷水回到凝结水加热器进口，如图 9-14 所示。

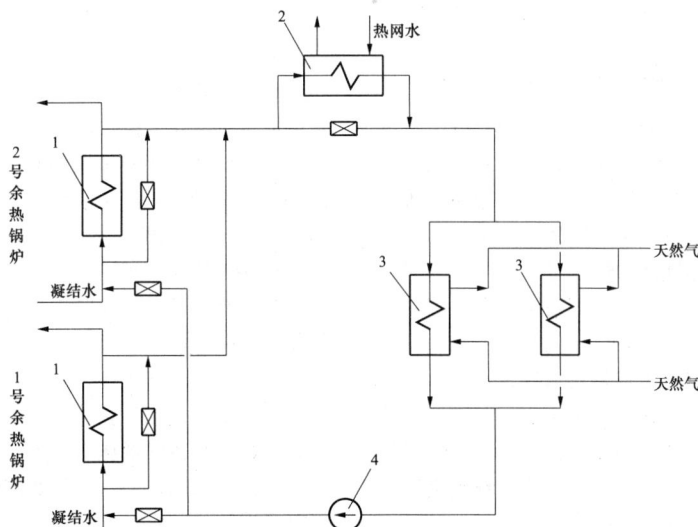

图 9-14　烟气余热利用方案（一）

1—凝结水加热器；2—热网加热器；3—天然气露点加热器；4—循环泵

该方案不增加受热面，不增加烟气阻力，在满足低压蒸汽流量与性能保证工况下相比降低不超过 10% 的前提下，每台余热锅炉从凝结水加热器出口可以抽取热水的最大流量为 101t/h。当外部不需要热水或者热水负荷偏小时，通过调节调温冷水旁路，满足加热天然气的热水需要。

该方案的技术指标见表 9-17。

表 9-17　烟气余热利用方案（一）技术指标

项　目	性能保证工况	烟气余热利用方案
低压蒸汽流量（t/h）	42.1	37.8
余热锅炉热效率（%）	89.35	90.85
烟气阻力增加（kPa）	—	0

续表

项 目	性能保证工况	烟气余热利用方案
排烟温度（℃）	89.5	86.9
循环热水流量（t/h）	—	101
循环热水温度（℃）	—	137

【案例 9-3】烟气余热利用方案（二）。

某工程建设 2 套 9E 型联合循环机组，设置了烟气余热利用系统。

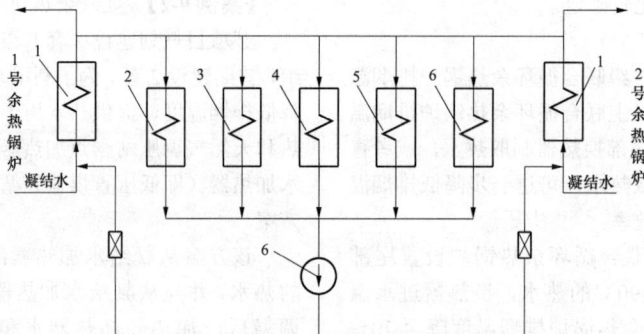

图 9-15 烟气余热利用方案（二）
1—凝结水加热器；2—天然气性能加热器；3—生活热水换热机组；4—供暖换热机组；
5—溴化锂制冷机组；6—循环水泵

该方案从凝结水加热器出口引出温度为 130℃左右的热水，作为天然气性能加热器、生活热水换热机组、供暖换热机组、溴化锂制冷机组的加热热源，最后温度为 70℃的冷水回到凝结水加热器进口，如图 9-15 所示。

该方案在不保证供应汽轮机低压蒸汽流量及参数的情况下，每台余热锅炉从凝结水加热器出口可以抽取热水的最大流量约为 45t/h。在常规方案的基础上，凝结水加热器面积略有增加。

三、余热锅炉附属辅助系统节能设计

余热锅炉的附属辅助系统和设备主要有低压省煤器再循环系统、炉水强制循环系统、排污扩容系统、吹灰系统、疏水放气系统、除氧系统和给水系统等。下面主要介绍与节能设计相关的附属辅助系统。

1. 低压省煤器再循环系统

低压省煤器也称凝结水加热器或给水预热器。进入低压省煤器的凝结水温度较低，为防止受热面发生低温腐蚀，通常设置低压省煤器再循环水泵，从低压省煤器出口抽出一部分加热后的凝结水，与进口冷的凝结水混合，提高凝结水进口温度，使低压省煤器管束壁温高于烟气的酸露点、水露点。应合理确定低压省煤器再循环水泵的容量，以减少电耗。

2. 炉水强制循环系统

强制循环余热锅炉需要配置强制循环水泵。循环倍率通常为 1.3～2.5，提升压力一般为 0.25～0.35MPa，尽量选用容量小、耗电少的强制循环水泵。

3. 排污扩容系统

为了控制炉水品质，自然循环余热锅炉必须设置排污扩容系统，通常采用一级连续排污扩容器和定期排污扩容器。连续排污扩容器的扩容蒸汽回收至除氧器。

4. 吹灰系统

如果 E 级燃气轮机（E 级燃气轮机可以采用原油、重油或轻柴油作为液体燃料，F 级及以上燃气轮机只能使用轻柴油作为液体燃料）燃用原油或重油时，余热锅炉各级受热面必须装设吹灰器，以免管束外壁沾污，影响传热效果。

5. 除氧系统

除氧系统的功能是除去溶解在给水中的氧气和其他气体，防止氧气腐蚀余热锅炉的受热面和管道，以保证余热锅炉安全运行。

余热锅炉通常设置整体式除氧器。整体式除氧器是表面式换热器（低压蒸发器）和混合式加热器（除氧器和除氧水箱，低压汽包兼作除氧水箱）的组合，不仅具有除氧贮水功能，而且还具有余热锅炉低压汽包的汽水分离功能。这种整体式除氧器具有"自生蒸汽"的不可调节性，但具有自平衡性，可以保证除氧效果。

余热锅炉设置整体式除氧器的好处：①降低了余热锅炉的排烟温度；②除氧器不再需要从汽轮机抽汽，增大了汽轮机的出力；③除氧给水系统与余热锅炉一体化，低压汽包兼作除氧水箱，节省了低压给水泵（由凝结水泵代替），降低了总体投资，布置也更加紧凑。

当燃用几乎不含硫的天然气时，最理想的方案是采用带除氧功能的凝汽器，凝结水在凝汽器中进行真空除氧，这样就可以给余热锅炉提供经过氧的低温给水。低温给水一方面在余热锅炉的低压省煤器中吸收低温烟气的热量，达到给水预热、降低排烟温度的目的；另一方面不再需要余热锅炉提供除氧加热蒸汽，余热锅炉的产汽量增大。但在实际工程中，凝结水往往存在一定过冷度，真空除氧达不到预期的效果，因此不宜采用凝汽器真空除氧方式。

6. 给水系统

给水系统从兼作除氧水箱的低压汽包中将低压给水抽出，经给水泵升压后，输送至高压、中压省煤器。给水系统还向设在末级过热器、末级再热器之前的减温器提供减温水，以控制蒸汽温度。

高压给水泵通常采用液力偶合器或变频器调速，中压给水泵可以采用变频器调速；也可以取消中压给水泵，由高压给水泵中间抽头提供中压给水。

第四节　汽轮机及其附属辅助系统节能设计

一、汽轮机选型

1. 联合循环专门配套设计的汽轮机特点

联合循环中的汽轮机与常规火电机组的汽轮机在原理上是相同的，在结构上也相似，但联合循环中的汽轮机是一种余热利用型的动力设备，其能量来源是燃气轮机排气的余热，余热的数量只与燃气轮机的性能有关，无法按汽轮机负荷变化主动调节，这是与常规火电机组的汽轮机的最大不同点。因此，联合循环中的汽轮机有其自身的特点，应专门配套设计，而不应选用现有型号的常规火电机组的汽轮机简单地加以改造利用。其特点具体如下：

（1）结构与系统简单。联合循环的主体是燃气轮机，要求汽轮机适应燃气轮机启停迅速的特点，因此汽轮机的结构和系统应尽可能简单，防止由于热惯性过大而导致联合循环运行不灵活。

（2）滑压运行，全周进汽。当燃气轮机负荷降低时，排气的流量和温度减小，余热锅炉的蒸发量和蒸汽温度随之降低，因此汽轮机应采取滑压运行方式，否则排汽湿度过大，不利于汽轮机的安全运行。滑压运行还可以提高汽轮机变工况运行的效率。而正因为采取滑压运行方式，进汽压力和流量均不需要控制，因此汽轮机不采用部分进汽、喷嘴调节方式，而采用全周进汽方式，不设调节级，提高汽轮机的内效率。

（3）无回热系统。联合循环中的汽轮机一般不设回热系统，凝汽器出来的凝结水直接进入余热锅炉尾部受热面，既可降低余热锅炉的排烟温度，又可简化汽轮机的汽水系统。

（4）能够补汽。余热锅炉可以产生中压、低压蒸汽，要求汽轮机能够接受补汽，中、低压缸需要增大通流能力。

（5）排汽量大。联合循环中的汽轮机一般不设回热系统，进汽全部排入凝汽器；对于双压或三压蒸汽系统，汽轮机不但不抽汽，还有中压、低压补汽，使排汽量比进汽量还大。因此联合循环中的汽轮机排汽面积和凝汽器面积需要增大。

（6）旁路容量大。燃气轮机启动快，汽轮机启动慢，启动过程中燃气轮机排气余热不能立即被汽轮机全部利用。若设置旁路烟囱，则不仅投资高、占地大，还降低联合循环的总效率。因此联合循环中的汽轮机通常设置大容量的旁路装置，在启动和甩负荷时回收多余蒸汽。

2. 汽缸结构的选择

联合循环中的汽轮机可分为单缸汽轮机、双缸汽轮机（高压缸+中/低压缸合缸、高/中压合缸+低压缸）、三缸（高压缸+中压缸+低压缸）汽轮机。

单缸汽轮机适合于单压和双压蒸汽系统，双缸和三缸汽轮机适合于三压再热蒸汽系统。

3. 排汽方式的选择

除了常规的下排汽外，联合循环中的汽轮机还可以轴向或侧向排汽。轴向排汽阻力小、对称性好，有利于快速启动；轴向或侧向排汽可使汽轮机、发电机和凝汽器直接安装在地面上，节省土建费用，缩短建设周期。

4. 供热式汽轮机的选择

与常规火电机组的汽轮机类似，联合循环中的汽轮机也有凝汽式汽轮机和供热式汽轮机之分。凝汽式汽轮机用于纯发电，供热式汽轮机用于热电联产、冷热电三联供。

（1）凝汽式汽轮机。一般用于纯发电。当供热参数不高时也可考虑直接利用凝汽式（低真空）汽轮机来供热。具体做法是，在需要供热时，将热网回水引入到凝汽器作为循环冷却水使用，凝汽器转换为一个热网加热器，凝汽器的真空度适当降低，汽轮机处于高背压运行状态，此时的凝汽式汽轮机相当于背压式汽轮机。其好处是，汽轮机在纯发电工况下仍具有高效率，同时可兼顾供热的工况，且供热时的总热效率高。其不足是，由于凝汽器自身耐受温度的限制，汽轮机排汽温度一般不能太高，如果采用常规的凝汽器，则排汽温度一般应限制在 $70\sim80^\circ\text{C}$。若需要较高的供热参数，则需要重新设计凝汽器，并使用更耐温的材料。

（2）背压式汽轮机。汽轮机排汽全部进入外部蒸汽管网，或进入热网加热器，与热网回水进行热交换后凝结成水，没有常规的凝汽器。背压式汽轮机的排汽压力需按供热参数确定。背压式汽轮机可以实现最大的供热能力和最大的排汽余热利用程度。背压式汽轮机的缺点主要有两方面：一是背压的提高使得汽轮机的发电功率和发电效率降低；二是热、电出力强耦合，没有独立调节的余地。因此，一般只在具有稳定的热负荷时，才采用背压式汽轮机。另外，对于双压或三压蒸汽系统，如果背压式汽轮机的排汽压力较高，可能导致余热锅炉产生的低压蒸汽无法利用。

（3）抽背式汽轮机。在背压式汽轮机的基础上增加了抽汽口，便于适应不同供热参数的需要，增加了供热的灵活性，同时又能利用全部低品位蒸汽的热量。实际中，往往将汽轮机的抽汽和背压排汽串联使用，逐级加热热网回水，可起到较好的节能效果。当然，它也有背压式汽轮机的缺点。

（4）抽汽式汽轮机。余热锅炉产生的高品位蒸汽首先在汽轮机内做功，转化为高品位的电能；然后按照压力对等的原则，在汽轮机的低压段或中压段开设一级或两级抽汽口抽汽供热，汽轮机的排汽压力还保持在较低的水平。最大抽汽量一般为主蒸汽量的75%~80%，通过调节抽汽量，可在一定程度上实现产热与产电之间的调节。如果抽汽量为零，则汽轮机完全是一台凝汽式汽轮机。这种类型的汽轮机在大型联合循环供热机组中应用较多。

（5）凝抽背式（NCB）汽轮机。将发电机布置在高、中压缸和低压缸之间，低压缸通过自动同步离合器与发电机连接；或将发电机布置在高、中压缸之前，低压缸通过自动同步离合器与高、中压缸连接。凝抽背式汽轮机具备凝汽、抽汽、背压三种运行模式，根据热负荷的变化进行切换，当热负荷超过抽汽模式的供热量时，切除低压缸，高、中压缸按背压方式单独运行。

供热式汽轮机一般选用抽凝式汽轮机，运行灵活。如果工业热负荷只有一个等级，且供热参数与低压蒸汽参数相同或相近时，可以选用背压式汽轮机；如果工业热负荷有两个等级，且低等级的供热参数与低压蒸汽参数相同或相近时，可以选用抽背式汽轮机。如果只带供暖热负荷，根据热负荷变化范围，可以选用凝抽背式汽轮机。

【案例9-4】 凝抽背式汽轮机选型案例。

国内近几年投产的多个热电联产工程中采用了凝抽背式汽轮机，汽轮机高中压模块和低压模块采用自动同步离合器连接，汽轮发电机位于高压侧，低压模块可以通过自动同步离合器脱开。在供热工况下，汽轮机既可抽凝运行，也可背压运行；在非供热工况下，汽轮机纯凝运行。采用凝抽背式汽轮机后，可以使机组的供热能力达到最大，更好地满足城市冬季供暖热负荷需求。

抽凝工况：热网抽汽来自中压缸排汽，与低压蒸汽合并后进入热网加热器。热网抽汽可以是非调整抽汽，也可以是调整抽汽，在中压缸、低压缸连通管上设置调节蝶阀，控制热网抽汽压力。

背压工况：低压缸通过自动同步离合器脱开，中压缸排出的全部蒸汽和余热锅炉产生的低压蒸汽作为热网加热蒸汽。通过调整燃气轮机的负荷来控制中压缸排汽压力。

表 9-18 列出了三个典型热电联产工程分别与通用电气、西门子、三菱重工 F 级燃气轮机配套的凝抽背式汽轮机技术参数，以供参考。

表 9-18　　　　　　　　　　　典型工程的凝抽背式汽轮机技术参数

项　目	参　数		
	工程 A	工程 B	工程 C
配套燃气轮机型号	通用电气 PG9371FB 型	西门子 SGT5-4000F（4）型	三菱重工 M701F4 型
联合循环型式	1 套 "2+1（二拖一）" / 1 套 "1+1（一拖一）"	1 套 "2+1（二拖一）"	1 套 "2+1（二拖一）"
型式	三压、再热、双缸、向下双排汽	三压、再热、双缸、向下双排汽	三压、再热、双缸、向下双排汽
汽轮发电机组排列方式	发电机+高、中压缸+SSS 离合器+低压缸	发电机+高、中压缸+SSS 离合器+低压缸	发电机+高、中压缸+SSS 离合器+低压缸
联合循环功率（MW）	786.21/391.03（背压） 921.45/458.29（纯凝）	734.45（背压） 836.06（纯凝）	827.08（背压） 923.42（纯凝）
汽轮机功率（MW）	155.67/75.76（背压） 319.67/157.4（纯凝）		

项　目	参　数		
	工程 A	工程 B	工程 C
高压蒸汽压力（MPa）	12.899/10.23（背压） 13.02/10.292（纯凝）	12.049（背压） 12.452（纯凝）	13.43（背压） 13.19（纯凝）
高压蒸汽温度（℃）	554.96/554.18（背压） 565/565（纯凝）	525.4（背压） 545（纯凝）	530.5（背压） 538（纯凝）
高压蒸汽流量（t/h）	658.32/336.77（背压） 659.98/336.21（纯凝）	512.712（背压） 522.698（纯凝）	623.9（背压） 607.8（纯凝）
再热蒸汽压力（MPa）		2.97（背压） 3.044（纯凝）	3.46（背压） 3.37（纯凝）
再热蒸汽温度（℃）		520.6（背压） 540（纯凝）	558.5（背压） 566（纯凝）
再热蒸汽流量（t/h）	731.68/365.17（背压） 722.94/359.83（纯凝）	635.285（背压） 633.272（纯凝）	749.1（背压） 726.1（纯凝）
低压蒸汽压力（MPa）		0.631（背压） 0.632（纯凝）	0.661（背压） 0.642（纯凝）
低压蒸汽温度（℃）		238.6（背压） 238.1（纯凝）	245.3（背压） 244（纯凝）
低压蒸汽流量（t/h）	48.4/24.43（背压） 62.92/30.94（纯凝）	78.282（背压） 79.376（纯凝）	14.2（背压） 88.5（纯凝）
排汽压力	0.574/0.5MPa（背压） 4.9/4.9kPa（纯凝）	0.4MPa（背压） 4.9kPa（纯凝）	0.645MPa（背压） 5.3kPa（纯凝）
排汽温度（℃）		252.2（背压）	307.7（背压）
排汽流量（t/h）		641.254（背压） 639.001（纯凝）	843.91（背压） 832.6（纯凝）
转速（r/min）	3000	3000	3000
末级叶片长度（mm）		1050	1029
投产时间	2014 年 6 月 20 日	2013 年 2 月 7 日	2011 年 12 月 26 日

注　1. 参数后面括号中的背压表示背压供热工况，纯凝表示额定（年平均）纯凝工况。

　　2. 由于资料不全，部分参数空缺。

5. 轴系配置的选择

联合循环中燃气轮机、汽轮机和发电机的不同布局关系可以形成多种轴系配置型式。通常，按机组的功率输出方式不同，把联合循环机组的轴系配置分为单轴配置和多轴配置两种基本型式。

（1）单轴配置。单轴配置是指联合循环机组的功率由同一根轴输出，即燃气轮机和汽轮机共同驱动一台发电机。单轴配置的主要特点如下：

1）只需一台较大容量的发电机、一台较大容量的主变压器，与对应的多轴配置相比，相应的电气设备少、系统简单、设备投资低。

2）启动方式灵活多样。通过静态变频器向发电机提供变频交流电，发电机以同步电动机方式启动燃气轮机，可以取消专门设置的启动电动机；若有现成

的蒸汽来源，也可直接利用汽轮机来启动燃气轮机。

3）燃气轮机和汽轮机可共用一套润滑油系统，机组运行与控制系统等得以简化。

4）布置更紧凑，汽水管道较短，厂房较小，占地面积较少。

单轴配置又有以下两种方式：

1）发电机尾置方式，即"燃气轮机+向下排汽的汽轮机+发电机"的连接方式，以通用电气和三菱重工早期的 F 级单轴联合循环机组为代表。

这种连接方式的优点是发电机位于机组端部，有利于发电机出线和检修时抽转子。缺点是：①汽轮机位于燃气轮机和发电机之间，汽轮机向下排汽导致整套联合循环机组必须采取高位布置方式，增加土建费用；②即使装设旁路烟囱，也只有当燃气轮机和汽轮

机都安装完毕后才能投运,不利于安装工期较短的燃气轮机及早投产发电;③当蒸汽系统出现故障而燃气轮机仍继续运行时,汽轮机被燃气轮机拖着空转,不能停机检修,同时为防止汽轮机叶片鼓风发热,还必须通入辅助蒸汽进行冷却;④机组启动时,需要辅助蒸汽提供汽轮机初期空转时汽缸所需的冷却蒸汽和轴封蒸汽。

2)发电机中置方式,即"燃气轮机+发电机+同步自动离合器+轴向排汽的汽轮机"的连接方式,以西门子和阿尔斯通的单轴联合循环机组为代表,现在通用电气和三菱重工也采用了这种连接方式。

这种连接方式的优点是:①汽轮机位于端部,便于采用轴向排汽,整套联合循环机组可以采取低位布置方式,降低土建费用。②由于发电机和汽轮机之间加装了同步自动离合器,如果装设旁路烟囱,在汽轮机安装完成前燃气轮机能提前投产发电;在汽轮机故障停机检修时燃气轮机仍可单循环发电。③由于加装了离合器,机组启动时燃气轮机可先启动运行,排气进入余热锅炉,使余热锅炉的管束逐渐预热升温;此时产生的蒸汽参数较低,用来对通往汽轮机的管道进行暖管;蒸汽参数达到冲转参数时,汽轮机开始冲转并暖机;汽轮机的转速升高到与发电机的转速相同时,离合器自动啮合,汽轮机开始滑参数运行,从而优化了联合循环机组的启动过程。缺点是发电机位于燃气轮机与汽轮机之间,当发电机检修需要抽转子时必须将发电机整体吊出或移出。西门子的典型设计是在主厂房内配置大起重量的起重机,将发电机整体吊出;而阿尔斯通则为发电机配置专用的液压水平移位及复位装置。

(2)多轴配置。多轴配置是指联合循环机组的功率由一根以上的轴输出,即每台燃气轮机和每台汽轮机各自驱动发电机。对于多轴配置,根据燃气轮机和汽轮机匹配的不同,又分为"1+1(一拖一)""2+1(二拖一)""3+1(三拖一)"及以上等多种配置方式。多轴配置的主要特点如下:

1)燃气轮发电机组和汽轮发电机组相对独立、分开布置,如果设置旁路烟囱,燃气轮机可单独以单循环方式运行。

2)除"1+1"配置外,在电厂部分负荷时,可通过停运部分燃气轮机,使运行中的燃气轮机尽量接近额定负荷高效率范围运行,电厂变工况性能得到改善,对负荷变化较大的电厂有利。

3)有利于实施"分阶段建设",即先建燃气轮发电机组,再建余热锅炉和汽轮发电机组,可分期尽快回收投资以及相对缩短建设周期。

4)有利于燃气轮机快速启动,增强机组调峰能力。

5)设备和系统都比较复杂,占地面积也较大。

实际常用的是"1+1""2+1"两种配置,"3+1"及以上配置虽然效率高、投资低,但可靠性较差、系统与控制都比较复杂,而且当汽轮机故障停机时,多台燃气轮机都只能按单循环运行或停机。

从工程实践和运行业绩方面来讲,F级及以上联合循环机组既有采用单轴配置方案的,也有采用多轴配置方案的,但E级联合循环机组均未采用单轴配置方案。

联合循环发电机组宜采用单轴配置方案,带基本负荷时也可采用"2+1"多轴配置方案;联合循环供热机组宜采用多轴配置方案。单轴配置时,汽轮机尽量采用轴向或侧向排汽方式,以降低土建费用。

二、汽轮机优化

1. 蒸汽管道压降和温降

对于"1+1(一拖一)"联合循环机组,蒸汽管道压降和温降可取下列数值:

(1)余热锅炉高压过热器出口至汽轮机高压进汽阀的压降,宜为高压过热器出口压力的3%左右,温降宜为2℃左右。

(2)余热锅炉低压过热器出口至汽轮机低压进汽阀的压降,宜为低压过热器出口压力的4%~6%,温降宜为2~3℃。

(3)再热蒸汽系统总压降宜为汽轮机高压缸排汽压力的7%~9%,其中低温再热蒸汽管道、再热器、高温再热蒸汽管道的压降宜分别为汽轮机高压缸排汽压力的1.0%~1.5%、4.0%~5.0%、2.0%~2.5%,低温再热蒸汽管道的温降宜为1.5℃左右,高温再热蒸汽管道的温降宜为2℃左右。

联合循环机组高压蒸汽、低压蒸汽和再热蒸汽管道的介质流速一般比常规火电机组的低,建议按表9-19选取。

表9-19　建议的联合循环蒸汽管道介质流速

介质类别	管道名称	介质流速（m/s）
高压蒸汽	高压蒸汽管道	30~40
再热蒸汽	低温再热蒸汽管道	25~35
	高温再热蒸汽管道	35~45
中压蒸汽	中压蒸汽管道	25~35
低压蒸汽	低压蒸汽管道	25~35

2. 汽轮机背压

与常规火电机组一样,联合循环中的汽轮机背压应通过冷端优化后确定。

此外,汽轮机末级效率对联合循环非常重要,应进行优化。

三、汽轮机附属辅助系统节能设计

汽轮机附属辅助系统和设备主要有润滑油系统，液压油系统，轴封蒸汽系统，本体疏水系统，盘车系统以及高压蒸汽、低压蒸汽和再热蒸汽系统，汽轮机旁路系统，凝结水系统凝汽器抽真空系统，凝汽器循环水系统，冷却水系统等。下面主要介绍与节能设计相关的附属辅助系统。

1. 轴封蒸汽系统

轴封蒸汽系统向汽轮机的轴封提供密封蒸汽，同时将各轴封、进汽关断阀和调节阀阀杆的漏汽合理导向或抽出。在汽轮机的高压区段，主要是防止蒸汽向外泄漏，保证汽轮机有较高的效率；在汽轮机的低压区段，主要是防止外界的空气进入汽轮机内部，保证汽轮机有尽可能高的真空度（即尽可能低的背压），也可保证汽轮机有较高的效率。

2. 高压蒸汽、低压蒸汽和再热蒸汽系统

联合循环机组启停和升降负荷快，高压蒸汽、低压蒸汽和再热蒸汽系统管道的最低点建议设置疏水罐，可根据疏水罐内的蒸汽过热度（通常为10℃）或疏水罐内的液位信号控制疏水阀的启闭；当蒸汽系统的设计温度低于399℃时，采用疏水罐内的液位信号控制疏水阀的启闭。

3. 汽轮机旁路系统

为适应联合循环机组快速启停的要求，通常对应每一个压力级，设置1套100%容量的汽轮机旁路系统。

4. 凝结水系统

凝结水系统将凝汽器热井中的凝结水抽出，经凝结水泵升压后，输送至除氧器；当余热锅炉采用整体式除氧器时，则输送至余热锅炉低压省煤器，再进入位于低压汽包之上的除氧器。凝结水系统还向有关设备和系统提供减温水、密封水、补充水、杂用水。

凝结水泵的容量可不考虑汽轮机旁路投运时需要的减温水量。由于联合循环机组一般设置100%容量的汽轮机旁路，当汽轮机旁路投运时需要的减温水量较大，选择凝结水泵时如将该水量计入，则机组长期正常运行时凝结水泵处于部分负荷，泵组效率降低、经济性差，因此汽轮机旁路减温水宜考虑采用备用泵投入并联运行的方案。

凝结水泵建议采用变频器调速。

5. 凝汽器抽真空系统

凝汽器抽真空系统在机组启动时建立真空；在机组正常运行时，抽取凝汽器内的不凝结气体，以维持凝汽器所要求的真空度。

为提高水环式真空泵在夏季时的抽气能力，夏季可考虑采用集中空调冷冻水作为水环式真空泵换热器的冷却水。

6. 凝汽器循环水系统

为了防止凝汽器冷却管结垢而影响传热效果，降低凝汽器真空度，凝汽器管侧通常设置胶球清洗装置。

7. 冷却水系统

冷却水泵可采用变频器调速。对于冷却水量较大的设备，可在冷却水出口管道上装设流量调节阀，调节冷却水量。

采用日启夜停方式调峰运行的联合循环机组，闭式循环冷却水系统宜单独设置停机冷却水泵，向润滑油冷却器、控制油冷却器（如为水冷）及空气压缩机等夜间盘车运行辅助设备提供冷却水；循环冷却水系统宜设置辅助冷却水泵，夜间盘车运行时可启动辅助冷却水泵、停运循环冷却水泵，向闭式循环冷却水热交换器提供冷却水。

第十章

火电厂节能设计文件编制

第一节 主要设计阶段
节能设计工作重点

根据不同阶段火电厂设计的内容深度规定与《固定资产投资项目节能审查办法》要求，在可行性研究阶段需编制《节能分析》（专章），在初步设计阶段需编制《节约资源部分》（专卷）。同时在项目可行性研究阶段需由建设单位委托有资质单位编制《节能报告》，相关内容见第十一章。

一、可行性研究阶段

（一）节能设计任务

火电厂设计中应认真贯彻国家节能降耗有关规定，说明项目在设计中所采取的节能降耗措施，明确项目煤耗、油耗、厂用电率等可控指标，论述建筑节能降耗措施，并与国家规定的相关控制指标或项目所在地平均指标进行对比分析，提出项目节能、降耗的结论意见。

（二）节能设计内容

建设项目可行性研究阶段的节能设计是保证各项目耗能指标先进性的基础，其主机选择、工艺系统设计及总平面布置将影响到项目的总体能效水平。为保证项目的能效先进性，各专业在可行性研究设计时需重点研究以下内容：

1. 热机专业

根据国家产业政策要求进行主机选择，并对主机的参数进行优化，明确锅炉参数、汽轮机参数、管道效率等，核算项目发电标准煤耗率与供电标准煤耗率。优化项目的热力、烟风、制粉、点火等系统，提高项目用能效率，降低项目的热能、电能、燃油消耗。

2. 电气专业

根据各用电系统的用电需要，合理设计厂用电供电系统，优化配电系统，明确项目的厂用电率。

3. 总图专业

对项目的总平面进行优化设计，合理布置各工艺系统格局，保证工艺流程顺畅，降低能耗损失。

4. 运煤专业

合理设置项目的卸煤、贮煤、运煤与筛碎等系统，优化系统用能，提出相应的用电需要。

5. 除灰专业

根据项目需要，选用合理的除尘、脱硫、除灰渣及辅助系统，优化系统用能，提出相应的用电需要。

6. 水工专业

根据项目条件，选用合理的供水、冷却、排水等系统，优化系统用能，提出相应的用电需要。

7. 化学专业

根据项目水质与化学水处理用水需要，选用合理的化学水处理系统，优化系统用能，提出相应的用电需要。

8. 暖通空调专业

根据项目所在地的自然条件，选用合理的供暖、通风、空调等系统，优化系统用能，提出相应的用电需要。

9. 建筑专业

根据项目各工艺系统要求，结合天然采光、自然通风等条件进行建筑物设计，同时提高围护结构保温性能，降低热能损失。

10. 仪表与控制专业

按 GB 17167《用能单位能源计量器具配备与管理通则》和 GB/T 21369《火力发电企业能源计量器具配置和管理要求》等的要求，对项目的用能按种类进行对应的计量，需给出器具名称、用途、安装地点等。

11. 其他

对照明、消防等系统进行优化设计，优化系统用能，提出相应的用电需要。

（三）《节能分析》（专章）的主要内容

根据目前节能工作的相关要求，结合可行性研究阶段的设计内容深度，在可行性研究报告中需对项目的节能设计进行《节能分析》（专章）论述，其主要内容如下：

1. 设计依据

结合项目设计工作，给出相应的节能设计依据，主要包括：

（1）相关法律法规及产业政策，如《中华人民共和国节约能源法》《中华人民共和国建筑法》《中华人民共和国清洁生产促进法》《中华人民共和国循环经济促进法》《产业结构调整指导目录》等。

（2）相关设计标准、规范，如 GB 50660《大中型火力发电厂设计规范》、GB/T 51106《火力发电厂节能设计规范》、DL/T 606.4《火力发电厂电能平衡导则》、DL/T 783《火力发电厂节水导则》、DL/T 5032《火力发电厂总图运输设计技术规程》、DL/T 5094《火力发电厂建筑设计规程》、DL/T 5035《发电厂供暖通风与空气调节设计规范》、DL/T 5390《发电厂和变电站照明设计技术规定》等。

（3）地方相关法规、规划，如地方的节约能源条例、清洁生产促进条例等。

2. 主要措施与节能效果

根据项目的设计参数、节能技术措施的拟定情况进行汇总，给出拟定节能技术措施节能效果。可按以下层次进行汇总：

（1）节约燃料措施。从燃料贮存、机组降耗、点火方式等方面给出项目的节约燃料措施，给出主要的耗能指标，如发电标准煤耗率、供热标准煤耗率、厂用电率、供电标准煤耗率、点火用油量等，参照相应指标限定值，估算节约燃料量。

（2）节电措施。汇总拟定的节电措施，如工艺系统设计优化、主要辅机设备合理选型等，重点关注 100kW 以上用电设备的节能措施，明确厂用电率。

（3）建筑节能措施。根据项目所在区域的气候特点进行建筑设计，提高建筑的保温性能，降低供暖、空调、通风系统的能耗。

3. 主要耗能种类和数量

对项目的主要耗能种类和数量进行统计，给出项目的设计参数。

4. 主要能效指标

对项目的主要能耗指标进行汇总，并比较其先进性，需要给出的主要能耗指标见表 10-1。

表 10-1　　火电厂主要能耗指标

序号	指标	单位	参数	先进性
1	发电标准煤耗率	g/（kW·h）		
2	供电标准煤耗率	g/（kW·h）		
3	供热标准煤耗率①	kg/GJ		
4	综合厂用电率	%		
5	全厂热效率	%		
6	供暖期热电比①	%		

① 供热机组需给出项目。

5. 能源计量

结合《节能报告》的相关要求，建议在可行性研究报告的《节能分析》（专章）中增加能源计量等部分内容。火电厂中需要进行的能源计量主要包括燃料计量、电能计量、用汽计量等，计量设备应结合工艺系统需要进行设置。

6. 结论及建议

综合给出项目的能效水平与项目的先进性。

对下一步设计、施工安装、运行管理提出合理化建议。

二、初步设计阶段

（一）节能设计任务

初步设计阶段节能设计的主要任务是依据项目节能报告与批复意见开展节能设计，落实项目节能报告中提出的节能措施，进一步优化各系统设计，并与国家规定的相关控制指标或项目所在地平均指标进行对比分析，明确项目的能效水平。根据火电厂初步设计内容深度的要求，项目节能的主要措施可纳入《节能资源部分》（专卷）中。

（二）节能设计内容

初步设计阶段节能设计的主要内容如下：

1. 优化主机机组参数

（1）根据项目的建设条件选择符合国家产业政策的主机。

（2）根据国内同类机组的先进指标，对比分析主机的参数先进性。

根据项目的建设条件选择符合国家产业政策的主机，给出三大主机的相关参数，明确其先进性。三大主机主要参数参见表 10-2～表 10-4。

表 10-2　　　锅　炉　参　数

序号	名　称	单位	数值
1	压力等级		
2	保证热效率（按低位发热量）	%	
3	过热蒸汽流量	t/h	
4	过热器出口蒸汽压力（表压力）	MPa	
5	过热器出口蒸汽温度	℃	
6	再热蒸汽流量	t/h	
7	再热器进口蒸汽压力（表压力）	MPa	
8	再热器出口蒸汽压力（表压力）	MPa	
9	再热器进口蒸汽温度	℃	
10	再热器出口蒸汽温度	℃	

表10-3　　汽轮机参数

序号	名　　称	单位	数值
1	额定功率	MW	
2	高压主蒸汽阀前主蒸汽压力（绝对压力）	MPa	
3	高压主蒸汽阀前主蒸汽温度	℃	
4	主蒸汽流量（VWO工况）	t/h	
5	主蒸汽流量（THA工况）	t/h	
6	中压主蒸汽阀前再热蒸汽温度	℃	
7	凝汽器背压（平均背压，绝对压力）	kPa	
8	转速	r/min	
9	给水加热级数		

表10-4　　发电机参数

序号	名　　称	单位	数值
1	铭牌容量	MV·A	
2	铭牌功率	MW	
3	额定功率因数（cosφ）		
4	定子额定电压	kV	
5	定子额定电流	A	
6	额定频率	Hz	
7	额定转速	r/min	

2. 优化总平面设计

在总平面设计优化时，应充分考虑能耗条件，保证工艺流程顺畅，降低能耗损失。主要结合外部条件（运输、供水、排水、供热、电力送出等）、工艺系统的流程走向等进行优化设计。

3. 主要工艺系统优化设计

（1）运煤系统。结合外部供煤方式，对卸煤系统、贮运系统、筛碎系统等进行优化设计，降低燃料贮运过程中的电能损耗。

汇总运煤系统主要耗能设备，见表10-5。

表10-5　　运煤系统主要耗能设备

序号	设备名称	数量	工艺参数	能效指标	能效等级
1	翻车机电机				
2	×段输煤电动机				
3	输煤变压器				
4	碎煤机				
…	…				

（2）锅炉相关系统。对主要系统的系统出力、匹配方式、风机轴功率与电动机进行匹配，泵与电动机进行匹配。风机、泵的效率要达到一级能效标准要求，电动机需选用高效节能电动机。

进行点火及助燃系统比较分析与节能效果核算。

汇总锅炉相关系统主要耗能设备，重点开列100kW以上的电气设备，见表10-6。

表10-6　　锅炉相关系统主要耗能设备

序号	设备名称	数量	工艺参数	能效指标	能效等级
1	一次风机				
2	送风机				
3	引风机				
4	磨煤机密封风机				
5	磨煤机润滑油油泵				
6	磨煤机				
7	空气压缩机				
…	…				

（3）汽轮机相关系统。汽轮机相关系统主要包括热力系统、给水系统、凝结水系统等。

对主要系统的系统出力、泵效率、泵的驱动方式、电动机进行匹配。泵的效率要达到一级能效标准要求，电动机需选用高效节能电动机。

汇总汽轮机相关系统主要耗能设备，重点开列100kW以上的电气设备，见表10-7。

表10-7　　汽轮机相关系统主要耗能设备

序号	设备名称	数量	工艺参数	能效指标	能效等级
1	凝结水泵				
2	低压加热器疏水泵				
3	闭式循环冷却水泵				
4	水环真空泵				
…	…				

（4）电气相关系统。对变配电系统中的主变压器、启动/备用变压器、高压配电变压器等变压器的选型、容量接线方式、效率、空载、负载等进行优化设计。

对电气相关系统的主接线、交流厂用电、直流供电系统、交流不间断电源、照明系统等进行节能优化设计。

汇总电气相关系统主要耗能设备，重点开列100kW以上的电气设备，见表10-8。

表 10-8　　　电气相关系统主要耗能设备

序号	设备名称	数量	工艺参数	能效指标	能效等级
1	主变压器				
2	启动/备用变压器				
3	高压配电变压器				
4	各系统低压变压器				
…	…				

（5）脱硫、脱硝系统。对脱硫系统的工艺方案进行优选；对系统中的风机、泵、电动机等进行优化设计，选用的设备需达到一级能效标准要求，电动机需选用高效节能电动机。

汇总脱硫、脱硝系统主要耗能设备，重点开列 100kW 以上的电气设备，见表 10-9。

表 10-9　　脱硫、脱硝系统主要耗能设备

序号	设备名称	数量	工艺参数	能效指标	能效等级
1	浆液循环泵				
2	氧化风机				
3	真空泵				
4	湿式球磨机				
…	…				

（6）除灰渣系统。对除灰渣系统进行优化设计，选用低能耗、高效率的工艺方案；系统中的风机效率要达到一级能效标准要求，电动机需选用高效节能电动机。

汇总除灰渣系统主要耗能设备，重点开列 100kW 以上的电气设备，见表 10-10。

表 10-10　　除灰渣系统主要耗能设备

序号	设备名称	数量	工艺参数	能效指标	能效等级
1	静电除尘器				
2	湿式除尘器				
3	气化风机（含加热）				
…	…				

（7）水处理系统。根据项目的水源情况对水处理系统进行优化设计，优选低能耗、高效率的水处理系统。处理系统中的泵效率要达到一级能效标准要求，电动机需选用高效节能电动机。

汇总水处理系统主要耗能设备，重点开列 100kW

以上的电气设备，见表 10-11。

表 10-11　　　水处理系统主要耗能设备

序号	设备名称	数量	工艺参数	能效指标	能效等级
1	高压泵				
2	除盐水泵				
3	循环泵				
…	…				

（8）水工系统。根据项目所在地区的气象条件、汽轮机特性选择适宜的冷却系统，并按不同的冷却系统对汽轮机背压、凝汽器面积等进行优化设计。系统中的泵效率要达到一级能效标准要求，电动机需选用高效节能电动机。

按各系统的用水量、供水压力对供排水进行优化设计。系统中的泵效率要达到一级能效标准要求，电动机需选用高效节能电动机。

汇总水工系统主要耗能设备，重点开列 100kW 以上的电气设备，见表 10-12。

表 10-12　　　水工系统主要耗能设备

序号	设备名称	数量	工艺参数	能效指标	能效等级
1	循环水泵				
2					
3					
…	…				

（9）辅助及附属设施。主要包括压缩空气、供暖通风与空调、建筑、保温油漆、油处理等设施，对各系统的出力进行优化设计，匹配相适宜的系统出力。

各系统中的风机、压缩机、泵的效率要达到一级能效标准要求，电动机需选用高效节能电动机。

4. 能源计量

按 GB 17167—2006《用能单位能源计量器具配备与管理通则》和 GB/T 21369—2008《火力发电企业能源计量器具配置和管理要求》等，对项目的用能按种类进行对应的计量，需给出器具名称、规格、精度、用途、安装地点、数量等。

主要计量种类包括：燃料计量，主要为进厂计量与给煤计量；电能计量，主要为发电机计量、厂用电计量与主要电气设备单独计量；水计量，主要为厂内供水总表、向外供水总表、化学用水总表、锅炉补水总表、非生产用水总表等。

能源计量器具配备见表 10-13。

表 10-13 能源计量器具配备

名 称	型号规格	准确度等级	用途	安装地点	数量
煤炭计量器具					
电子皮带秤					
电子皮带秤					
…					
流量计量仪表					
主给水流量表					
减温水流量表					
凝结水流量表					
辅助蒸汽流量表					
开式水流量表					
…					
压力计量仪表					
过热蒸汽压力表					
主蒸汽压力表					
再热蒸汽压力表					
主给水压力表					
凝结水压力表					
抽汽压力表					
开式水压力表					
闭式水压力表					
…					
电能计量仪表（对 100kW 以上的用电设备单独计量）					

5. 节能措施

落实项目节能报告中提出的各项节能措施，结合各工艺系统的工艺方案、耗能设备选择对采用的节能措施进行汇总，对其节能效果进行估算。给出项目的主要设备设计参数、主要能耗指标等。将项目的节能措施、能耗指标等内容纳入《节约资源部分》（专卷）中。

（三）《节约资源部分》（专卷）中节能设计主要内容

火力发电项目初步设计阶段节能设计在《节约资源部分》（专卷）中进行论述，国家节能中心尚未对其提出相应要求。结合外部要求，对《节约资源部分》（专卷）进行相应的填实补充，《节约资源部分》主要设计内容如下：

1. 概述

介绍项目的基本情况，如项目概况、设计范围等。

2. 设计依据

（1）相关法律法规及产业政策，如《中华人民共和国节约能源法》《中华人民共和国建筑法》《中华人民共和国清洁生产促进法》《中华人民共和国循环经济促进法》《产业结构调整指导目录》等。

（2）相关设计标准、规范，如 GB 50660《大中型火力发电厂设计规范》、GB/T 51106《火力发电厂节能设计规范》、DL/T 606.4《火力发电厂电能平衡导则》、DL/T 783《火力发电厂节水导则》、DL/T 5032《火力发电厂总图运输设计技术规程》、DL/T 5094《火力发电厂建筑设计规程》、DL/T 5035《发电厂供暖通风与空气调节设计规范》、DL/T 5390《发电厂和变电站照明设计技术规定》等。

（3）地方相关法规、规划，如地方的节约能源条例、清洁生产促进条例等。

（4）相关文件。

（5）项目节能报告、节能报告批复意见或评估意见。

3. 节约及合理利用能源的措施

将项目设计中采取的节能措施、节能效果等纳入此章中。主要包括工艺系统设计中考虑节能的措施、主辅机设备选型中考虑节能的措施、材料选择节能措施、建筑节能与节能效果等。

4. 节约用水的措施

略。

5. 节约原材料的措施

略。

6. 节约土地的措施

略。

7. 结论

略。

三、施工图阶段

（1）落实初步设计文件及项目节能报告中所提出的节能技术措施。

（2）如果项目实施过程中所采取的节能措施与初步设计及节能报告要求的节能技术措施不同，需给出项目所采取节能措施的主要节能性能指标，说明变更原因。同时，需与初步设计及能评报告中所对应的节能技术措施的节能指标进行比照分析，比较其技术先进性、方案合理性。

（3）节能设备及节能措施发生变化时，建设单位应及时报主管部门备案，按要求完成后续工作。

第二节　《节能分析》（专章）典型案例

说明：

（1）为与设计文件体例相匹配，本部分内容的体例采用常用设计文件的体例格式。

（2）本典型案例为某 2×1000MW 机组的《节能分析》（专章）。

1　设计依据❶

本项目实施过程中，所应遵循的主要用能标准及节能设计规范如下：

（1）《中华人民共和国节约能源法》（中华人民共和国主席令第 90 号）；

（2）《中华人民共和国建筑法》（中华人民共和国主席令第 46 号）；

（3）《关于燃煤电站项目规划和建设有关要求的通知》（发改能源〔2004〕864 号）；

（4）《国务院关于加强节能工作的决定》（国发〔2006〕28 号）；

（5）《国家发展改革委关于加强固定资产投资项目节能评估和审查工件的通知》（发改投资〔2006〕2787 号）；

（6）《大中型火力发电厂设计规范》（GB 50660）；

（7）《工业建筑供暖通风与空气调节设计规范》（GB 50019）；

（8）《公共建筑节能设计标准》（GB 50189）；

（9）《火力发电厂节水导则》（DL/T 783）；

（10）《产业结构调整指导目录（2011 年本）》（国家发展和改革委员会令第 40 号）；

（11）其他国家、行业有关节能设计标准及控制指标。

2　主要措施与节能效果

本工程的能源消耗主要是燃煤、燃油、电力和水资源。为降低这些资源的消耗水平，本工程在主辅机选型、优化设计和采用新工艺、新技术、新材料等方面采取了相应的节能措施。

2.1　节约燃料措施

（1）节煤。

本期工程装机容量为 2×1000MW，2 台机组设计年耗煤量约 476.2 万 t。

本工程选用超超临界机组，机组效率较高，发电煤耗率 269.3g/（kW·h），低于发改能源〔2004〕864 号文规定的发电煤耗率［275g/（kW·h）］，符合国家政策要求。本工程单台机组年发电量为 $5.5×10^9$kW·h，单台机组发电年节约标准煤 $3.135×10^4$t。

（2）节约点火用油。

本工程采用等离子点火装置，取消油区。初步计算，从试运开始到 168h 试运结束，可节约燃油 11010t（与《关于火力发电厂工程基建阶段燃油用量标准调整的通知》电定〔2006〕16 号规定比较）。采用等离子点火技术后节省燃料油的效果非常明显，同时减少了油区占地，取消了燃油的运输费用，各方面均有利于降低电厂的成本，提高电厂的经济效益。

2.2　节电措施

降低厂用电消耗是个系统工程，涉及面广，由于工程设计阶段对厂用电消耗影响较大，因此有必要研究降低厂用电消耗的措施。本工程拟采取的降低厂用电消耗措施如下：

（1）通过工艺系统设计优化降低电耗。

---

❶ 设计依据需采用现行的有效文件。

1）汽水系统采用单元制连接，为了保证机组在变动工况或较低负荷运行时有良好的效率，机组将采用纯滑压或复合滑压运行方式。汽轮机旁路采用高、低压两级串联旁路系统，容量暂定为 35%BMCR（锅炉最大连续蒸发量），可满足机组冷、热态启动的需要，主要工艺系统简单、运行安全可靠，缩短机组启动时间，利于工质回收，增强节能效果。

2）给水系统高压加热器采用大旁路，减少管路阻力，节省电耗。

3）凝汽器循环水系统设置胶球清洗装置，保持管束清洁，维持凝汽器真空，从而保证机组的热经济性。

4）在锅炉本体配置了可靠完整的吹灰系统，保持炉膛及尾部受热面清洁，以提高传热效率，降低锅炉煤耗。

5）锅炉采用漏风系数小、传热效率高的容克式三分仓空气预热器。

6）进行主厂房设计优化，压缩主厂房体积，降低供暖、通风能耗；尽量缩短主蒸汽及再热（冷）蒸汽管路，有利于减少其温降、压降，保证机组的效率。

7）汽机房通风系统采用自然进风、自然排风的通风方式，以节约厂用电。

8）制粉系统采用中速磨煤机正压冷一次风直吹式系统，厂用电耗低，同时对烟、风煤粉管道布置进行优化，减少局部阻力损失，节约电耗。

9）在烟风管道设计中，介质流速选择范围符合国内现行规范的要求，流体压降在风机允许范围内，并在管道设计中采用流体分布均匀的管件，优化布置方式，以达到节能的目的。

10）在燃料进炉前设置计量和取样装置，以便及时提供确切的煤量和煤质资料，便于运行人员及时进行燃料调整，以保证机组高效运行。

11）本工程热工控制系统采用了先进的分散式控制系统（DCS）。由计算机控制机组启停，进行数据处理和参数调整，以保证机组有关系统始终在最佳经济工况下运行。DCS可随时计算出机组的运行效率和经济指标。在燃烧控制系统中采用先进的控制算法，使锅炉燃烧处于最佳状态，辅机设备运行处于效率最优工况，节约燃煤和辅机能耗。DCS使机组快速、稳定地满足负荷变化的要求，保持机组稳定、高效经济运行。还设置了厂级监控信息系统（SIS）和全厂管理系统（MIS），进一步提高了全厂自动化管理水平，使全厂整体管理实现网络化，为降低全厂燃料消耗、热耗及电耗，实现经济运行优化创造了条件。

12）优化电缆路径，减少线损。

（2）通过对主要辅机设备合理选型降低电耗。

1）优先选用低损耗变压器，降低变压器的空载损耗（铁损和杂散损耗）和负荷损耗（铜损），提高变压器效率。变压器一般使用寿命长达几十年，用高效节能型变压器替代高能耗变压器，不仅可提高能源转换效率，而且在寿命期内节电效果相当可观。

2）选用高效电动机。一般电动机常年运行，其效率高低直接决定其耗电量的多少，例如：一台45kW电动机效率提高1%，年节电近4000kW·h。Y系列电动机比JO系列电动机效率平均高1.5%左右，而高效电动机比Y系列电动机效率还要提高3%左右，本工程将优先选用YX、YE、YD、YZ等系列的高效电动机，节电效果明显，一般在1~3年内可收回更新电动机的全部投资。

3）采用绿色照明设计，选用高效节能电光源和灯用电器附件、就地补偿无功装置等，同时使用智能控制技术对灯具进行控制，可以大幅度降低照明能耗。

4）厂内所有生产及辅助附属建筑均采用热水供暖方式，包括主厂房和输煤建筑。相对于蒸汽采暖系统减少了若干蒸汽凝结水回收设备，降低了设备用电负荷。

5）控制楼集中空调系统采用风冷直接蒸发式空调机组，取消了原制冷站内的冷水机组、冷水泵、补水设备，制冷空调系统总用电负荷降低。

6）采用变频调速或双速电动机。对于流量变化大的、经常低负荷工作的水泵类电动机，采用变频调速或双速电动机，以便根据不同的负荷状态及参数调节电动机的转速，达到节约能源、降低厂用电的目的。应用实践证明，交流电动机变频调速一般能节电30%。

2.3 建筑节能措施

通过建筑节能优化设计，可有效降低热冷损耗，本工程在建筑节能上采取了以下积极有效的措施：

（1）根据地方气候特点，厂内建筑物规划布局合理。

（2）设计中推广使用建筑节能产品和新技术、新材料。

（3）严格遵守现行的建筑节能设计标准。具体包括严格控制建筑窗（包括透光幕墙）墙面积比；外窗的可开启面积不应小于窗面积的30%，透光幕墙应具有可开启部分或设有通风换气装置；外窗的气密性不应低于GB 7107—2015《建筑门窗气密、水密、抗风压性能分级及检测方法》规定的4级；透光幕墙的气密性不应低于GB/T 15225—2014《建筑幕墙物理性能分级》规定的3级；供暖或设空调的房间或建筑的外围护结构的热工计算可按GB 50176—1993《民用建筑热工设计规范》执行，若建筑体形系数大于0.40，则屋顶和外墙应加强保温。

通过改善建筑围护结构保温、隔热性能，提高供暖、通风、空调设备及系统的能效比，采取增进照明设备效率等措施，在保证相同的室内热环境舒适参数条件下，与20世纪80年代初设计建成的办公和生活建筑相比，全年供暖、通风、空调和照明的总能耗可减少50%左右。

3 主要耗能种类和数量

本工程的能源消耗主要是燃煤、燃油和电力消耗。

（1）本期工程燃煤量。

机组的年利用小时数按5500h计算，锅炉平均日利用小时数按20h计算，燃煤量计算按锅炉BMCR工况。锅炉燃煤量见表10-14。

表10-14　　锅炉燃煤量

项目	一台锅炉		两台锅炉	
煤质	设计煤质	校核煤质	设计煤质	校核煤质
每小时燃煤量（t/h）	431.64	438.10	863.28	876.20
每日燃煤量（t/d）	8632.80	8762.00	17265.60	17524.00
每年燃煤量（×10⁴t/a）	237.40	240.96	474.80	481.91

（2）燃油量。

随着国家能源政策的进一步完善和电力工业体制的进一步改革，节约燃油技术研究与推广变得日益重要。本工程设计成无油电厂，现阶段锅炉点火按等离子火考虑，不设油区。

（3）厂用电率。

为保证电厂的正常运行，电厂各主辅机系统中的风机、水泵、磨煤机、电除尘器、空气压缩机等各种机械设备的电动机、电动执行机构以及日常运行管理所需的空调、照明等都需消耗电能，本工程2×1000MW机组的发电厂用电率为4.26%（含脱硫）。

4 主要能耗指标

由于在本工程设计中按照《中华人民共和国节约能源法》的有关要求采取了一系列的节能措施，所达到的主要能耗指标见表10-15。

表10-15　　主要能耗指标

序号	内容	单位	参数	先进性
1	全厂热效率	%	45.675	略
2	发电标准煤耗率	g/（kW·h）	269.3	略
3	发电厂用电率	%	4.26	略
4	供电标准煤耗率	g/（kW·h）	281.3	略

由表10-15可见，本工程的主要能耗指标明显优于当地电网的平均指标。

5 能源计量

（1）燃料计量。

本期工程燃煤进入电厂后首先称重，在贮煤场由电子盘机测算，燃煤入炉前由称重给煤机称重，形成了一套完整的电厂燃煤计量系统。

（2）电能计量。

安装发电机出口电能计量表，主变压器二次侧、高压备用变压器电能计量表，高压厂用变压器电能计量表，低压厂用变压器电能计量表，100kW及以上电动机电能计量表，上网电能计量表，非生产用电总表等。

（3）热能计量。

对主蒸汽、再热蒸汽、给水等进行相应的计量，主要参数应包括温度、压力、流量等。

6 结论及建议

6.1 主要结论

（1）本工程选用超超临界机组，机组效率较高，发电标准煤耗率269.3g/（kW·h），低于发改能源〔2004〕864号文规定的发电标准煤耗率〔275g/（kW·h）〕，符合国家政策要求。本工程单台机组年发电量为5.5×10⁹kW·h，与发改能源〔2004〕864号文要求比较，单台机组发电年节约标准煤3.135×10⁴t。

（2）本工程采用等离子点火装置，取消油区。初步计算，从试运开始到168h试运结束，可节约燃油11010t。

（3）本工程厂用电率4.26%（含脱硫），低于所在地火电机组平均指标。

（4）建筑节能效果。通过改善建筑围护结构保温、隔热性能，提高供暖、通风、空调设备、系统的能效比，总能耗可减少50%左右。

6.2 对于节能降耗的建议

1. 设计

在下阶段的设计中应对本节能分析篇所论述的节能措施进行全面研究和落实。在主辅机编写技术规范时，明确提出节能的技术要求和具体的节能指标要求。

2. 施工安装

设备和材料的采购要按设计的节能要求进行招标，按指标验收，保证节能指标的落实。

严格按设计施工，确保节能措施的实施，包括保证主辅机的安装质量，保证消除漏汽、漏水、漏油、漏风、漏灰、漏煤、漏热，保证热力设备、管道及阀门的保温质量。特别注意消除锅炉和回转式空气预热器漏风及锅炉本体的保温。

制定合理的调试程序，包括锅炉分部试运和联合试运转，减少调试次数和持续时间，尽量减少现场的吹管次数，降低安装期间的能耗。

3. 运行管理

充分发挥 DCS 的优势，根据煤质和燃烧工况及时调整燃烧，根据负荷变化及时调整各辅机的运行工况，使辅机设备运行处于效率最优工况，节约燃煤和降低辅机能耗。

加强设备检修和维护，及时消除设备缺陷，努力维持设备的设计效率，使设备长期保持最佳状态，提高整个机组的可用率，减少事故停机次数。

进行重点设备检修和维护，包括结合设备检修，定期对锅炉受热面、汽轮机通流部分、凝汽器和加热器等设备进行彻底清洗以提高热效率；通过检修消除"七漏"（漏汽、漏水、漏油、漏风、漏灰、漏煤、漏热），建立查漏堵漏制度，及时检查和消除锅炉和回转式空气预热器漏风；保持热力设备、管道及阀门的保温完好。

保持汽轮机在最有利的背压下运行，保持高压加热器的投入率在 95%以上。

加强管理，实行厂级、车间、班组三级管理制度，对煤、油、水、电的消耗进行监控，将设计意图充分体现在生产运行中，达到节能降耗的目的。

第三节 《节约资源部分》（专卷）节能典型案例

说明：

（1）为与设计文件体例相匹配，本部分内容的体例采用常用设计文件的体例格式。

（2）本典型案例机组容量为单机容量 660MW，机组压力等级为超超临界。

1 概述

1.1 项目概况

××电厂（2×660MW）扩建工程位于××省××市，具体厂址位置在××地，厂址所在区域属于北亚热带湿润季风气候区。

该电厂总规划容量为 4×600MW，一期建设 2×600MW 超临界燃煤机组，已于 2008 年底投产。本期建设 2×660MW 超超临界燃煤发电机组，同步建设脱硫、脱硝设施。

本工程的建设将满足××省电力负荷增长需要，加强供电能力及可靠性，有利于缓解地区繁重的煤炭运输压力、促进地方经济发展。

本工程发电设备年利用小时数按 5500h 考虑。

1.2 工程设计指导思想

（1）严格贯彻"高效低耗、超净环保、领先标杆"的设计目标以及"高质量、高速度、低造价"的基建方针和"安、快、好、省、廉"的基建要求，真正落实"安全可靠、以人为本、高效环保、节能降耗、系统优化、配置合理、经济适用、投资节约"的 32 字优化设计指导原则，积极采用成型的优化设计成果和国内外最新技术，充分优化系统配置及各项技术经济指标，控制工程投资，技术经济指标达到并超过同类机组最好水平，为把本期工程建成国内一流的现代化电厂而精心设计。

（2）优化厂区总平面布置，做到总平面布置紧凑，征地少，土地利用率高。优化主厂房布置，做到厂房体积较小，最大限度地利用厂房的空间。附属系统根据设备和系统的功能要求合理设置，有条件尽可能集中、合并布置。进一步总结一期运行和检修的经验和教训，使二期设备的布置更加合理，便于运行维护和设备检修。

（3）充分考虑一期工程的竖向布置情况，根据地形条件和主要建（构）筑物地基情况合理选择竖向布置方式，避免高挖深填，做到厂区满足防排洪要求、排水顺畅，厂区、施工区和建（构）筑物基槽余土土方综合平衡，主要建（构）筑物地基处理费用合理，厂内外设施标高衔接适当。

（4）本工程选用 660MW 高效超超临界机组方案，吸取和继承以往工程优化设计成果，打造高质量、低造价的优秀设计。

（5）严格控制全厂热效率、发电煤耗率、厂用电率、水耗、污染物排放及其他实物工程量指标，实现工程的技术经济指标达到并超过同类机组最好水平。

（6）按照国内一流现代化电厂的思路，进行模块化设计和优化。优化布置，使设备布置紧凑、工艺管道短捷、建筑体积小、施工周期短、工程造价低。

（7）本工程选用优质高效的主辅机设备。通过技术经济比较，合理采用先进技术和国内外成熟的新工艺、新布置、新方案、新材料、新结构等技术方案。

（8）采用先进的控制系统设计思路，提高全厂自动化水平。

（9）通过各专业间有机协调地配合，避免各专业之间相互提供数据时层层放大裕量，致使安全系数及裕量过大。建（构）筑物的设计应通过科学计算、合理设计，杜绝浪费现象。

（10）初步设计将严格遵守国家部委及有关部门对本项目的有关评审、批复意见。

（11）初步设计方案参照 DL/T 5427《火力发电厂初步设计文件内容深度规定》、GB 50660《大中型火力发电厂设计规范》等规程规范和 GB/T 51106《火力发电厂节能设计规范》等设计规定编制。

（12）对现行标准、规范中不适用的部分应有所突破、有所创新。

（13）本工程考虑应用去工业化的理念，建筑物的装修及风格美观大方并与一期工程相协调。

（14）充分吸取一期优化设计成果（包括施工图以及竣工图）、设计理念，以及充分吸收项目的可行性研究设计成果、投标设计成果。

1.3　设计范围

本期工程扩建 2×660MW 燃煤超超临界机组及相应的辅助、附属系统工程设计。

（1）初步设计范围的分界点管道为厂区外 1m。

（2）接入系统为 500kV 配电装置出口。

（3）厂外铁路部分由建设单位另行委托设计。

（4）电厂接入系统由建设单位另行委托设计。

（5）本工程充分考虑使用一期已建成的设施，节约建设成本。

2　设计依据[1]

2.1　法律法规

（1）《中华人民共和国节约能源法》；

（2）《中华人民共和国清洁生产促进法》；

（3）《中华人民共和国电力法》；

（4）《中华人民共和国循环经济促进法》；

（5）《中华人民共和国计量法》；

（6）《中华人民共和国计量法实施细则》；

（7）《国务院关于加强节能工作的决定》。

2.2　标准规范

（1）《用能设备能量平衡通则》（GB/T 2587）；

（2）《设备热效率计算通则》（GB/T 2588）；

（3）《综合能耗计算通则》（GB/T 2589）；

（4）《企业能量平衡通则》（GB/T 3484）；

（5）《企业节能量计算方法》（GB/T 13234）；

（6）《节能监测技术通则》（GB/T 15316）；

（7）《工业企业能源管理导则》（GB/T 15587）；

（8）《用能单位能源计量器具配备与管理通则》（GB 17167）；

（9）《工业锅炉能效限定值及能效等级》（GB 24500）；

（10）《建筑采光设计标准》（GB/T 50033）；

（11）《建筑照明设计标准》（GB 50034）；

（12）《供配电系统设计规范》（GB 50052）；

（13）《低压配电设计规范》（GB 50054）；

（14）《公共建筑节能设计标准》（GB 50189）；

（15）《大中型火力发电厂设计规范》（GB 50660）；

（16）《火力发电厂能量平衡导则　第 1 部分：总则》（DL/T 606.1）；

（17）《火力发电厂能量平衡导则　第 2 部分：燃料平衡》（DL/T 606.2）；

（18）《火力发电厂能源平衡导则　第 3 部分：热平衡》（DL/T 606.3）；

（19）《火力发电厂电能平衡导则》（DL/T 606.4）；

（20）《火力发电厂节水导则》（DL/T 783）；

（21）《火力发电厂总图运输设计技术规程》（DL/T 5032）；

（22）《发电厂供暖通风与空气调节设计规范》（DL/T 5035）；

（23）《火力发电厂建筑设计规程》（DL/T 5094）；

（24）《发电厂和变电站照明设计技术规定》（DL/T 5390）；

（25）《火力发电厂初步设计文件内容深度规定》（DL/T 5427）。

2.3　其他相关文件

（1）勘察设计合同；

（2）《可行性研究报告》及其附件；

（3）《可行性研究报告》审查意见；

（4）××工程初步设计原则；

（5）《××项目节能报告》。

3　节约及合理利用能源的措施

本工程的能源消耗主要是燃煤、燃油、电力。为降低这些资源的消耗水平，本工程在主辅机选型、优化设计和采用新工艺、新技术、新材料等方面采取了相应的节能措施。

3.1　工艺系统设计中考虑节能的措施

3.1.1　优化工艺系统设计，提高系统效率，降低工艺系统消耗

（1）制粉系统采用中速磨煤机正压冷一次风机直吹式系统，系统简单，运行可靠，设备故障率低，制粉电耗低，可提高整个机组的可用率和电厂的运行经济性。

（2）脱硫系统取消旁路烟道，简化系统，节省占地，真正实现燃煤电厂脱硫系统与发电机组同时运行。

（3）锅炉采用单列四分仓空气预热器，降低漏风率，每台空气预热器在 BMCR 工况时的漏风率第一年内小于 4%，一年后小于 5%，同时使风道布置相对宽松，减少风道的材料量。

（4）采用等离子点火技术，节约机组启动调试阶段用油。

---

[1] 设计依据需采用现行的有效文件。

（5）采用配置 0 号高压加热器的给水回热系统，以提高部分负荷机组的热效率。

（6）为保证机组在变动工况或较低负荷运行时有良好的效率，机组采用纯滑压或复合滑压运行方式。汽轮机旁路为 100%高压、65%低压串联的 II 级旁路系统，增强节能效果。

（7）给水系统高压加热器采用大旁路，减少管路阻力，节省电耗。

（8）主厂房设计优化，压缩了主厂房体积，降低了供暖、通风能耗。主厂房自然进风、屋顶通风器排风，减少冷风渗透。以上措施有效降低了供暖通风电耗。同时缩短了主蒸汽及再热（冷）蒸汽管路，有利于减少其温降、压降，保证机组的效率。

（9）主厂房通风系统采用自然进风、自然排风的通风方式，以节约厂用电。

（10）本工程热工控制系统采用了基于现场总线技术的分散式控制系统。由计算机控制机组启停，进行数据处理和参数调整，以保证机组有关系统始终在最佳经济工况下运行。控制系统可随时计算出机组的运行效率和经济指标。在燃烧控制系统中采用先进的控制算法，使锅炉燃烧处于最佳状态，辅机设备运行处于效率最优工况，节约燃煤和辅机能耗。控制系统使机组快速、稳定地满足负荷变化的要求，保持机组稳定、高效经济运行。还设置了厂级监控信息系统（SIS）和全厂管理系统（MIS），进一步提高了全厂自动化管理水平，使全厂整体管理实现网络化，为降低全厂燃料消耗、热耗及电耗，实现经济运行优化创造了条件。

（11）采用 100%汽动给水泵，降低厂用电率，以提高全厂热效率。

3.1.2 采用等离子点火技术

采用等离子点火技术具有以下优点：

（1）经济。采用等离子点火技术的运行维护费仅是使用正常点火时费用的 20%左右，尤其是新建电厂调试过程中的频繁启停阶段，可以节约上千万元的试运行费用。取消所需配置油区，减少投资。

（2）环保。由于点火时没有燃用油，电除尘装置可以在点火初期投入，因此，减少了点火初期排放大量烟尘对环境的污染。另外，电厂采用单一燃料后，避免了油品的运输和储存环节，亦改善了电厂的环境。

（3）安全。取消炉前燃油系统，大大减少了由于燃油系统问题而引发的各种事故。

本工程机组在试运期间要经过锅炉吹管、整定安全阀、汽轮机冲转、机组并网、电气试验、锅炉洗硅运行、机组带大负荷运行等许多阶段。

当采用常规点火方式及助燃方式时，锅炉在酸洗、吹管及整套启动时的耗油量，根据中国电力企业联合会相关文件，见表 10-16～表 10-18。

表 10-16　锅炉酸洗燃油使用量

机组容量（MW）	50	135	250	300	600	1000
燃油使用量（t）	10	17	22	28	46	71

表 10-17　汽轮机发电机组空负荷试运、吹管燃油使用量

机组容量（MW）	50	135	250	300	600	1000
燃油使用量（t）	124	315	512	711	1284	1344

表 10-18　机组整套启动试用燃油用量

机组容量（MW）	50	135	250	300	600	1000
燃油使用量（t）	726	1038	1482	2118	3025	5042

对表 10-16～表 10-18 的说明：以上各表中燃油量是按乙二胺四乙醇（EDTA）酸洗、常规的点火方式，600MW 及以上为亚临界机组、两台机组用油量的平均值取定。当工程为下列情况时，对分布试运阶段的燃油用量做如下调整：

（1）600MW 及以上机组为超超临界时，按规定的相应数量增调 20%。

（2）新建、扩建一台机组或两台机组的第一台机组调试时，按规定的相应数量增调 10%。

（3）采用等离子及其他节油点火方式时，按规定的相应数量乘以 0.2 的系数统计。

则采用常规点火方式时，本工程两台 660MW 机组的启动调试阶段用油量为

$$2×3025+2×[1.2×(1284+46)]+1×[0.1×(1284+46)]=9375（t）$$

采用等离子及其他节油点火方式时，按常规点火方式用油量乘以 0.2 的系数统计。由于本工程采用等离子点火技术，在整个启动和调试阶段的用油量为 0。

采用等离子点火技术后，本工程比常规点火方式节省的燃油量为 9375t。

3.1.3 节电措施

1. 降低厂用电率的措施

（1）全厂布局和工艺优化。

1）合理安排送引风机及其他风机的烟风道的位

置、距离、通径、转弯半径等，降低烟风道系统阻力。在工程设计中，根据锅炉厂提的阻力计算值，进行整个烟风系统阻力计算后，最后统一考虑其系统裕量，可避免重复计算裕量后带来的风机、电动机等不在高效区运行的状况发生，可有效降低电耗。

2）优化燃料输送及贮存方案。对运煤系统布置方案、上煤方案等做了多方案的比选，使工艺流程简洁合理，输煤设备的输送距离、倾角、输送能力等结合工艺要求和节电要求通盘考虑，皮带电动机耗电量较低。

3）根据本工程的特点，结合除灰、热控、热机、脱硫、化学等专业用气要求，全厂设一座供气中心（空气压缩机站），为各用户提供气源。在布置上使空气压缩机到电除尘灰斗的管道尽量短，吹灰用气明显减少，节约了管道耗材，减少了空气压缩机台数。

4）水务设施按照工艺流程集中布置，减少分散布置要求的压力输送电功率功耗，也减少了电缆、管道等消耗量。

5）空调系统的布置充分考虑减少输送距离，以减少输送损耗。

6）脱硫工艺系统布置合理。本工程采用石灰石湿法脱硫，优化脱硫附近烟气系统设备设置及烟道布置。采用喷淋塔，减小吸收塔本体阻力。风机、吸收塔紧凑布置，减少烟道长度及取用适当的烟气流速，减小系统阻力使厂用电率得到降低。

7）本工程对全厂的电缆路径的走向、长度等进行了多方案比较，根据缆流情况优化电缆路由的布置，采用三维软件布置电缆通道，对主厂房的体积进行适度压缩后，电缆长度也较以往工程有所缩短，减少了线损。

8）一次风机、送风机、空气预热器、引风机均采用单系列的配置方案，降低了厂用电率。

9）采用1×100%汽动给水泵，取消启动电动给水泵的配置方案，大大降低了厂用电率。

（2）对主辅机参数匹配进行优化。

在工程中对主机进行合理匹配，锅炉、汽轮机、发电机选型要一致。与主机厂进一步研究机炉电三大主机的参数匹配问题。要研究发电机进相运行对厂用电带来的影响。同步发电机进相运行是一种同步低励磁持续运行方式。利用发电机吸收无功功率，同时发出有功功率，是解决电网低谷运行期间无功功率过剩、电网电压过高的一种技术上简便可行、经济性较高的有效措施。发电机的励磁系统将会自动增减励磁电流，从而增减发电机的无功输出甚至进入进相运行状态，使电网电压基本保持不变。发电机进相运行后，随着励磁电流的减少，励磁变压器的负荷也随之下降，可以降低厂用电率。

（3）优化选择最佳工况区。

为提高效率，降低能耗。本工程主要辅机选型工况点尽量设在高效区，杜绝偏离高效区，设计选型杜绝"大马拉小车"。这个问题在以往工程的风机、水泵上的反映特别突出。有些风门开度只有40%～50%，风机选型过大本身就不合理，不仅增加了投资，而且风机设备风门的调节性能很差，风门在打开很小的状态下运行，增大了风阻。设计选型合理优化，风机和电动机选型减小，电动机的功率消耗会随之降低。

2. 设备选型优化

（1）提高锅炉系统效率。厂用电主要消耗在经常连续运行的锅炉及汽轮机系统的6kV辅机上，因此，深挖高压辅机节电潜力，减少风烟、制粉、循环水三大系统辅机耗电量，是降低机组厂用电率的关键。参照国内已投运的同类型机组风机实际运行情况，结合本工程风道布置的特点，综合考虑后确定三大风机的容量裕量，锅炉送风机、引风机、一次风机均按103%BRL工况选择设备参数，设备本体阻力不再考虑裕量，避免了锅炉风机长期在低负荷（相对于设计参数）运行，引起锅炉风机运行偏离高效区较远，运行效率低，厂用电耗增大，增加运行成本。一次风机、送风机、脱硫增压风机选用动叶可调轴流风机，引风机选用静叶可调轴流风机，高效区范围大，风机效率高，运行工况效率也较高，风机电耗较低，尤其是低负荷时效果显著。另外，给煤机采用变频调速装置可从一定程度上降低用电量。

（2）给水泵设置方案。本工程通过优化给水泵配置，采用1台100%汽动给水泵方案，给水泵与前置泵同轴布置，与采用2×50%容量汽动给水泵方案相比，取消给水泵前置泵电动机，降低了厂用电率。

（3）提高发电机和励磁机的效率，降低铁损和铜损。

（4）采用风冷节能型双级压缩螺杆式空气压缩机，在同等功率下，可比单级压缩的喷油螺杆空气压缩机多12%～18%的气量。或者说，在压缩同等气量下，比单级压缩的喷油螺杆空气压缩机平均可节省15%的功率。

3. 电气节能方案

（1）厂用电系统的节能措施。

1）合理选择高压厂用变压器的容量。通过工艺系统的一系列优化措施，从源头上将负荷的用电量降至最低，并通过对负荷性质进行逐个的分析甄别，合理地对负荷进行分配，使高压厂用变压器的容量降至最低，最终确定高压厂用变压器的容量为45MV·A/27-27MV·A。

2）低压厂用变压器的优化。本工程经反复计算、比较，在满足供电可靠性的前提下，尽量减少低压变压器的数量，这样既能节约能源，又能减少 6kV 开关柜的数量和 6kV 电缆的长度。

主厂房内取消了常规设置的照明及检修变压器，照明及检修负荷由公用变压器供电。

（2）电气设备选型及节能措施。

1）变压器的选择。变压器是发电厂电气系统中消耗电能较大的电气设备，通过合理确定变压器参数，对变压器容量、短路阻抗等参数进行精确计算，在将短路电流开断水平限制在合理水平的前提下尽量减小变压器的阻抗电压，可以在设计上降低变压器的损耗。同时，在变压器选型上优先选用低损耗变压器，降低变压器的空载损耗（铁损和杂散损耗）和负荷损耗（铜损），提高变压器效率。用高效节能型变压器替代高能耗变压器，不但可提高能源转换效率，而且在寿命期节电效果相当可观。

2）选用高效电动机。本工程对于经常连续运行的用电负荷考虑选择高效电动机。目前电厂中大量使用的 Y 系列和 Y2 系列电动机，其平均效率分别为 87.3% 和 86.3%。而 YX、Y2-E 等系列高效电动机由于采取相应的设计和工艺措施，如选用铁耗较低的冷轧硅钢片，改进定子和转子槽的配合和风扇结构等，使电动机的总损耗平均较普通电动机下降 20%~30%，效率提高约 3%。高效电动机启动转矩大、噪声小、振动小、温升低、寿命长，价格比 Y 系列电动机约高 30%，但在 1~2 年的时间内增加的投资就可以通过电费的节约得到回收。

此外，为加快推进国内高效电动机规模化应用，财政部、国家发展改革委于 2011 年 3 月 19 日联合召开会议决定，将通过加大财政补贴等方式推广高效电动机。对购买使用低压高效电动机的用户，根据功率档次每千瓦分别补贴 58 元和 31 元；对购买使用高压高效电动机的用户，每千瓦补贴 26 元；对购买使用稀土永磁电动机的用户，每千瓦补贴 100 元。因此，推广应用高效电动机具有显著的经济效益。

3）采用节能型电器元件。低压厂用电系统中对容量为 75kW 以下的低压电动机一般采用交流接触器作为操作电器。传统的低压交流接触器采用交流线圈通电的方式进行合闸保持，为保持吸合而消耗能量。而采用永磁式交流接触器可以大幅度减少电能损耗。

采用永磁式交流接触器节电效果十分可观。接触器数量众多，采用节能型是十分必要的，且永磁式交流接触器还有无噪声、防晃电、断电延时保持功能，这些优点对电厂安全运行是十分必要的。

4）采用绿色照明设计。照明系统是电厂节能的一个有效环节，以往的照明系统选用能耗高的白炽灯，造成能耗高、效率低，另外布置不合理也是造成浪费的一个重要原因。新型的照明系统设计，应该是布置

合理，选用新型的节能型光源及附件组成的。本工程照明设计采用高光效的金属卤化物灯、高压钠灯、细管荧光灯、紧凑型节能灯和电子整流器。在相同的照度下细管荧光灯比粗管荧光灯节电 35.9%，紧凑型节能灯比白炽灯节电 75%。在确定工程照度标准时应综合考虑视觉功效、舒适的视觉环境、技术经济和节能等因数。对于锅炉照明和道路照明等某些前夜和后夜照度要求不同的地点，可以采用间隔开灯的方式或整体降低电压以减小照度的方法来节能。另外在照明专用变压器低压侧加装电压自动分级补偿装置，厂区照明采用具有时控和光控等功能的微电脑控制器控制，各辅助厂房大量采用长寿型节能灯具，能在满足生产要求照度的前提下，大量节省电能。

4. 节能效果

本期工程在平面布置、主要工艺流程及系统设计上进行了优化设计，使用电负荷有了明显的下降。

依据厂用电率的计算方式，经过计算，本期工程厂用率为：K 值法，4.59%（含脱硫 1.051%）。

3.2 主辅机设备选型中考虑节能的措施

3.2.1 主机设备选型

3.2.1.1 锅炉部分

锅炉是发电厂中的重要设备，锅炉选型是否恰当对火电厂节能起到至关重要的作用。根据本工程的设计条件，选用超超临界参数的 Π 型锅炉，其主要优点如下：

（1）锅炉高度低，安装相对简单，炉型成熟。

（2）锅炉调温手段多，除燃烧器摆动外，还可采用挡板调温等。

（3）对燃烧方式适应强。

排烟热损失和机械未完全燃烧损失是影响锅炉运行效率的主要因素，为提高锅炉运行稳定性，本工程采取了如下与设计相关节能措施：

（1）提高锅炉、制粉系统、烟风系统、锅炉烟道等的密闭性，降低系统漏风，控制整体过量空气系数为 1.38，有效降低排烟热损失，并保证燃烧充分性。

（2）结合本工程煤质特性，将煤粉细度 R_{90} 控制到 20% 及以下，降低机械未完全燃烧损失，并降低锅炉结渣性。

（3）设置高效吹灰系统，维持受热面清洁，防止壁面的初次污染和壁温升高。

（4）选用一级能效的风机，降低系统厂用量。

3.2.1.2 汽轮机部分

本工程采用 28MPa/600℃/620℃ 型汽轮机设备，该汽轮机产品为提高效率、降低汽轮机热耗，采取了如下技术：

（1）高压缸采用独特、成熟可靠的单流圆筒型汽

缸，使产品具有极高的承压能力。

（2）全周进汽的滑压运行+补汽阀的模式，可使机组同时保持额定负荷及低负荷的高效率。

（3）转子由单轴承支撑，结构紧凑，机组总长比同等级的其他机组大大缩短，能够降低厂房投资。

（4）独特的阀门与汽缸的连接和支撑方式有效降低压损并提高机组安全性。阀门与汽缸直接连接无导汽管，阀门布置在汽缸的两侧切向进汽，结构紧凑；阀门损失小；起吊高度低。

3.2.1.3　节能效果

本工程采用超超临界高效发电机组，THA工况下发电标准煤耗率263.63g/（kW·h），供电标准煤耗率为276.31g/（kW·h）。

3.2.2　优选辅机设备

3.2.2.1　给水泵设置

本工程结合电网特点，采用1台100%容量给水泵方案。单台100%容量给水泵额定工况效率高于两台50%容量给水泵或三台35%容量的给水泵，其功率消耗小于后者。

3.2.2.2　优选烟风系统设备

每台锅炉配1台定速、电动、轴流式、动叶可调一次风机。

每台锅炉配1台定速、电动、轴流式、动叶可调送风机。

每台锅炉配1台定速、电动、轴流式、动叶可调引风机。

每台锅炉配1台定速、电动、轴流式、动叶可调脱硫增压风机。

送风机、引风机和一次风机在汽轮机额定工况运行时有较高效率，并具有较宽的调节范围。电厂所属地区年平均温度16℃，年极端最低气温−13.2℃，空气预热器进口一次风温需达到27℃，进口二次风温需23℃。为避免空气预热器冷端低温腐蚀，在空气预热器一、二次冷风的风机进口处设暖风器，以提高空气预热器进口风温。

每台锅炉配有2台密封风机，1台运行、1台备用，向磨煤机及给煤机提供密封风。密封风机入口接自一次风机出口的冷一次风道。密封风机由磨煤机制造厂家配套提供。

3.2.2.3　设置水媒式换热器（WGGH）装置、暖风器

除尘器入口设有WGGH装置烟气降温段使引风机入口烟温降低，减小风机入口烟气体积流量，从而减小引风机电耗。

一次风机、送风机入口暖风器加热，采用疏水侧调节，不但提高了换热效率，而且还降低了蒸汽消耗。

3.2.2.4　选择调速或变速电动机

采用调速或变速电动机，以便根据不同的负荷及参数调节电动机的转速，达到节约能源、降低厂用电的目的。应用实践证明，交流电动机变频调速一般能节电30%。

3.3　材料选择节能措施

3.3.1　推广使用建筑节能产品和新技术、新材料

在建筑外墙、屋面、门窗和供暖供热保温节能技术，对提高建筑围护结构的保温隔热性能、减少热损、节省供热量，效果非常明显。

建筑围护结构主要包括屋顶、外墙和外窗三个部分，本工程将要采取的工程措施如下：

（1）屋顶采用60mm厚高效的聚苯乙烯保温板作为建筑屋面保温隔热层，其传热系数、热惰性指标高于相关标准的规定。

（2）外墙采用低热转移值的外墙材料煤矸石烧结砖砌体，杜绝采用黏土砖，建筑外墙的热工能性应满足标准的规定。

（3）建筑围护结构热工性能最薄弱的环节是窗户，在建筑能耗方面，铝、钢、塑窗散热量平均约占建筑外围护结构总散热量的50%。因此本工程设计中控制窗墙比，空调房间采用中空玻璃窗提高窗户的保温隔热性能，通过窗墙比和中空玻璃窗共同提高建筑外围护结构节能性能，不设置大面积的玻璃门窗或玻璃幕墙。除了窗户外，东、西墙和屋顶还要做适当的保温隔热处理。

建筑外墙保温隔热措施还包括外墙表面采用浅色设计，以反射太阳辐射。办公和居住建筑的屋顶和外墙宜做浅色饰面，不提倡深色。

3.3.2　优选保温材料

保温选用性能良好、节能效果稳定的主保温材料，可减少管道的散热损失，降低机组煤耗。

（1）对介质温度高于350℃的设备及管道，内层用硅酸铝、外层采用高温玻璃棉或硅酸盐保温。

（2）对介质温度低于350℃的中低温设备及管道，选用复合氧化铝板保温制品。

（3）为减少保温结构的散热损失，保温层厚度按经济厚度方法计算确定。

（4）热力设备、管道等的保温表面温度，当环境温度不高于27℃时，汽轮机保温层表面温度不应超过48℃；环境温度高于27℃时，汽轮机保温层表面温度比环境温度高25℃。

3.4　建筑节能

3.4.1　科学的规划布局与合理的建筑设计

对于电厂内设置有集中空调系统用房的规划布局，根据地方气候特点因地制宜，使建筑物的布置和建筑物的平面布置有利于自然通风，增加植被绿化，

减少硬化地面，形成小区微气候。建筑物的单体设计控制其体型系数，将体型系数控制在一个较低的水平上，以减少其外围护结构的传热损失，降低建筑能耗。

建筑的立面设计，宜有利于自然通风。全厂建筑在总体规划时，拟根据夏季主导风向进行建筑规划。建筑之间应保持合理间距。在厂区内种植"身量"稍高、防晒性好的乔木，并布置一些凉亭、水池，既美观又降温。

传统的路面设计，到了夏天，水泥、沥青地面经过一天的曝晒，往往到了傍晚还热气烘人，透气透水的地砖就没有这个问题。本工程设计中将尽量不过多铺设水泥、沥青地面，而以透水性好的地面为主，如"连环扣"地砖等。

3.4.2　办公、生活建筑物空调设计标准

办公、生活空气调节系统室内计算参数：一般房间冬季温度 20℃，夏季 25℃，而大堂、过厅冬季温度是 18℃，夏季室内外温差不大于 10℃。按照这样的参数设计，办公、生活建筑物冬热夏冷的高耗能情景将会大为减少。

3.5　节能效果

本工程通过优化机组选型和热力燃烧系统，提高了电厂热效率，节约了燃煤。本工程热经济指标（100%THA 工况）见表 10-19。

表 10-19　　　　　　　　　　　　　　　　热经济指标（100%THA 工况）

序号	计算项目	符号	单位	计算依据	指标
1	汽轮机组设计热耗率	q_{jm}	kJ/（kW·h）	综合优化后	
2	锅炉效率	η_{gl}	%	基于低位发热量	
3	机组绝对效率	η_{qn}	%		
4	管道效率	η_{gd}	%	按 GB 50660—2011 取值	
5	全厂热效率	η_{fn}	%		
6	机组设计发电标准煤耗率	b_{fn}	g/（kW·h）		
7	厂用电率	e	%	电气提供	
8	机组设计供电标准煤耗率	b_{gn}	g/（kW·h）		
9	全厂设计热耗率	q_{fn}	kJ/（kW·h）		
10	年耗标准煤量		t		
11	年节约标准煤量		t		

4　节约用水的措施

略。

5　节约原材料的措施

略。

6　节约土地的措施

略。

7　结论

本项目设计中通过采用先进技术，尽可能地提高火电厂的热力循环效率，有效地节约和合理利用能源，同时把节省投资、降低造价、缩短工期与节约、合理利用能源有机地结合起来。通过采取具体的节能、节水、节约用地和原材料措施，降低了各项主要能耗指标，贯彻了节能工作的科学发展观，落实节约资源和经济的可持续发展的基本国策，必将取得较好的社会和经济效益。

第十一章

火电厂节能报告编制

第一节　节能报告概述

一、节能报告

《固定资产投资项目节能审查办法》（国家发展和改革委员会令第 44 号，简称《办法》）自 2017 年 1 月 1 日起施行。2010 年 9 月 17 日颁布的《固定资产投资项目节能评估和审查暂行办法》（国家发展和改革委员会令第 6 号）同时废止。

已废止的《固定资产投资项目节能评估和审查暂行办法》对固定资产投资项目节能评估按照项目建成投产后年综合能源消费量实行分类管理，分别编制或填写节能评估报告书、节能评估报告表、节能登记表。

根据《办法》，建设单位应编制固定资产投资项目节能报告。项目节能报告应包括的内容有：分析评价依据；项目建设方案的节能分析和比选，包括总平面布置、生产工艺、用能工艺、用能设备和能源计量器具等方面；选取节能效果好、技术经济可行的节能技术和管理措施；项目能源消费量、能源消费结构、能源效率等方面的分析；对所在地完成能源消耗总量和强度目标、煤炭消费减量替代目标的影响等方面的分析评价。

目前，有的省（自治区、直辖市）和市（州、区）根据地方实际情况，对固定资产投资项目节能工作出台了相关文件。因此，由地方节能审查机关负责节能审查的项目，建议结合当地有关规定进行节能报告编制。

二、节能审查

（一）节能审查定义

根据《办法》，节能审查是指根据节能法律法规、政策标准等，对项目节能情况进行审查并形成审查意见的行为。

（二）节能审查机关

固定资产投资项目节能审查由地方节能审查机关负责。

《办法》规定，年综合能源消费量 5000t 标准煤以上[❶]的固定资产投资项目，其节能审查由省级节能审查机关负责。其他固定资产投资项目，其节能审查管理权限由省级节能审查机关依据实际情况自行决定。

《办法》规定，年综合能源消费量不满 1000t 标准煤，且年电力消费量不满 500 万 kW·h 的固定资产投资项目，以及用能工艺简单、节能潜力小的行业（具体行业目录由国家发展和改革委员会制定并公布）的固定资产投资项目应按照相关节能标准、规范建设，不再单独进行节能审查。

目前，有的省（自治区、直辖市）和市（州、区）根据地方实际情况，对固定资产投资项目能源消费量（增量）的控制标准做了适当的调整。因此，由地方节能审查机关负责节能审查的项目，建议依照当地有关规定进行管理。

（三）节能审查意见

固定资产投资项目节能审查意见是项目开工建设、竣工验收和运营管理的重要依据。对于政府投资项目，建设单位在报送项目可行性研究报告前，需取得节能审查机关出具的节能审查意见。对于企业投资项目，建设单位需在开工建设前取得节能审查机关出具的节能审查意见。未按规定进行节能审查，或节能审查未通过的项目，建设单位不得开工建设，已经建成的不得投入生产、使用。

（四）其他管理要求

节能审查意见自印发之日起 2 年内有效。通过节能审查的固定资产投资项目，建设内容、能效水平等发生重大变动的，建设单位应向节能审查机关提出变更申请。

---

❶ 本章中改扩建项目按照建成投产后年综合能源消费增量计算，电力折算系数按当量值。

固定资产投资项目投入生产、使用前，应对其节能审查意见落实情况进行验收。

节能审查机关应加强节能审查信息的统计分析，强化事中、事后监管，对节能审查意见落实情况进行监督检查。

对未按《办法》规定进行节能审查，或节能审查未获通过，擅自开工建设或擅自投入生产、使用的固定资产投资项目，由节能审查机关责令停止建设或停止生产、使用，限期改造；不能改造或逾期不改造的生产性项目，由节能审查机关报请本级人民政府按照国务院规定的权限责令关闭，并依法追究有关责任人的责任。以拆分项目、提供虚假材料等不正当手段通过节能审查的固定资产投资项目，由节能审查机关撤销项目的节能审查意见。未落实节能审查意见要求的固定资产投资项目，节能审查机关责令建设单位限期整改；不能改正或逾期不改正的，节能审查机关按照法律法规的有关规定进行处罚。

第二节　火电厂节能报告编制要点[1]

根据《固定资产投资项目节能审查办法》《固定资产投资项目节能评估工作指南（2014 年本）》《固定资产投资项目节能评估报告编写指南（总纲·2014 年本）》《固定资产投资项目节能评估报告编写指南（火电·2014 年本）》等相关要求，目前燃煤发电厂项目节能报告编制应注意的要点如下，其他类型火电厂节能报告可据此参考。

一、分析评价内容及依据

（一）分析评价内容

（1）说明项目建设内容。如项目建设性质，建设机组类型和数量，辅助和附属设施、配套工程情况等。

（2）确定分析评价范围。分析评价范围应与项目投资范围保持一致，应注意厂外配套工程的节能分析评价。

（二）分析评价依据

分析评价依据应分类列出，应包括法律、法规，政府部门规章、地方性法规、地方性规章、政府规范性文件，标准、规范、规程，地方节能规划、国民经济和社会发展规划、工程技术资料等。

鉴于原则上企业投资类火电厂建设项目在开工建设前取得节能审查机关出具的节能审查意见即可，结合火电厂建设项目各设计阶段内容深度规定，建议初步设计阶段开展编制火电厂节能报告为宜。

工程技术资料包括项目最新的设计文件及其审查会议纪要、机组选型专题论证报告、主要技术方案和设备选型专题论证报告、设备技术协议，以及影响项目工艺方案和设备选型的专项报告等。供热项目应包括地区集中供热规划、热电联产规划，以及对供热要求的批复文件等。

二、项目基本情况

（一）建设单位基本情况

介绍项目建设单位名称、所属行业类型、性质、地址、成立时间、注册资金、经营范围等。

（二）项目简况

说明项目名称、建设地点、建设性质、机组容量、建设内容、投资规模、进度计划、工程实际进展情况等。改扩建项目应说明改扩建前既有项目的基本情况。

列表提供项目主要技术指标和经济指标。

说明项目涉及的"上大压小"、煤炭等量或减量置换、供热替代等方案情况。

（三）所需能源概况

说明项目消耗能源种类，包括项目拟使用的燃煤品种、耗煤量，以及燃煤的成分构成、特性及热值分析等。

（四）所在地有关情况

（1）说明项目地理位置、地形地貌、场地现状等。

（2）说明项目所在地的气候特征、主要气象要素特征值。空冷项目应说明所在地水资源概况、干旱指数等。

（3）说明项目所在地国民经济发展规划、节能目标、能源消费总量控制目标、煤炭等量（减量）置换要求等。

（五）工程热负荷分析（若有）

供热项目应说明项目厂址地区的供暖期、供暖天数等相关参数。应分析热负荷需求，进行热负荷的计算，对供暖供热可靠性进行计算分析，说明热负荷落实情况。

三、项目建设方案的节能分析和比选

（一）机组选型节能分析和比选

（1）说明机组选型的比选方案，从节能角度分析机组选型的合理性。说明项目拟选择的机组参数、主机容量、主机选型方案等，主要包括蒸汽参数，锅炉、汽轮机、发电机选型等，分析是否符合节能准入条件、限额标准、设计规范等相关要求。

---

[1] 《固定资产投资项目节能审查办法》自 2017 年 1 月 1 日起施行，固定资产投资项目节能报告编写指南尚未发布，本节暂参考现行有效文件编写。

主机选型方案节能分析要点如下：

1）锅炉。主要包括锅炉型式、蒸发量、蒸汽参数、燃烧方式、保证效率等，以及空气预热器的型式、漏风率要求等。

2）汽轮机。主要包括汽轮机技术方案、功率、主蒸汽及再热蒸汽参数、流量、背压、保证热耗率等。

3）发电机。主要包括发电机型式、功率、效率、励磁系统特性与参数等。

（2）从节能角度，分析机组选型方案、机组参数、主机选型等的合理性，应达到国内先进水平。

（二）总平面布置节能分析与比选

说明总平面布置的比选方案，从节能角度分析总平面布置比选方案的合理性。

从节能角度，对项目厂区外部规划、厂区规划及总平面布置、主厂房区域布置等方案进行分析，评价总体布置的合理性。

应从项目交通运输、贮煤运煤、供水和排水、灰渣输送和处理、输电线路、供热管线等的统筹协调，各生产设施及工艺系统的功能分区，以及总平面布置方案等方面，分析是否做到合理布局，减少能源损失。针对存在的问题，从节能角度提出优化建议。

（三）主要用能系统节能分析与比选

1. 主要用能系统分析要点

（1）运煤系统。说明厂外来煤方式的比选，重点分析卸煤设施、贮煤设施、带式输送机、筛碎设备，以及混煤设施、运煤辅助设施的配置、出力和工艺参数等。

（2）锅炉系统。

1）制粉系统。主要包括：制粉方式的比选，磨煤机的型式、台数、出力；制粉系统型式；一次风机的型式、台数、功率；密封风机的型式、台数、功率等。

2）烟风系统。主要包括：送风机的型式、台数、功率；引风机的型式、台数、功率，电动驱动的应说明电动机容量，汽动驱动的应说明设置方案、蒸汽汽源、排汽流向、排汽温度、背压等；烟气余热利用设计方案等。

3）烟气除尘及排放系统。主要包括除尘器设置方案与比选、型式、台数、除尘效率；烟囱或排烟冷却塔的型式、高度等。

4）点火及助燃燃料系统。主要包括节油点火和稳燃系统设置方案与比选等。

5）除灰渣系统。主要包括：除渣系统设置方案与比选，捞渣机设备出力，渣库的设置；除灰系统设置方案与比选，输送系统的出力，灰库的设置以及卸灰设施的配置等；压缩空气系统的设置方案与比选，空气压缩机的型式、台数、功率、运行方式等。

6）烟气脱硫、脱硝系统。主要包括：烟气脱硫工艺方案与比选，吸收剂制备系统配置方案，脱硫吸收塔的型式、数量、容量，浆液循环泵的型号、

数量、功率，氧化风机的型式、型号、数量、功率，烟气-烟气加热器的设置方案、选型等；烟气脱硝工艺方案与比选，脱硝还原剂的选择及储存、供应系统方案等。

7）启动锅炉。说明启动锅炉的型式、台数、容量、蒸汽参数等。

（3）汽轮机系统。

1）热力系统。主要包括过热蒸汽、再热蒸汽系统压降及温降，节能措施等。

2）给水系统。主要包括：给水泵组配置方案与比选，驱动方式，给水泵及前置泵的型式、布置方案、数量、功率，汽动驱动的应说明驱动汽轮机的设置方案、蒸汽参数、内效率等，电动驱动的应说明电动机型式、数量、容量等；高压加热器的型式、参数等；除氧器的型式、台数、出力、运行方式等。

3）凝结水系统。主要包括：凝结水系统的设置方案与比选，凝结水泵的型式、台数、功率等；补给水泵的型式、台数、功率等；低压加热器的型式、参数、端差要求等。

4）辅机冷却水系统。主要包括辅机冷却水系统的设置方案与比选，冷却水泵或升压水泵的型式、台数、功率等。

5）凝汽器。主要包括凝汽器面积、端差，清洗装置的设置方案，抽真空系统设备的配置方案，水环式真空泵的型式、台数、功率等。

（4）电气系统。

1）主要变压器。主要包括主变压器、启动/备用变压器、高压配电变压器等主要变压器的选型、容量、接线方式、冷却方式、效率，以及空载损耗、负载损耗指标等。

2）电气系统。主要包括电气主接线、交流厂用电系统、直流系统及交流不间断电源系统、照明系统等的设置方案及设备要求等。

（5）水处理系统。结合项目拟用水源的水质资料，分析水的预处理系统、预脱盐系统、锅炉补给水处理系统、汽轮机组凝结水精处理系统、冷却水处理系统及废水处理系统等的配置方案与方案比选，包括设备工艺参数、能效要求等。

（6）水工系统。

1）湿冷系统。主要包括：结合汽轮机特性，根据当地气象条件和温排水影响等，确定最佳的汽轮机背压、凝汽器面积等；供水系统设置方案；循环水泵配置方案、驱动方式、电动机容量；湿式冷却塔的型式、设计方案等。

2）空冷系统。主要包括：结合汽轮机特性，根据当地气象条件，确定最佳的汽轮机背压、凝汽器面积等。直接空冷系统应确定冷却单元排（列）数、轴流风机选型及电动机配置等。间接空冷系统应确定空冷散热器面积、冷却水量、循环水泵选型、空冷塔选

型等。说明辅机冷却水系统的冷却方式、辅机循环水泵选型等。当采用汽动给水泵时，应说明给水泵汽轮机的冷却方式。

2. 主要用能设备能效分析

（1）设备容量分析。根据项目拟选择的技术方案、设备选型、出力需求等，测算主要用能设备的工艺参数、所需容量等，并合理选择裕量，最终确定设备容量，并对其合理性进行分析。

应确定设备容量的用能设备主要包括：

1）风机：一次风机、送风机、引风机、密封风机、氧化风机等。

2）泵：给水泵及前置泵、凝结水泵、循环水泵、补给水泵、冷却水泵（升压水泵）、水环式真空泵、浆液循环泵等。

3）变压器：主变压器、启动/备用变压器、高压厂用变压器、主厂房变压器、除尘变压器、输煤变压器、脱硫变压器、低压公用变压器、照明变压器等。

4）其他设备：带式输送机、磨煤机等。

（2）设备能效分析。应对主机（锅炉、汽轮机、发电机等）、主要风机、泵、变压器等主要用能设备的能效进行分析，或提出能效要求。具体如下：

1）有能效等级标准的用能设备。①列表统计功率 100kW 及以上的风机。计算风机效率，依据相关能效标准，判断能效等级。②列表统计功率 100kW 及以上的泵。计算泵的能效，依据相关能效标准，判断能效等级。③列表统计额定容量 500kV·A 及以上的变压器。确定空载损耗、负载损耗等指标，依据相关能效标准，判断能效等级。

用能设备能效计算过程可附在配套计算书中。若风机、泵、变压器等不具备核算能效的条件，应根据国家节能管理要求，明确提出设备能效要求。

2）无能效等级标准的用能设备。锅炉、汽轮机、发电机、磨煤机、空气预热器、加热器等设备的能效，应与同类机组先进水平进行对标。

（四）辅助及附属设施节能分析

主要对建筑方案，供暖、通风和空调系统，控制系统和信息系统，保温油漆方案，配套工程等辅助及附属系统的能源利用情况进行分析和评价。主要分析和评价要点如下：

1. 辅助及附属用能系统节能分析

（1）建筑方案。对生产建筑、生产辅助和附属建筑的设计方案进行节能分析，计算单位面积综合能耗等指标。

（2）供暖、通风和空调系统。对项目各类建筑物的供暖、通风和空调系统的设置方案进行节能分析，说明设备名称、型号、数量、容量等参数。

（3）控制系统和信息系统。对分散控制系统、厂级监控信息系统和管理信息系统等的设置方案、节能管理要求等进行节能分析。

（4）保温油漆方案。对保温油漆设计方案进行节能分析。

（5）配套工程。配套建设码头、铁路专用线、取水设施、供热管网、输电送出工程等的项目，应对配套工程建设方案、主要用能设备、能源利用状况、节能措施等进行分析评价。

2. 辅助及附属设施设备能效分析

列表汇总辅助及附属设施各系统配置的主要用能设备清单，说明设备名称、型号、数量、容量、用能类型、能效水平、能效要求等。

（五）能源计量器具配备方案分析评价

按照 GB 17167《用能单位能源计量器具配备与管理通则》和 GB/T 21369《火力发电企业能源计量器具配置和管理要求》等，结合火电行业的特点和要求，编制能源计量器具配备方案，列出能源计量器具一览表。能源计量器具一览表应按照能源种类分表填写，依次列出计量器具的名称、规格、准确度等级、用途、安装使用地点、数量等。

四、节能措施分析评价

（一）节能分析评价前节能技术措施综述

（1）梳理汇总项目在节能分析评价前已采取的主要节能措施，并评价这些措施的合理性、可行性。

（2）参照用能系统分类，列出节能分析评价前节能技术措施汇总表。

（二）节能分析评价阶段节能措施分析评价及效果

（1）对"项目建设方案的节能分析和比选"章节中分析评价提出的项目建设方案调整意见、设备选型建议、节能措施等进行梳理。

（2）逐条分析计算节能分析评价阶段节能措施的节能效果，并进行汇总列表。

（三）节能管理方案分析评价

按照 GB/T 23331《能源管理体系 要求》、GB/T 15587《工业企业能源管理导则》等的要求，提出项目能源管理体系建设方案、能源管理机构设置、节能管理有关制度等的建设要求，以及能源统计、监测等节能管理方面的措施、要求等。

五、能源利用状况核算及能效水平评价

（一）节能分析评价前项目能源利用状况

1. 能效指标核算

根据节能分析评价前项目选择的锅炉效率、汽轮机热耗率、主要用能设备额定容量等数据，复核项目设计发电标准煤耗率、厂用电率、供电标准煤耗率等主要能效指标。计算数据应提供明确的取值依据。

2. 年综合能源消费量核算

核算节能分析评价前项目年总发电量、厂用电量和年供电量，在此基础上计算年综合能源消费量（当量值、等价值）、一次能源消费实物量等。

（二）节能分析评价后项目能源利用状况

1. 基础数据核算

评价应明确基础数据、基本参数的取值依据，并通过相关基本参数核算基础数据的合理性。应采用节能分析评价后确定的数据。

火电项目的基础数据及其对应基本参数主要包括：

（1）锅炉效率。基本参数主要包括入炉煤质、煤粉细度、排烟温度、排烟氧量、飞灰可燃物、炉渣可燃物、送风温度、空气预热器漏风率等。

（2）汽轮机热耗率。基本参数主要包括主蒸汽参数、再热蒸汽参数、缸效率、排汽温度、凝汽器真空度、过热器减温水流量、再热器减温水流量、凝汽器端差、给水温度、加热器端差、凝结水过冷度、循环水入口温度、循环水温升等。

（3）厂用电率。基本参数主要包括主要用能设备耗电率等。

2. 能效指标计算

（1）设计指标。计算项目发电标准煤耗率、供电标准煤耗率、发电热效率等能效指标。

带一定热负荷的发电项目，应计算供热工况的发电标准煤耗率、供电标准煤耗率、供热标准煤耗率，以及热电比、热效率、发电厂用电率、供热厂用电率、综合厂用电率等能效指标。

（2）估算运行指标。计算项目估算运行供电标准煤耗指标。

低热值燃料综合利用发电项目、带一定热负荷的发电项目等缺少在运同类机组指标的项目，可不计算估算运行指标。

3. 年综合能源消费量计算

核算节能分析评价后项目年总发电量、厂用电量和年供电量，计算年综合能源消费量（当量值、等价值）、煤炭消费量、一次能源消费实物量等。

4. 能量平衡情况核算

按照 GB/T 28751《企业能量平衡表编制方法》、GB/T 28749《企业能量平衡网络图绘制方法》，编制项目能量平衡表，绘制能量平衡网络图。

（三）项目能效水平分析评价

1. 评价指标

主要对发电标准煤耗率、厂用电率、供电标准煤耗率的能效水平进行综合分析。

2. 评价方法

（1）设计指标。发电标准煤耗率、供电标准煤耗率的设计指标应与 GB 21258《常规燃煤发电机组单位

产品能源消耗限额》和国家节能中心发布的近期同类机组设计指标参考值等标准和文件要求进行对标，评价是否达到国家有关要求。

（2）估算运行指标。供电标准煤耗率、厂用电率的估算运行指标应与中国电力企业联合会发布的最近年度全国同类机组能效对标及竞赛资料进行对标，评价能效水平。

按照《国务院关于印发〈大气污染防治行动计划〉的通知》（国发〔2013〕37 号）要求，京津冀、长三角、珠三角等重点区域新建燃煤火电项目的能效水平应达到国际先进水平。

（3）总体评价。应综合考虑项目供电标准煤耗率设计值、估算运行值的能效水平，与新建及在运机组的能效水平、领跑水平等进行全面对比分析，客观评价项目能效水平。

3. 原因分析

对能效水平未达到国内先进水平的项目，以及重点区域未达到国际先进水平的项目，应客观、细致地分析原因。若提出整改建议，应重新计算有关能效指标。

六、能源消费影响分析评价

（一）项目对所在地能源消费增量的影响分析评价

1. 确定控制指标

收集项目所在地能源消费总量和能源消费增量等控制指标。尚无具体控制目标的，应根据《固定资产投资项目节能评估报告编写指南（总纲·2014 年本）》推荐的方法进行测算。

2. 能源消费增量影响评价

分析项目能源消费增量对项目所在地能源消费增量控制指标的影响，并进行评价。

3. 煤炭等量（减量）置换方案及落实情况

项目所在地如有实施煤炭等量或减量替代的要求，应说明并分析评价项目煤炭替代方案及其完成情况。

（二）项目对所在地完成节能目标的影响分析评价

1. 工业增加值能耗计算

建议根据生产法，计算项目投产后的工业增加值，并据以计算单位工业增加值能耗。

2. 确定节能目标值

收集项目所在地节能目标要求。

3. 对节能目标的影响分析评价

分析项目工业增加值能耗对项目所在地节能目标的影响，并进行评价。

七、结论

报告结论应从节能角度指出项目是否可行，主要内容包括：

（1）项目是否符合节能相关法律、法规、政策、标准、规范等的要求。

（2）项目能源消费总量、结构，对所在地能源消费总量指标、能源消费增量控制指标及节能目标等的影响，煤炭等量（减量）置换方案的完成情况。

（3）项目能效指标是否满足限额标准要求，是否达到国内先进（国际先进）水平。

（4）项目用能设备有无采用国家明令禁止和淘汰的落后工艺及设备，设备能耗指标是否达到一级能效、先进能效水平等。

（5）节能分析评价阶段提出的节能措施及效果。

八、附录、附件、附图

（一）附录

（1）主要用能设备一览表。

（2）能源计量器具一览表。

（3）项目能量平衡表、能量平衡网络图。

（4）计算书（包括设备容量计算、基础数据核算、节能效果计算、主要能效指标计算、工业增加值能耗计算等）。

（二）附件

（1）设计报告及其审查意见。

（2）影响项目工艺方案和设备选型的专项报告及其批复意见（如有）。

（3）煤质确认文件和煤质检测报告。

（4）带一定热负荷的项目应提供热负荷相应的落实文件。

（5）其他必要的支持性文件。

（三）附图

（1）地理位置图。

（2）全厂总体规划图。

（3）厂区总平面布置图（推荐方案）。

（4）主厂房平面布置图。

（5）全厂工艺流程示意图。

（6）各用能系统的系统流程图。

（7）电气主接线图。

（8）热平衡图。

（9）其他与节能相关的主要图纸。

第三节　火电厂节能报告典型案例

目前，我国大型燃煤火力发电机组以 350、660、1000MW 规模最具代表性。而其中 350MW 火力发电机组一般是有典型代表性的热电联产机组，供热方式

主要有民用供暖供热、工业抽汽供热等单抽型式，或兼顾民用供暖供热和工业抽汽供热的双抽型式。研究分析热电联产机组的热负荷，对于确定热电联产机组的抽汽型式和抽汽量等关键参数具有重要意义，直接影响机组关键能耗指标的计算。下面简要列举 350MW 热电联产机组节能报告实例以供参考。

1　分析评价依据

1.1　分析评价内容
1.1.1　建设内容

拟建工程（以下简称甲工程）为新建工程，拟建设 2×350MW 超临界燃煤热电联产空冷机组，配套 2×1200t/h 锅炉。辅助和附属设施包含燃煤贮运系统、制粉系统、锅炉系统、汽轮机系统、发电机及电气系统、化学水系统、水工系统、除灰渣系统、热工自动化系统、脱硫系统、脱硝系统等，配套工程包括电力送出工程、厂外热网工程、铁路专用线工程、厂外输水工程、贮灰场等。

1.1.2　分析评价范围

甲工程节能分析评价范围主要包括主体工程和辅助工程，其中配套的电力送出工程、厂外热网工程、铁路专用线工程、厂外输水工程等的节能分析评价不包含在本节能报告中。

1.2　分析评价依据[1]

此处仅列举部分重要分析评价依据作为参考。

（1）《中华人民共和国节约能源法》；

（2）《中华人民共和国电力法》；

（3）《中华人民共和国计量法》；

（4）《工业节能管理办法》；

（5）《能源计量监督管理办法》；

（6）《节能监察办法》；

（7）《关于印发〈热电联产管理办法〉的通知》（发改能源〔2016〕617号）；

（8）《能源管理体系　要求》（GB/T 23331）；

（9）《工业企业能源管理导则》（GB/T 15587）；

（10）《用能单位能源计量器具配备与管理通则》（GB 17167）；

（11）《火力发电企业能源计量器具配置和管理要求》（GB/T 21369）；

（12）《综合能耗计算通则》（GB/T 2589）；

（13）《企业能量平衡表编制方法》（GB/T 28751）；

（14）《企业能量平衡网络图绘制法》（GB/T 28749）；

（15）《常规燃煤发电机组单位产品能源消耗限额》（GB 21258）；

（16）《大中型火力发电厂设计规范》（GB 50660）；

---

[1] 设计依据需采用现行的有效文件。

（17）《火力发电厂节能设计规范》（GB/T 51106）；

（18）《火力发电厂可行性研究报告内容深度规定》（DL/T 5375）；

（19）《火力发电厂初步设计文件内容深度规定》（DL/T 5427）；

（20）《火力发电厂技术经济指标计算方法》（DL/T 904）；

（21）《火力发电厂能量平衡导则 第1部分：总则》（DL/T 606.1）；

（22）《火力发电厂能量平衡导则 第2部分：燃料平衡》（DL/T 606.2）；

（23）《火力发电厂能量平衡导则 第3部分：热平衡》（DL/T 606.3）；

（24）《火力发电厂电能平衡导则》（DL/T 606.4）；

（25）《电能计量装置技术管理规程》（DL/T 448）；

（26）《电站磨煤机及制粉系统选型导则》（DL/T 466）；

（27）《电站锅炉风机选型和使用导则》（DL/T 468）；

（28）《火力发电厂总图运输设计技术规程》（DL/T 5032）；

（29）《火力发电厂厂用电设计技术规定》（DL/T 5153）；

（30）《火力发电厂水工设计技术规范》（DL/T 5339）；

（31）《火力发电厂运煤设计技术规程 第1部分：运煤系统》（DL/T 5187.1）；

（32）《火力发电厂运煤设计技术规程 第3部分：运煤自动化》（DL/T 5187.3）；

（33）《火力发电厂除灰设计技术规程》（DL/T 5142）；

（34）《发电厂化学设计规范》（DL 5068）；

（35）《火力发电厂建筑设计规程》（DL/T 5094）；

（36）《发电厂供暖通风与空气调节设计规范》（DL/T 5035）；

（37）《火力发电厂热工控制系统设计技术规定》（DL/T 5175）；

（38）《火力发电厂热工保护系统设计技术规定》（DL/T 5428）；

（39）《火力发电厂石灰石-石膏湿法烟气脱硫系统设计规程》（DL/T 5196）；

（40）《火电厂烟气脱硝技术导则》（DL/T 296）；

（41）《固定资产投资项目节能评估工作指南（2014年本）》；

（42）《固定资产投资项目节能评估报告编写指南（总纲·2014年本）》；

（43）《固定资产投资项目节能评估报告编写指南（火电·2014年本）》。

2 项目基本情况

2.1 建设单位基本情况

略。

2.2 项目简况

甲工程为新建工程，拟建设 2×350MW 超临界燃煤热电联产空冷机组，设计年发电 5000h。甲工程与地方调峰锅炉共同为规划范围内 2365.4 万 m² 的建筑面积提供供暖热源。

2.3 所需能源概况

热电厂的工作原理是将煤炭中的化学能先转换为热能，最终转换为电能，向用户提供电能和热能等产品。甲工程能源消耗种类是煤炭、柴油、电力、蒸汽（热力），其中电力、蒸汽均为自产自用。设计燃用蒙西地区烟煤，燃煤收到基低位发热量 18750kJ/kg。

2.4 所在地有关情况

甲工程拟建于华北地区A市，属于温带季风气候，干旱指数为 2.66，年供暖期 152 天。

2.5 工程热负荷分析

2.5.1 供暖供热面积及负荷

根据《A市热电联产规划》及其批复，甲工程作为A市近期规划供热范围内的主要供暖供热热源。近期规划范围内供暖建筑面积达到 2365.4 万 m²，热负荷总需求为 1089MW。

2.5.2 供暖供热可靠性分析

根据甲工程汽轮机热平衡图及设计资料，甲工程供暖抽汽参数的计算值见表 11-1。

表 11-1 　　　　　　　　　　　　甲工程供暖抽汽参数的计算值

序号	项目	单位	数值	备注
1	供暖抽汽焓值	kJ/kg	2947	根据汽轮机热平衡图
2	供暖疏水焓值	kJ/kg	334.9	0.4MPa，80℃水焓值
3	计算最大供暖抽汽量	t/h	1516	两台机组抽汽量
4	最大供暖可抽汽量	t/h	1100	两台机组抽汽量
5	最大供暖负荷	GJ/h	3920.4	供暖加热器的换热效率取99%
6		MW	1089	

甲工程近期供热范围最大供暖热负荷为1089MW，根据该负荷计算最大供暖抽汽量为两台机组1516t/h，即一台机组的抽汽量为758t/h，已超出甲工程单台机组最大供暖可抽汽量550t/h。为保证区域供热可靠性，在一台机组故障的条件下，应保证至少75%的最大供暖热负荷，即1137t/h。故应设置必要的调峰锅炉587t/h，以补充供热。

甲工程近期供热范围已建成的调峰锅炉房共2座，分别为1号调峰锅炉房和2号调峰锅炉房，供热能力共计383t/h。为保证甲工程近期供暖供热的可靠

性，区域应新建调峰锅炉204t/h。根据《A市热电联产规划》，近期拟扩建2号调峰锅炉，增加供暖供热能力300t/h。因此，调峰锅炉供热能力满足区域供暖供热调峰容量要求。

2.5.3 供暖热负荷计算

甲工程所在A市供暖期152天（折合小时数3648h），供暖期室外平均温度−1℃，供暖室外计算温度−8.2℃，供暖室内计算温度18℃。甲工程和区域调峰锅炉在不同室外温度的供暖供热量见表11-2。

表11-2 甲工程和区域调峰锅炉在不同室外温度的供暖供热量计算

室外计算温度（℃）	低于室外计算温度的延续时间（d）	低于室外计算温度的延续时间（h）	总热负荷（MW）	总供热量（GJ）	调峰锅炉供热负荷（MW）	调峰锅炉供热量（GJ）	甲工程供热量（GJ）
−8	6.015	144.36	1081	561621	381	197839	363782
−7	13.522	180.18	1039	674021	339	219970	454051
−6	22.506	215.61	998	774286	298	230958	543327
−5	32.317	235.48	956	810410	256	217009	593401
−4	42.731	249.92	914	822715	214	192921	629793
−3	53.624	261.44	873	821512	173	162693	658819
−2	64.920	271.10	831	811300	131	128139	683161
−1	76.564	279.46	790	794507	90	90275	704232
0	88.516	286.86	748	772620	48	49742	722877
1	100.745	293.51	707	746621	7	6977	739644
2	113.227	299.57	665	717204	0	0	717204
3	125.941	305.14	623	684878	0	0	684878
4	138.870	310.30	582	650030	0	0	650030
5	152.000	315.11	540	612962	0	0	612962
合计	—	3648.00	—	10254687	—	1496524	8758163

由表11-2可知，甲工程供暖期供热总量为8758163GJ/a，折算平均热负荷为667MW/a。

根据甲工程供暖期的供热量，核算供暖期的抽汽

量。甲工程供暖期供暖抽汽参数的取值计算见表11-3。

由表11-3可知，甲工程供暖期平均供暖抽汽量为928t/h，对应单台机组的抽汽量约为464t/h。

表11-3 甲工程供暖期供暖抽汽参数的取值计算

序号	项目	单位	数值	备注
1	供暖抽汽焓值	kJ/kg	2947	根据汽轮机热平衡图
2	供暖疏水焓值	kJ/kg	334.9	0.4MPa，80℃水焓值
3	最大供暖可抽汽量	t/h	1100	两台机组抽汽量
4	计算平均供暖抽汽量	t/h	928	两台机组抽汽量
5	平均抽汽工况对应的供暖负荷	GJ/h	2400.81	供暖加热器的换热效率取99%
6		MW	667	

3　项目建设方案的节能分析和比选

3.1　机组选型节能分析

甲工程拟建 2×350MW 超临界燃煤热电联产空冷机组，主机设备包括锅炉、汽轮机和发电机。

3.1.1　锅炉

甲工程锅炉采用煤粉炉、Π型、超临界、一次中间再热、单炉膛平衡通风、四角切圆燃烧方式、固态排渣、全钢架构、燃煤直流炉、三分仓回转式空气预热器。锅炉采用紧身封闭布置。锅炉主要技术参数见表 11-4。

表 11-4　甲工程锅炉主要技术参数

项　　目	单位	技术参数
最大连续蒸发量	t/h	1200
过热器出口蒸汽压力	MPa	25.4
过热器出口蒸汽温度	℃	571
纯凝 BMCR 工况再热蒸汽流量	t/h	936.17
再热器出口蒸汽压力	MPa	4.28
再热器出口蒸汽温度	℃	569
省煤器进口给水温度	℃	283.7
排烟温度	℃	≤123
锅炉保证效率	%	94.13

3.1.2　汽轮机

甲工程采用超临界、一次中间再热、单轴、三缸四排汽、抽汽式、间接空冷汽轮机，具有安全可靠、经济性高、负荷适应性广和运行灵活等特点。汽轮机主要技术参数见表 11-5。

表 11-5　甲工程汽轮机主要技术参数

项　　目	单位	技术参数
额定功率	MW	350
额定转速	r/min	3000
主汽门前蒸汽流量	t/h	1200
主汽门进口蒸汽压力	MPa	24.2
主汽门进口蒸汽温度	℃	566
再热汽门进口蒸汽压力	MPa	3.665
再热汽门进口蒸汽温度	℃	566
额定背压	kPa	11
回热级数	级	7
THA 工况保证热耗率	kJ/(kW·h)	7994.8

3.1.3　发电机

甲工程发电机采用空冷方式，励磁方式采用自并励静止励磁系统。发电机主要技术参数见表 11-6。

表 11-6　甲工程发电机主要技术参数

项　　目	单位	数据
额定容量	MV·A	412
额定功率	MW	350
额定电压	kV	22
额定功率因数		0.85
额定频率	Hz	50
额定转速	r/min	3000
效率	%	98.95

3.2　总平面布置节能分析

甲工程厂区总平面布置采用四列式，由西向东依次为室外配电装置区、主厂房区、烟气冷却塔区、贮煤场和铁路卸煤设施区。主厂房南侧为固定端，生产辅助及附属设施布置在主厂房的固定端、厂区的南侧。生产辅助及附属设施区由西向东分别布置了化学水处理室、综合办公楼、检修材料综合楼、辅机冷却塔、综合水泵房、生活污水处理站、工业废水处理站、启动锅炉房和泡沫消防泵房。

甲工程总平面布置方案的节能优点有：

（1）依据厂址的地形条件，结合装机方案及电厂工艺流程要求，用地合理、布置紧凑、分区明确、便于施工。

（2）工艺流程顺畅，东面来煤，把煤场布置在厂区东侧；西面送电，把送电配电装置布置在厂区西侧；不会出现折返或者倒流，降低了能耗。

（3）合理安排送风机、引风机及其他大型风机的烟风道的位置、距离等，降低烟风道系统阻力。

（4）循环水泵房靠近冷却塔，减少循环水耗能。

（5）石灰石制浆区与石膏脱水区靠近脱硫吸收塔区布置，缩短石灰石浆液管道距离，降低输送电耗。

（6）厂内灰库和渣库靠近锅炉房，减少灰渣输送耗能。

（7）全厂用压缩空气由一座空压机房内统一设置的空气压缩机提供。空压机房紧邻灰库，减少除灰用压缩空气输送距离。

（8）对全厂电缆路径的走向、长度等进行优化，根据缆流情况优化电缆路径的布置，缩短电缆长度，减少线路损耗。

（9）主变压器、厂用变压器及启动/备用变压器布置于主厂房 A 列柱外侧，室外配电装置布置在变压器的外侧，出线较方便且靠近发电端，减少线损。

3.3 主要用能系统节能分析

3.3.1 主要用能系统节能分析要点

在对用能系统和用能设备容量节能分析的基础上，甲工程主要用能设备见表11-7。

3.3.2 主要用能设备能效分析

（1）设备容量分析。

略。

（2）设备能效分析。

表 11-7　　　　　　　　　　　甲工程主要用能设备

序号	设备名称	型号或性能参数	功率/容量（kW/MV·A）	数量
1	主机设备			
1.1	锅炉	锅炉采用煤粉炉，Ⅱ型、超临界、一次中间再热、单炉膛平衡通风、四角切圆燃烧方式、固态排渣、全钢架构、燃煤直流炉，三分仓回转式空气预热器。最大连续蒸发量1200t/h，过热器出口蒸汽压力 25.40MPa，过热器出口蒸汽温度 571℃，再热器出口蒸汽温度 569℃，排烟温度不高于 123℃，锅炉保证效率 94.13%	1200t/h	2
1.2	汽轮机	超临界、一次中间再热、单轴、三缸四排汽、抽凝式、间接空冷汽轮机。主汽门前蒸汽流量 1200t/h，主汽门进口蒸汽压力 24.2MPa，主汽门进口蒸汽温度 566℃，再热汽门进口蒸汽温度 566℃，设计背压 11kPa，THA 工况保证热耗率 7994.8kJ/（kW·h）	350MW	2
1.3	发电机	空冷发电机，发电机效率 98.95%，额定电压 22kV，额定功率因数 0.85，额定转速 3000r/min	350MW	2
2	运煤系统			
2.1	C1 带式输送机	带宽 1400mm，出力 1500t/h，带速 2.5m/s	200	2
2.2	C2 带式输送机	带宽 1400mm，出力 1500t/h，带速 2.5m/s	220	2
2.3	C3 带式输送机	带宽 1400mm，出力 1500t/h，带速 2.5m/s	110	2
2.4	C4 带式输送机	带宽 1200mm，出力 1000t/h，带速 2.5m/s	132	2
2.5	C5 带式输送机	带宽 1200mm，出力 1000t/h，带速 2.5m/s	200	2
2.6	C6 带式输送机	带宽 1200mm，出力 1200t/h，带速 2.5m/s	200	2
2.7	悬臂式斗轮堆取料机	型号 DQ1000/1500.40，取料出力 1000t/h，堆料出力 1500t/h，臂长 40m	420	2
2.8	环式碎煤机	出力 800t/h	400	2
3	锅炉及相关系统			
3.1	一次风机	变频离心式，风量 59.55m³/s，风压 17148Pa	1250	4
3.2	送风机	动叶可调轴流式，风量 126.71m³/s，风压 4470Pa	710	4
3.3	引风机	动叶可调轴流式，风量 298.93m³/s，风压 10630Pa	3700	4
3.4	磨煤机	中速磨，型号 MPS180HP-Ⅱ，出力 55.8t/h	400	12
3.5	密封风机	离心式，风量 450m³/min，风压 9000Pa	132	4
3.6	吸收塔循环浆泵 A	离心式浆液泵，流量 8500m³/h，扬程 19.80m，转速 590r/min	710	2
3.7	吸收塔循环浆泵 B	离心式浆液泵，流量 8500m³/h，扬程 21.60m，转速 590r/min	800	2
3.8	吸收塔外浆液池循环浆泵 A	离心式浆液泵，流量 8500m³/h，扬程 19.80m，转速 590r/min	710	2

序号	设备名称	型号或性能参数	功率/容量（kW/MV·A）	数量
3.9	吸收塔外浆液池循环浆泵 B	离心式浆液泵，流量 8500m³/h，扬程 21.60m，转速 590r/min	800	2
3.10	吸收塔外浆液池循环浆泵 C	离心式浆液泵，流量 8500m³/h，扬程 23.40m，转速 590r/min	900	2
3.11	吸收塔氧化风机	离心风机，风量 5500m³/h，风压 95000Pa	200	3
3.12	吸收塔外浆液池氧化风机	离心风机，风量 4200m³/h，风压 160000Pa	250	3
3.13	湿式球磨机	干料出力 18t/h，入口粒径小于 20mm	560	2
4	汽轮机及相关系统			
4.1	凝结水泵	筒形、立式，流量 1050m³/h，扬程 300m	1300	4
4.2	汽动给水泵前置泵	流量 735m³/h，扬程 95m，转速 1490r/min	250	4
4.3	水环式机械真空泵	抽吸真空能力不小于 51kg/h	110	4
4.4	闭式循环冷却水泵	卧式、双吸离心式，流量 2300m³/h，扬程 40m	355	4
4.5	热网循环水泵	卧式、双吸离心式，流量 2600m³/h，扬程 140m	1250	4
4.6	热网疏水泵	卧式离心泵，流量 350m³/h，扬程 38m	150	6
5	除灰渣系统			
5.1	空气压缩机 A	风量 60m³/min，风压 0.8MPa	275	5
5.2	空气压缩机 B	风量 50m³/min，风压 0.8MPa	185	3
6	水工系统			
6.1	主机循环水泵	流量 13140m³/h，扬程 26m	1250	6
6.2	辅机循环水泵	流量 2400m³/h，扬程 33m	315	3
7	变压器			
7.1	主变压器	三相，242（1±2×2.5%）kV/20kV	420000	2
7.2	高压厂用变压器	三相，20（1±2×2.5%）kV/6.3 - 6.3kV	31500	2
7.3	启动/备用变压器	三相，230（1±8×1.25%）kV/6.3 - 6.3kV	31500	1
7.4	低压厂用变压器	6.3（1±2×2.5%）kV/0.4kV	2500	4
7.5	公用变压器	6.3（1±2×2.5%）kV/0.4kV	1600	2
7.6	化学水变压器	6.3（1±2×2.5%）kV/0.4kV	1600	2
7.7	除尘变压器	6.3（1±2×2.5%）kV/0.4kV	2000	4
7.8	输煤变压器	6.3（1±2×2.5%）kV/0.4kV	1250	2
7.9	卸煤变压器	6.3（1±2×2.5%）kV/0.4kV	1250	2
7.10	气化风机房变压器	6.3（1±2×2.5%）kV/0.4kV	630	2
7.11	脱硫变压器	6.3（1±2×2.5%）kV/0.4kV	1600	2
7.12	循环水变压器	6.3（1±2×2.5%）kV/0.4kV	1000	2
7.13	综合水泵房变压器	6.3（1±2×2.5%）kV/0.4kV	630	2
7.14	厂前区变压器	6.3（1±2×2.5%）kV/0.4kV	1250	2
7.15	照明变压器	6.3（1±2×2.5%）kV/0.4kV	500	2
7.16	检修变压器	6.3（1±2×2.5%）kV/0.4kV	500	1

1）主机设备。甲工程锅炉保证热效率为94.13%，优于GB/T 51106《火力发电厂节能设计规范》中规定的"燃用烟煤（收到基低位发热量16000~20000kJ/kg）锅炉保证效率93.0%"的水平。

甲工程汽轮机THA工况保证热耗率 7994.8 kJ/（kW·h），优于GB/T 51106《火力发电厂节能设计规范》中规定的同类汽轮机THA工况保证热耗率8050kJ/（kW·h）的水平。

甲工程发电机效率为98.95%，属于高效发电机。

2）变压器。甲工程设计阶段未提出变压器能效等级要求，节能分析评价阶段建议主变压器、高压厂用变压器、启动/备用变压器满足GB 24790《电力变压器能效限定值及能效等级》中1级能效的要求，其他配电变压器满足GB 20052《三相配电变压器能效限定值及能效等级》中1级能效的要求。

3）主要用能设备。经计算，甲工程主要用能设备能效水平见表11-8。

表11-8　　　　　　　　　　甲工程主要用能设备能效水平

序号	设备名称	效率（%）	能效水平
1	一次风机	85.1	先进
2	送风机	87.8	先进
3	引风机	88.6	先进
4	吸收塔氧化风机	78.0	先进
5	吸收塔外浆液池氧化风机	78.0	先进
6	汽动给水泵前置泵	83.1	先进
7	凝结水泵	83.0	先进
8	闭式冷却循环水泵	88.5	先进
9	热网循环水泵	89.0	先进
10	主机循环水泵	90.0	先进
11	辅机循环水泵	88.1	先进
12	吸收塔循环浆泵 A	89.5	先进
13	吸收塔循环浆泵 B	90.0	先进
14	吸收塔外浆液池循环浆泵 A	89.5	先进
15	吸收塔外浆液池循环浆泵 B	90.0	先进
16	吸收塔外浆液池循环浆泵 C	90.5	先进
17	空气压缩机 A	4.6kW·min/m³ *	先进
18	空气压缩机 B	3.7kW·min/m³ *	先进

* 空气压缩机的输入比功率。

原则上甲工程主要用能设备中的风机应满足GB 19761《通风机能效限定值及能效等级》中1级能效的要求，清水离心泵能效水平应满足GB 19762《清水离心泵能效限定值及节能评价值》中节能评价值的要求，空气压缩机应满足GB 19153《容积式空气压缩机能效限定值及能效等级》中节能评价值的要求。

3.4　辅助和附属设施节能分析
略。

3.5　能源计量器具配备方案分析评价
根据GB 17167《用能单位能源计量器具配备和管理通则》和GB/T 21369《火力发电企业能源计量器具配备和管理要求》，判定甲工程的主要次级用能单位和主要用能设备，并按要求配置能源计量器具。甲工能源计量器具配备方案见表11-9。

表 11-9 　　　　　　　　　　　　　　甲工程能源计量器具配备方案

能源介质	计量对象	计量器具名称	型号规格	准确度等级	测量范围	数量	安装地点
蒸汽	1号锅炉过热蒸汽	流量表	差压变送器	0.2	0~1500t	1	1号锅炉45m平台
…							
水	1号汽轮机凝结水	流量计	喷嘴流量计	0.2	0~1000t	1	1号汽轮机6.9m平台
…							
电能	1号发电机电能	电能表	智能电能表	0.2S	−520~+520MW	1	1号发电机机端
…							

4 节能措施分析评价

4.1 节能分析评价前节能技术措施综述

甲工程设计阶段从工艺、设备、材料、建筑等多方面进行了节能考虑。择其重点简述如下：

4.1.1 工艺节能

（1）采用热电联产方式供热供电。

（2）选择超临界机组，提高主机热效率，节约燃煤。

（3）工艺系统的布置合理紧凑，以减少各种介质的能量损失。

（4）优化输煤及贮存方案，使运煤系统布置紧凑，工艺流程简洁合理，优化贮煤场的位置，缩短皮带输煤距离，降低电耗。

（5）制粉系统采用中速磨煤机正压冷一次风机直吹式系统，系统简单、运行可靠、设备故障率低、电耗低，可提高整个机组的可用率和电厂的运行经济性。

（6）汽水系统采用单元制连接，保证机组在变动工况或较低负荷运行时有良好的效率。

（7）对水工系统进行综合优化计算，确定最佳的凝汽器面积、冷却倍率、水泵运行方式等节能配置。

（8）按照规程、规范及国内其他同类火电厂运行经验，合理选择辅机备用系统。

4.1.2 设备节能

（1）采用具有先进水平的国产超临界350MW燃煤锅炉和抽凝式供热汽轮发电机组。

（2）主变压器、高压厂用变压器选用油浸式低损耗变压器，低压厂用变压器选用高效低损耗干式变压器，以降低变压器的空载损耗和负载损耗，提高变压器效率。

（3）辅助机械和设备的电动机选择高效率电动机，降低厂用电。

（4）一次风机采用变频离心式风机，送风机采用动叶可调轴流风机，引风机采用双级动叶可调轴流风

机，降低厂用电。

（5）凝结水泵、热网循环泵电动机采用变频调速装置，以便根据不同的负荷状态及参数调节电动机的转速，降低厂用电。

（6）考虑工程夏季、冬季循环水量差别较大，循环水泵采用双速电动机，根据供暖期和非供暖期运行工况灵活调节，降低厂用电。

（7）采用绿色照明设备，采用高效节能电光源和灯用电器附件，同时使用智能控制技术对灯具进行控制，大幅度减少照明能耗。

4.1.3 建筑节能

（1）根据地方气候特点，合理布局厂内建筑物。

（2）主厂房设置采光带，厂区有人值班建筑物或房间设计充分考虑天然采光和自然通风，尽量减少人工照明和机械通风。

（3）建筑围护结构采用新型节能技术与材料。主厂房外墙1.2m以下及厂区主要生产建筑物采用370mm厚非黏土多孔砖。主厂房外墙面围护结构1.2m以上采用保温型镀铝锌彩色涂层压型钢板。锅炉采用保温型镀铝锌彩色涂层压型钢板紧身封闭。主厂房内填充墙采用200mm厚加气混凝土砌块，其他生产、辅助、附属建筑墙体采用250mm厚加气混凝土砌块。厂区内的新建建筑物一般采用气密性、保温性、防腐蚀性好的中空玻璃塑钢窗。综合办公楼、综合服务楼等采用静电喷涂断桥铝合金窗。外门采用复合保温钢板门，车间进出设备的大门采用电动的钢质复合保温折叠门或推拉门。屋顶保温材料采用阻燃型挤塑聚苯板。

4.2 节能分析评价阶段节能措施分析评价及效果

甲工程在设计阶段已提出技术和管理等多方面的节能措施。在节能分析评价阶段，为进一步降低机组能耗，建议采用增设烟气余热换热器、将锅炉微油点火方式调整为等离子点火方式等节能措施。

甲工程节能分析评价阶段节能措施及节能效果见表11-10。

表 11-10   甲工程节能分析评价阶段节能措施及节能效果

序号	用能系统	节能措施名称	技术方案概要	节能效果
1	锅炉系统	等离子点火	锅炉点火方式由微油点火改为等离子点火	节约标准煤量 462t/a
2	锅炉系统	烟气余热换热	在空气预热器出口之后、除尘器入口之前增设烟气余热换热器。汽轮机冷凝水与空气预热器出来的热烟气通过换热装置进行气液热交换，使得汽轮机冷凝水得到额外的热量，减少汽轮机冷凝水在低压加热器回路系统中所消耗的抽汽量，可达到少耗煤多发电的目的	节约标准煤量 4663t/a

4.3 节能管理方案分析评价

根据 GB/T 23331《能源管理体系　要求》和 GB/T 15587《工业企业能源管理导则》，甲工程建立电厂能源管理机构，拟实行电厂、部门（车间）和班组三级能源管理体系，由总经理担任电厂节能领导小组组长，主管副总经理担任电厂级节能工作小组组长，成立部门节能工作小组和班组节能工作小组。设立节能常设机构，制定企业节能管理制度，全面负责电厂日常能源管理的组织、监督、检查和协调工作。

5 能源利用状况核算及能效水平评价

5.1 节能分析评价前项目能源利用状况

根据节能分析评价前项目选择的锅炉效率、汽轮机热耗率、主要用能设备容量等数据，复核项目设计阶段厂用电率、发电标准煤耗率、供电标准煤耗率等主要能效指标。核算节能分析评价前项目年总发电量、厂用电量、年供电量、年供热量，计算年综合能源消费量（当量值、等价值）等。具体数值略。

5.2 节能分析评价后项目能源利用状况

根据节能分析评价后项目的相关参数，通过计算，节能分析评价后项目能源利用状况指标见表 11-11。

5.3 项目能效水平评价

5.3.1 供暖期热电比

甲工程节能分析评价后供暖期热电比为 113.17%，符合《热电联产管理办法》中对 2 台 30 万 kW 级抽凝热电联产机组"供暖期热电比应不低于 80%"的要求。

5.3.2 厂用电率

甲工程节能分析评价后厂用电率 5.84%，优于《国家发展改革委、环境保护部关于严格控制重点区域燃煤发电项目规划建设有关要求的通知》（发改能源〔2014〕411 号）中"2×350MW 超临界间接空冷机组厂用电率 6.8%"的参考值要求。

表 11-11   节能分析评价后项目能源利用状况指标

项目	单位	供暖期	非供暖期	年总计/年平均
发电机额定功率	MW	350	350	350
发电小时数	h	3275.2	1724.8	5000
发电量	×10^8 kW·h	22.926	12.074	35.0
外供电量	×10^8 kW·h	21.494	11.463	32.96
供暖供热量	GJ/h	2400.81	0	2400.81
供热厂用电率	kW·h/GJ	7.30		7.30
发电厂用电率	%	3.46	5.06	4.01
综合厂用电率	%	6.25	5.06	5.84
供热标准煤耗率	kg/GJ	37.03		37.03
发电标准煤耗率	g/（kW·h）	214.33	293.09	241.50
供电标准煤耗率	g/（kW·h）	228.62	308.71	256.48
标准煤耗量	×10^4 t/a	81.567	35.388	116.96
热电比	%	113.17	0	73.81
热效率	%	69.09	39.84	60.24

5.3.3　供电标准煤耗率

甲工程节能分析评价后供电标准煤耗率 256.48 g/（kW·h），优于《国家发展改革委、环境保护部关于严格控制重点区域燃煤发电项目规划建设有关要求的通知》（发改能源〔2014〕411 号）中"2×350MW 超临界间接空冷机组供电标准煤耗率 297g/（kW·h）"的参考值要求，为国内先进机组水平。

6　能源消费影响分析评价

6.1　项目对所在地能源消费增量的影响分析评价

甲工程节能分析评价后综合能源消费量当量值为标准煤 46.54×10^4t/a，等价值为标准煤 7.48×10^4t/a。

甲工程所在地 A 市"十三五"能源消费增量控制指标为标准煤 255.8×10^4t/a，因此甲工程综合能源消费量占 A 市"十三五"能源消费增量控制指标的 2.8%。根据《国家节能中心节能评审评价指标通告（第 1 号）》判定，甲工程综合能源消费量对地区能源消费增量有一定影响。

6.2　项目对所在地完成节能目标的影响分析评价

6.2.1　项目产值

项目年产值=年售热收入+年售电收入=875.82 × 10^4GJ/a×25 元/GJ+32.96×10^8kW·h×0.3971 元/（kW·h）= 152779.66 万元

6.2.2　项目工业增加值

甲工程总成本费用见表 11-12。

表 11-12　甲工程总成本费用

序号	名称	单位	数值
1	年发电量	×10^8kW·h	35.0
2	厂用电量	×10^8kW·h	2.04
3	售电量	×10^8kW·h	32.96
4	供热量	万 GJ	875.82
5	生产成本	万元	129081.91
5.1	燃料费	万元	84064.60
5.2	水费	万元	233.41
5.3	材料费	万元	4200.00
5.4	工资及福利	万元	1872.00
5.5	折旧费	万元	19679.00
5.6	摊销费	万元	3271.00
5.7	修理费	万元	5823.00
5.8	脱硫费用	万元	540.00
5.9	脱硝费用	万元	342.90

续表

序号	名称	单位	数值
5.10	排污费用	万元	626.00
5.11	其他费用	万元	8400.00
5.12	保险费用	万元	30.00
6	财务费用	万元	7958.00
6.1	长期贷款利息	万元	7345.20
6.2	流动资金利息	万元	371.30
6.3	短期借款利息	万元	241.50
7	总成本费用	万元	137039.91

甲工程工业增加值=45527.89 万元/a。甲工程节能分析评价后综合能源消费量等价值为标准煤 7.48×10^4t/a，因此甲工程工业增加值能耗为 1.64t/万元。

6.2.3　对地区节能目标的影响分析评价

甲工程工业增加值能耗影响 A 市单位 GDP 能耗的比例为 0.37%，根据《国家节能中心节能评审评价指标通告（第 1 号）》判定，甲工程工业增加值能耗对 A 市单位 GDP 能耗产生较大影响。

7　结论

略。

8　附录、附件、附图

8.1　附录

（1）主要用能设备一览表。

参见表 11-7。

（2）能源计量器具一览表。

参见表 11-9。

（3）项目能量平衡表、能量平衡网络图。

略。

（4）计算书（包括设备容量计算、基础数据核算、节能效果计算、主要能效指标计算、工业增加值能耗计算等）。

此处简单列举节能分析评价后主要能效指标计算和设备能效计算以供参考。

8.1.1　主要能效指标计算书

甲工程节能分析评价后能效指标的计算如下：

（1）供热量核算。根据热负荷计算分析，甲工程供暖期每台机组平均供暖抽汽量464t/h。根据汽轮机厂提供的热平衡图，经核算机组的各工况汽轮机参数见表 11-13。

表 11-13   **甲工程各工况汽轮机参数**

项目	单位	供暖期（供暖抽汽工况）	非供暖期（THA 工况保证热耗率）
汽轮机主蒸汽消耗量	t/h	1198.425	1052.087
汽轮机入口主蒸汽焓	kJ/kg	3396	3396
汽轮机高压加热器出口给水量	t/h	1198.425	1052.087
汽轮机高压加热器出口给水焓	kJ/kg	1284.3	1243.7
汽轮机再热蒸汽量	t/h	1009.383	895.588
汽轮机再热蒸汽焓	kJ/kg	3591.1	3595.2
汽轮机高压缸排汽焓	kJ/kg	3013.9	2999
汽轮机热耗率	kJ/(kW·h)	5846.4	7994.8
发电机发电功率	kW	314236	350000

甲工程热负荷相关指标见表 11-14。

表 11-14   **甲工程热负荷相关指标**

项目	单位	供暖期（两台机）	非供暖期（两台机）
发电小时数	h	3648	1352
供暖抽汽焓值	kJ/kg	2947	
供暖抽汽流量	t/h	928	0
供暖回水焓值	kJ/kg	334.9	
供暖回水流量	t/h	928	0
热网首站换热效率	%	99	
供暖供热量	GJ/h	2400.81	0
	×10⁴GJ/a	875.82	0

（2）厂用电指标核算。

1）厂用电负荷。根据 DL/T 5153—2014《火力发电厂厂用电设计技术规定》附录 A 中的规定，甲工程采用换算系数法计算厂用电负荷。

2）厂用电率。甲工程节能分析评价后供暖期厂用电核算见表 11-15。

表 11-15   **甲工程节能分析评价后供暖期厂用电核算**

项目	单位	数值
锅炉热效率	%	99
管道热效率	%	99
汽轮机主蒸汽消耗量	t/h	1198.425
汽轮机入口主蒸汽焓	kJ/kg	3396
汽轮机高压加热器出口给水量	t/h	1198.425
汽轮机高压加热器出口给水焓	kJ/kg	1284.3
汽轮机再热蒸汽量	t/h	1009.383
汽轮机再热蒸汽焓差	kJ/kg	577.2
单台汽轮机供暖抽汽量	t/h	464.0
供热蒸汽焓	kJ/kg	2947
供热回水焓	kJ/kg	334.9
供暖供热用热量	MJ/h	2400810
供热用热量与总耗热量之比		0.3856
全厂厂用电负荷	kW	49071.2
供热厂用电负荷	kW	4839.8
供暖期供热量	×10⁴GJ	875.82
供暖期发电厂用电率	%	3.46
供暖期供热厂用电率	kW·h/GJ	7.30

甲工程节能分析评价后非供暖期厂用电核算见表 11-16。

表 11-16   **甲工程节能分析评价后非供暖期厂用电核算**

项目	单位	数值
厂用电负荷	kW	44231.4
非供暖期发电厂用电率	%	5.06

（3）机组能效指标汇总。甲工程节能分析评价后能效指标计算结果见表 11-17。

表 11-17   **甲工程节能分析评价后能效指标计算结果**

项目	单位	供暖期	非供暖期	年总计/年平均
发电机额定功率	MW	350	350	350
汽轮机热耗率	kJ/(kW·h)	5846.4	7994.8	—

续表

项目	单位	供暖期	非供暖期	年总计/年平均
锅炉效率	%	94.13	94.13	94.13
热网首站换热效率	%	99		99
管道效率	%	99	99	99
发电功率	MW	314.236	350.000	—
运行小时数	h	3648	1724.8	5372.8
发电小时数	h	3275.2	1724.8	5000
发电量	×10⁸kW·h	22.926	12.074	35.0
供暖供热量	GJ/h	2400.81	0	2400.81
供热标准煤耗率	kg/GJ	37.03		37.03
发电标准煤耗量	×10⁴t/a	49.137	35.388	84.525
供热标准煤耗量	×10⁴t/a	32.43	0	32.43
合计标准煤耗量	×10⁴t/a	81.567	35.388	116.96
全厂厂用电负荷	kW	49071.2	44231.4	—
供热厂用电负荷	kW	4839.8	0	
供热比		0.3856		—
供热厂用电率	kW·h/GJ	7.30		7.30
发电厂用电率	%	3.46	5.06	4.01
综合厂用电率	%	6.25	5.06	5.84
供热厂用电量	×10⁸kW·h	0.639		0.639
发电厂用电量	×10⁸kW·h	0.793	0.611	1.404
综合厂用电量	×10⁸kW·h	1.432	0.611	2.043
外供电量	×10⁸kW·h	21.494	11.463	32.96
发电标准煤耗率	g/(kW·h)	214.33	293.09	241.50
供电标准煤耗率	g/(kW·h)	228.62	308.71	256.48
热电比	%	113.17	0	73.81
热效率	%	69.09	39.84	60.24

8.1.2　设备能效计算书

选取甲工程的热网循环水泵作为主要设备能效计算实例，举例如下：

（1）评价对象。热网循环水泵为卧式单级中开双吸离心泵，技术参数为流量 2600m³/h，扬程 140m，转速 985r/min，泵效率 89.0%。

（2）计算过程。

1）计算比转速 n_s。设计流量 2600m³/h，扬程 140m，转速 985r/min，则其比转速为

$$n_s = \frac{3.65n\sqrt{Q}}{H^{3/4}} = \frac{3.65 \times 935 \times \sqrt{2600/2/3600}}{140^{3/4}} = 53.1$$

式中　Q——流量，m³/s（双吸泵计算流量时取 $Q/2$）；

H——扬程，m（多级泵计算取单级扬程）；

n——转速，r/min。

2）查取未修正效率值 η。查 GB 19762—2007《清水离心泵能效限定值及节能评价值》可知，当设计流量为 2600m³/h 时，未修正效率 η=87.68%。

3）确定效率修正值 $\Delta\eta$。查 GB 19762—2007《清水离心泵能效限定值及节能评价值》可知，当比转速 n_s=53.1 时，$\Delta\eta$=9.6%。

4）计算泵规定点效率值 η_0

泵规定点效率值（η_0）=未修正效率值（η）–效率修正值（$\Delta\eta$）=87.68%–9.6%=78.08%

5）计算能效限定值 η_1

泵规定能效限定值（η_1）=泵规定点效率值（η_0）–4%

　=87.68%–4%

　=83.68%

6）计算节能评价值 η_3

泵节能评价值（η_3）=泵规定点效率值（η_0）+1%

　　=87.68%+1%=88.68%

（3）能效评价。该水泵效率为 89.0%，能效水平高于节能评价值 88.68%。

8.2　附件

略。

8.3　附图

略。

附　　录

附录 A　常用建筑围护结构材料主要热工技术指标

材料名称	干密度 ρ_0 （kg/m³）	标准值		修正系数 a	计算值		备 注	
		导热系数 λ [W/(m·K)]	蓄热系数 S [W/(m²·K)]		导热系数 λ_c [W/(m·K)]	蓄热系数 S_c [W/(m²·K)]	使用场合	影响因素
钢筋混凝土	2500	1.74	17.20	1.00	1.74	17.20	墙体、屋面	
灰砂砖墙	1900	1.10	12.72	1.00	1.10	12.72	墙体	
多孔砖墙	1400	0.58	7.92	1.00	0.58	7.92	墙体	
水泥砖墙	1800	0.93	11.37	1.00	0.93	11.37	抹灰层、找平层	
石灰水泥砂浆	1700	0.87	10.75	1.00	0.87	10.75	抹灰层	
石灰砂浆	1600	0.81	10.07	1.00	0.81	10.07	抹灰层	
EPS 板（模塑聚苯乙烯泡沫塑料板）	20	0.042	0.36	1.00	0.042	0.36	粘贴于墙体	
EPS 板（模塑聚苯乙烯泡沫塑料板）	20	0.042	0.36	1.20	0.042×1.20=0.05	0.36×1.20=0.43	屋面保温层	压缩、吸潮
EPS 板（无网现浇系统）	20	0.042	0.36	1.25	0.042×1.25=0.053	0.36×1.25=0.45	墙体	灰缝
EPS 钢丝网架板（有网现浇系统）	20	0.042	0.36	1.50	0.042×1.50=0.063	0.36×1.50=0.54	墙体	灰缝、插筋
胶粉 EPS 颗粒保温浆料	180~250	0.060	0.95	1.25	0.060×1.25=0.075	0.95×1.25=1.19	墙体	
PU 板（硬泡聚氨酯板）	30	0.025	0.27	1.10	0.025×1.10=0.028	0.27×1.10=0.30	墙体	
XPS 板（挤塑聚苯乙烯泡沫塑料板）	≥35	0.030	0.32	1.20	0.030×1.20=0.036	0.32×1.20=0.38	墙体、地面	
岩棉、玻璃棉板	80~200	0.045	0.75	1.20	0.045×1.20=0.054	0.75×1.20=0.90	墙体、屋面、地面	龙骨、插筋、压缩、吸潮
泡沫玻璃	≥150	0.062	≤0.75	1.20	0.062×1.20=0.074	0.75×1.20=0.90	墙体、屋面	吸潮
憎水膨胀珍珠岩	200~350	0.087	≤1.6	1.30	0.087×1.30=0.113	1.6×1.30=2.08	屋面	压缩、吸潮
膨胀玻化微珠	200~300	≤0.07	≤1.15	1.20	0.07×1.20=0.084	1.15×1.20=1.38	屋面、墙体	
改性膨胀珍珠岩保温浆料	184	0.052	0.95	1.25	0.052×1.25=0.065	0.95×1.25=1.19	墙体	

材料名称		干密度 ρ_0 (kg/m³)	标准值		修正系数 a	计算值		备　注	
			导热系数 λ [W/(m·K)]	蓄热系数 S [W/(m²·K)]		导热系数 λ_c [W/(m·K)]	蓄热系数 S_c [W/(m²·K)]	使用场合	影响因素
轻骨料混凝土（找坡层）		1000～1100	≤0.30	≤5.0	1.50	0.3×1.50=0.45	5×1.50=7.5	屋面	压缩、吸潮
单排孔混凝土空心砌块（190）		—	—	—	—	—	—	热阻 R=0.20m²·K/W；热惰性指标 D=1.57	
二排孔轻集料混凝土空心砌块（190）		750～800	0.53	7.25	—	—	—	热阻 R=0.46m²·K/W；热惰性指标 D=1.7	
三排孔轻集料混凝土空心砌块（240）		750～800	0.53	7.25	—	—	—	热阻 R=0.66m²·K/W；热惰性指标 D=2.2	
三排孔轻集料混凝土空心砌块（290）		750～800	0.53	7.25	—	—	—	热阻 R=0.68m²·K/W；热惰性指标 D=2.1	
蒸压加气混凝土砌块	砌筑（灰缝15）	400	0.13	2.06	1.25	0.13×1.25=0.16	2.06×1.25=2.58	墙体	灰缝影响
		500	0.16	2.61	1.25	0.16×1.25=0.20	2.61×1.25=3.26	墙体	灰缝影响
		600	0.19	3.01	1.25	0.19×1.25=0.24	3.01×1.25=3.76	墙体	灰缝影响
		700	0.22	3.49	1.25	0.22×1.25=0.28	3.49×1.25=4.36	墙体	灰缝影响
	黏接（灰缝≤3）	400	0.13	2.06	1.00	0.13	2.06	墙体	
		500	0.16	2.61	1.00	0.16	2.61	墙体	
		600	0.19	3.01	1.00	0.19	3.01	墙体	
		700	0.22	3.49	1.00	0.22	3.49	墙体	
	铺设在密闭屋面内	300	0.11	1.64	1.50	0.11×1.5=0.17	1.64×1.5=2.46	屋面	压缩、吸潮
		400	0.13	2.06	1.50	0.13×1.5=0.20	2.06×1.5=3.09	屋面	压缩、吸潮
		500	0.16	2.61	1.50	0.16×1.5=0.24	2.61×1.5=3.92	屋面	压缩、吸潮
		600	0.19	3.01	1.50	0.19×1.5=0.29	3.01×1.5=4.52	屋面	压缩、吸潮

注　本表摘自国家建筑标准设计图集 09J908-3《建筑围护结构节能工程做法及数据》。

附录 B　建筑围护结构热工计算❶

B.1　围护结构保温设计最小传热阻的确定

$$R_{o,min} = \frac{(t_i - t_e)n}{[\Delta t]} R_i \qquad (B-1)$$

式中　$R_{o,min}$——围护结构最小传热阻，$m^2 \cdot K/W$；

　　　t_i——冬季室内计算温度，℃；

　　　t_e——围护结构冬季室外计算温度，℃；

　　　n——温差修正系数；

　　　R_i——围护结构内表面换热阻，$m^2 \cdot K/W$；

　　　$[\Delta t]$——室内空气与围护结构内表面之间的允许温差，℃。

B.2　轻质外墙最小传热阻的附加值确定

最小传热阻的附加值见表 B-1。

表 B-1　　最小传热阻的附加值　　　　（%）

外墙材料与构造	当建筑物处在连续供热热网中时	当建筑物处在间歇供热热网中时
密度为 800～1200kg/m³ 的轻骨料混凝土单一材料墙体	15～20	30～40
密度为 500～800kg/m³ 的轻混凝土单一材料墙体；外侧为砖或混凝土，内侧为复合轻混凝土的墙体	20～30	40～60
平均密度小于 500kg/m³ 的轻质复合墙体；外侧为砖或混凝土，内侧复合轻质材料（如岩棉、矿棉、石膏板等）墙体	30～40	60～80

B.3　砌体墙热工计算

B.3.1　砌体墙主体传热系数 K

$$K = \frac{1}{R_o} = \frac{1}{R_i + R + R_e} \qquad (B-2)$$

$$R = \sum_j R_j \qquad (B-3)$$

$$R_j = \frac{\delta_j}{\lambda_{c,j}} \qquad (B-4)$$

$$\lambda_{c,j} = \lambda_j a \qquad (B-5)$$

式中　K——砌体墙主体传热系数；

　　　R_o——传热阻，$m^2 \cdot K/W$；

R_i——内表面换热阻，$m^2 \cdot K/W$，一般取 $0.11m^2 \cdot K/W$；

R_e——外表面换热阻，$m^2 \cdot K/W$，一般取 $0.04m^2 \cdot K/W$；

R——墙体结构层的热阻，等于构成墙体的各材料层的热阻之和，$m^2 \cdot K/W$；

δ_j——各材料层的厚度，m；

$\lambda_{c,j}$——各材料层的计算导热系数，$W/(m \cdot K)$；

λ_j——各材料层材料的导热系数，可在附录 A 中查取，$W/(m \cdot K)$；

a——考虑使用位置和湿度影响的大于 1.0 的修正系数，可在附录 A 中查取。

B.3.2　砌体墙平均传热系数 K_m

砌体墙平均传热系数 K_m 应由外墙主体部位的传热系数 K_p $[W/(m^2 \cdot K)]$ 与面积 A_p（m^2）和结构性热桥部位的传热系数 $K_b[W/(m^2 \cdot K)]$ 与面积 $A_b(m^2)$，用加权平均办法计算

$$K_m = \frac{K_p A_p + K_b A_b}{A_p + A_b} \qquad (B-6)$$

式中　K_m——外墙平均传热系数，$W/(m^2 \cdot K)$；

　　　K_p——外墙主体部位传热系数，$W/(m^2 \cdot K)$；

　　　A_p——外墙主体部位面积，m^2；

　　　K_b——外墙结构性热桥部位传热系数，$W/(m^2 \cdot K)$；

　　　A_b——外墙结构性热桥部位面积，m^2。

可按表 B-2 选择外墙主体部位和结构性热桥部位的面积在外墙中的比值 A 和 B 代替式（B-6）中的 A_p 和 A_b 计算外墙的平均传热系数 K_m。

表 B-2　　A_p、A_b 在外墙面积中所占比值 A 和 B

建筑的结构体系	A	B
砖混结构体系	0.75	0.25
框架结构体系	0.65	0.35
框剪结构体系	0.55（填充墙）	0.45
剪力墙结构体系	0.35（填充墙）	0.65（剪力墙）
	也可直接取剪力墙部位的 K 作为 K_m	

B.3.3　外墙保温隔热层厚度 δ_{in}

外墙保温隔热层厚度 δ_{in} 计算式为

---

❶ 建筑热工计算公式中的有关参数应符合 GB 50176《民用建筑热工设计规范》和 GB 50189《公共建筑节能设计标准》的规定。本附录摘自《全国民用建筑工程设计技术措施节能专篇（建筑 2007）》。

$$\delta_{in} = \lambda_{c,in}\left(\frac{1}{K_{re}} - R_c - 0.15\right) \quad (B\text{-}7)$$

$$\lambda_{c,in}=\lambda_{in}a$$

式中 δ_{in} ——保温隔热层厚度，m；

$\lambda_{c,in}$ ——保温材料的计算导热系数，W/（m·K）；

K_{re} ——外墙规定的传热系数限值，取所在地区节能设计标准规定的外墙平均传热系数 K_m 限值，W/（m²·K）；

R_c ——外墙构造层中除保温层外的各层材料的热阻之和按式（B-4）、式（B-5）计算，m²·K/W。

B.4 屋面热工计算

B.4.1 屋面的传热系数

屋面的传热系数 K 按式（B-2）～式（B-4）计算，计算要点如下：

（1）内表面换热阻，R_i =0.11m²·K/W。

（2）外表面换热阻，R_e =0.04m²·K/W。

（3）平屋面找坡层的厚度取最小厚度，即起坡高度，m。

（4）防水层热阻忽略不计。

（5）保温材料的导热系数应取计算导热系数 λ_c，$\lambda_c=\lambda a$。

B.4.2 屋面保温隔热层厚度 δ_{in}

屋面保温隔热层厚度 δ_{in} 按式（B-7）计算，计算

要点如下：

（1）保温材料的导热系数应取计算导热系数 λ_c，$\lambda_c=\lambda a$。

（2）屋面规定的传热系数 K_{re}，取所在地区节能设计标准规定的屋面传热系数限值。

B.5 门窗热工计算

建筑门窗的传热系数 K 的计算式为

$$K = \frac{\Sigma A_g K_g + \Sigma A_f K_f + \Sigma l_\psi \Psi}{A_t} \quad (B\text{-}8)$$

式中 K ——窗的传热系数，W/（m²·K）；

A_g ——窗玻璃面积，m²；

A_f ——窗框的投影面积，m²；

A_t ——整窗的总投影面积，m²；

l_ψ ——玻璃区域的周长，m；

K_g ——窗玻璃中央区域的传热系数，W/（m²·K）；

K_f ——窗框的面传热系数，W/（m²·K）；

Ψ ——窗框和窗玻璃之间的附加线传热系数，W/（m·K）。

B.6 围护结构隔热设计验算标准

$$\theta_{i,max} \leq t_{e,max} \quad (B\text{-}9)$$

式中 $\theta_{i,max}$ ——围护结构内表面最高温度，℃；

$t_{e,max}$ ——夏季室外计算最高温度，℃。

附录 C 火电厂各房间空气参数

房间名称		冬 季		夏 季		备注
		温度（℃）	相对湿度（%）	温度（℃）	相对湿度（%）	
主厂房	1. 汽机房	5				
	2. 锅炉房	5				
	3. 除灰间	16				
	4. 低温仪表盘架间	18		26		
	5. 各类就地值班室、办公室	18		26		
	6. 就地控制室	18		26		
	7. 化学加药间	18				
	8. 润滑油室及传送间	16		≤40		
集中控制楼	1. 电子设备室	20±1	50±10	26±1	50±10	
	2. 继电器室、SIS室、MIS室	18～22	40～65	24～28	40～65	
	3. 集中控制室、单元控制室、工程师室、打印室	18～22	40～65	24～28	40～65	
	4. 交接班室、会议室、低温仪表盘架间	18		26		
	5. 值班室、办公室	18		26		
	6. 空调机房	5				
电气建筑	1. 网络控制室	18～22	40～65	24～28	40～65	
	2. 变压器间 油浸式			≤45		
	干式			≤35		
	3. 热工仪表室、实验室、标准间	18		≤30		
	4. 电气实验室	18		≤30		
	5. 不间断电源室	18		≤30		
	6. 直流屏室	5		≤35		
	7. 励磁盘室 室内有励磁调节器	18		≤30		
	室内无励磁调节器	18		≤35		
	8. 防酸隔爆蓄电池室	18				
	9. 阀控密闭式蓄电池室	20		≤30		
	10. 厂用配电装置室 主厂房、集中控制楼及除尘除灰建筑	≥5		≤35		
	位于其他建筑内	≥5		≤35		

房间名称		冬　季		夏　季		备注
		温度（℃）	相对湿度（%）	温度（℃）	相对湿度（%）	
电气建筑	11. 通信机房	18		≤30		
	12. 变频器室	≥5		≤35		
	13. 出线小室			≤40		
	14. 电抗器室			≤40		
	15. 母线室、母线桥			≤45		
	16. 油断路器室			≤50		
	17. 电缆隧道、电缆层			≤40		
	18. 电除尘器控制室	18		≤30		
	19. 六氟化硫 GIS 电气设备室			≤40		
	20. 电梯机房	18		≤30		
	21. 柴油发电机室	5		≤40		
运煤建筑	1. 煤仓间	10				
	2. 地上转运站	10				
	3. 地下转运站	16				
	4. 碎煤机室	10				
	5. 翻车机室	10				
	6. 卸煤沟　地上	10				
	6. 卸煤沟　地下	16				
	7. 除尘器间	10				
	8. 机车库、推煤机库	10				
	9. 休息室	18				
	10. 运煤栈桥（地上）	10				
	11. 运煤栈桥（地下）	16				
	12. 运煤集中控制室	18		26		有人值守
	13. 轨道衡控制室	18		26		有人值守
	14. 沉淀池	10				
	15. 翻车机、牵车机控制室	18		26		有人值守
	16. 运煤综合楼的办公室	18				
化学建筑	1. 电渗析、反渗透、蒸发器间	5				
	2. 过滤器、离子交换器间	5				
	3. 酸库	10				
	4. 碱库（包括酸碱共库）	10				
	5. 化学集中控制室	18		26		有人值守
	6. 化学药品库	10				
	7. 石灰库	10				

房间名称		冬　季		夏　季		备注
		温度 （℃）	相对湿度 （%）	温度 （℃）	相对湿度 （%）	
化学建筑	8. 石灰及凝剂搅拌器间，消石机间	16				根据工艺要求设空调
	9. 化验室、煤制样室	18				
	10. 天平间、精密仪器间	18				
	11. 热计量室、微量分析室	18				
	12. 澄清池间	10				
	13. 加氯间中和池、加药间	16				
	14. 氨库、联氨及加药间	16				
	15. 油水分析室	18				根据工艺要求设空调
	16. 气相色谱仪室	18				
	17. 凝结水精处理室及控制室	18		≤30		
	18. 海水淡化预处理清水泵房、泥饼间、污泥泵房、脱水机间	5				
	19. 反渗透法清洗间、海水淡化间、水泵房	16				
	20. 蒸馏法热交换器间	5				
	21. 循环水处理建筑	5				
	22. 氧气站、氢气站的操作间	≥15				
	23. 氢气储罐间、低温液储槽间	5				
	24. 氧气、氢气的实瓶间、空瓶间	≥10				
生产辅助建筑	1. 灰渣泵房	5		≤40		
	2. 引风机室	16				
	3. 电除尘、水膜除尘器室	10				
	4. 空气压缩机室	5		≤40		
	5. 启动锅炉房	5				
	6. 油泵房	16		≤40		
	7. 各类水泵房	5				
	8. 各类污水处理站	16				
	9. 各类修配类建筑	16				按工艺要求设空调
	10. 生产办公室、培训类建筑	18				按当地标准设空调
	11. 实验类建筑	18				按工艺要求设空调
	12. 各类车库、仓库	10				按工艺要求设空调
	13. 危险品库	5		≤35		
	14. 脱硫工艺楼	10				

房间名称	冬　季		夏　季		备注
	温度（℃）	相对湿度（%）	温度（℃）	相对湿度（%）	
生产辅助建筑　15. GGH 设备间	16				
16. 石灰石卸料间	10				
17. 浆液循环泵房	5				
18. 氨液蒸发设备间	5				
19. 尿素车间	5				
20. 灰库	10				
21. 石膏库	5				
22. 脱硫电子设备间、脱硫控制室	18～22	40～65	24～28	40～65	

注　本表摘自 DL/T 5035—2016《发电厂供暖通风与空气调节设计规范》。

主要量的符号及其计量单位

量 的 名 称	符号	计量单位	量 的 名 称	符号	计量单位
长度	L	m	摄氏温度	t, θ	℃
高度，扬程	$H(h)$	m	温差	Δt	℃
壁厚	δ	mm	热量	Q	J
半径	r	mm	热负荷	Q	kW
面积	A	m²	热耗率	q	kJ/（kW·h）
体积、容积	V	m³	导热系数	λ	W/（m·K）
时间	T	s，min，h，d	传热系数	K	W/（m²·K）
速度	v	m/s	比热容	c	kJ/（kg·℃）
重力加速度	g	m/s²	比焓	h	kJ/kg
频率	f	Hz	燃煤量	B	kg/s
转速	n	r/min	煤耗率	b	g/（kW·h）
角速度	ω	rad/s	含湿量	d	g/kg
质量	m	kg	过量空气系数	α	%
密度	ρ	kg/m³	气体绝热指数	κ	
力	F	N	电流	I	A
压力	p	Pa	电压	U	V
动力黏度	μ	Pa·s	电阻	R	Ω
运动黏度	ν	m²/s	电阻率	ρ	Ω·m
功	W	J	负载率	β	%
功率	P	W	厂用电率	e	%
流量	Q	m³/s	效率	η	%
热力学温度	T	K	煤粉细度	R	%

参 考 文 献

[1] 大唐国际发电股份有限公司. 大型火电机组经济运行及节能优化. 北京：中国电力出版社，2012.

[2] 党三磊，李健，肖勇，等. 线损与降损措施. 北京：中国电力出版社，2013.

[3] 高金吉，张连凯. 中国高能耗机械装备运行现状及节能对策研究. 北京：科学出版社，2013.

[4] 锅炉机组热力计算标准方法（1998）. 北京：机械工业出版社，2013.

[5] 国家发展改革委资源节约和环境保护司，国家节能中心. 固定资产投资项目节能评估和审查工作指南. 北京：中国市场出版社，2012.

[6] 国家计划委员会交通能源司. 中国节能. 北京：中国电力出版社，1998.

[7] 国家节能中心. 中国节能报告. 北京：经济科学出版社，2014.

[8] 何语平. 大型天然气联合循环电厂的设计优化. 电力设备，2006，7（10）：11-16.

[9] 胡建华. AGC 及汽温优化控制系统在 330MW 级火电机组的应用. 自动化博览，2014（10）：86-89.

[10] 华北电力设计院有限公司. 高效低碳环保大型燃气轮机电厂工程实践：技术篇. 北京：中国电力出版社，2015.

[11] 华志刚，胡光宇，吴志功，等. 基于先进控制技术的机组优化控制系统. 中国电力，2013（6）：10-21.

[12] 马欣欣. 火电厂优化软件的应用及前景. 中国电力，1999，32（6）：41-44；1999，32（7）：52-56.

[13] 胡建华. AGC 及汽温优化控制系统在 330MW 级火电机组的应用. 自动化博览，2014（10）：86-89.

[14] 华志刚，胡光宇，吴志功，等. 基于先进控制技术的机组优化控制系统. 中国电力，2013（6）：10-21.

[15] 张红福，张曦，罗嘉. 基于预测控制方法的燃烧优化研究与应用. 自动化博览，2015（7）：90-92.

[16] 黄晓勇. 中国节能管理的市场机制与政策体系研究. 北京：社会科学文献出版社，2013.

[17] 蒋明昌. 火电厂能耗指标分析手册. 北京：中国电力出版社，2011.

[18] 金红光，林汝谋. 能的综合梯级利用与燃气轮机总能系统. 北京：科学出版社，2008.

[19] 李青，高山，薛彦廷. 火电厂节能减排手册　节能技术部分. 北京：中国电力出版社，2013.

[20] 李青，高山，薛彦廷. 火力发电厂节能技术及其应用. 北京：中国电力出版社，2007.

[21] 李善化，康慧，孙向军，等. 火力发电厂及变电所供暖通风空调设计手册. 北京：中国电力出版社，2001.

[22] 林公舒，杨道刚. 现代大功率发电用燃气轮机. 北京：机械工业出版社，2007.

[23] 林汝谋，金红光. 燃气轮机发电动力装置及应用. 北京：中国电力出版社，2004.

[24] 清华大学热能工程系动力机械与工程研究所，深圳南山热电股份有限公司. 燃气轮机与燃气-蒸汽联合循环装置. 北京：中国电力出版社，2007.

[25] 王文革. 中国节能法律制度研究. 北京：法律出版社，2008.

[26] 西安热工研究院. 燃煤发电机组能耗分析与节能诊断技术. 北京：中国电力出版社，2014.

[27] 谢克昌，等. 中国煤炭清洁高效可持续开发利用战略研究. 北京：科学出版社，2014.

[28] 徐传海. 主蒸汽管径对余热锅炉设计的影响. 燃气轮机技术，2004，17（2）：55-57.

[29] 薛建明，王小明，刘建民，等. 湿法烟气脱硫设计及设备选型手册. 北京：中国电力出版社，2011.

[30] 杨顺虎. 燃气-蒸汽联合循环发电设备及运行. 北京：中国电力出版社，2003.

[31] 杨旭中. 火电工程设计技术经济指标手册. 北京：中国电力出版社，2012.

[32] 杨旭中，郭晓克，康慧. 热电联产规划设计手册. 北京：中国电力出版社，2009.

[33] 张红福，张曦. 基于预测控制方法的燃烧优化研究与应用. 自动化博览，2015（7）：90-92.

[34] 赵旭东. 中国节能大事记. 北京：中国水利水电出版社，2011.

[35] 中国电力企业联合会科技服务中心. 热力系统节能. 北京：中国电力出版社，2008.

[36] 中国环境保护产业协会电除尘委员会. 电除尘选型设计指导书. 北京：中国电力出版社，2013.